陕西省教育厅重点项目"文化创意时代陕南优秀传统家训传承创新路径研究"（项目编号：20JZ002）成果

陕西省社科著作出版资助项目成果

安康学院教材建设基金资助项目成果

中国传统家训文化概论

杨运庚　谭诗民　编著

陕西师范大学出版总社　西安

图书代号　SK24N2476

图书在版编目（CIP）数据

中国传统家训文化概论／杨运庚，谭诗民编著.
西安：陕西师范大学出版总社有限公司，2025.2.
ISBN 978-7-5695-4914-0

Ⅰ.B823.1

中国国家版本馆CIP数据核字第2024200P87号

中国传统家训文化概论

ZHONGGUO CHUANTONG JIAXUN WENHUA GAILUN

杨运庚　谭诗民　编著

责任编辑	刘存龙
责任校对	梁　菲
出版发行	陕西师范大学出版总社
	（西安市长安南路199号　邮编 710062）
网　　址	http://www.snupg.com
印　　刷	西安市建明工贸有限责任公司
开　　本	720 mm×1020 mm　1/16
印　　张	23
字　　数	360千
版　　次	2025年2月第1版
印　　次	2025年2月第1次印刷
书　　号	ISBN 978-7-5695-4914-0
定　　价	88.00元

读者购书、书店添货或发现印装质量问题，请与本公司营销部联系、调换。

电话：（029）85307864　85303629 传真：（029）85303879

序

党怀兴

我们所处的时代是传承、弘扬中华优秀传统文化最好的时代。党的十八大以来，习近平总书记反复强调文化自信："历史和现实都表明，一个抛弃了或者背叛了自己历史文化的民族，不仅不可能发展起来，而且很可能上演一幕幕历史悲剧。文化自信，是更基础、更广泛、更深厚的自信，是更基本、更深沉、更持久的力量。坚定文化自信，是事关国运兴衰、事关文化安全、事关民族精神独立性的大问题。"①习近平总书记在庆祝中国共产党成立100周年大会上提出"把马克思主义基本原理同中国具体实际相结合、同中华优秀传统文化相结合"的要求。"两个结合"极大地丰富、拓展了马克思主义中国化的基本内涵，这也是习近平文化思想的核心内容。中华民族有着深厚的文化传统，这是我国的独特优势，也是中华民族的精神命脉，是发展中华文明、实现中华民族伟大复兴的强大根基和不竭动力。

中国传统家训文化是中华优秀传统文化的重要组成部分，是中华民族代代相传、绵延不息的重要精神支柱与思想资源。"天下之本在家"，中华民族历来注重家教家风。中国传统家训积淀了中华文化中的核心价值与基因。中国传统家训文化饱含中华民族世代积累的人生经验、处事智慧与道德价值，如"积善之家必有余庆，积不善之家必有余殃"，"勿以善小而不为，勿以恶小而为之"，"平生不作皱眉事，世上应无切齿人"，"少年不知勤学苦，老来方知读书迟"，

---

① 习近平：《在中国文联十大、中国作协九大开幕式上的讲话》，载《人民日报》2016年12月1日。

"处事以谦让为贵，为人以诚信为本"，"与人为善，知书达礼"，"百善孝为先，兄弟和为贵"，等等，都彰显了中华民族所倡导的孝、悌、忠、信、礼、义、廉、耻及讲仁爱、守诚信、崇正义、尚和合等道德价值和礼仪规范。传统家训承载着先辈对后代的殷切期望，它既是一个家族的行为准则，也是社会道德风尚的体现。在新时代社会主义现代化建设和发展进程中，对这些规范要求更应该予以充分重视，挖掘并传承其中的优秀思想，坚定中华文化自信，借以形成文明和谐、向上向善的社会风尚。中共中央办公厅、国务院办公厅印发的《关于实施中华优秀传统文化传承发展工程的意见》指出：实施中华优秀传统文化传承发展工程，传承中华文脉，要"挖掘和整理家训、家书文化，用优良的家风家教培育青少年"。弘扬中华优秀传统家训文化，努力培育具有时代精神的优良家风，就是以家庭、家风建设为载体传承中华优秀传统文化、坚定文化自信的重要途径。正如习近平总书记所强调的："尊老爱幼、妻贤夫安，母慈子孝、兄友弟恭，耕读传家、勤俭持家，知书达礼、遵纪守法，家和万事兴等中华民族传统家庭美德，铭记在中国人的心灵中，融入中国人的血脉中，是支撑中华民族生生不息、薪火相传的重要精神力量，是家庭文明建设的宝贵精神财富。"[①]高度重视家庭建设，以家风带民风、促政风、正党风，是以习近平同志为核心的党中央传承中华优秀传统文化、推进国家治理体系和治理能力现代化的重大战略举措。

学界对中国传统家训经典进行系统整理与研究始于20世纪80年代，主要是对中国传统家训传世文献进行搜集、整理、注释，对家训发展历史沿革进行梳理、归纳和分期。如楼含松主编的《中国历代家训集成》，徐少锦、陈延斌的《中国家训史》，等等。这一时期，我与翟博同志也合作编纂《中国家训经典》（多次再版）；后来，我主持的"陕西文化资源丛书"收录了我的学生周雅青、谢佳伟主编的《陕西家训集粹》一书。新世纪，特别是党的十八大以来，在传承、弘扬中华优秀传统文化的背景下，在国家和社会普遍关注并提倡家庭建设、培育良好家风的时代背景下，中国传统家训文化研究逐年升温，成果日益丰富，形式体现多元。在继承传统注重对家训文献整理和历史分期探索的基础上，研究表现出如

---

① 习近平：《在会见第一届全国文明家庭代表时的讲话》，载《人民日报》2016年12月16日。

下特点：一是注重家训内容的阐释和发掘，如家训中的教育思想、伦理思想、生态观念、廉政观念等。二是注重名人家训和地方家训的再发掘和再阐释，如颜之推、范仲淹、王阳明、曾国藩等名人家训家书的发掘与阐释，也包括对苗族、壮族、回族、藏族等少数民族家训文化的阐释与传承研究等。三是注重对红色家训资源的开掘及其在学生世界观、人生观、价值观涵养方面的价值和作用的发挥，如探索红色家风的生成逻辑及时代价值，剖析红色家训呈现的文化基因及其在大中小学生思想教育中的作用，等等。四是注重将家训文化研究与社会发展相联系，探索家训文化在乡村振兴中的价值与作用，如优秀家风家训与乡村文化建设的互促研究等。家训研究成果丰富，成绩可喜。但是，我们仍发现，目前关于中国传统家训文化系统性、全面性的研究著作略显单薄，对相关问题的挖掘不够深入，与新时代社会主义文化建设、与社会主义核心价值观的衔接不够紧密。

安康学院中国传统家训研究团队长期致力于安康地方传统家训古典文献的整理与研究。目前，该团队已完成安康市各县（区）家训文献的搜集与整理工作，实现市内家训文献搜集全覆盖，收集古旧家谱100余部、质量较高的传统家规家训100余家，整理、校注并出版《安康优秀传统家训注译》《宁陕县优秀家训注译》《紫阳县优秀传统家训注》《沈氏家训青少年读本》《中国传统家训干部读本》等多部著作，在国内独树特色，产生了较大影响。在家训文献整理与研究的基础上，该团队还建设了独具特色的家风馆。该团队非常注重传承、弘扬中国优秀传统家训文化，在中国传统家训学术研究的基础上，积极推动科研成果向教学内容转化，面向全校学生开设了"中国传统家训文化"课程，该课程已遴选为陕西省特色线上课程、陕西省一流课程。为了固化中国传统家训文化课程的教学成果，构建中国传统家训文化学术话语、学科知识体系和基本框架，杨运庚教授带领课程教学团队编撰《中国传统家训文化概论》一书。该作主要从家训的文化背景、家训的历史沿革、家训的家庭伦理观、家训的人生修养观、家训的处世哲学观、家训的家庭教育方法观、家训的历史意义与当代价值等方面对中国传统家训文化进行全面分析与系统研究，从而构筑中国家训文化整体知识框架和结构。该著作一改传统研究成果以文献集成、学术史整理和思想史概括的形式，以系统化、结构化和逻辑化更为严密的教材形式出现，从家训的起源背景、家训的发展历史、家训的关键问题和家训的当代转化等四个方面整体呈现中国家训文化的风貌和价值，体现了家训研究的完整性和连续性，是一部集学术性、专业性与可读性于一体的、传承并弘扬中华优秀传统文化的著作。该书的出版为我们全面了解中国传统家训文化提供了重要参考，更为我们传承和弘扬中国家训文化遗产给予了有力的智力支持。同时，该著作以新时代社会主义核心价值观和现实要求为参照和导向，科学分析并系统总结传统家训的历史局限、当下危机和未来趋势，为建设社会主义新时代新家风提供了有益参考。

当前，一些人极度追求物质享受而精神追求式微，家庭教育被忽视，或者重智轻德，中国传统家训文化所强调的尊老爱幼、兄友弟恭、勤俭持家、知书达礼等家庭道德规范被忽视，影响了孩子的健康成长与可持续发展。这是值得我们高度警惕与警醒的问题。新时代，在国家大力提倡、弘扬中华优秀传统文化的背景下，弘扬优秀传统家训文化，就是要结合社会主义核心价值观以创建今日新家训，形成今日新家风，就是要遵循以"爱国、敬业、诚信、友善"为核心的公民基本道德规范，使我们每一个家庭的每一位成员都形成爱国爱家、爱岗敬业、辛勤工作、不断学习、获取新知、完善自我、诚信友善的优良品质和高尚情怀，为建设富强、民主、文明、和谐、美丽的社会主义现代化强国而奋斗。

希望安康学院杨运庚教授带领的中国传统家训教科研团队能够踔厉奋发，教书育人，笔耕不辍，努力为学界、为社会提供更多、更新的中国家训文化研究成果。

2024年12月9日于陕西师范大学

前　言

鲁迅先生在《我们怎样教育儿童的？》一文中说："倘有人作一个历史，将中国历来教育儿童的方法，用书，作一个明确的记录，给人明白我们的古人以至我们，是怎样的被熏陶下来的，则其功德，当不在禹（虽然他也许不过是条虫）下。"[①]家训作为中国传统文化的重要组成部分，既是中国古人生活智慧的结晶，也是每个家庭及家族得以兴旺发达的核心要素。家训蕴含家族共同的文化基因、精神内核、道德理念及做人原则，是一种具有综合文化功能的家庭管理模式和教育实践机制。

家训传统及其文化精神奠基于"家国同构"的思想观念，发源于实现个体梦想、家族愿望和民族目标的基本需求，它将特定社会的基本道德规范和理想价值追求融入普通个体的身体力行。通过价值熏陶与个体自觉并举、亲情感化与家规约束并用、榜样示范与言传身教并重等方式，家训逐渐积累为每位成员持续而稳定的行为取向和心理定式，从而形成独具文化个性色彩的家庭教育的实践化准则及示范性文本。由此观之，家训所代表的价值观念和理想追求往往通过个体的自觉践行而内化于心，外化于行，最终成为推动个人奋斗、维系家庭团结、维持社会和谐及维护国家稳定的重要思想力量，成为极具中国特色的社会教化力量和文明形塑的示范文本。中国人历来重教养、重德育、重家教，有良好的家训家风传统，形成了诸如《颜氏家训》《朱子家训》《曾国藩家书》等一大批颇具民族文

---

① 王炳仁、高友德、赵薇薇等：《名人家教集锦》，中国青年出版社1987年版，第375—376页。

化特征和民族心理特质的家训典范。这些家训文本成为中国传统文化符号的生动表征和个体理想皈依的精神家园，也是今日家庭文明建设和人的现代性提升必须深入领悟和创造性传承的重要思想资源。

学界对家训文化进行系统研究始于20世纪80年代末期。目前，对中国优秀传统家训文化的研究主要集中在传世文献的搜集、整理、注释、阐发以及对家训发展历史沿革的梳理、归纳和分期上。徐少锦、陈延斌的《中国家训史》[①]和楼含松主编的《中国历代家训集成》[②]是此类研究的代表。21世纪以来，家训文化研究逐渐升温，家训内涵研究、家训分期研究以及家训的时代意义和当下传承研究增多，如朱明勋的《中国传统家训研究》[③]、李俊杰的《明清族谱之族规家训研究》[④]和刘欣的《宋代家训与社会整合研究》[⑤]等。总体来看，家训研究并没有形成一个系统且严格的学科形式，也没有出现有分量的代表性的家训教材，中国传统家训的研究成果无法转化为文化教育资源，传统家训的社会教化优势难以发挥，社会教化潜质难以激发。此一现实是本教材编写的重要背景和动因之一。

近年来，在国家及社会普遍关注和提倡良好家风家训建设的时代背景下，中国优秀传统家训文化研究逐年升温，成果日益丰富。其在保有传统注重对家训文献整理和历史分期探索的基础上，表现出如下特点：一是注重家训内容的阐释和发掘，如家训中的教育思想、伦理思想、生态观念等；二是注重地方家训和名人家训的再发掘和再阐释，如《王阳明家训思想及其当代价值》《中原家训的文化价值探索》等成果；三是注重对红色家训资源的开掘及其对学生价值涵养作用的提炼，如《红色家训呈现的文化基因及其在大学生思想政治教育工作中的作用》；四是注重将家训文化研究与社会发展联系，探索家训文化在乡村振兴中的价值与作用，如《优秀家风家训与乡村文化建设的互进研究》等。但是，系统化的家训教材仍未出现，中国优秀传统家训融入课堂、涵养学生品行、助力思政育人、增强文化自信的有效载体问题和可靠途径问题仍未解决，传统家训的教育功

---

① 徐少锦、陈延斌：《中国家训史》，陕西人民出版社2003年版。
② 楼含松主编：《中国历代家训集成》，浙江古籍出版社2017年版。
③ 朱明勋：《中国传统家训研究》，巴蜀书社2008年版。
④ 李俊杰：《明清族谱之族规家训研究》，安徽师范大学出版社2020年版。
⑤ 刘欣：《宋代家训与社会整合研究》，云南大学出版社2015年版。

能仍未得到有效发挥。

本书取名为《中国传统家训文化概论》，在观点上突破传统将家训文化研究视作民俗研究、社会研究、哲学研究和文化研究附带涉及的现象，而将家训文化研究视作一个较为成熟、发展潜力巨大且时代意义充分的学科来探索；一改传统研究成果以文献集成、学术史整理和思想史概括的形式，而以系统化、结构化和逻辑化更为严密的教材的形式出现，从家训的起源背景、家训的发展历史、家训的关键问题和家训的当代转化等四个方面整体呈现其风貌和价值，体现了家训研究的完整性和连续性。教育性和反思性是本教材编写贯穿始终的重要观念和关键方法。一方面，我们以文献为起点和基础，系统挖掘和阐释家训的核心观念、价值导向和教育方法，做到有理有据；另一方面，我们以新时代社会主义核心价值观和现实需求为参照和导向，科学分析和总结家训的历史局限、当下危机和未来趋势，做到有取有舍。

《中国传统家训文化概论》的出版，将有助于中国优秀传统家训时代内涵的焕发。长期以来形成的历史梳理和文献整理的研究方法远远不能发挥传统家训文化最大的价值和作用，这种处于静观的研究范式也只能使其成为一种枯燥的学术活动而体现不出其时代的鲜活性和生动性，使我们难以窥见家训文化真谛，也渐失研究兴趣。本书的编写是将家训深刻的思想与时代需要结合，将家训教育理念与学术提升融合，在传统与现代的对话中实现对传统文化的创新性传承和创造性转化，使传统文化成为一种活态文化和动态文化。本书将有助于丰富当前学校思政教育的内涵，有效拓展思政教育资源。习近平总书记指出，要"培养德智体美劳全面发展的社会主义建设者和接班人"；中共中央、国务院《关于加强和改进新形势下高校思想政治工作的意见》提出，要紧紧围绕立德树人根本任务，充分发挥中国特色社会主义教育的育人优势，以理想信念教育为核心，以社会主义核心价值观为引领，全面提高人才培养能力。本书的编写即是以家训深刻的价值观念充实思政教育的内容，以家训多元的教育手段丰富思政教育的形式，以家训亲切的历史体验促进思政教育的情感认同和实践落实。本书将有助于当前学生胸怀涵养的提升和思想品德的塑造。"在新的起点上继续推动文化繁荣、建设文化强国、建设中华民族现代文明，是我们在新时代新的文化使命。"①家训中的"先天下之忧而忧，后天下之乐而乐"的爱国情怀，"诚实为第一与人相处之道"的处世之道，"士不可以不弘毅"的为人之道，是我们当前社会发展和个人修养的必修之道，本书的编写有助于社会主义核心价值观的培养、家国情怀的涵养和个人内在道德品质的塑造。

本书的编写有助于弘扬中华民族尊师重教、慎师德的文化传统，涵养广大教师的教育家精神。中国传统家训的核心在教育，教育是中华民族和中国文化延续几千年的思想支撑，尊师重教始终是中华民族的优良传统和重要思想品格，教师的道德情操是人们择师的第一标准，尊师重教、慎师德是中国传统家训的重要内容。习近平总书记提出："教师群体中涌现出一批教育家和优秀教师，他们具有心有大我、至诚报国的理想信念，言为士则、行为世范的道德情操，启智润心、因材施教的育人智慧，勤学笃行、求是创新的躬耕态度，乐教爱生、甘于奉献的仁爱之心，胸怀天下、以文化人的弘道追求，展现了中国特有的教育家精神。"②中国特有的教育家精神传承了中华民族尊师重教、慎师德的师道文化基因，本书的编写即在于引导广大教师扎根中华优秀传统文化沃土，以中国传统家训"尊师重教、慎师德"的生动形式，涵养师德，勤学笃行，做学生为学、为事、为人的"大先生"。

家庭是社会构成的基本单元和细胞，国家的复兴需要和谐的社会，和谐的社会需要和睦的家庭，和睦的家庭离不开优秀的家庭文化。进入新时代，党和国家高度重视家训、家风的建设，习近平总书记指出："家庭是人生的第一所学校，家长是孩子的第一任老师，要给孩子讲好'人生第一课'，帮助扣好人生第一粒扣子。"③"不论时代发生多大变化，不论生活格局发生多大变化，我们都要重视家庭建设，注重家庭、注重家教、注重家风，紧密结合培育和弘扬社会主义核心价值观，发扬光大中华民族传统家庭美德。"④质言之，家风好，则家道兴

---

① 习近平：《在文化传承发展座谈会上的讲话》，人民出版社2003年版，第10页。
② 习近平：《习近平致全国优秀教师代表的信》，载《人民日报》2023年9月10日。
③ 中共中央党史和文献研究院编：《习近平关于注重家庭家教家风建设论述摘编》，中央文献出版社2021年版，第69页。
④ 习近平：《在2015年春节团拜会上的讲话》，载《人民日报》2015年2月18日。

旺，国家昌盛；家风差，则家道衰落，国家疲敝。在物质生活不断丰富和教育技术逐渐发达的当代社会，我们更应该重视优秀家训和良好家风在家庭建设、社会发展以及国家复兴中的积极作用和重要价值，重视优秀家训和良好家风所体现的传统美德、哲学意蕴和伦理内涵，重视家训文化的不断传承与创新及其在新时代国家精神文明建设中的地位和作用。希望本书的编写及出版有助于传承中国优秀传统家训文化，有助于引导、帮助人们进行家庭、家教、家风建设，有助于社会风气改良，有助于学术研究推进。如其能，则善莫大焉。

本书的编写得到了安康学院教务处、科研处等相关部门的大力支持，更是前辈学者丰硕成果滋养与启发的成果。著作本身的完成是集体智慧的结晶和劳动的结果。其中，杨运庚同志负责全书的总体设计，包括写作思路凝定、目录编制与任务安排，并完成第六章内容的撰写。谭诗民同志负责全书写作的具体实施和最后的统稿工作，并完成前言、第一章内容的撰写。安朝辉同志完成第二章、第三章内容的撰写。杨明贵同志完成第四章、第五章内容的撰写。崔德全同志完成第七章的撰写，崔德全、谭诗民两位同志完成第八章内容的撰写。撰写过程中，编写成员多次召开会议商讨完善提纲、优化内容，并邀请专家指导写作，以求内容的全面、完整与合理。由于知识所限与写作水平等各方面原因，本书也会存在一些尚未发现的问题和缺陷，恳请方家提出指导，以待来日完善。

目 录

第一章

中国传统家训的文化背景

中国社会是"家族结构式的社会"，"中国文化的特质是家族精神"①。家训传统及其文化精神奠基于古人"家国同构"的思想观念，导源于实现个体梦想、家族愿望与民族目标的基本需求，它将特定社会的基本道德规范和理想价值追求融入普通个体的身体力行。家训所代表的价值观念和理想追求往往通过个体的自觉践行而内化于心，外化于行，最终成为推动个人奋斗、维系家庭团结、维持社会和谐及维护国家稳定的重要思想力量，成为极具中国特色的社会教化力量和文明形塑的示范文本。中华民族伟大复兴需要中华文化的大发展、大繁荣，也需要幸福家庭与和谐社会的建立和发展。这就需要从以传统家训为代表的中华优秀传统文化中寻根溯源，通过挖掘继承和创新发展，从丰富的历史文化中总结实践经验，凝练生存智慧，发掘精神力量，进而彰显中华文化特色，突出文化优势，坚定文化自信，形成文化软实力。

第一节　家训的基本含义

"从家庭产生以来，全人类无一例外地生活、成长在家庭这个细胞组织之中，后来又或紧或松地生活在家族这个血缘关系组织之中。"②作为一种特定的文化形态，家训即在这种文化氛围和社会组织中产生。关于家训的基本含义，《中华百科全书》的解释较为详细：

> 家训，本治家立身之言，用以垂训子孙者也。《后汉书·边让传》："髫齓凤孤，不尽家训。"正谓此也。原有助人文风化，然既期

---

① 林庆：《家训的起源和功能——兼论家训对中国传统政治文化的影响》，载《云南民族大学学报》（哲学社会科学版）2004年第3期。
② 徐扬杰：《中国家族制度史》，武汉大学出版社2012年版，第9页。

子弟能够了解，故措辞浅近，略近口语，用语亲切，情感真挚，而且演为文学体裁之一。陈振孙认为：古今家训，以《颜氏家训》为祖。至家训文学之来源，终有三端：一为古人诫子书、家诫之属。若汉高祖之敕太子、东方朔诫子、班昭女诫书等。二曰古人之遗令或遗诫。三为古人生平的自述。唐以降，家主文学特盛，然往往但备伦理，而乏文采。有宋以后，益以理学激荡，家训乃成说教之工具。然明白通俗，近与语体之风格，则未尝失也。[①]

《说文解字·宀部》："家，尻也。从宀，豭省声。"段注解释："尻，处也。处，止也。"[②]就是说，家庭是每个人居住生活之所，也是每个人心灵安顿之地。个人的道德启蒙、心灵成长和生存技能的习得都是从家庭开始的，无数小的家庭最终又汇聚在一起，构成社会和国家的基本单位。家庭将个人的道德品行、文化修养、价值观念和理想追求同整个社会发展、国家前途和时代命运紧密地联系在一起。《说文解字·言部》："训，说教也。从言，川声。"段注解释："说教者，说释而教之，必顺其理。引伸之，凡顺皆曰训。"[③]也就是说，"训"是将特定的思想内容或价值观念用某种富有内在条理和逻辑顺序的语言或文字表达出来，目的在于教导或教诲特定群体遵照或顺从训诫者的立场和观点。由此可见，家训是中国古代传统家庭或家族长辈为教育子孙后代立德修身、为人处世、齐家治业而专门撰写的文献或形成的特定话语。广义的家训既应包括规范准则意义上的家规族约，也应涵盖教化训诫实践中的规范活动。[④]家训往往是先辈个人学识、人生阅历和理想追求的集体沉淀和集中凝练，表征和反映一个家庭特有的生活方式、文化氛围、人生信仰和价值理念，是一个家庭中每个成员所共同携带的文化基因、所遵从的价值共识和所具有的文化标识，建构的是一个家族成员共有的精神家园。

清代史学家章学诚指出："夫家有谱、州有志、国有史，其义一也！"将

---

① 张其昀监修：《中华百科全书》，中国文化大学出版部1981年版，第411页。
② 〔汉〕许慎撰，〔清〕段玉裁注：《说文解字注》，上海古籍出版社1981年版，第337页。
③ 〔汉〕许慎撰，〔清〕段玉裁注：《说文解字注》，上海古籍出版社1981年版，第91页。
④ 陈延斌：《中国传统家训研究的学术史梳理与评析》，载《孔子研究》2017年第5期。

家谱与方志、国史并置在同等重要的位置上，足见家训研究的重要性与迫切性。中国人历来重教养、重德育、重家教，有良好的家训、家风传统，家训历史传统悠久、思想内涵丰富。目前已知，"家训"二字最早见于东汉末年蔡邕向大将军何进推荐令史边让的文字中："以为让宜处高任，乃荐于何进曰：'……窃见令史陈留边让，天授逸才，聪明贤智。髫龀夙孤，不尽家训。'"①可见，汉代及其之前已有家训教育了。相传，夏朝流传下来的《五子之歌》就已经体现出家训的内容和形式。"明明我祖，万邦之君。有典有则，贻厥子孙"，"皇祖有训，民可近，不可下，民惟邦本，本固邦宁"，又"训有之，内作色荒，外作禽荒。甘酒嗜音，峻宇雕墙。有一于此，未或不亡"。②相传，太康因"尸位以逸豫"而丧失国都，造成其母及弟流亡洛河之滨，他们追念先祖之德，痛思今日之失，后悔不已，各自作歌以警示后人。歌词正是大禹教导其子启治理国家的内容，被部分学者视作中国最早的家训。西周时，周公敏锐地指出当时贵族子弟显现出来的六个缺点，从而教导其子伯禽要谦虚谨慎、礼贤下士："吾闻德行宽裕，守之以恭者，荣。土地广大，守之以俭者，安。禄位尊盛，守之以卑者，贵。人众兵强，守之以畏者，胜。聪明睿智，守之以愚者，哲。博闻强记，守之以浅者，智。"③周公告诫其子：德行广博宏大，能够以谦恭的态度处世，就会得到荣耀；土地富饶辽阔，能够以节俭的方式生活，就会得到平安；地位尊荣高贵，能够以谦卑的方式自律，就会得到尊崇；国家发达强大，能够以谨慎的心态坚守，就会获得胜利；聪明睿智，能够以愚鲁的态度做事，就会收获丰厚；博闻强识，能够以浅薄的心态自谦，就会增加智慧。周公的训示内容全面、逻辑流畅，父辈教子拳拳之心，殷殷切切，被认为是中国历史上最早的较为完备的家训文本之一。

事实上，尽管我国历史上的家训卷帙浩繁、品类众多、形式各异④，但无论

---

① 〔南朝宋〕范晔：《后汉书》，中华书局1965年版，第2646页。

② 李学勤主编：《十三经注疏·尚书正义》，北京大学出版社1999年版，第177—179页。

③ 许维遹校释：《韩诗外传集释》，中华书局1980年版，第117页。

④ 有学者指出，历代学者搜集整理、分类辑录家训文献的传统非常悠久。据统计，《中国丛书综录》收录家训119种，《四库全书》收录171种，《古今图书集成·家范典》收录116卷31部155类。参见王长金：《传统家训思想通论》，吉林人民出版社2006年版，第5页。

从哪个角度来讲，北齐颜之推所撰的《颜氏家训》都是第一部最为系统、全面和完整的家训典籍。宋代陈振孙对其推崇备至，认为"古今家训以此为祖"①。首先，《颜氏家训》阐明了家训教育的主要目的。"整齐门内，提撕子孙"②，即教育后辈子弟立德修身、齐家睦亲，从而确保家庭或家族平安兴旺、福泽绵延，进而以个人为中心、以家庭为起点将这种良好的精神力量和行为模式推广开来，"轨物范世"，维系社会稳定，推动国家发展。其次，《颜氏家训》系统地发掘整理、总结凝练了家训教育的指导思想、主要内容和实施细则。中华家训教育的核心思想是塑造、培育和树立正确的价值观，即通过"教之以义方，弗纳于邪"③，使家族成员树立正确的价值理想，培育高尚的道德情操和健全人格，从而以家庭为中介将个人命运与社会发展、国家兴亡紧密联系起来，完成和达到儒家"诚意、正心、修身、齐家、治国、平天下"的生存历练和理想境界。其主要内容包括道德治理、家庭伦理、齐家治业、奉公报国以及养生保命等各个方面，主要措施则是将价值熏陶与个体自觉并举、亲情感化与家规约束并用、榜样示范与言传身教并重，最终将家训的价值观念和具体内涵镌刻于每个成员内心，形成一种自觉、系统而有度的行为模式。再次，《颜氏家训》开创了我国家训典籍的著作体例和文体风格。其所提炼的家庭伦理、品德智能、思想方法、处世养生、杂艺知识等方面的教育，历代家训虽有所损益，但大致都在这个基本范围内。其语言平实又不乏文采，论理精辟却不缺亲切，事例丰富而不失恰当，为历代家训作者所推崇和效仿。明代傅太平就赞其"质而明，详而要，平而不诡。盖《序致》至终篇，罔不折衷古今，会理道焉，是可范矣"④。最后，《颜氏家训》经历代翻刻和阐释，传播范围广泛，影响力巨大。颜之推后，历代家训典籍层出不穷、百花齐放。有帝王君主传授后任经世治国的，如李世民《帝范》、朱棣《圣学心法》、康熙《圣谕广训》《庭训格言》；有世家贵族训诫子孙齐家治业的，

---

① 〔宋〕陈振孙：《直斋书录解题》（上），上海古籍出版社2015年版，第305页。此说亦得后人肯定，如明人王三聘。参见〔明〕王三聘：《古今事物考》，商务印书馆1937年版，第34页。
② 王利器：《颜氏家训集解》（增补本），中华书局1996年版，第1页。
③ 李学勤主编：《十三经注疏·春秋左传正义》（上），北京大学出版社1999年版，第80页。
④ 《明嘉靖甲申傅太平刻本序》，见王利器：《颜氏家训集解》（增补本），中华书局1996年版，第614页。

如柳玭《家训》、司马光《家范》、袁采《袁氏世范》、庞尚鹏《庞氏家训》、吴麟征《家诫要言》、孙奇逢《孝友堂家训》《孝友堂家规》、朱用纯《治家格言》及曾国藩《家书》等；也有普通百姓引导子侄为人处世、治家兴业的，如陆游《放翁家训》、石成金《传家宝》等。就形式而言，既有专门的家训著作，亦有具有家训内涵的诗文，以及涵盖家训思想和理念的书信。这些都对后世产生了深远的影响，是我们当前家庭建设和文化发展需要充分发掘整理与创新继承的宝贵思想资源和精神财富。

第二节　家训与农耕文化

"文化的起源和初期的发展值得辛勤研究，这不只是作为好奇的对象，而且也是作为理解现在和理解关于将来社会形态的极为重要的社会实践指南。"[1]作为中国传统文化中的重要组成部分之一，家训文化的产生"离不开特定的自然条件和社会历史条件"，家训"是在特定的自然环境下的物质生产方式和社会组织结构的产物。"[2]农业生产是中国传统社会的主要生产方式，农业经济也是中国传统社会的主要经济成分。可以说，农业生产的运行模式、农业经济的突出特点贯穿于中国传统文化的方方面面。中国素有"以农立国"的文化传统，中国人对农业文明更是有着特殊的情愫和依恋，所以，传统家训无论是从主要内容还是从思维模式上都深刻体现和表征着农耕文化的独有特性和深刻要求。

一、传统家训的主要内容体现农耕文化的基本要求

华夏先民很早就完成了由早期的渔猎生产向农耕文化的过渡和转变。公元前700年前后，中国即已进入传统农业阶段。从春秋战国时期开始使用铁犁牛耕，

---

① ［英］爱德华·泰勒：《原始文化》，连树声译，上海文艺出版社1992年版，第23页。
② 曾凡贞：《中国传统家训起源探析》，载《广西右江民族师范高等专科学校学报》1998年第4期。

到逐步发展推广农作物轮种模式，再到兴建各类水利灌溉工程，驯化动植物与选种育种实践，以及大规模、系统化编撰关于农业发展的著作，如《齐民要术》《农桑辑要》《农书》《农政全书》《授时通考》等，都清晰地表明华夏先民创造了光辉灿烂而又独特典型的东方式传统农业文化。历代所传典籍内容中都体现着对农业、农耕的重视。《尚书·洪范》中提出"八政"："一曰食，二曰货，三曰祀，四曰司空，五曰司徒，六曰司寇，七曰宾，八曰师。"[1]八个不同方面的政事是按照人主施政教于民的重要性与紧迫性来编排顺序的。其中，"食"（勤农业）与"货"（宝用物）都与农事相关且排在前面，可见农业生产应为国家治理的首要任务，而治理国家也就是发展农业。《尚书·无逸》中要求统治者"先知稼穑之艰难，乃逸，则知小人之依"[2]，即指出只有先知道生产粮食艰难的人，才会有安逸的生活享受。《诗经·大雅·生民》中提到"诞后稷之穑，有相之道"[3]，高度赞扬农神后稷传授农耕技术、发展农业生产的丰功伟绩。《论语·颜渊》中子贡问政，孔子答曰"足食，足兵，民信之矣"[4]，将农业生产看作安定人心、稳定社会的重要途径与基础。孟子进一步提出了一整套建立在农业制度改革基础上的社会制度建构与治理模式，提出"五亩之宅，树之以桑"，"百亩之田，勿夺其时"，"黎民不饥不寒"，等等。可见，农耕文化深刻而悠远地影响着中国传统文化的形成和发展，是中华民族血脉中具有独特识别性的文化基因。

依据生产力发展水平情况，一般我们可以将历史上农业生产的发展阶段分为原始农业、传统农业和现代农业三个不同阶段。就传统农业而论，主要是建立在代际间直观的经验传授基础上，以畜力牵引或人工操作为主要动力来源，以铁犁等金属农业生产工具为显著标志。其特征表现为：悠久历史的时代积淀；"精耕细作"的技术选择；因地制宜，集约化的土地利用方式；以谷物种植为主，农、林、牧相结合的多种经营模式；以"三才"思想为核心的农学理论为指导。实际

---

① 李学勤主编：《十三经注疏·尚书正义》，北京大学出版社1999年版，第305页。
② 李学勤主编：《十三经注疏·尚书正义》，北京大学出版社1999年版，第429页。
③ 李学勤主编：《十三经注疏·毛诗正义》（下），北京大学出版社1999年版，第1068页。
④ 李学勤主编：《十三经注疏·论语注疏》，北京大学出版社1999年版，第160页。

上，正如有学者指出的，"传统农业是指在历史上形成的且又系统流传下来、影响至今的一种农业文化"，"传统农业是一种流传至今的农业文化。所谓'文化'，是指人类社会历史实践过程中所创造的物质财富和精神财富的总和"。[①]也就是说，传统农业不仅是农业生产发展的一个历史阶段，还是一个庞大的文化系统。中国传统农业文化演变进程中的主要思想可以概括为："三才"论——生态农业的理论基础；元气论——传统农业自然观；阴阳学说——农作物生长发育观；五行理论——农业框架结构观；圆道观——农业系统论和循环观；尚中思想——农业生产优化观。[②]这个框架体现了中国传统农学思想的整体面貌，它的充实和完善构成完整的传统农学思想的理论体系。这个文化系统既是中国传统文化庞大体系中的一部分，又影响着传统文化的其他部分。

作为中国传统文化的重要组成部分之一，传统家训也深受这种农业文化思想的深刻影响，历代家训在其核心思想与关键内容凝练上都较为集中地体现了农耕文化的特征和农业生产的要求。如北齐颜之推在《颜氏家训》中就将农业生产作为生民之本与立家之基。《治家》篇指出：

> 生民之本，要当稼穑而食，桑麻以农。蔬果之蓄，园场之所产；鸡豚之善，埘圈之所生。爰及栋宇器械，樵苏脂烛，莫非种殖之物也。至能守其业者，闭门而为生之具以足，但家无盐井耳。今北土风俗，率能躬俭节用，以赡衣食，江南奢侈；多不逮焉。[③]

《涉物》篇指出：

> 古人欲知稼穑之艰难，斯盖贵谷务本之道也。夫食为民天，民非食不生矣，三日不粒，父子不能相存。耕种之，莳锄之，刈获之，载积之，打拂之，簸扬之，凡几涉手，而入仓廪，安可轻农事而贵末业哉？[④]

《颜氏家训》明确将农业作为百业之首，视其为事关生死存亡与政治兴衰的

---

① 王星光：《传统农业的概念、对象和作用》，载《中国农史》1989年第1期。
② 苏黎：《中国传统农业技术演化特征及成因分析》，博士学位论文，东北大学，2008年。
③ 王利器：《颜氏家训集解》（增补本），中华书局1996年版，第43页。
④ 王利器：《颜氏家训集解》（增补本），中华书局1996年版，第324页。

头等大事而有别于其他"末业"。

唐太宗李世民在《帝范·务农篇》中总结了历史上以农立国、足食为政的治国经验，突出自己的农本思想：

> 夫食为人天，农为政本。仓廪实则知礼节，衣食乏则忘廉耻。故躬耕东郊，敬授民时。国无九岁之储，不足备水旱；家无一年之服，不足御寒温。然而莫不带犊佩牛，弃坚就伪。求伎巧之利，废农桑之基。以一人耕而百人食，其为害也，甚于秋螟。莫若禁绝浮华，劝课耕织，使民还其本，俗反其真，则竞怀仁义之心，永绝贪残之路，此务农之本也。斯二者，制俗之机。[1]

清代林则徐在给儿子的家书中强调，"盖农居四民之首，为世间第一等最高贵之人"。所以，他提早购置"四围良田"，"雇工耕种"，就是为了儿子"学稼之谋"。林则徐甚至要求儿子成为"随工人以学习耕作，黎明即起，终日勤动而不知倦"的"田园之好子弟"。[2]正是由于有"农桑者，衣食所由出也"的朴素认识，在中国传统家训中，这种重视农业生产的观点比比皆是。无论帝王考虑国家治理的长治久安，还是士商出于家族发展的兴旺发达，抑或民众为了自身生存，都强调和突出农业生产的重要位置，将其作为教育子孙后代的主要内容。

仔细梳理卷帙浩繁的传统家训文本就可以发现，其内容大量保存着具体的农耕经验传授、农业技术推广等，极大地体现着传统农业文化注重代际之间直观经验的传授，以及依靠畜力牵引或人工操作为主要动力的标志。如宋袁采《袁氏世范·治家》指出：

> 池塘、陂湖、河埭，蓄水以溉田者，须于每年冬月水涸之际，浚之使深，筑之使固。遇天时亢旱，虽不至于大稔，亦不至于全损。今人往往于亢旱之际，常思修治，至收刈之后，则忘之矣。谚所谓"三月思种桑，六月思筑塘"，盖伤人之无远虑如此。

---

① 楼含松主编：《中国历代家训集成》（第1册），浙江古籍出版社2017年版，第82页。
② 〔清〕林则徐：《林则徐家书》，中国长安出版社2015年版，第186页。

桑、果、竹、木之属，春时种植，甚非难事，十年二十年之间即享其利。今人往往于荒山闲地，任其弃废。至于兄弟析产，或因一根荄之微忿争失欢，比邻山地偶有竹木在两界之间，则兴讼连年。宁不思使向来天不产此，则将何所争？若以争讼所费，佣工植木，则一二十年之间，所谓"材木不可胜用"也。[1]

传统农业生产受技术水平限制，对自然界依赖性较强，因而需要在充分把握自然规律的基础上顺应自然特性，并未雨绸缪做好灾害防范措施。这一思想认识在家训文本中体现为农耕经验传授要求勤于管理，不误农时；因势利导，重视水利。如宋代《陈旉农书》指出，农业生产要"盗天地之时利"，也就是说，从事农业生产并不是盲目地干，莽撞地拼，而是要充分发挥人的主观能动性，在"顺天地时利之宜，识阴阳消长之理"的基础上，"知其所宜，用其不可弃；知其所宜，避其不可为"。这种思想也深刻地影响着中国传统家训并清晰地体现在家训文本中。明代许相卿的《许氏贻谋四则》就指出：

男胜耕，悉课农圃，主人身倡之；女胜机，悉课蚕织，主妇身先之。风土气候必乘，种性异宜必审，种植耕耨必深，沃瘠培灌必称，芟草去虫必数，壅溉修剪必当必时，程督必详，勤惰必察。此民生第一务，周人王业肇基于此。桑柘、果蔬、牲畜，择人分任，置籍计功，务课日益，怠必罚，废则更之。[2]

许相卿强调，要充分认识对象的特性，把握自然规律，根据气候条件和土地情况，因地制宜地种植各类农作物。同时，他指出了基于生理特征不同基础上的男女分工及"主人""主妇"的"身倡之""身先之"的重要性。中国传统家训中的这些内容都根源于农耕文化特殊生产方式和生活模式的朴素要求，其又反过来作用于对农业生产的重视程度和发展推动上。

---

[1] 楼含松主编：《中国历代家训集成》（第2册），浙江古籍出版社2017年版，第754、755页。
[2] 楼含松主编：《中国历代家训集成》（第3册），浙江古籍出版社2017年版，第1892页。

二、传统家训的思维模式表征农耕文化的主要特征

农耕文化的特有生产方式和思维习惯深刻地影响和塑造着传统家训的内容生成和思维模式。这主要体现在以下方面。

（一）重农抑商的发展观念

中国自古以农业立国，历代王朝的统治者和思想家都清晰地认识到农业发展与粮食生产的重要性，强调"农，天下之大本也，民所恃以生也"（《汉书·文帝纪》）。孔子在论政时就将"足食"放在最优先的位置上。这种思想也为历代统治者和思想家所继承和发扬，在重视农业发展的基础上，又逐渐地形成了抑制商业发展的思想。如《管子·立政》就指出，"工事竞于刻镂，女事繁于文章，国之贫也"，相较而言，"桑麻植于野，五谷宜其地，国之富也。六畜育于家，瓜瓠荤菜百果备具，国之富也"。[①]古人从经济角度考虑，认为工商业是一种非生产性的活动，从事工商业这种非生产性活动的人多了，自然就会使得从事直接生产性的农业活动的人减少，这样势必会造成工商害农。"国之所以兴者，农战也"，如果"农者寡而游食者众，故其国贫危"[②]，这显然是统治者不能容忍的。就民风教化方面而言，古人认为"商则长诈，工则饰骂，内怀窥窬而心不怍，是以薄夫欺而敦夫薄"[③]。也就是说，商业使人奸诈，农业使人厚朴。所以，重农抑商就是抑奸诈之俗，培育长厚朴实之风。此外，古人从政治角度考虑，认为商者逸而农者劳，工商业者牟取暴利会带坏民风，破坏小农经济所坚守的平均主义，从而打击农业生产者的积极性，使社会治理难度加剧。如《吕氏春秋》就指出，"古圣先王之所以导其民者，先务于农"，原因就在于"民农则朴，朴则易用，易用则边境安，主位尊"。[④]

传统文化中的这种重农抑商的思想和认识深刻地影响了家训文化并体现

---

① 黎翔凤：《管子校注》（上册），中华书局2004年版，第64页。
② 蒋礼鸿：《商君书锥指》，中华书局1986年版，第23页。
③ 乔清举：《盐铁论》（全文注释本），华夏出版社2000年版，第15页。
④ 许维遹：《吕氏春秋集释》（上），中华书局2009年版，第682页。

在家训文本中。如清代雍正皇帝在《圣谕广训》中明确地指出了农业生产的重要性：

> 朕闻养民之本，在于衣食。农桑者，衣食所由出也。一夫不耕，或受之饥；一女不织，或受之寒。古者天子亲耕，后亲桑，躬为至尊，不惮勤劳，为天下倡。凡为兆姓，图其本也。夫衣食之道，生于地，长于时，而聚于力。本务所在，稍不自力，坐受其困。故勤则男有余粟，女有余帛；不勤则仰不足事父母，俯不足畜妻子。其理然也。①

这种训谕是雍正皇帝用来教育后继者治理国家的格言警句，同时，由于训谕者身份的特殊性，带有国家法令颁布与政策实施的意味。

清代张履祥在《训子语》中就告诫子孙："只守农土家风，求为可继，惟此而已"。针对当时社会普遍存在的"以耕为耻辱""只缘制科文艺取士"的问题，张履祥较为详细地论述了读书与耕作的关系，指出：一方面"人须有恒业，无恒业之人，始于丧其本心，终至丧其身。然择术不可不慎，除耕读二事，无一可为者"，认为耕与读各有所职分，需要"力耕""力学"，二者不可偏废。另一方面，"实论之，耕则无游惰之患，无饥寒之忧，无外慕失足之虞，无骄侈黠诈之习。思无越畔，土物爱，厥心臧，保世承家之本也"，认为如果在耕读二者中间权衡，耕才是"保世承家之本"，其基础地位是其他治生手段所无可企及的。②

（二）安土重迁的乡土观念

农耕文化对土地的依赖和眷恋反映在普通民众的心理上就是对土地的敬畏，对乡土的重视，"安上重迁，黎民之性；骨肉相附，人情所愿也"（《汉书·元帝纪》）即此种心理的真实写照。一方面，中国人不愿意轻易地离开家乡，即使离开家乡也总想着要常回家看看，年老之后，最大的心愿就是落叶归根，就是这种心理的个体体现。另一方面，中国人普遍重视对祖先的怀念和追忆。"慎终追

---

① 夏家善主编：《帝王家训》，天津古籍出版社2017年版，第201—202页。
② 楼含松主编：《中国历代家训集成》（第6册），浙江古籍出版社2017年版，第3664、3665—3666页。

远，民德归厚矣"，就是这种心理的集体体现。"慎终"是晚辈对先祖的诚心敬意，"追远"是后人用先祖的成就自勉，审慎地为父母操办后事，虔敬地举办祭祀祖先的活动。西汉大臣丙吉就强调"宗庙至重"，祭祀祖先之礼不可忽略，更不可怠慢。建立在农耕文明基础上的中国文化，对家庭和家长看得尤为重要，敬天法祖、崇老尚古的观念深入人心。这种安土重迁的乡土观念深植于农耕文化基础之上，较为集中地体现了农耕文化对土地资源的依赖，对经验传承的看重，以及对代际继承的执着。中国传统家训文化深受农耕文化此种观念影响，并将之进行独特形式的创造，进而体现并保存在文本文献中。

历代家训文本中大都有关于祭祀的内容，涉及祭祀时的仪式、态度等方方面面。如陕西省安康市汉阴县《沈氏家训》就指出：

> 祭祀不可不殷也。祖宗往矣，所恃以有子孙者，以其有时食之荐、拜祭之勤耳。况岁时伏腊尚与家人为欢，而春露秋霜不忘水源木本之报，祖宗亦安，赖有此后人也。宗庙明禋，北邙祭扫，其慎勿忽！

> 古之圣贤谆谆教导，百行之原莫大于孝，虽圣帝、明王亦必以孝治天下。而士庶敢不定省问视，以各致敬尽诚乎？且衣衾棺椁之必齐，瘞埋荐祭之必诚，古之道也。族中子姓，但于力之所能为，分之所当为者，即勉力以为之，庶几乎稍尽子职矣。《诗》云："欲报之德，昊天罔极。"又云："永言孝思，孝思维则。"其朝夕诵之。[1]

《沈氏家训》继承了儒家文化的传统，其开篇两条内容分别是"祭祀不可不殷也"和"侍亲不可不孝也"，即要求子孙要勤俭持家、耕读传家；在处理家庭关系中，要求子孙祭祀以殷、侍亲以孝、兄弟友爱、长幼有序、谨慎择偶。换言之，《沈氏家训》总体上要求后世子孙要重视对先祖功业的感怀与精神的传承，重视对血缘亲情的依恋与奉献的感恩，重视对夫妻关系的联系与情感的和谐。同样的内容选择与形式编排，也出现在陕西省安康市石泉县、汉阴县《冯氏家训》中，如"一曰敬天地""二曰敬祖宗""三曰孝父母"，然后是"四曰爱

---

① 戴承元：《安康优秀传统家训注译》，陕西人民出版社2017年版，第103、104—105页。

兄弟""五曰信朋友"，显然是将对祖宗的崇敬与对天地的敬畏放在首要的位置上，提醒后代子孙注意。

（三）敬畏生命的生存观念

农耕的生产基础是作物基于土地种植上的自然生长，一颗种子从播种、发芽、生根、长叶到开花、结果、收获，构成一个循环往复的完整过程。人们对这一周而复始过程的关注和认识，以及社会生产和生活方式上循环往复的运作与持续，必然会产生对自然的依赖、与自然合拍、随自然循环、同自然共生的思维模式。基于农业生产实践与经验，先民尤其关注并研究作物与作物之间、作物与环境之间、人与作物之间以及人与环境之间的关系，尊重自然生命，看重生态智慧。远古时代，先民就已经逐渐地建立起一种观念，即将任何事物都纳入天、地、人三大要素所构成的宇宙框架来分析与判断。《周易·序卦》曰："有天地然后有万物，有万物然后有男女。有男女然后有夫妇，有夫妇然后有父子。有父子然后有君臣，有君臣然后有上下，有上下然后礼义有所错。"①这就是将事物放置在天、地、人"三才"要素认知框架中来体认，建立起了古人完善的认知结构，展现出了古人基本的价值观念。后继的思想家与学者也普遍认为，与人类的实践活动发生关系的一切事物，都必定受天时、地宜和人力的影响。因而，《荀子·王霸》提出"上不失天时，下不失地利，中得人和，而百事不废"②，《管子·禁藏》提出"顺天之时，约地之宜，忠人之和。故风雨时，五谷实，草木美多，六畜蕃息，国富兵强，民材而令行"③。到了汉代，董仲舒总结道："天地人，万物之本也。天生之，地养之，人成之。天生之以孝悌，地养之以衣食，人成之以礼乐，三者相为手足，合以成体，不可一无也。"④传统农耕文化这种典型的生态意义内涵与生命价值取向不但深刻地作用于中国人的思维方式与思想观念，也突出地体现在累世流传的家训文本与家风实践中。传统家训中虽然没有明

---

① 李学勤主编：《十三经注疏·周易正义》，北京大学出版社1999年版，第336—337页。
② 〔清〕王先谦：《荀子集解》（上），中华书局1988年版，第229页。
③ 黎翔凤：《管子校注》（中），中华书局2004年版，第1018页。
④ 苏舆：《春秋繁露义证》，中华书局1992年版，第168页。

确提出"生态文化""生态文明"等概念，但是蕴含着天人合一、仁爱万物、俭用节欲、乐山乐水等丰富的生态思想；虽然没有清晰出现"生命意识""生命价值"等字眼，但是包含着很多教育子孙要节用惜材、养生全命的内容。其中，很多内容都是依据对自然的节律和物象的观察，总结规律得到启发后的要求和告诫。曾国藩的"日课四条"指出："凡人之生，皆得天地之理以成性，得天地之气以成形。我与民物，其大本乃同出一源。若但知私己而不知仁民爱物，是于大本一源之道已悖而失之矣。"[1]曾国藩叮嘱与告诫自己及后辈要认识到物我同源、彼此平等。作为有灵性的人则要主动地去体悟天道，遵循自然规律和生态秩序，采取适当的行为，使万物生生不息，以达天人一致，从而将天之道落实到自我人格世界中。

明代姚舜牧在《药言》中提出：

> 有走不尽的路，有读不尽的书，有做不尽的事，总须量精力为之，不可强所不能，自疲其精力。余少壮时，多有不知循理。事多，有不知惜身事。至今一思一悔恨，汝后人当自检自养，毋效我所为，至老而又自悔也。[2]

姚舜牧依据人的身体成长的自然规律，要求子孙重视惜命全生，也告诫子孙不要讳疾忌医，这充分体现了传统家训中的生命意识以及对生命价值的关注与重视。

传统家训提倡节俭思想，并将之作为普遍的伦理主张与道德规范。一方面体现了源自节欲俭用的消费观念而增强家庭抵御风险能力的生存智慧，另一方面体现了物我同一、执中守本的生态智慧。比如，袁采在《袁氏世范》中指出"见物我为一理也"，要求家人爱惜家里圈养的家禽和其他动物。明代袁黄在《了凡四训》中指出："蔬食菜羹，尽可充腹，何必戕彼之生，损己之福哉？又思血气之属，皆含灵知，既有灵知，皆我一体。"[3]其中便含有生态伦理规范的内容。

---

① 楼舍松主编：《中国历代家训集成》（第11册），浙江古籍出版社2017年版，第6768页。
② 楼舍松主编：《中国历代家训集成》（第5册），浙江古籍出版社2017年版，第2763页。
③ 楼舍松主编：《中国历代家训集成》（第4册），浙江古籍出版社2017年版，第2563页。

第三节　家训与宗族社会

任何事物的产生和发展都需要一定的基础性条件和关键性因素，一般都有一个或长或短、或快或慢的过程。中国人几千年来所形成的"家庭""家族""宗族"观念"是中国文化一个最主要的柱石，我们几乎可以说，中国文化，全部都从家族观念上筑起，先有家族观念乃有人道观念，先有人道观念乃有其他的一切"①。由此可见，传统家训文化观念的形成与形态的发展，显然与传统宗族社会有着深刻联系。

一、传统宗族社会的形成及其特点

宗族社会在中国具有几千年的历史，最早是由原始社会后期的父系家长制氏族与部落逐渐衍化而来。一般来讲，同宗族往往拥有共同的祖先及血亲关系，辅以配偶与姻亲关系，内部成员之间形成一种长幼尊卑等级定位有序的较为稳固的人群集合体。宗族有广义与狭义之分。狭义的宗族，即由同曾祖或高祖的若干家族所构成。广义的宗族，包括家庭、家族、宗族和族系四层概念，即由对夫妻及其子女二代，有时还有其祖父母共三代所构成的共同生活的家庭；由若干独立生活的兄弟家庭所构成的家族；由同一曾祖或高祖的若干家族所构成的宗族；由同一始祖、居住在一个或相邻乡村的若干有远亲关系的宗族所构成的族系。②传统宗族社会的形成和传统宗法制度的要求密不可分。

王国维在《殷周制度论》中指出：

> 欲观周之所以定天下，必自其制度始矣。周人制度之大异于商者，
> 一曰立子立嫡之制，由是而生宗法及丧服之制，并由是而有封建子弟之

---

① 钱穆：《中国文化史导论》（修订本），商务印书馆1994年版，第51页。
② 参见程维荣：《中国近代宗族制度》，学林出版社2008年版，第3页。

制，君天子、臣诸侯之制。二曰庙数之制。三曰同姓不婚之制。此数者，皆周之所以纲纪天下。其旨则在纳上下于道德，而合上子、诸侯、卿、大夫、士、庶民以成一道德之团体。①

周朝的建立是历史上国家权力与社会关系的一次重组，开启了君权形式与国家模式的新阶段。宗法制度在周代逐渐趋于完备，而其核心就是"立子立嫡之制"。

《礼记·丧服小记》指出："别子为祖，继别为宗，继祢者为小宗。有五世而迁之宗，其继高祖者也。是故祖迁于上，宗易于下。尊祖故敬宗，敬宗所以尊祖、祢也。庶子不祭祖者，明其宗也。"②传统宗法制的核心精神是嫡长子继承制，即由父亲传于长子，长子传于长孙，长孙传于长曾孙，长曾孙传于长玄孙，以此类推，此系相传。但实际过程中，除长子之外，可能还有次子，又叫作"别子"。这里的"别"，除分别、区别于嫡长子的含义外，还有等级尊卑的含义。别子在地位上是要低于长子的，可以被看作长子的臣属，不能与长子同祖，他必须离开旧有的系统而另外建立自己的新系统。也就是说，别子的后代都以别子为始祖（不能与长子同祖），凡是别子的长子、长孙、长曾孙都以此一系代代相传，是为"大宗"。别子除长子之外，可能还有庶子，庶子的长子继庶子，就是继"祢"（继于父），又层层类推建立小的宗法系统，是为"小宗"。《仪礼·丧服》将这种宗法传承机制概括为："诸侯之子称公子，公子不得祢先君。公子之子称公孙，公孙不得祖诸侯。此自卑别于尊者也。"③有学者这样概括道："整个地说，只有一最大的大宗，所有的大小宗俱宗事之，可以称为宗主。此外有许多小宗，这些小宗自身又成为继别为宗的大宗。而又包含许多小宗。如此陈陈相因，成一错综复杂的有系统的组织。"④宗法制于天然的血统关系中，利用"尊祖"的文化，培植"敬宗"的习惯，"倘继祖之宗，被诸支庶所敬，则是无形之中，收了统治的效用；这于建立社会秩序，何等重要!"⑤宗法制度的严

① 谢维扬、庄辉明、黄爱梅主编：《王国维全集》（第8卷），浙江教育出版社2010年版，第303页。
② 李学勤主编：《十三经注疏·礼记正义》（中），北京大学出版社1999年版，第963页。
③ 李学勤主编：《十三经注疏·仪礼注疏》（下），北京大学出版社1999年版，第610页。
④ 瞿同祖：《中国封建社会》，上海人民出版社2013年版，第94页。
⑤ 周谷城：《中国通史》（上册），上海人民出版社1981年版，第72页。

格等级规定与筛选，最终起到的效果，正如《礼记·大传》所说："是故人道亲亲也，亲亲故尊祖，尊祖故敬宗，敬宗故收族，收族故宗庙严，宗庙严故重社稷，重社稷故爱百姓，爱百姓故刑罚中，刑罚中故庶民安，庶民安故财用足，财用足故百志成，百志成故礼俗刑，礼俗刑然后乐。"[1]也就是说，宗法制度通过建立在血缘基础上严苛的等级观念与固定模式，来维持家庭、家族、宗族管理的稳固性，进而实现国家治理的长久性。

宗法社会的承继法是基于嫡长子继承制的。世袭的嫡长子被称为世子，世子以其优越的出生条件，将政治和宗法的身份与权力集于一身，一般总领本族祭祀，掌管本族财产，管理本族成员，处理本族重要事务，这样就形成了以大小宗构成的权力中心，形成了宗法家长制度。宗法制度体现出以严格的血缘维系家族的完整、以固化的家长作为家族的核心、以森严的礼法体现家族的等级等特点。随着经济结构和生产方式的转变，后世的宗法家族制度虽然相较周代奴隶制社会原始意义上的宗法制度已大为不同，但还是继承了其血缘、家长与等级的精神实质。"只有当原始家庭发展到以父系血缘结合形成宗族社会、原始父系家长制衍化为宗法制度的时候，才有家训产生的需要和可能。"[2]以血缘为核心建立起来的宗法家庭，往往有着内容系统且执行严格的宗族制度，体现为有关宗族维系与运作的原则、规范的总和。其一般表现形式包括封建礼制、家法族规、涉及宗族的法律法规与判例、某些具有强制性的伦理道德规范，以及某些地方政府的规章。

二、宗族社会规定传统家训的内容要求

传统宗法社会以血缘亲情为核心，因而特别注重对祖先的追忆与缅怀，"世世惟先人之祠宇是营，惴惴焉以废弃先业不克只承是惧，以为知本"[3]，就是这

---

① 李学勤主编：《十三经注疏·礼记正义》（中），北京大学出版社1999年版，第1011页。
② 江雪莲：《中国家训文化源流论略》，载《东南大学学报》（哲学社会科学版）2021年第1期。
③ 〔清〕朱栋：《朱泾志》，上海社会科学院出版社2005年版，第24—25页。

个道理。古人以祭为"教之本也",祭祀"以为之本",祭祀是发自内心的一种情感和行为,既是孝行的继续,也是精神上凝聚宗族的重要力量。所以,《礼记·祭统》曰:"凡治人之道,莫急于礼。礼有五经,莫重于祭。夫祭者,非物自外至者也,自中出生于心也。"①通过建立祠堂、祭祀祖先的集体或个人行为模式,宗族内部牢固而又稳定地团结在一起。当然,宗族社会的这一内在要求也深刻地体现在传统家训文本与训诫实践中。如陕西省安康市平利县《詹氏家规十六条》指出:

> 物本乎天,人本乎祖,祖宗与子孙原一脉所流传、一气所连贯者也,可不敬哉?故必建祠宇以妥先灵,置祭田以隆时祀,修坟墓以保骨骸,勒碑石以垂久远。所以然者,欲使子孙不失祭祀之典,不忘祖茔所在耳。倘有坟墓崩坏,宜随时修补,不可因循怠玩。②

詹氏家规首先指出"子孙原一脉所流传、一气所连贯者也",祭祀祖先即追根溯源,明白同族血脉相连的天然不可割离性。其次,家规详细地论证了祭祀先祖的重要性,也明确规定了祭祀先祖的具体形式与必要措施。这一现象在传统家训文本中十分常见。

传统宗法社会,为了实现敬宗、睦族、守族、保族的伦理诉求,需要一定的经济基础作为支撑与保障,而能够实现这一目标的有效方法就是族产制度的建立。族产即家族之财产,基本属性就是家族共有,一般包括义田、祭田、学田、墓田,义庄以及家塾、家祠亦属此列。义田又称义产或润族田,是"为赡养宗族或救恤宗族而设之田产"。通常,义田的租金收入用于抚恤鳏寡孤独,祭田的租金收入用于全村的祭祀活动,学田的租金收入用于修书院书塾。义庄为宋代范仲淹所创,本为收藏义田租金和办理赡济事务的庄屋,其与义田均为赡养宗族组织的构成要素。后来,义庄的含义显然有所拓宽,"亦有包涵义田及祭田之义庄田的义庄,尚有更加学田及义冢田,而组织一义庄之实例"。实际上,这个时候的义庄已具有广泛含义,"代表赡养宗族组织全体之名称,而义田则被人看做

① 李学勤主编:《十三经注疏·礼记正义》(下),北京大学出版社1999年版,第1345页。
② 戴承元:《安康优秀传统家训注译》,陕西人民出版社2017年版,第296页。

仅为附属之义庄田而已"①。族产制度主要"收租以供祭费","为田以赡其族人",因而可以视为宗族得以进行日常活动、发挥宗族职能的社会保障制度。自范仲淹首创义庄以来,传统家训历来重视以义庄为代表的族产,同时在家训文本中制定详细的训诫内容用以规范族产的置办与管理,形成传统家训的重要内容组成之一。

范仲淹《范氏义庄规矩》十三条对义庄所得做了明确安排。范氏所设义庄的族人对救济带有普遍福利性质,即所得分与全体宗族成员,"供给衣食及婚嫁丧葬之用"。范氏后世子弟在实践中不断完善义庄规矩,义田、义庄的管理日益严密、规范,这样就从权利与义务上将范氏族人牢牢地团结在一起。牟崎在《义学记》中评论道:"范文正公尝建义宅,置义田、义庄,以收其宗族,又设义学以教,教养咸备,义最近古。"②可见,对其推崇备至。义田、义庄制度也得到范仲淹同时代及其以后的士大夫阶层的争相效仿。《宋史》就记载了神宗时期参知政事吴奎的例子。吴奎"少时甚贫,既通贵,买田为义庄,以周族党朋友,殁之日家无余资,诸子至无屋以居,当时称之"(《宋史·吴奎传》)。这类例子在士大夫阶层显然不是个案。陕西省安康市岚皋县、汉滨区《谢氏族规八条》第八条"睦亲族"就有这样的规定:"族无论亲疏,凡事当忧乐与共,患难相顾。其有鳏寡独孤、颠连无告者,尤当加意体恤,勿使失所。置义田以备赈济,立义学以广栽培,此皆盛举,宜勉为之。"③其指出,要通过建立义田、义庄救济贫苦、孤寡、遭灾族人,避免他们流离失所、妻离子散,以达到守族、睦族的目的。同时,通过义田、义庄这一物质基础培养同宗同族人的共祖感情,既有效地凝聚了族人的力量,提高了宗族抵御潜在覆灭风险的可能,客观上也起到了维护封建宗法制度的作用。

传统自然经济状态下,宗族社会的存在与发展,一般需要在相对固定的地域环境中,并有着相对稳定的经济条件与社会基础。宗族成员聚居形成独立群体,往往过着日出而作、日落而息的生活,世代在祖先遗留下来的土地上生活、劳

---

① [日]清水盛光:《中国族产制度考》,中华文化出版事业委员会1956年版,第5页。
② 范仲淹:《范文正公文集》,中华书局1978年版,第2360页。
③ 戴承元:《安康优秀传统家训注译》,陕西人民出版社2017年版,第287—288页。

作，甚至很少与族外进行经济或其他的联系，也很少迁徙、流动。韦政通在《儒家与现代中国》中说："在中国，简直可以说，除家族外，就没有社会生活。绝大多数的老百姓固然生活在家族的范围以内，少数的士大夫，除偶然出仕外，从生到死，也莫不活动在家族的范围之内。家族就象一个个无形的人为堡垒，也是每个人最安全的避风港。"①这种观点虽有一定的绝对性，但比较贴切。家庭生存与宗族生活都需要有一定的规范，即需要一套涵盖"孝父母""宜兄弟""和妻子""重师友"内容的有效处理人际关系的伦理原则，而这套有效原则建立的前提是对各类关系的分析与区别，使得"族宜名分""族宜有序"，这就落到家谱、族谱等的制作与修订活动上。家谱、族谱主要记载宗族源流、核心活动及财产变化，辨明各类人际关系，使"谱牒世系，井然秩序"，世系分明，溯源分流，昭然可稽。如安康市石泉县、汉阴县《冯氏家训》第三则就要求："凡取名讳，当照前人，班次以定，系谱相因，作聪乱田，疏远难明，昭穆失序，纲纪何存？仓卒莫辨，大昧宗亲，称呼不便，兄弟无伦。"②由于作为一族之牒的族谱旨在纵以追本溯源，发祥绵延流长，横以联系睦族，增强家族团结，继承和发扬家族的彪炳历史，教育嗣孙后裔振兴家族，所以历代传统家训对子孙谱系非常重视，有很多重视谱牒修订的规范内容。

从传世家训文本看，由于族谱文本的写作通常是在溯源整个家族历史的基础上，一般形式是罗列族中所有男丁的名字，以示在祖先庇护下子孙兴旺，因此几乎所有的族谱都将自己家族的历史与国家历史相联系，与国家的发展历史相结合。③在传统宗法社会中，父系大家庭将"若干数目的自由人和非自由人在家长的父权之下组成一个家庭"。为了维系家族的稳定与发展，除了从源头上通过家族谱牒的方式溯清源流、分明世系，也要通过惩戒的方法树立权威、保障稳定。所以，传统家训文本中有很多关于族人违反宗族伦理、挑战等级秩序的惩戒条目，这些条目甚至组成了家训文本的重要内容。特别是宋以后，运用惩罚手段加强对家人子弟的训诫得到了较大的发展，家训文本中对违反家训者都做了惩罚性

---

① 韦政通：《儒家与现代中国》，上海人民出版社1990年版，第72页。
② 戴承元：《安康优秀传统家训注译》，陕西人民出版社2017年版，第54页。
③ 吕虹：《中国乡村社会田野调查》，山东大学出版社2022年版，第19页。

的规定，其项目罗列之细致，覆盖范围之广泛，处罚力度之严厉，每有出人意料之举。如被朱元璋赐以"江南第一家"的郑氏家族家训中就指出，"立家之道，不可过刚，不可过柔，须适厥中"，即要恩威并施，奖惩结合。清代蒋伊《蒋氏家训》提出，如家族"子孙举动，宜禀命家长，有败类不率教者，父兄戒谕之，谕之而不从，则公集家庙责之，责之而犹不改，甘为不肖，则告庙摈之，终身不齿。有能悔心改过，及子孙能盖愆者，亟奖导之，仍笃亲亲之谊"[1]。惩戒伊始，主要以劝谕为主，进而是"集家庙责之"的公开教导，如果还是不改，则"告庙摈之，终身不齿"，即从宗族除籍，并不再允许被提及。处罚循序渐进，具有一定的层次性与系统性，但同时体现了处罚本身的严厉性与权威性。这也是一般传统家训文本所共有的现象。

第四节　家训与儒家文化

传统家训同儒、释、道等文化有着复杂而深刻的联系。但是，无论是从影响的深度还是范围的广度来讲，以孔、孟、荀为代表的儒家文化是对传统家训影响最深刻的文化类型。从传统家训对儒家文化传播的作用上讲，传统家训是儒家思想的民间版本，它使高雅的儒学从宏大理论的王国下降到普通百姓的生活中，内化为每个社会成员的道德标准和行为准则。从传统家训对儒家文化内容的体现上讲，传统家训在关键文献选择、核心内容凝练以及主导价值表达上，都体现的是儒家文化的主要内容和核心理念。

一、传统家训是儒家文化向民间普及的桥梁

在中国漫长的传统社会里，儒家文化作为主流文化形态在维护社会稳定、

---

[1] 楼含松主编：《中国历代家训集成》（第6册），浙江古籍出版社2017年版，第3919页。

巩固封建统治和范导日常行为中一直起着至关重要的作用。直到今天，我们的道德观念和行为规范仍然潜移默化地受到儒家文化的影响和制约。从儒学的历史存在形态来说，儒学大体经历了民间—官方—官方与民间并存—民间的过程。先秦时期，孔、孟、荀的儒学最初是以民间儒学的形态存在的；自汉武帝采纳董仲舒"罢黜百家，独尊儒术"的建议之后，儒学逐渐上升为官方的意识形态，官方儒学出现。官方儒学是一种精英化的儒学，是由皇权或政府及社会精英参与、承载和推动的儒学，其特征是经学化、理论化和精英化。所以，《隋书·经籍志》曰："儒者，所以助人君明教化者也。圣人之教，非家至而户说，故有儒者宣而明之。"与之相对应的是，一种民间儒学的存在。民间儒学是由社会普通民众参与、承载和推动的，且主要在民间流传，常以伦理的、世俗的、民间化的形式存在和发展，成为"百姓日用而不知"的东西，因而具有底层化、草根型、潜在性、实践性的特征。从历史上看，官方儒学主要依靠"儒者宣而明之"，即主要依靠那些经学博士的解经之说，以及儒学门徒的著书立说，显然其普及范围和社会影响受到很大制约。而一旦因为朝代更迭或文化转向等，官方儒学受到冲击之后，民间儒学就表现出顽强的生命力，在社会生活中潜在地、"润物细无声"地发挥着作用。民间儒学不要求以精深的理论去表达，而是通过老百姓喜闻乐见、通俗易懂的方式来展现和传播，通过世俗化的生活样式来体现。[1]乡间存在的大大小小的孔庙、宗祠，以及人们在此进行的祭祀、膜拜等活动，都自觉不自觉地体现着对儒家敬天、尊祖、爱亲等宗法伦理的崇信和敬畏，从而起到坚定信仰、约束行为、纯化道德、和谐邻里的作用，这些都具有民间儒学的性质。

传统社会单凭封建国家推行的教育制度来传递传统文化，功能显然是非常有限的，何况社会教育思想亦非仅仅局限于制度化的学校教育。作为中国传统社会组织的基本单位，宗族组织的教化功能是学校教育无法替代的。[2]宗族教育实践传播儒学，除了婚丧嫁娶等风俗礼仪、道德伦理之外，其更为普遍的载体和实践方式就是源远流长的家训文化。钱穆指出："一个大门第，决非全赖于外在之权势与财力，而能保泰持盈达于数百年之久；更非清虚与奢汰，所能使闺门雍睦，

---

① 刘学智：《民间儒学与家风、家训》，载《中国社会科学报》2018年12月21日。
② 丁钢主编：《近世中国经济生活与宗族教育》，上海教育出版社1996年版，第14页。

子弟循谨，维持此门户于不衰。当时极重家教门风，孝弟妇德，皆从两汉儒学传来。"①可见，渗透着儒学文化的家训在家族稳定与发展中具有重要作用。

当然，我们应该认识到，家训的出现并不是为着传播儒家文化，其首要的任务是家族稳定和社会发展的需要。在这一点上，社会的需要比文化本身的需要要深重得多。②但是，从传世家训文本的阅读与分析中，我们能够清晰地看到，家训的制定者几乎都是饱受儒学教育的知识分子或缙绅贤达，一条条家规族法表达了他们以儒学作为修身齐家的理想和对本族子弟以儒立身的规劝。所以，侯外庐认为，中国家庭内部的伦理关系，完全是建立在儒家学说基础上的道德观念。③比如，孔子提到的五种社会关系，即君臣、父子、兄弟、夫妇、朋友，其中的三种是家族关系。其余两种，虽然不是家族关系，也可以按照家族来理解。君臣关系可以按照父子关系来理解，朋友关系可以按照兄弟关系来理解。《颜氏家训》明万历甲戌刻本序文曰："尝闻之，三代而上，教详于国；三代而下，教详于家。非教有殊科，而家与国所繇异道也。"其实说的就是三代以后，王道衰微，官师废弃，世风日下，于是家庭便承担起教育后代的重要职责。陈寅恪也指出："盖自汉代学校制度废弛，博士传授之风气止息以后，学术中心移于家族，而家族复限于地域，故魏晋南北朝之学术、宗教皆与家族、地域不可分。"④作为儒家文化的民间版本，传统家训形式上包括家谱、家礼、家风、家训、家书、宗祠等；内容上突出敬祖、孝亲、尊长、爱幼等伦理观念，仁义礼智信、温良恭俭让等道德观念，以及耕读传家、勤俭养德等传家理念；形式上体现以事证理，用简洁的语言阐明儒学经理，进而列举事例以证经理的正确性，彰显其生动形象的特征，把儒家的核心价值观以世俗化的方式表现出来。民间儒学将儒家的核心价值观内化为广大民众的行为方式、生活理念、思维方式，融化在民族的血液里。这也是儒家文化根深蒂固、持久存在的重要原因。同时，不同时代儒学的新内容与新形式也会积极补充并融入家训观念与文本，使其呈现新的教化含义与实践特征。如宋代兴起

① 钱穆：《国史大纲》，商务印书馆1996年版，第309—310页。
② 刘剑康：《论中国家训的起源——兼论儒学与传统家训的关系》，载《求索》2000年第2期。
③ 侯外庐：《中国思想通史》（第3卷），人民出版社1995年版，第11页。
④ 陈寅恪：《隋唐制度渊源略论稿》，生活·读书·新知三联书店2004年版，第17页。

的程朱理学所宣扬的"三纲五常"思想不仅是明代家规族法的主要内容与基本格调，也成为宗族教化的主要内容，许多具体的规定都体现了这一原则。[①]

二、传统家训的核心理念是儒家思想

作为中国传统文化主流的儒家文化将个人的发展同民族国家的命运紧密联系在一起，主张在个人道德修养和能力提升的基础上，近从和睦血亲，远则联系社会，共同建设家国，从而达到天下一家、万世太平的理想境界。传统精耕细作的小农经济产生了以亲缘关系为主的社会，亲缘关系讲究血缘情感和伦理规范，并界定伦理纲纪以维护血缘宗法的等级。中国人以伦理组织社会。伦理即人伦之礼，是各种人际关系中所共守的规范。这种人和人往来所构成的网络中的纲纪是一种有差序的纲纪，一种以己为中心所形成的同心圆。[②]"好像把一块石头丢在水面上所发生的一圈圈推出去的波纹，每个人都是他的社会影响所推出去的圈子的中心"，个人就是那块石头，而家、国、天下就像一圈圈波纹。家庭在个人成长和国家发展之间具有重要的中介地位和作用。家庭作为联系个人、社会和国家的中介，既是个人得以安身立命和道德修养的场所，亦是个人参与政治和治理天下的起点，良好的家庭氛围和家教传统显得十分重要和关键。

事实上，中国人对伦理道德的思考和理解，正是从微观的家庭领域到宏观的社会领域对种种利益关系的多维度综合审视和辨析的结果。从孝亲开始，逐渐地向仁、义、忠等范畴拓展，最终将整个社会结构纳入庞大的血缘道德体系，将血缘情感、家族主义和伦理本位的文化情结与社会结构相联结，从而突破家庭的简单关系，涵盖个人与他人、社会及国家的忠孝仁义等伦理道德关系。这也就是为什么有的学者认为"儒家学说的基本精神与家族文化是合拍的，只不过儒家学说将原始群体的基本精神系统化和理性化了，并作了更高层次的归纳和提炼，使其

① 刘静：《走向民间生活的明代儒学教化》，上海教育出版社2014年版，第78页。
② 黄曛莉：《华人人际和谐与冲突：本土化的理论与研究》，重庆大学出版社2007年版，第33页。

成为一种比家族文化适用更大的观念系统，用以治理社会"①。所以，家庭训诫的核心思想既然是儒家观念与伦理，那么，家训文本的主要内容和呈现形式就必然与儒家思想及典籍密不可分。换言之，儒家典籍的编撰与流传为家训文化的形成提供了思想基础与伦理依据"，具体表现在以下方面。

首先，从传统家训的文献选择来看，道家的《老子》《庄子》以及佛教的经典常常被引用。如《颜氏家训》的作者颜之推在《归心》《终制》二章中有专门论述学佛体验和佛教思想的观点，指出："三世之事，信而有征，家世归心，勿轻慢也。其间妙旨，具诸经论，不复于此，少能赞述；但惧汝曹犹未牢固，略重劝诱尔。"同时，颜之推积极吸收道教的合理因素为己所用，既肯定道教的养生之术，又批判道教的"符书章醮"之法；赞成全身保命，又不苟且偷生；主张入世，又强调功成身退。但是，儒家的核心思想与经典文本仍是《颜氏家训》撰写的主要参照依据。颜氏家族"世以儒雅为业"（《颜氏家训·诫兵》），且"多仕鲁为卿大夫。孔门达者七十二人，颜氏有八"（《颜氏家庙碑》），家族"世善《周官》《左氏》"，颜之推亦是"早传家业"（《北齐书·颜之推传》），即继承先祖以儒雅为业。所以，作为训诫后世子孙的文本，《颜氏家训》自然不会脱离儒学家业传统，其中处处渗透着儒家重视人伦、仰慕圣贤、读书修身等主要思想，其具体话语的选用、直接援引或者化用皆为儒家经典文献。如《教子》篇中"由命士以上，父子异宫"语出《礼记·内则》："由命士以上，父子皆异宫。昧爽而朝，慈以旨甘；日出而退，各从其事；日入而夕，慈以旨甘"②。"陈亢喜闻君子之远其子"语出《论语·季氏》。陈亢问于伯鱼曰："子亦有异闻乎？"对曰："未也。尝独立，鲤趋而过庭。曰：'学诗乎？'对曰：'未也。''不学诗，无以言。'鲤退而学诗。他日，又独立，鲤趋而过庭。曰：'学礼乎？'对曰：'未也。''不学礼，无以立。'鲤退而学礼。闻斯二者。"陈亢退而喜曰："问一得三，闻诗，闻礼，又闻君子之远其子也。"③

---

① 王沪宁：《当代中国村落家族文化——对中国社会现代化的一项探索》，上海人民出版社1991年版，第44页。

② 李学勤主编：《十三经注疏·礼记正义》（中），北京大学出版社1999年版，第833页。

③ 李学勤主编：《十三经注疏·论语注疏》，北京大学出版社1999年版，第230页。

《治家》篇中"刑罚不中，则民无所措手足"语出《论语·子路》："刑罚不中则民无所措手足，故君子名之必可言也，言之必可行也"①。《治家》篇中"孔子曰：'奢则不逊，俭则固；与其不逊也，宁固'"语出《论语·述而》："子曰：'奢则不逊，俭则固；与其不逊也，宁固'"②。也就是说，"学不究《易》，不足以为之学"。历代传统家训作者或直接引用《周易》中的语句段落，或间接吸收《周易》中的思想观念。如司马光在《家范》开篇就列有《周易·家人》的卦爻辞和彖、象传辞。吴麟征在《家诫要言》开篇说道："进学莫若谦，立事莫若豫，持久莫若恒，大用莫若畜"，其实就是直接引用《周易》中的"谦""豫""恒""畜"四卦来规范自己的行为。可见，儒家的《周易》《诗经》《论语》等经典文献是历代传统家训文本最为重要的文献材料来源。

其次，从传统家训的内容体现来看，家训主要体现的是儒家文化中的仁义孝悌思想。仁义孝悌表现在由近及远的对内治家和对外待人的人与人之间的关系上。传统家训开篇无不讲仁义孝悌的内容。如《颜氏家训》的《教子》篇指出："古者圣王有胎教之法：怀子三月，出居别宫，目不邪视，耳不妄听，音声滋味，以礼节之。书之玉版，藏诸金匮。……师保固明，孝仁礼义，导习之矣。"③三国时期，曹魏将领王昶在《家戒》中指出：

> 夫人为子之道，莫大于宝身、全行，以显父母。此三者，人知其善，而或危身破家、陷于灭亡之祸者，何也？由所祖习非其道也。夫孝敬仁义，百行之首，行之而立，身之本也。孝敬则宗族安之，仁义则乡党重之，此行成于内，名著于外者矣。人若不笃于至行，而背本逐末，以陷浮华焉，以成朋党焉。浮华，则有虚伪之累；朋党，则有彼此之患。此二者之戒，昭然著明，而循覆车滋众，逐末弥甚，皆由惑当时之誉，昧目前之利故也。④

传统家训在对外待人方面要求做到宽仁待人，严格律己，取人之长，补己

---

① 李学勤主编：《十三经注疏·论语注疏》，北京大学出版社1999年版，第171页。
② 李学勤主编：《十三经注疏·论语注疏》，北京大学出版社1999年版，第98页。
③ 楼含松主编：《中国历代家训集成》（第1册），浙江古籍出版社2017年版，第9页。
④ 石孝义编著：《中华历代家训集成·周—南北朝卷》，河海大学出版社2021年版，第91页。

之短；从小就要养成良好的习惯和德行，培养一种君子风度。如东汉名将张奂在《诫兄子书》中就说："《经》言：'孔于乡党，恂恂如也。'恂恂者，恭谦之貌也。"①王昶在《家戒》中说："人或毁己，当退而求之于身。若己有可毁之行，则彼言当矣；若己无可毁之行，则彼言妄矣。当则无怨于彼，妄则无害于身，又何反报焉？且闻人毁己而忿者，恶丑声之加人也。人报者滋甚，不如默而自修已也。"②可见，传统家训在体现儒家文化核心思想的同时，倡导和彰显的是儒家文化处世的中庸理念和行为原则。为了达到这一总体原则和要求，传统家训强调勤勉修身和潜心治学的重要性，认为学业是修身之本，无学会导致浅薄无行。《颜氏家训》中的《勉学》篇就强调学习的重要性，认为读书学习是立业之本。"自古明王圣帝，犹须勤学，况凡庶乎！"要求"士大夫子弟，数岁已上，莫不被教，多者或至《礼》《传》，少者不失《诗》《论》"；要"明《六经》之首，涉百家之言"。③宋代吕祖谦《少仪外传》载："又须理会所以为学者何事。一行一住，一语一默，须要尽合道理。求古圣贤用心，竭力从之，亦无不至矣。夫指引者，师之功也。行有不至，从旁规戒者，朋友之任也。决意而往，则须用己力，难仰他人也。"④

---

① 石孝义编著：《中华历代家训集成·周—南北朝卷》，河海大学出版社2021年版，第38页。
② 石孝义编著：《中华历代家训集成·周—南北朝卷》，河海大学出版社2021年版，第94页。
③ 楼含松主编：《中国历代家训集成》（第1册），浙江古籍出版社2017年版，第22页。
④ 楼含松主编：《中国历代家训集成》（第1册），浙江古籍出版社2017年版，第539页。

第二章

中国传统家训的历史沿革（上）

人类历史发展到一定阶段形成了家庭，同时有了家训这种教育形式。随着家庭的嬗变，家训又不断丰富、完善。中国古代家训源远流长，历经漫长的演进过程。家训萌芽于远古时代，产生于先秦时期，成型于两汉时期，进一步发展于魏晋南北朝时期，成熟于隋唐，繁荣于宋元，明清时期达到鼎盛而由盛转衰，近代又出现转型。中国传统家训思想内容丰富多样，包含一系列的教育原则及教育方法，可以分为帝王家训、仕宦家训、商贾家训、庶民家训、女训等，有口头家训、文字家训、实物形式家训、社会实践家训等，以散文、诗歌、格言等形式呈现，有助于修身、齐家、治国、处世等方面。中国传统家训的历史沿革重点勾勒家训产生、发展、成熟、繁盛，乃至衰落、转型的过程，通过对丰富的家训文献进行梳理，以求把握不同历史阶段传统家训的不同特色，探究传统家训延续、革新、演进的规律。

第一节　先秦时期：家训的萌芽与产生

先秦时期是指从远古时代到秦朝统一中国（公元前221年）这一时期，为中国家训发展的第一阶段，可以分为西周之前、西周时期、春秋战国等时段，其间，中国家训得以萌芽、形成。西周时期的重要家训有周王室家训，其中，现留存于《尚书·周书》之中的周公家训可谓真正意义上的家训，具有典型性。春秋战国时期的儒家家训值得注目，孔门家训为其中的代表。此外，道家、法家、墨家等诸子在家训方面也有著述。先秦家训多以口头形式、社会实践方式等流传，多为后人追忆，分为帝王家训、士人家训、女训等，保存丁史书、儒学经典、诸子散文等典籍中。

一、先秦时期的家训概貌

先秦家训的产生时间较早，随着上古家庭的出现而逐渐形成。关于家训的渊源有多种说法，古籍中所载五帝、夏商等家训片段多为后代推断，具有萌芽时期的特征。西周时期的家训以王室训诫为主，如治国方略、君德培养等，带有强烈的政治色彩。春秋时期，儒家、道家、墨家等家训各有特色，历史散文中的家训片段也颇有价值。探究先秦家训的发展过程，有利于宏观认知先秦家训，这是非常重要的。

（一）家训的渊源

中华大地早在一二百万年前就有人类居住。根据考古发现可知，重庆巫山人距今二百多万年，云南元谋人大约距今一百七十万年，然后出现旧石器时代与新石器时代，历经母系氏族社会到父系氏族社会。原始社会时期，家庭逐渐出现，先是以妇女为中心的母权制家庭，"民人但知其母，不知其父"[①]，再过渡到以男子为主导的父权制家庭，女性附属于男性，家庭从氏族中分化，父母、子女构成的家庭日趋成熟。中国家训也随着家庭的产生而产生。一般认为，中国文明史从三皇五帝时期开始，如司马迁《史记·五帝本纪》就把黄帝作为中国历史的起点，这个阶段处于原始社会后期。中国家训萌芽于五帝时代，尧、舜、禹等实行同族择贤而立的禅让制。这个时期，某一氏族掌握某种知识技能而世代相承，如《史记·周本纪》《列女传·母仪传》记载，周部落姜嫄、后稷等长于农业生产，周部族不断兴旺壮大。可以说，五帝禅让制与世传家学孕育了中国传统家训。[②]

中国古代典籍收录了从五帝时期开始的家训记载，特别是远古帝王的训诲劝

---

① 〔汉〕班固：《白虎通德论》（号篇），湖北崇文书局刻本，光绪元年（1875）。

② 关于家训的起源，学者们提出多种说法。徐少锦、陈延斌提出"禅让制与家学孕育"说，见徐少锦、陈延斌：《中国家训史》，陕西人民出版社2003年版，第44页。刘剑康认可"生产生活实践"说，见刘剑康：《论中国家训的起源——兼论儒学与传统家训的关系》，载《求索》2000年第2期。欧阳祯人主张"原始歌舞起源"说，参见欧阳祯人：《中国古代家训的起源、思想及现代价值》，载《理论月刊》2012年第4期。此处，笔者认同徐少锦、陈延斌著作中的观点，即五帝"禅让制与家学孕育"说。

诚片段。相传较早的有太昊《十言之教》，另外有炎帝《神农之教》、轩辕黄帝《金人铭》、帝尧《尧戒》、夏禹《夏箴》等。这些文献记载五帝的言论，有的谈农业耕作，有的论个人修养，有的涉及治国理政，时代久远，由后人所记载推断，学术界还在继续讨论。就黄帝《金人铭》而言，当代学者郑良树、庞光华等认为，其产生于春秋战国乃至汉代时期，是后人托先圣之名而作。①《尚书·多士》载"惟殷先人，有册有典"，表明殷商时期出现典册记事，而当今人们公认殷商时期产生了中国最古老的文字甲骨文，以后才出现大量文献资料，在此之前仅为口头流传或后人推断，没有原始文献留存，这一点学界也在持续探索。此外，商汤《嫁妹辞》、周文王《诏太子发》等，虽然为殷商、西周时期文献，但是目前未发现原始文献，学界仍在持续研究。远古时期，尤其在殷商之前，训诫文献虽然还存在一些争议，但是从另一方面说明，中国诲训劝诫之文渊源很早，在文明社会初始，国人已经重视家庭训诫了。

（二）先秦家训的发展状况

西周承前启后，实行分封制与宗法制，创立礼乐文明，周礼为其显著标志之一。王国维《殷周制度论》认为："中国政治与文化之变革，莫剧于殷周之际。"②西周初期，大力推行分封制，将土地分封给宗亲子弟亲属、异姓功臣及殷商王族后裔，"周之所封四百余，服国八百余"（《吕氏春秋·观世篇》），诸侯邦国众多，政治与血缘关系交错，拱卫周中央政权。西周建立宗法制度，将天子、诸侯嫡长继承制推广于卿大夫、士等阶层，家族立嫡以长，立子以贵，分为大宗、小宗，区分尊卑、亲疏，使家族和睦、政权稳定，这种宗法等级制在《周礼》《礼记》《仪礼》《诗经》《逸周书》等著作中均有体现。《周易·家人》云："父父，子子，兄兄，弟弟，夫夫，妇妇，而家道正。"西周时期，出现了中国历史上真正意义的训诫类材料，包括文王、武王、周公、成王等的训

---

① 郑良树认为《金人铭》应该产生于春秋时期，参见郑良树：《〈金人铭〉与〈老子〉》，见《诸子著作年代考》，北京图书馆出版社2000年版。庞光华认为《金人铭》产生于战国末年至汉代初年，参见庞光华：《论〈金人铭〉的产生时代》，载《孔子研究》2005年第2期。
② 王国维：《王国维手定观堂集林》，浙江教育出版社2014年版，第247页。

诚，如周文王《诏太子发》、武王"铭体"、周公训诫兄弟与儿子等为最早的可信训诫类文字，见于《尚书》《礼记》《史记》等，开创了中国家训之先河。周王室家训以周公家训为代表，主要是关于治国方略的传授及君德的培养，如敬天保民、勤于理政、礼贤下士、尚德慎刑、勤俭清省等，隐含着道德训诫与法律惩戒相结合、慈爱与严厉相结合等原则，有助于周王朝统治稳固，江山兴旺而绵长。西周王室家训主要从政治层面上予以训诫，重在治国安邦，针对周初政权巩固及良性发展而论，家国一体，保民、治国、平定天下，口头训诫意味强烈，针对性强，对后世帝王家训、士人家训影响甚大。

春秋战国时期，周王室衰微，礼崩乐坏，诸侯国势力壮大，先是致力于争霸斗争，后来步入兼并战争时代，在政治、外交、军事等方面展开激烈争夺。这一时期实为社会大动荡、大变革时代。诸侯国掀起变法改革热潮，比如魏国、楚国、齐国、秦国等当权者热衷于变法图强，其中，秦国商鞅变法尤为著名，促进了秦国繁荣强盛。春秋战国时期，士阶层崛起，处士横议，诸子并起，纷纷著书立说，形成"百家争鸣"的局面。著名学派有儒家、墨家、道家、法家等，它们在家训方面持有不同的观点。其中，突出者为儒家家训，即"孔门家训"，包括孔子、曾子、孟母家训等，以"仁""义""礼"等为要义，个人修身与社会实践并重，家庭伦理与社会政治因素并重，训诫子弟既晓之以理，又不乏情感熏染，重视以身示范。孔子主张诗礼传家，如在《论语》中教育儿子学诗知礼，反对鞭笞杖击。又如，孔子弟子曾参教育儿子、学生重视身教，这在《韩非子》《礼记》《说苑》等著作中都有体现。再如，孟子母亲教育孟子也留下了佳话。在家庭教育等方面，《墨子》主张重视环境、谨慎交友，《老子》提倡自然无为，不用言语而用行动教化，而《韩非子》主张教子以严，反对溺爱。诸子家训可谓各有特征。

此外，春秋战国时期，历史散文得到了长足的发展，这一时期的家训还散见于《左传》《国语》《战国策》等历史著作中。如《左传·襄公二十二年》中有郑国大夫临终前教诫宗人的内容，《国语·周语》中有单襄公嘱托其子学习周子"十一种文德"的内容，《战国策·齐策六》中有王孙贾母亲教子忠于国君而诛杀乱臣贼子的内容。春秋战国时期，历史著作中的家训特别重视德教，包括君德与臣德，如重视家礼、勤劳节俭、忠于君国、和睦邦国、尚勇好武等，有君主对子嗣的教育，有公卿大夫对宗人的教育，也有贤女对晚辈的教诲，等等。不过，受历史著作编排体例等因素的影响，这些家教散见于记言记事中，呈现出零散性。

家训历史悠久、源远流长，徐少锦、陈延斌总结了家训的以下特征，如"形成家、家门、家长、家道等概念""提出胎教与早教思想""孕育了家训的主要内容与基本原则""道德教育与法律惩罚结合的倾向"①等。先秦是中国传统家训的产生时期。这一时期，家训包括君王家训（帝王家训）、贵族家训（士人家训）、自由民家训等层面，提出以身作则、爱教结合、慈严结合等原则，体现了对家庭教育的可贵探索。西周时期的王室家训，强调个人行为对于家族的作用，维护尊卑贵贱等级观念，强调家族和睦相处，"敬天"与"敬德"结合，神权、宗教与政权融合，可以说，奠定了古代帝王家训的内容基础。这一时期，贵族家训多围绕家庭建设与从政之道展开，重视个人德行修养，重视孝道、家庭礼制、家风传承等，可以说，奠定了古代仕宦家训的内容。先秦家训针对具体事件而训诫，具有明显的情境性，多采取语录体形式，与其他训诲劝诫文献交织，后人以追忆整理的方式进行记载而得以流传，呈现出不自觉性，具有零散性、简明性的特点，缺乏独立著述意识。从内容形式上看，先秦家训多以训诫为主，家训体式不甚成熟。不过，正是这些具有家训性质的篇章或语句成为中国传统家庭教育的起点，表现在个人品德修养、家庭关系处理、传播家训古典文化等方面，为后世家庭教育提供了动力与源泉。

二、周公家训：传统家训的开端

周初王室家训与创立礼乐制度的时代环境有关，有助于周代礼乐文明的建设。周文王姬昌教训大臣及王室子孙，尤其是训导其子姬发的内容，见于《尚书·酒诰》《逸周书》等典籍中。《尚书·酒诰》云："文王诰教小子有正、有

---

① 徐少锦、陈延斌：《中国家训史》，陕西人民出版社2003年版，第37—43页。

事：无彝酒。越庶国：饮惟祀，德将无醉。"周文王告诫官员与王室子孙，不宜经常饮酒，祭祀可以饮酒，不得喝醉，要用道德约束自己。《逸周书》卷三《文儆解》《文传解》篇目中，文王训诫姬发，主要从王者德行、治民之道、发展经济等方面提出要求。《逸周书·文儆解》云："汝敬之哉！民物多变，民何乡非利，利维生痛，痛维生乐，乐维生礼，礼维生义，义维生仁。呜呼，敬之哉！"①此处，文王告诫姬发，要以礼义引导民众。《逸周书·文传解》则是文王临终前训诫太子发，谈及为王之道、治国理财之法，如厚德广惠、忠信爱人、节俭不靡、积聚财富等，希望子孙能够延续江山社稷。周武王姬发教训子弟方面的内容体现在《大戴礼记》卷六、《礼记·乐记》等记载中，实为自诫及训诫性文字，有的以格言形式铭刻于器物上以便传给后人，有的则以自己的实际行动教育子弟，包括王室诸弟、子侄等。《大戴礼记》中，武王留下席铭、镜铭、盘铭、杖铭等，如席之四端铭为"安乐必敬""无行可悔""一反一侧，亦不可忘""所监不远，视迩所代"②等，教诫子孙以前朝为鉴戒，敬谨谦恭，瞻前顾后，屈伸兴废，自我反省等，以求保全周室。《礼记·乐记》中，武王通过即郊射、裨冕搢笏、祀乎明堂、朝觐、耕藉等活动教化天下及诸侯子弟，如"食三老""袒而割牲，执酱而馈，执爵而酳"等，教育宗室子弟尊长养老、施行孝悌之道。另外，周公教诲其侄周成王的《尚书·无逸》、召公劝诫周成王的《尚书·召诰》、周成王劝导堂兄弟伯禽的《说苑·君道》等篇目都是名篇，使得周王室的家训内容丰富多彩，可以说是对周文王、周武王家训思想的继承与发扬。

此外，太任与武王妃的胎教，也属于周王室家训的范围。刘向《列女传·母仪传》记载文王之母怀有文王之事，"目不视恶色，耳不听淫声，口不出敖言，能以胎教"，又"文王生而明圣，太任教之，以一而识百"。③太任颇有德行，能够实施胎教，对儿子周文王产生了良好的影响。武王之妃、成王之母怀有周成王时，"立而不跛，坐而不差，独处而不倨，虽怒而不詈，胎教之谓也"（《大戴礼记》卷三）。成王之母注意自己的言行举止，修德养性，重视胎教，这样有

① 〔清〕朱右曾：《逸周书校释》，湖北崇文书局刻本，光绪三年（1877）。
② 〔汉〕戴德：《大戴礼记》（四部丛刊初编本），商务印书馆1922年版。
③ 〔汉〕刘向：《四部丛刊初编本·古列女传》，商务印书馆1922年版。

益于成王的成长。周王朝将胎教之道予以珍藏，使其世代相传。古代贤母注重仪态端正，把胎教作为家教的第一步，使胎儿初始即从母亲那里得到良好的感化，为今后养成高贵君子的品格打下基础。

就周王室家训而言，周文王之子、周武王之弟周公姬旦家训可谓其中的典型。周武王去世后，周公辅佐成王，制礼作乐，其文治武功突出，开创周朝成康之治，后人把周公和周文王、武王并列，肯定其重要的历史地位。周公经常训诫子、侄、弟，希望其汲取前朝政权兴亡的历史经验教训，将家训提升到关系王室兴衰的高度，对周初王室家训起了承上启下的作用，成为中国传统家训的实际开创者。以下从训诫对象角度，来简述周公家训的基本内容。

（一）教诫伯禽治国之道

武王灭商后大封诸侯，《史记·周本纪》载"封弟周公旦于曲阜，曰鲁"，周公以长子伯禽代自己治理鲁国，多次训导伯禽。《史记·鲁周公世家》记载周公之语："我文王之子，武王之弟，成王之叔父，我于天下亦不贱矣。然我一沐三捉发，一饭三吐哺，起以待士，犹恐失天下之贤人。子之鲁，慎无以国骄人。"周公位高权重，责任重大，此处告诫伯禽着力网罗天下人才，礼贤下士，不得骄傲无礼。关于敬贤、礼贤，《荀子·尧问》又载周公训诫伯禽之事，"然而吾所执贽而见者十人，还贽而相见者三十人，貌执之士者百有余人，欲言而请毕事者千有余人"。周公以个人亲身经验而谈，治国理政方面需要礼敬人才、多种途径听取意见，任用贤才有益于国家。

周公谈论谦德方面的培育。《韩诗外传》卷三收录周公告诫伯禽言论："吾闻德行宽裕，守之以恭者，荣；土地广大，守之以俭者，安；禄位尊盛，守之以卑者，贵；人众兵强，守之以畏者，胜；聪明睿智，守之以愚者，善；博闻强记，守之以浅者，智。夫此六者，皆谦德也。"[①]周公指出贵族容易骄傲自满，强调"恭""俭""卑""畏"等德行，具备谦德可以克服狂妄自大的缺点，达到守卫天下、国家、自身的目的。周公认为，培养伯禽谦德还需要具有不争的特

---

① 〔汉〕韩婴撰，许维遹校释：《韩诗外传集释》，中华书局1980年版，第117页。

征。《荀子·尧问》引用周公之语："君子力如牛，不与牛争力；走如马，不与马争走；知如士，不与士争知。"只有具备了谦和待人、为而不争的品性，才有可能破除骄矜之气，使自己心胸宽广，有益于礼贤下士，有益于治国。

（二）教导成王勤政毋逸

周成王姬诵是武王之子、周公之侄。武王去世后，周公摄政，他以长辈、老师身份承担了教育幼小成王的职责，后来还政于成王，仍然在诸多方面对成王予以劝诫。据《史记·鲁周公世家》记载："（周公）恐成王壮，治有所淫佚，乃作《多士》，作《毋逸》（《无逸》）。"除了《尚书》中这两篇外，《尚书·立政》《尚书·洛诰》《礼记·文王世子》等篇也收录周公训诫的相关材料，富有政治、伦理色彩。

《尚书·无逸》是周公劝诫成王之文，可以称得上中国第一篇完全意义上的家训，既有帝王家训的特色，也注意家人之间的感情沟通，切合日常情境使用。《无逸》中，周公从多方面劝导成王，重在如何戒逸，大致有以下几点：一是要知"稼穑之艰难"，体恤百姓疾苦。文中云："先知稼穑之艰难，乃逸，则知小人之依。相小人，厥父母勤劳稼穑，厥子乃不知稼穑之艰难，乃逸乃谚。"二是学习殷商贤君勤政爱民的风范，铭记先王创业立国之艰难。文中云："（殷高宗）时旧劳于外，爰暨小人。作其即位，乃或亮阴，三年不言。其惟不言，言乃雍。不敢荒宁，嘉靖殷邦。至于小大，无时或怨。"这里是说商王的治国之道值得借鉴。又云："（周）文王卑服，即康功田功。徽柔懿恭，怀保小民，惠鲜鳏寡。自朝至于日中昃，不遑暇食，用咸和万民。文王不敢盘于游田，以庶邦惟正之供。"这是说周文王开创国家基业的艰难。三是勤于政事，力戒逸乐。文中云："无淫于观、于逸、于游、于田，以万民惟正之供。"这里告诫成王，应以国事为重，不要沉溺于观赏、逸乐、田猎，可谓语重心长。四是要容忍臣下进谏，克己自重。文中云"胥训告，胥保惠，胥教诲"，即彼此劝导、爱护、教诲，不能凭意气用事。在"小人怨汝詈汝"之时，要"皇自敬德"，"不敢含怒"，要归咎于自身，谨言慎行，了解自己的为政得失。《无逸》中，周公谆谆告诫，内涵意味深长，既有臣子的劝谏，也有长辈对晚辈的教导。其可谓一篇典型的家训，对后世颇有影响。

此外，周公训诫成王的其他篇目也颇有启迪意义。《尚书·多士》告诫成王应吸取夏、商兴衰存亡的经验教训。其文云："有夏不适逸；则惟帝降格，向于时夏。弗克庸帝，大淫泆有辞。惟时天罔念闻，厥惟废元命，降致罚；乃命尔先祖成汤革夏，俊民甸四方。"夏桀耽于淫乐而不知节制，上天降罪惩罚，成汤革鼎代夏，治理四方，其中得失教训极为深刻。《尚书·立政》中，周公训导成王如何设官理政，如何任用人才，总结用人、理政方面的经验，确有见地。此文谈君王的用人要诀，包括知其品德、考其政绩、恪尽其职等方面，要之以德、才标准任用人才。如文中论及知人德行，谈及考察政绩，"宅乃事，宅乃牧，宅乃准"，根据治事、牧民、执法等不同官职考核不同效果，颇为客观公正。《史记·鲁周公世家》记载，"于是周公作《周官》，官别其宜。作《立政》，以便百姓。百姓说"，可见其实际效用。《尚书·洛诰》也有周公训诫之辞，以及成王治理国家的法则，此处略去。

（三）劝导康叔勤恪爱民

康叔姬封为武王、周公的同胞少弟，据《史记·鲁周公世家》记载，周公"收殷余民，以封康叔于卫"，康叔被封为卫国国君，居于殷商故地。康叔年少而政事经验不足，《史记·卫康叔世家》记载，周公旦申告康叔曰，"必求殷之贤人君子长者，问其先殷所以兴，所以亡，而务爱民"，周公多次告诫，冀望有益于其治国。《史记·卫康叔世家》又曰："故谓之《康诰》《酒诰》《梓材》以命之。"《尚书》中的这几篇均为周公训诫康叔文辞，以下略析之。

周公告诫康叔要敬天爱民、重视德教、明德慎罚，这些在《尚书》的《康诰》《梓材》等篇目有所体现。《尚书·康诰》云："别求闻由古先哲王，用康保民。宏于天，若德裕乃身，不废在王命！"又曰："无作怨，勿用非谋非彝，蔽时忱。丕则敏德，用康乃心，顾乃德，远乃猷，裕乃以民宁。"周公强调，要借鉴先王安民、保民之法，应该谨慎行事，化解矛盾、怨恨，实施德政，使殷商故地百姓安居乐业。关于明礼慎罚方面，《尚书·梓材》云"罔厉杀人""勤用明德"，谨慎、恰当地使用刑罚，以文德教化为要。周公教导康叔要勤于国事，勿贪安乐，这与训诫成王的《尚书·无逸》篇有相似之处。《梓材》又云："若稽田，既勤敷菑，惟其陈修，为厥疆畎。若作室家，既勤垣墉，惟其涂墍茨。若作梓材，既勤朴斫，惟其涂丹雘。"周公把治理国家比作耕种庄稼、修造房屋、制作木器，要付出长期、艰巨的劳动，勤劳不息，才可能有所成就。周公认为应禁饮酒、除陋习，在对康叔的训诫中把饮酒提升到政治高度，这也是治理殷商百姓需要特别注意的事项。《史记·卫康叔世家》记载，周公告诫康叔："纣所以亡者以淫于酒，酒之失，妇人是用，故纣之乱自此始。"可见，殷商亡国与君王酗酒无德有莫大关系，对此卫康叔应该引以为戒。《尚书·酒诰》篇是周公命康叔在殷商故地宣布戒酒的诰词，从多方面说明戒酒、慎饮的重要性，周公决心改变嗜酒、酗酒之风。文中云："天降威，我民用大乱丧德，亦罔非酒惟行；越小大邦用丧，亦罔非酒惟辜。"臣民失德乃至国家灭亡都与酗酒有关，要厉行戒酒，勿使臣民沉湎于酒。当然，饮酒、禁酒要区分不同情况，如祭祀、奉养父母等特殊活动就可以饮酒，但要用道德约束自己，厉行节俭，忌贪图享乐，破除这种腐败、奢侈的社会恶习。

周公家训主要针对子侄、兄弟等而发，涉及周王室族人，有君王、诸侯、臣民等不同地位之人，多以训诰形式呈现，如《尚书·无逸》《尚书·酒诰》等。其家训内容丰富、具体、深刻，将个人修身、齐家、治国等方面相结合，包括勤政无逸、敬德保民、明礼慎罚、任用贤能、公正司法、厉禁恶习、戒骄戒躁、和衷共济等方面，重在为政之道，有助于巩固周王室政权，政治色彩较浓，可归入帝王家训序列。周公家训融父子之爱、叔侄之亲、兄弟之情，又能申明君臣之义、长幼之别，重在严肃性、威严性，又不乏慈爱性，如《尚书·康诰》既是周朝执政者对诸侯康叔的训诫，也包含兄弟之情、长幼之义。周公的教导根据对象的不同成长阶段及不同情境而发，又具有及时性、针对性。如《说苑·修文》记载成王举行冠礼时的祝词，"使王近于民，远于佞，音于时，惠于财，任贤使能"[1]，这些其实是按照周公之命而朗诵的。在举行成人礼仪的特殊场合，周公教给成王为君之道，确实有重大意义。又如，康叔被封为卫君，而卫地为殷商故地，民众状况复杂，《康诰》《酒诰》《梓材》等篇目对康叔起了指导性作用，

---

① 卢元骏注译：《说苑今注今译》，天津古籍出版社1988年版，第657页。

这正是家训及时性的体现。

　　总之，周公家训具有重要的意义。一是培养了周王朝的君主继承人及诸侯国的创建者，如周公训诫周成王，使成王德行、才干日益增强，更好地继承文王、武王的基业，巩固周王朝的统治。又如，周公之子伯禽代父亲治理鲁国，"遂平徐戎，定鲁"（《史记·鲁周公世家》），成为鲁国的实际创建者，建立了一番功业。此外，经过周公训导、劝勉的康叔、召公，也都在政治上有所作为，功勋卓著。周公家训对于周王朝基业稳固、发展功莫大焉。二是奠定了中国传统家训的基本格局，对后世家训产生了深远的影响。周公家训中勤政无逸、体恤百姓、礼贤下士等内容规定了后世帝王家训的内容，而其中重谦德、戒骄奢、重孝悌等对后世仕宦家训也颇有影响。周公家训采取的以物喻理、身先垂范、亲情感化等方法与原则，也为后世所仿效。如《贞观政要·尊敬师傅》记载唐太宗与侍臣之语："成王幼小，周（公）、召（公）为保傅。左右皆贤，日闻雅训，足以长仁益德，使为圣君。"①这里，唐太宗肯定了周公家训对于成王成长为圣君的作用，可见周公家训的巨大影响力。我们可以认为，周公家训为后世帝王家训、仕宦家训等类型的重要源头，可称为中国传统家训的真正开端，具有深远的历史文化意义。

三、孔门家训：传统家训的推进

　　春秋战国时期，礼崩乐坏，士阶层势力壮大，文化下移，私学大兴，促进了学术和文化的发展、繁荣。诸子纷纷发表各自的看法，形成百家争鸣的局面，以儒、墨、道、法等为代表，表达不同的家训思想。墨家倡导"兼相爱、交相利"（《墨子·兼爱》），将亲情伦理与利益相统一，又提出人性方面"染丝论"，"染于苍则苍，染于黄则黄，所入者变，其色亦变，五入必，而已则为五色矣！"（《墨子·所染》），强调外在环境对人性培养的作用。道家以道为根本范畴，主张道法自然，《老子》云"祸莫大于不知足，咎莫大于欲得"，"致

---

① 〔唐〕吴兢：《四部丛刊续编·贞观政要》，上海书店1984年版。

虚极，守静笃"，"圣人处无为之事，行不言之教"，重在"不言之教"，父母家长以身示教，用自身行为感化子女族人。法家立足于法、术、势三位一体，处理事务，批判现实人伦道德，《韩非子·六反》曰"故母厚爱处，子多败，推爱也；父薄爱教笞，子多善，用严也"，主张以严治家，强调惩罚的力量，反对溺爱用事。诸子家训思想中，儒家以诗、礼传家，主张仁爱，应该说最为典型，影响最大。正如学者张艳国所论，"反映在《易》、《礼》、《诗》、《书》、《春秋》和《论语》、《孟子》、《孝》、《大戴礼》等典籍中。通过儒家圣贤对话这种形式所反映出来的先秦家训，又成为中国传统家训中的经典"①。孔门家训包括孔子及其后人、门人等家庭训诫，儒家思想为其鲜明特色，如重视伦理亲情、重视社会政治责任、推崇礼乐文化等。以下略析孔门家训的内容及重要特色。

（一）孔子家训

孔子，即孔丘，被公认为儒家学派的创始人，春秋时期著名的思想家、教育家。孔子思想主要通过《论语》等著作体现，"仁""礼"为其核心思想，如《论语·颜渊》主张"君君，臣臣，父父，子子"，由个人修养到国家治理，将孝亲与忠君相结合，重视人伦日用。《论语·学而》云："孝弟也者，其为人之本欤？"这是说，孝敬父母、友爱兄弟乃"仁"之根本，这也是家庭教育的基本点。孔子家训的理论基础是"性近习远"，《论语·阳货》云"性相近，习相远也"。孔子认为，人出生时本性相近，人的善恶受到"习"的影响，由于后天学习的不同，逐渐养成不同的习性，而年少时养成的品行，会影响人以后的行为。孔子还重视交友对善恶习性的影响。《论语·季氏》云："益者三友，损者三友。友直，友谅，友多闻，益矣。友便辟，友善柔，友便佞，损矣。"如果与正直、诚信、见闻广博的人交友，便会受益无穷，反之，与谄媚逢迎、表里不一、善于花言巧语的人交友，则贻害不浅。在家庭教育方面，如何择友交友也是一个重要的问题，这会对人后天的发展产生重大的影响。

---

① 张艳国：《简论中国传统家训的文化学意义》，载《中州学刊》1994年第5期。

孔子研读、修订《诗》《书》《礼》《易》等典籍，对中国文化典籍的整理、传播贡献甚大。孔子家教以做人为根本，施行礼的教育，以诗、礼传家，体现了春秋战国时期家教的重要特征。《论语·季氏》记载孔子对其子孔鲤的训教："（孔子）尝独立，鲤趋而过庭。曰：'学《诗》乎？'对曰：'未也。''不学《诗》，无以言。'鲤退而学《诗》。他日，又独立，鲤趋而过庭。曰：'学《礼》乎？'对曰：'未也。''不学《礼》，无以立。'鲤退而学《礼》。"孔子重视《诗》《礼》教育，将它们与人的言谈和立身处世相联系，这关乎日后的成才。关于学诗重礼的原因，《说苑·建本》记载孔子与其子孔鲤的对话："君子不可以不学，见人不可以不饰，不饰则无根，无根则失理；失理则不忠，不忠则失礼，失礼则不立。"①孔子认为君子的学习特别重要，从容饰、仪表、理性、忠诚、立节等方面而论，将学礼提升到立身处世的高度。正如《论语·泰伯》所云"兴于诗，立于礼，成于乐"，只有学诗、学礼、遵礼循礼，学业才能得以完成，才可能在社会上有立足之地。后来，清代康熙皇帝教育皇子的《庭训格言》云："诗之为教也，所从来远矣。……思夫伯鱼过庭之训，'小子何莫学夫诗'之教，则凡有志于学者，岂可不以学诗为要乎？"②可见，孔子的诗礼之教对后世颇有启迪。

在教育方式方面，孔子主张父慈子孝，提倡循循善诱，反对粗暴专制，鞭挞杖击，这一点与周公家训有所区别。《说苑·杂言》引用孔子之语："鞭扑之子，不从父之教……言疾之难行。"③意为受过鞭打的儿子，内心不会接受父亲的训导，教育不要操之过急，须徐徐引导而使子女走向正道。孔子反对鞭打之类的教育方式，面对父母的重罚可以设法躲避，这样既可以保护自己，也可以维护父母的声名。

孔子不仅教子颇严，而且对其孙孔伋施行教育，颇有成效。据《史记·孔子世家》记载："伯鱼年五十，先孔子死。伯鱼生伋，字子思……子思作《中庸》。"孔鲤先于孔子而卒，孔子当承担起训诫孔伋的职责，后来孔伋将孔子的

---

① 卢元骏注译：《说苑今注今译》，天津古籍出版社1988年版，第89页。
② 王新龙：《中华家训》（2），中国戏剧出版社2009年版，第222页。
③ 卢元骏注译：《说苑今注今译》，天津古籍出版社1988年版，第596页。

事业发扬光大。《史记·孟子荀卿列传》谓，孟子"受业子思之门人"，可见，孔伋在儒家思想传承中发挥了重要的作用。孔子家训与其倡导"仁""礼"等思想紧密相关，重视诗、礼方面的教育，提出了一些有益的教训原则与方法，但也存在一定的局限性。孔子家训常与日常琐事结合，寓意深刻，后世称之为"过庭训"，影响颇为深远。

（二）曾子家训

曾子，名曾参，春秋时期鲁国人，孔子的学生，儒家学派的代表人物之一，被后人誉为"宗圣"。曾子的父亲曾晳，为孔子的早期弟子，其事迹在《论语·先进》"侍坐章"等有记载。曾晳对曾子实行严格的教育，《说苑·建本》记载，"曾子芸瓜而误斩其根，曾晳怒，援大杖击之，曾子仆地"①。曾子锄草而误断瓜根，就受到父亲大杖捶击导致"仆地"，醒来后弹琴歌唱而使父亲安心。孔子反对这种棍棒教育法，"小棰则待，大棰则走，以逃暴怒也"②，批评曾子的处置方式，认为过度责罚会造成严重后果，置父亲于不义的境地。孔子的训导对曾子的教育思想颇有影响。历史上，曾子以孝而著称，《论语》《孟子》《孝经》《大戴礼记》《史记》等典籍均有记载。以下概论曾子家训的要点。

曾子教训子弟不同于其父曾晳的专制、粗暴，《荀子·大略》记载曾子之语："君子之于子，爱之而勿面，使之而勿貌，导之以道而勿强。"曾子认为，君子对于子女之爱勿要流露于外表，要深藏于心，又不要强制压服，重在"导之以道"，加以说服引导。曾子家训注重家长的表率作用，教导子女诚实守信，"曾子杀猪教子"可称这方面的典型事例。《韩非子·外储说左上》记载，曾子妻子外出去集市，用"杀猪"方式哄骗儿子居于家中，而曾子准备杀猪兑现承诺，其语云："婴儿非有知也，待父母而学者也，听父母之教。今子欺之，是教子欺也。"曾子说，小孩子聆听家长教诲，不宜采取欺骗手法，否则会有严重后果，家长应该说到做到，言行一致。曾子还身体力行，教育子弟及学生遵德守礼，"曾子易席"之事较有代表性。《礼记·檀弓上》记载，曾子病危之际得知

① 卢元骏注译：《说苑今注今译》，天津古籍出版社1988年版，第80页。
② 卢元骏注译：《说苑今注今译》，天津古籍出版社1988年版，第80页。

自己使用"大夫之箦"，这明显不合正礼，便命令其子"起易箦"，并且说"君子之爱人也以德，细人之爱人也以姑息"，后，曾子在儿子、弟子"易箦"过程中病逝。曾子此处现身说法，对儿子与弟子施行闻过则改、坚守德礼方面的教育。

曾子秉承孔子的儒学思想，以孝道闻名于世，力主维护父慈子孝、兄友弟恭的家庭氛围，孝指恭、宽、信、敏、忠、惠、庄、敬等，其事迹被列入元代郭居敬《二十四孝》，在孝方面有所述论。《大戴礼记·曾子大孝》卷四中，曾子云"孝有三：大孝尊亲，其次不辱，其下能养"，又谓"夫孝者，天下之大经也"。[①]曾子认为，孝包括"尊亲""不辱""能养"等三个层次，不仅仅在于养其亲，更重要的在于敬，使父母安心、舒适、愉悦，还充分肯定孝在社会道德生活中的重要作用。曾子极力践行孝道，为后世做出了表率。《孟子·离娄上》记载："曾子养曾皙，必有酒肉。将彻，必请所与。问有余，必曰：'有。'"曾子赡养父亲曾皙尽心尽力，"必有酒肉"谓满足物质需求，还能尊重、顺从父母，能够做到"养心"，这种孝行得到了孟子的赞誉。曾子这种言传身教的方式影响了儿子曾元，曾元对父亲也很孝敬，使上下有序、家庭和睦，曾子子孙成为社会有用之才。

曾子主张修齐治平、内省慎独、以孝为本的儒家思想，养育并教授孔子之孙孔伋，参与编制《论语》，并撰写《大学》《孝经》等。曾子家训包括以德修身、以孝事亲、勤俭持家等内容，注重以自身行为教育家人，尤其是曾子的孝思、孝行在春秋战国时期大放异彩，成为古今孝子的典范。曾子并未为子孙专立家规家训，而是将其体现在日常言行中，因而被不少著作记录。西汉学者刘向在《说苑·杂言》中高度评价曾子的家风家教："故君正则百姓治，父母正则子孙孝慈……曾子家儿不知怒；所以然者，生而善教也。"[②]曾子家训在孔门家训中的地位不可忽视。

（三）孟母家训

孟子，即孟轲，春秋战国时期邹人，曾经受业于孔子之孙孔伋（子思）门

---

① 〔汉〕戴德：《四部丛刊初编本·大戴礼记》，商务印书馆1922年版。
② 卢元骏注译：《说苑今注今译》，天津古籍出版社1988年版，第604页。

徒，实为孔子儒家学派后学，是当时著名的思想家、教育家，被誉为"亚圣"。孟子早年丧父，家道衰落，由其母抚养成人，后成为先秦儒家学派的代表人物之一。孟母道德高尚，有较高的文化素养，知书明理，承担教子的职责。孟母训子之道始于胎教，《韩诗外传》记载孟母之语"吾怀妊是子，席不正不坐，割不正不食"①，母亲仪态端正、慎于所感，对于胎儿的健康生长确有裨益。孟子从幼年到成年接受母亲的教诲，孟母家训颇具针对性，不同阶段呈现出不同的特色，在孔门家训中具有一定代表性。

孟子年幼时期懵懂无知、生性活泼、贪玩厌学，孟母不仅在生活方面悉心照料，而且在做人方面多加教诲，促使其在思想道德、学业等方面逐渐有所进益。《列女传》《韩诗外传》等记载孟母"三迁择邻""断机教子""买肉示信"的事迹，体现了其对年幼儿子的谆谆教导，有益于孟子少时健康成长，为以后孟子成才奠定基础。据《列女传·母仪传》卷一记载，孟子年幼时，孟母多次迁徙住所，居处由靠近墓地到靠近集市，后来选择居于学宫附近，"真可以居吾子矣"②，表明孟母对学宫旁边新居的认可，孟子后来终成大儒。孟母从孩子成长的角度选择居处，"孟母三迁"说明，孟母重视外在环境对儿童的影响，最终选择有益于诵读诗书、修行礼仪、砥砺品行的环境，这对后世家训颇有启发。《列女传·母仪传》卷一又记载，孟子少时因贪玩、懈怠而废学，孟母剪断织机之线而教子，其文云："夫君子学以立名，问则广知，是以居则安宁，动则远害。今而废之，是不免于厮役，而无以离于祸患也。"③孟母指出，君子应该博学好问，说明中途废学带来的种种危害，勉励孟子勤学不息，有助于未来成就一番事业，树立名声。孟母教子之事被收入王应麟《三字经》，传播广远，孟母成为天下贤母的典范。孟母还重视培养年幼孟子言而有信、诚实不欺的品德，《韩诗外传》中记载的孟母事迹较为典型。据《韩诗外传》所载，孟母先是对孟子说东家杀猪"欲啖汝"，后察觉失言后，"乃买东家豚肉以食之，明不欺也"④。孟母

① 〔汉〕韩婴撰，许维遹校释：《韩诗外传集释》，中华书局1980年版，第306页。
② 〔汉〕刘向：《四部丛刊初编本·古列女传》，商务印书馆1922年版。
③ 〔汉〕刘向：《四部丛刊初编本·古列女传》，商务印书馆1922年版。
④ 〔汉〕韩婴撰，许维遹校释：《韩诗外传集释》，中华书局1980年版，第306页。

言出必行、教子有信，有利于孟子日后养成良好的品行。

孟子成人后，孟母并未放松对他的教诲。《韩诗外传》记载，"孟子妻独居，踞"，孟子认为其妻坐姿轻慢不恭，便禀告母亲妻子无礼而欲休妻，孟母云："今汝往燕私之处，入户不有声，令人踞而视之，是汝之无礼也，非妇无礼也。"[1]孟母认为，儿子悄然进入私室实属无礼，而其妻实为无辜者，最终孟子接受母亲教诲，打消休妻的想法。孟母还对孟子周游列国、推行"仁政"事业表示支持，体现了一位贤母的宽阔胸襟。《列女传·母仪传》记述孟子在齐国进退维谷的处境，因政治不得志而欲远走他国，又因母老而犹豫不决，孟母云："今子成人也，而我老矣。子行乎子义，吾行乎吾礼。"[2]孟母认为，自己只关注家庭内部事务与妇人之礼，而作为成人的孟子应该心怀天下、推行大义，对孟子的事业表示理解、支持，鼓励孟子实现个人的政治理想。孟子一生讲学授徒、游说人主、著书立说，成为一代大儒，与孟母的训诫关系密切。

作为孔门家训的重要部分，孟母家训具有鲜明的特色。一是重视做人教育，修德明礼，修仁行义，秉持以身作则、言而有信的原则。二是避免粗暴武断的做法，具有针对性，注重耐心教育、细致说理以及亲情感化。三是重视外界环境对儿童成长的影响，关注社会环境、人际交往对儿童思想品德的影响。当然，孟母家训也有某些局限性，如尊卑贵贱等级观念严重、轻视体力劳动者与商人、一味认同妇女"三从之德"等，不过这并未掩盖其巨大价值。

春秋战国时期，不少妇女政治责任感强、知识渊博、品德高尚，具有较高的文化素养，作为母亲助夫操家、相夫教子，承担起教育子女的职责，这样的贤母家训成为家训文化中不可缺少的主体。春秋战国时期，贤母教子家训反映在《左传》《国语》《战国策》《列女传》等典籍中，其中多为贵族家庭妇女，在家族后辈修身、婚姻嫁娶、待人接物、仕宦理政等方面予以教训。典型者如《左传·昭公二十八年》记载晋国叔向之母告诫其子勿娶巫臣家女儿，又如《国语·鲁语》记载鲁国敬姜训导其子公父文伯要勤劳不息，再如《列女传·母仪传》记载齐国田稷母亲训诫儿子仕宦拒收贿赂、廉洁奉公之事。春秋

---

① 〔汉〕韩婴撰，许维遹校释：《韩诗外传集释》，中华书局1980年版，第322页。
② 〔汉〕刘向：《四部丛刊初编本·古列女传》，商务印书馆1922年版。

战国的时期贤母家训，包括孟母家训等，内容丰富，形式多样，具有可行性，在中国家训史上具有重要意义。

第二节　秦汉魏晋南北朝：家训的发展与定型

秦汉魏晋南北朝时期是中国家训史上重要的发展阶段，包括两汉、魏晋、南北朝等不同时段的家训，时间跨度八百余年。先秦时期的家训主要采取口头训诫的形式，且多由后人追忆、整理而成，而秦汉魏晋南北朝时期的家训以文献形式呈现，存在于史传、文集、类书等典籍中，既有单篇文献，也有专著，形式多元，如戒书、自传、遗令、诫子诗、戒铭等。就训诫者或者训诫用途而言，有帝王家训、士人（仕宦）家训、女训等，种类多样，各有特色。这一时期，家训文献数量众多，内容丰富，涉及儒、道、佛等方面思想，训诫者自觉性大大提高，训诫方式多样，可谓中国家训的发展、成型时期，在家训史上具有承上启下作用。

一、秦汉魏晋南北朝家训概述

秦代、汉代为大一统王朝，在汉代崇儒风气浓厚及大小家庭发展的背景下，出现了帝王家训、士人（仕宦）家训、女子训诫等家训类型，如汉文帝《遗诏》、刘向《戒子歆书》、班昭《女训》等。魏晋南北朝为大动乱、大变革时期，受门阀鼎盛、思想多元化等因素影响，帝王家训、士人（仕宦）家训、女训等类型家训得到进一步发展，如曹操《立太子令》、魏收《枕中篇》、徐湛之《妇人训诫集》，产生了第一部家训专著《颜氏家训》。秦汉魏晋南北朝时期，中国家训逐渐发展、定型，这为隋唐时期家训的成熟奠定了基础。

（一）秦汉家训概况

秦始皇统一天下而建立秦朝，以吏为师，赋税徭役繁重，大兴土木而劳民伤财。秦二世执政时，变本加厉，横征暴敛，导致秦王朝灭亡。秦朝仅仅维系了十余年，家训文献很少，基本上继承先秦家训内容，王朝以法令的形式规范个人行为、人伦秩序，"贵贱分明，男女礼顺，慎遵职事。昭隔内外，靡不清净，施于后嗣"[1]。典型者如湖北云梦睡虎地秦墓所出土竹简，其中有"父盗子，不为盗"，"殴大父母，黥为城旦舂"，"免老告人以为不孝，谒杀"[2]，等等，维护家庭父权、提倡孝道、依法治孝等，内容较为丰富。

汉王朝由刘邦创立，继而出现"文景之治""汉武盛世""宣帝中兴"等，后来王朝衰微，王莽篡位，西汉覆亡。光武帝刘秀复兴，步入东汉时期。东汉前期，政治清明，国力强盛，而中后期，外戚、宦官集团参与朝政，与士人集团矛盾冲突激烈，朝政昏暗、腐败，出现"党锢之祸""黄巾大起义"等，东汉政权动荡不宁，最终被曹丕政权取代。两汉时期，朝廷重视、崇尚儒学，建立太学，设五经博士，研究《尚书》《春秋》等经典，学儒读经之风兴起，儒学逐渐深入社会生活的多个方面，"崇儒"国策不断影响家训的思想内容、形式种类、实施方式等。汉代，父子两代或者祖孙三代，农业小家庭大量涌现，据《汉书·食货志》所记晁错之语"今农夫五口之家……其能耕者不过百亩，百亩之收不过百石"，又据《宗法中国》中的资料表明，全国每户平均人口数，"西汉五人，东汉五人"[3]。可见，"五口之家"之类小家庭在乡村较为普遍。此外，汉代祖父子孙三世、四世合居的大家庭日益增多，包括平民大家庭与士族（官僚地主）大家庭，如《后汉书·独行列传》记载，"李充字大逊，陈留人也。家贫，兄弟六人同食递衣"，又据《后汉书·樊宏传》载，樊重"三世共财，子孙朝夕礼敬，常若公家"。汉代小家庭、家族成为社会主体，建立起家国同构的宗法制度，一方面，家庭、家族独立发展，另一方面，治家与治国相统一，重视儒学，重视孝

---

① 参见《史记·秦始皇本纪》中"泰山刻石"文辞。
② 睡虎地秦墓竹简整理小组：《睡虎地秦墓竹简》，文物出版社2001年版，第98、111、117页。
③ 刘广明：《宗法中国》，上海三联书店1993年版，第49页。

悌，强调家族成员的自身修养，重视经世致用。汉代家训多是大家族、官僚地主家庭家训。

汉代，"家训"概念在文献中正式出现，《后汉书·边让传》记载蔡邕推荐贤士边让之语，"天授逸才，聪明贤智。髫龀奇孤，不尽家训"。此处引用文字实为东汉蔡邕所作书信的一部分，"家训"比起《尚书·酒诰》中的"遗训"概念更为明晰。此外，类似的术语有"家约""家教""家学""家声"等，说明汉代人在家庭训诫观念方面，相对于先秦时期已经有了大的发展。如《史记·货殖列传》云"然任公家约，非田畜所出弗衣食"，《史记·儒林列传》云"申公耻之，归鲁，退居家教，终身不出门"，《后汉书·孔昱传》云"昱少习家学"。这些概念在汉代出现，可见，人们对于家训的认识更加自觉，更加深刻，这在家训发展史上无疑具有重要的意义。

尊儒为汉代的重要特色，统治者治国外儒内法、礼法并用，道家、法家、阴阳家等思想也得到重视，这就影响了家训的内容。帝王家训重视理政者个人思想品德、文化素养、为政能力等的培养，如刘邦《手敕太子》，汉武帝训诫齐王等诸子，光武帝告诫太子刘庄重文勤政，汉明帝警诫皇族任用贤能，等等。士人或者仕宦家训的内容则呈现不同的特征，具有多样化的家学、家风色彩。有的家族以经学训子传家，如《史记·儒林列传》记载鲁国徐生善于治《礼》，"传子至孙徐延、徐襄"，《后汉书·桓荣传》记载桓荣子孙五代治《尚书》。有的以律学教子来振兴家族，如《汉书·循吏传》记载官吏擅长律令而教导子孙宽平治狱。还有的以道家思想训诫子孙避祸自保，如《汉书·疏广传》记载疏广用老庄"知足常乐"思想训导子侄。汉代的家训文献数量颇多，主要呈现以下几种形式：一是运用遗诏、遗令、遗命，如汉文帝遗诏薄葬、光武帝遗命简易、马融要求薄葬节俭等。二是采用家书、家信训诫子弟，如孔臧《戒子琳书》、马援《戒兄子严、敦书》、郑玄《诫子益恩书》等。三是专门的训女篇目或者著作，如班昭《女诫》、荀爽《女诫》、蔡邕《女训》等。汉代家训的表现形式灵活多样，彰显出时代特征与个性色彩。

（二）魏晋南北朝家训概况

汉朝末年，各地豪强拥兵自重，互相攻伐，后来曹操统一中国北方，继而曹丕篡汉而称帝，刘备、孙权相继建立政权，历史进入魏、蜀、吴三国鼎立时期，直至司马炎取代曹魏建立晋朝，国家才重新统一。西晋在短暂的"太康之治"后，出现外戚专权、"八王之乱"等政治危机，匈奴、鲜卑等少数民族贵族乘机攻伐中原而自立为帝。西晋宣告覆亡后，司马睿在南方建立东晋政权。中国南方，东晋、宋、齐、梁、陈政权交替，北方分别建立北魏、西魏、东魏、北齐、北周等王朝。后来，杨坚代周而建立隋朝，结束了南北朝的分裂割据局面。魏晋南北朝时期，社会分裂动荡，战乱不息，门阀制度处于鼎盛时期。就思想文化方面而言，儒、道、佛等多种思想并存，社会处于大变革时期。

三国时，曹丕实行"九品官人法"，考察士人的家世背景、道德与才能，逐渐以门第作为选人任官标准，大家族迅速发展。九品中正制度成为重要的选官制度，其设立是"统治阶级内部的封建等级表现"[1]。司马氏集团实行荫亲属制，促使皇室、名门、先贤后代按照门阀高低荫蔽亲属，享受多种特权。东晋时期，士族势力壮大，累世同居的大家族日益增多，如著名的琅琊王氏、陈郡谢氏等，可以说，他们在政治、经济、文化等方面居于显赫地位，对皇权产生了很大的制衡及影响。魏晋南北朝时期，家谱（谱牒）大量出现，推动了家训的发展。家谱是一个家族或宗族的世系表谱，章学诚《州县请立志科议》云："传状志述，一人之史也；家乘谱牒，一家之史也。"[2]先秦《世本》被视作中国谱牒开山之作，在于其奠世系、辨昭穆、别贵贱，司马迁《史记》中的帝王本纪就有家谱的意味，扬雄《家谱》、应劭《士族篇》等亦为著名的家谱，实为汉代豪族势力扩张背景下的产物。魏晋南北朝时期，撰写家谱成为"谱学"。国家重视修谱活动，官府设立谱局，负责家谱的编修、管理，而士族家谱地位很高。如东晋时编成《百家谱》，梁武帝时期修订《百家族》，《隋书·经籍志》载录了不少谱牒类著作。关于魏晋南北朝时期家谱所发挥的作用，《通志·氏族略》云："官之

---

① 唐长孺：《魏晋南北朝史论集》，中华书局2011年版，第121页。
② 〔清〕章学诚：《文史通义》（三），上海书店1988年版，第8页。

选举必由于簿状，家之婚姻必由于谱系。"①家谱的兴起实与当时宗族观念、政治制度、选拔官员制度有关，家谱是有司选举的需要，也为士族婚姻提供参照，可见，它在当时确有重要的用途。魏晋南北朝时期，身处乱世的帝王、望族乃至一般士大夫为立身免祸、传家保国，重视对子弟的训导，家训理论趋于成熟。

魏晋南北朝时期，家庭分为小家庭、平民大家庭、士族大家庭等。平民大家族如北魏东郡小黄县董吐浑家族，"事亲至孝，三世同居，闺门有礼"（《魏书·孝感传》）；士族大家庭如前秦桑虞，"诸兄仕于石勒之世，咸登显位……虞五世同居，闺门邕穆"（《晋书·孝友传》）。除了来自汉族的家训外，也有来自少数民族的训诫，如北魏时期，冯太后教育儿子孝文帝拓跋宏采取汉制、锐意改革，当然少数民族家训保持了尚武的传统。社会动荡、朝代更迭频繁的环境下，仕宦家族更加重视教育，重视保身免祸，重视个人的独立与自由，重视家族的发展。这一时期，"家风"（也称门风、父风等）概念丰富了，又有向门法、家规转化的趋势。如西晋潘岳作《家风诗》，《晋书·山简传》谓山简"性温雅，有父风"，《颜氏家训·风操篇》云"笃学修行，不坠门风"②。这一时期的家学发展、学术文化乃至科技方面趋于家族化、地域化。教子学儒乃家学的重点，如《梁书·贺场传》记载贺场"少传家业"，"于《礼》尤精"，其子贺革"少通《三礼》"，可见，重《礼》乃贺氏家学的特征。此外，西晋应贞以文学为家传，东晋王羲之父子精于书法。南朝王彪之家族长于史学，南朝祖冲之家族以天文历算而著名。可见，这一时期的家训与社会政治、经济、文化等方面的背景息息相关。

魏晋南北朝家训大致分为帝王家训、士人（仕宦）家训、女训三类，类别不同，特征各异。帝王家训重视对子弟品德、政治才干的培养，还有身后丧葬等重要事宜的交代等，借以维护家天下的长久性。著名者有曹操《诸儿令》及《遗令》、刘备《遗敕后主诏》、李暠《手令诫诸子》、刘义隆《诫江夏王义恭书》、萧纲《诫当阳公大心书》等。士人（仕宦）家训不仅将入仕视为人生追求的重要目标，还重视子孙的德行修养与才艺学习，重视家族的管理，强调家族成

---

① 〔宋〕郑樵：《通志二十略》，中华书局1995年版，第1页。
② 王利器：《颜氏家训集解》（增补本），中华书局1996年版，第61页。

员的团结与互助。著名者有王昶《家诫》、嵇康《家诫》、羊祜《诫子书》、陶渊明《与子俨等书》、源贺《遗令敕诸子》、王僧虔《诫子书》、徐勉《戒子崧书》、王褒《幼训》等。仕宦家训中的母亲教子部分也值得注意。这一时期，女性重视子孙教育，体现了她们的才华与卓越的见识，可谓别具特色。如皇甫谧叔母教诫其侄勤学成才，虞潭母教子舍生取义，陶侃母亲教诲其子成为名臣，郑善果教育其子忠贞廉洁，等等。仕宦家训代表性著作是颜之推《颜氏家训》，具有理论性、系统性，影响甚大。魏晋南北朝的家族女训在汉代女训的基础上有所发展，社会、家庭重视对女子的教育。女子训诫要培养女子适合当时社会需要的德行，如"妇德""妇言""妇容""妇功"四德，又重视女子的胎教及女子的才学，如经史、文学、技艺等，希冀女子继承良好的家风、家学。这一时期，训诫女子的著作有程晓《女典篇》、贾充妻李氏《女训》、裴𬱟《女史箴》、王廙《妇德箴》、崔浩《女仪》等，还有见于史书、笔记小说中的片段，从不同角度体现了时人的妇女观，可以了解当时女子教育的状况。

秦汉魏晋南北朝时期，历史漫长，既有秦汉的大一统王朝，也有魏晋南北朝时期的大动荡、大分裂、大割据状况。随着社会生产的发展，社会阶层明显分化，社会思想也由儒家一尊发展为儒、道、佛等并立，这些为家训的发展提供了丰富的社会土壤。这一时期是中国家训发展不可忽视的阶段，标志是家训的基本定型、成立。这一时期，家训大多以文献形式呈现，有的内容单一具体，有的思想内容丰富；家训形式也多样，单篇家训与专著形式并存，汉族与少数民族家训并存，相对于先秦家训，独立著述意识增强；家训内容以修身、齐家、治学、治国、养生等并重，具有家族化、伦理化、地域化、民族化等特点。具体而言，帝王家训重视嗣君品德、治国才能、政权传承等，如刘邦、曹操、刘义隆、萧衍等训诲子孙。士人家训多从立身、读书治学、技艺、仕宦、处世等方面训诫子弟，如刘向、马援、诸葛亮、王祥、陶渊明、徐勉、颜之推等名士名宦训诫子孙，重视文化教育，重视家族家风教育。女训则侧重于女子仪容、品德、才艺等训诫，如班昭《女诫》、裴𬱟《女史箴》等，封建伦理道德色彩浓厚。这一时期，家训的原则、方法值得注意，如宽严结合、现身说法、榜样引导、突出重点等，对后世有启示意义。不过，这一时期的家训，精华内容与封建糟粕并存，需要我们辩证分析、批判接受。秦汉魏晋南北朝时期的家训既上承先秦家训，又对隋唐及以后家训影响很大，值得我们重视、研究。

二、两汉魏晋：家训的发展

秦代的家训文献很少，到了汉代，家训文献得到长足发展，家训进入自觉著述阶段，内容、形式呈现多样化。汉代家训文献见于《史记》《汉书》《后汉书》等，分为帝王家训、士人家训等类型，别具特色的形式有遗诏、家约、家书、家信等，方法灵活多样。魏晋时期的家训文献主要见于《三国志》《晋书》等。这一时期，名家大族特别注意子女的训诫，如诫子书、遗训等。士人（仕宦）家训也颇具特色，重视保身免祸、才艺等方面的学习，在修身、齐家、为政等方面颇有见解。此外，帝王家训、女训也有一定特色。以下主要梳理两汉、魏晋家训的发展与演变。

（一）两汉家训

汉代为大一统王朝，分为西汉与东汉，历经初兴、发展、强盛、衰败等过程，儒家思想逐渐居于主导地位，封建小家庭与大家族并存，重视家庭教育成为一时风气，尤其是汉代皇室、贵族家庭与名宦家族。就家训形式而言，由先秦时期口头训诫向以文献为主转换。根据现存资料来看，汉代家训主要有帝王家训、士人家训、女训等类型。以下主要简论这三种家训，以求把握汉代家训的主要特征。

1. 帝王家训

西汉王朝建立后，高祖刘邦重视对太子的教育，重视后世继承人君王之德的培养，以求维系、巩固政权。刘邦《手敕太子》用来训诫太子刘盈，在读书、敬贤等方面有所嘱托、训导。《手敕太子》云："吾生不学书，但读书问字而遂知耳。以此故不大工，然亦足自辞解。今视汝书，犹不如吾。汝可勤学习。每上疏，宜自书，勿使人也。"[1]刘邦自述年轻时不好读书、不喜书法，勉励太子勤

---

① 〔清〕严可均：《全上古三代秦汉三国六朝文·全汉文卷一》，中华书局1958年版，第131页。

学读书、苦练书法，以便日后具备较高的文化素养，能够更好地处理国事。《手敕太子》又云："汝见萧、曹、张、陈诸公侯，吾同时人，倍年于汝者，皆拜，并语于汝诸弟。"①这里，刘邦告诫刘盈要敬重老臣萧何、曹参、张良等，要求太子劝诫诸弟也要礼遇这些长辈、贤臣。刘邦对太子刘盈的训诫言辞恳切、颇为中肯，既包含个人的经验教训，也有对后辈的殷切期待，重视文治武功并举，可谓汉代最早且有影响力的帝王家训。汉文帝刘恒《遗诏》则是关于自己丧葬方面的遗命，这与西汉初年统治者提倡简朴的道德风尚相适应。《遗诏》云："其令天下吏民，令到，出临三日，皆释服。无禁取妇嫁女、祠祀饮酒食肉。自当给丧事服，临者皆无践。经带无过三寸，无布车及兵器，无发民哭临宫殿中。殿中当临者，皆以旦夕各十五举音，礼毕罢。非旦夕临时，禁无得擅哭临。"②《遗诏》要求，自己的丧事要俭约，包括三日"释服"、不禁百姓嫁娶、丧服从简、限制哭丧等，避免劳民伤财，体现了一代贤君的薄葬、俭约思想。此外，汉武帝训诫诸子（《汉书·武五子传》）、光武帝告诫太子刘庄重视文治（《后汉书·光武帝纪》）等，体现了汉代帝王在君德、为政等方面对子孙的要求和期望，具有一定特色。

汉代后妃训诫皇子、公主及其他皇族成员，可以视为皇室家训的特殊形式。汉代后妃家训有西汉孝文窦皇后、东汉明德马皇后训诫等，可与帝王家训相得益彰，在政治上发挥重要的作用。明德马皇后为汉明帝刘庄的皇后，又为汉章帝的母后，聪慧、博学、贤明而生活简约，对皇帝、皇子、公主的劝谏、训诫可谓闻名于世。马皇后常告诫儿子汉章帝慎封外亲，以防外戚骄纵、弄权而扰乱朝纲。据《后汉书·皇后纪》卷十记载，汉章帝即位后想分封诸舅官爵，被马皇后拒绝，"又田蚡、窦婴，宠贵横恣，倾覆之祸，为世所传。故先帝防慎舅氏，不令在枢机之位"。这里，马皇后借用汉代田蚡、窦婴等外戚之家败亡的历史教训，说明先帝"防慎舅氏"的做法正确，从而教导汉章帝节制外戚权势、地位。《后汉书·皇后纪》卷十又云："常与帝旦夕言道政事，乃教授诸小王，论议经书，述叙平生，雍和终日。"马氏常与汉章帝谈论政事，教诲年幼的皇子研读经书，

---

① 〔清〕严可均：《全上古三代秦汉三国六朝文·全汉文卷一》，中华书局1958年版，第131页。
② 〔清〕严可均：《全上古三代秦汉三国六朝文·全汉文卷二》，中华书局1958年版，第136页。

气氛融洽和乐。马皇后处罚奢侈，奖赏简朴，对皇子、公主等也如此，这种勤俭之风为天下做出了表率，影响了当时的社会风气。汉代后妃家训可谓皇室家训的有益组成部分，作用不可忽视。

2.士人家训

西汉士人家训的内容包括修身、治家、从政等方面，训诫者分为儒士、官吏、富豪等类型，有口头训诫、单篇文章等，采用家书、遗命等形式。西汉初，孔子后裔孔臧，为著名学者孔安国从兄，其《与子琳书》勉励儿子孔琳立志读书，提高自身修养。《与子琳书》云："人之进道，惟问其志，取必以渐，勤则得多"，"故学者所以饰百行也"，"远则尼父，近则子国，于以立身，其庶矣乎"。[①]孔臧的这封书信对儿子表示赞赏、劝勉，说明学习要坚持不懈、循序渐进的道理，强调学习的目的在于"饰百行"，即指导个人实践，还希望儿子效法孔门贤人，发扬光大孔氏家族事业。司马谈为汉代博学之士，在汉武帝时期担任太史令，临终时嘱托儿子司马迁继承其志，完成史学巨著。此口头训诫载于《史记·太史公自序》，司马谈云"余死，汝必为太史；为太史，无忘吾所欲论著矣"，又曰"扬名于后世，以显父母，此孝之大者"，还叮嘱道："余为太史而弗论载，废天下之史文，余甚惧焉，汝其念哉！"司马谈临终时希望儿子继续完成自己未竟的事业，这种显亲扬名的方式正是大孝的表现，这则遗命无疑对司马迁具有激励作用。后来，司马迁撰写了史学名著《史记》，在史学界影响巨大。东方朔是汉代著名辞赋家，其《诫子》以四言、五言韵语为主，是关于为官处世方面的训诫。其文云，"明者处世，莫尚于中，优哉游哉，与道相从"，又曰，"圣人之道，一龙一蛇，形见神藏，与物变化，随时之宜，无有常家"。[②]东方朔此处论为人处世的原则与方法，主张坚持中庸之道，强调"随时之宜，无有常家"，以屈求伸才可以避祸全身，这不同于通常的正道，当是融入个人在君主专制环境下的人生经验。此外，刘向《戒子歆书》、陈咸《戒子孙》等也颇为著名。西汉士人家训在丧葬事宜方面也不乏个人见解，典型者如杨王孙关于丧葬后事的遗训。《汉书·杨王孙传》卷六十七载有杨王孙之语："吾欲裸葬，以反吾

---

① 〔清〕严可均：《全上古三代秦汉三国六朝文·全汉文卷十三》，中华书局1958年版，第195页。
② 〔唐〕欧阳询：《艺文类聚》，上海古籍出版社1982年版，第418页。

真，必亡易吾意。死则为布囊盛尸，入地七尺，既下，从足引脱其囊，以身亲土。"杨王孙临终时叮嘱儿子施行裸葬，不用棺椁，而是"以身亲土"，这就将节葬推向了极致，不同于传统的丧葬礼制，引起了较大的争论。其后，西汉欧阳地余、何并，以及东汉梁商、朱宠、张奂、赵咨等遗训中也涉及死后薄葬、反对世俗厚葬奢靡之风。

东汉士人家训的数量明显超过西汉，内容多集中于修身与理家方面，注重加强个人品德修养，重视个人名节，经学与文学并重，应该说训诫者的自觉性相对于西汉进一步提高。这一时期，家书、遗训成为重要的家训形式，篇幅有长有短，如马援《诫兄子严、敦书》、张奂《诫兄子书》、郑玄《戒子益恩书》、郦炎《遗令书》、司马徽《诫子书》、赵咨《遗书敕子胤》、杜泰姬《教子书》、陈惠谦《戒兄子伯思书》等篇目。以下将典范篇目予以简析，以便了解东汉士人家训的概貌。

东汉名将马援《诫兄子严、敦书》是针对侄儿马严、马敦喜好与轻狂任侠子弟交往及议论是非的习气而作，在为人处世方面予以训诫。其文云："好议论人长短，妄是非正法，此吾所大恶也，宁死不愿闻子孙有此行也"，"效伯高不得，犹为谨敕之士，所谓'刻鹄不成尚类鹜'者也。效季良不得，陷为天下轻薄子，所谓'画虎不成反类狗'者也"。（《后汉书·马援传》卷二十四）马援训诫侄儿注意处世之道，要慎于言语，反对"好议论人长短"，还要谨慎交友，学习今人龙伯高严谨、守礼，勿学杜季良豪侠仗义以免陷入"轻薄"。马援品议当朝人物，训诫后辈谨慎言语、效法贤人，其家训思想受到后人重视。郑玄为东汉著名学者，一生重于著述与讲学，其《戒子益恩书》教诫儿子勤于治家，光大郑氏门庭。《戒子益恩书》云："家事大小，汝一承之。咨尔茕茕一夫，曾无同生相依。其勖求君子之道，研钻勿替，敬慎威仪，以近有德"，"家今差多于昔，勤力务时，无恤饥寒。菲饮食，薄衣服，节夫二者，尚令吾寡恨"。（《后汉书·郑玄传》卷三十五）郑玄在文中自述经历与志趣爱好，将家事托付于其子，希望其子能够恪守儒家伦理道德，钻研学问，努力耕种而维系家业，使家族兴旺发达。郑玄此处不忘教导其子继承自己研究学问、著书立说的事业，体现了经学家的本色。东汉士人家训还包含重生、养生方面内容，强调个人身体、心理的重要性。郦炎《遗令书》为教诫其子之书，其文云："惧汝身之柔，可不厉汝以刚乎！惧汝之刚，可不厉以柔乎！惧汝之弱，可以训汝之强！"又云："消息汝躬，调和汝体，思乃考言，念乃考训……汝无逸于丘，无湎于酒，无安于忍。"①郦炎希望其子刚柔相济，特别注意个人修养、调和身体，不要过于逸乐，不要沉湎饮酒，关注个人身体，关注健康的生活方式，实为珍惜个体生命意识的时代风气的体现。此外，与西汉士人家训相似，东汉家训重视身后丧葬之事，多以简葬为要务，提倡节俭，反对奢靡。赵咨《遗书敕子胤》可谓长篇大论，论说人死亡的必然性，谈历代丧葬的发展状况，引经据典论丧葬礼仪，最后告诫儿子在其死后进行简葬。东汉时期有关丧葬方面的遗令众多，兹从略。

两汉时期，不同士人家族的家学、家风呈现出不同的特征，如出现世代以经学、法律、史学等训诫子弟的家族，这一点值得注意。汉代尊崇儒学，研读儒学经典之风渐盛，涌现出不少经学世家，如长于《诗经》《尚书》《易经》《春秋》等士人家族，家族家训与家学、家风的弘扬相得益彰，影响家族的发展趋向。汉代经学世家中，韦氏家族治《诗经》，杨氏家族治欧阳《尚书》，具有一定代表性。韦氏家族家学、家风在西汉尤为著名。汉初，鲁国邹人韦孟精通五经，后人韦贤治《诗经》兼通《礼》《尚书》，被征为博士，为汉昭帝讲授《诗经》，官至丞相。韦贤之子韦玄成继承父亲的事业，后来也担任丞相。又据《汉书·韦贤传》卷七十三记载，韦玄成兄韦弘之子韦赏以《诗经》教授哀帝，"官至大司马车骑将军，列为三公"，又"宗族至吏二千石者十余人"。韦氏家族擅长治《诗经》，还留下了具有家训性质的诗作，如韦孟《在邹诗》、韦玄成《戒子孙诗》，都申明先祖荣耀，训诫子孙敬慎守礼，维系家风。东汉时期，韦赏子孙研读经学，用力颇勤，享有高名。可见，韦氏家族重视子孙的学业、德行教育，奉行孝悌，谦逊恭敬，谨慎言行，形成了良好的家风，家族人才辈出，闻名于世。汉代弘农杨氏家族，以精于欧阳《尚书》而驰名，其家族家风也影响甚大。东汉杨震之父杨宝习于欧阳《尚书》，而杨震"少好学，受欧阳《尚书》于太常桓郁，明经博览，无不穷究"（《后汉书·杨震传》卷五十四），被誉为

---

① 〔清〕严可均：《全上古三代秦汉三国六朝文·全后汉文卷八十二》，中华书局1958年版，第913页。

"关西孔子"，官至司徒、太尉。杨震之子杨秉，杨秉之子杨赐，杨赐之子杨彪，传习家学，博学多闻，担任司徒、太尉等要职，堪称当时俊才。东汉杨氏家族精通儒学，尤其欧阳《尚书》世代相传，其家训要求子孙清白、廉洁、扶正除奸，尤以杨震"四知"、杨秉"三不惑"为典范。据《后汉书·杨震传》卷五十四记载，昌邑令王密夜晚怀金欲赠送杨震而被拒绝，杨震谓"天知，神知，我知，子知。何谓无知！"《后汉书·杨秉传》卷五十四载录杨秉之语："我有三不惑：酒、色、财也。"杨氏家族由西汉到东汉绵延数百年，人才辈出，由杨震到杨彪数世担任太尉等高官，可谓两汉名门望族。杨氏家族德业相传，以精通经学、家风清白而著称，其中家族家训的作用自然功不可没。

3. 女训

女训是指家庭成员对女子的教育，如父母、公婆或丈夫等对女子的训诫，可谓家训的一种独特形式。先秦时期，《周易》《周礼》《礼记》等对女性在政治、生活中的言行做出种种规定。然而，这一时期，家训多集中于对家庭中子弟的训诫，对女子的教育重视不够。汉代刘向撰写《列女传》，多颂扬历史上贤明、仁智、贞顺、节义的女性，希望女性引以为鉴，规范自己的行为。然而，其并不属于家训一类篇章。训诫女性并且真正具有家训性质的文献出现于东汉时期，其中班昭的《女诫》最有代表性，堪称系统、完备，也最负盛名。以下予以略析。

班昭为东汉学者班彪之女、史学家班固之妹，长于史学、文学，可谓闻名天下的才女，多次被汉和帝征召入宫，令皇后、贵人师从之，史称"曹大家"。班昭为女儿作《女诫》，希望借此加以教导，使她们熟知妇礼，有助于规范个人言行，有助于女子修身处世。《女诫》除序言之外，分为《卑弱》《夫妇》《敬慎》《妇行》《专心》《曲从》《和叔妹》等七部分，内容涉及当时妇女生活的诸多方面，渗透个人丰富的人生经验，表明个人的见解，堪称汉代女性的教科书。一方面，班昭《女诫》阐述在男尊女卑的社会文化环境中，女子要加强自身道德修养，包括崇尚卑弱、敬慎处世、具备"四行"、专心正色等方面。《卑弱》篇明确女子在社会中的"卑弱"地位，女以弱为美，应该"谦让恭敬，先人后己"，"晚寝早作，勿惮夙夜"，"清静自守，无好戏笑"（《后汉书·列女传》卷八十四），具备谦恭、勤劳、谨重等品德，才可能远离"黜辱"。《妇行》篇主要阐释"女有四行"，即妇德、妇言、妇容、妇功，这是对《礼记·昏义》中妇女"四德"的进一步诠释。此篇中，"妇德"谓"清闲贞静，守节整齐，行己有耻"，"妇言"谓"择辞而说，不道恶语"，"妇容"谓"盥浣尘秽，服饰鲜洁，沐浴以时"，"妇功"谓"专心纺绩，不好戏笑，洁齐酒食，以奉宾客"（《后汉书·列女传》卷八十四），这是对妇女的品德、言辞、仪容等方面提出要求，希望其恪守封建伦理道德准则。其他如，《敬慎》篇"故曰敬顺之道，妇人之大礼"，《专心》篇"礼义居洁，耳无涂听，目无邪视，出无冶容，入无废饰"（《后汉书·列女传》卷八十四），也是强调女性加强个人品德修养，以便适应社会道德要求。另一方面，《女诫》教导女性处理与众多家庭成员的关系，如要与丈夫、公婆、弟妹等和谐相处，实为女性履行家庭职责，从事社会生活实践。关于夫妇方面，《女诫》基于男尊女卑观念，提出女子从属于丈夫，对丈夫应该恭敬、顺从、忠贞，尽心侍奉丈夫，充当好贤内助的角色，此乃人伦之大理。《夫妇》篇云，"夫不御妇，则威仪废缺；妇不事夫，则义理堕阙"，"夫主之不可不事，礼义之不可不存也"（《后汉书·列女传》卷八十四）。这里，指出丈夫驾驭妻子、妻子侍奉丈夫之理，突出丈夫的核心地位、尊贵地位，在当时实为天经地义之事。在侍奉丈夫方面，《卑弱》篇云"正色端操，以事夫主"，就是女子恪守礼仪准则行事，力争赢得丈夫的欢心，这样才可能夫妇关系融洽，家庭和睦。关于女子与公婆舅姑方面，《女诫》也有所论述，即以"从令顺命"为原则。《曲从》篇云："然则舅姑之心奈何？固莫尚于曲从矣。姑云不尔而是，固宜从令；姑云尔而非，犹宜顺命。"（《后汉书·列女传》卷八十四）班昭认为，女子应顺从乃至曲从舅姑，依照舅姑的命令办事，无须明辨是非曲直，这是维系夫妇恩爱、家庭稳固的有力保障。女子还要与丈夫的兄弟姐妹处理好关系，这在《和叔妹》篇中有所反映。《和叔妹》篇云"我臧否誉毁，一由叔妹，叔妹之心，复不可失也"，又云"然则求叔妹之心，固莫尚于谦顺矣。谦则德之柄，顺则妇之行"（《后汉书·列女传》卷八十四）。家庭中，女子与丈夫的弟妹和睦至关重要，这样可以为自己延誉，进而博得丈夫、公婆欢心，处理好与叔妹之间的关系关键在于自身要谦恭、逊顺。

班昭《女诫》在汉代产生，难免打上了时代烙印，含有某些封建思想，如男尊女卑、从一而终、曲从丈夫与公婆等，反映了当时妇女卑微低下的地位。然而，《女诫》中不少内容具有积极进步意义，如男女都有受教育的权利，女子要加强道德修养，女子要承担家庭职责，等等，我们要批判地继承、汲取这部著作的精华。班昭《女诫》是现存最早的、较为完整的女训文献，在当时广为流传。据《后汉书·列女传》记载，东汉大儒马融非常喜爱这部著作，"令妻女习焉"。《女诫》被视为训诫女子的经典，对后世影响很大，如唐代宋若莘《女论语》、明代徐皇后《内训》等女训著作都对其有所继承和吸取。《女诫》可谓开中国女训著作之先河，在中国家训史上居于重要的地位。

汉代训诫女子之风颇浓。杜泰姬《诫诸女及妇书》则是母亲对女儿及儿媳传授如何教诫家中子女。杜氏提出，先要实施胎教，心存爱抚，"其长之也，威仪以先后之，礼貌以左右之，恭敬以监临之，勤恪以劝之，孝顺以内之，忠信以发之"①。杜氏认为，在孩子成长期间，要教诫其养成良好美德，如恭敬、勤恪、孝顺、忠信等，威严与礼仪兼用，恩威并施，使其日后成为社会优秀人才。汉代，父亲对女儿的训教日益增多，典型者有荀爽《女诫》与蔡邕《女训》。荀爽《女诫》用整齐的四言编写而成，宣扬男尊女卑、夫唱妇随思想，要求女儿"正身洁行""非礼不动，非义不行"②，充溢着封建伦理道德的意味。蔡邕《女训》则是教导女儿"饰面"与"修心"结合，梳理头发与"思心"并用③，涉及女子梳洗打扮多个环节，注意修饰外表与心灵，提高女性的思想品德素养，这种结合女子特点而教育的方式极为巧妙。荀爽、蔡邕等以父亲的角色教育女儿，有助于推动汉代女训的发展。

（二）魏晋时期家训

东汉末期，中国社会进入大动荡、大分裂时期，继而三国鼎立，曹魏、蜀

---

① 〔晋〕常璩：《华阳国志》，商务印书馆1958年版，第171页。
② 〔唐〕欧阳询：《艺文类聚》，上海古籍出版社1982年版，第419页。《艺文类聚》将荀爽所处年代定为"魏"，实则有误，荀爽为东汉末年人，其事迹参见范晔所撰《后汉书》卷六十二。
③ 〔清〕严可均：《全上古三代秦汉三国六朝文·全后汉文卷七十四》，中华书局1958年版，第878页。

汉、东吴政权并存。后来，司马炎代魏称帝，建立西晋政权。西晋被北方少数民族政权攻灭后，司马睿在江南称帝，史称东晋。后来，东晋政权被权臣刘裕篡夺。魏晋时期，家训文献较多，出现以"家诫"之类命名的文献。就家训类型而言，帝王家训、名宦名士家训占有重要的地位，女训也有一定发展。以下略述三国时期、两晋时期家训发展状况。

1. 三国时期家训

曹魏家训数量颇多，就训诫者身份而言，有帝王、士人等，涌现出不少名篇，在三国家训中成就最为突出。曹操是三国时期政治家、军事家、文学家，实为曹魏政权奠基者，其家训有《戒子植》《诸儿令》《遗令》等。曹操《戒子植》用来教诲三子曹植："吾昔为顿邱令，年二十三。思此时所行，无悔于今。今汝年亦二十三矣，可不勉与！"（《三国志·魏书·陈思王植传》卷十九）曹植在诸子中最有才华，曹操对他寄予厚望，此处将曹植与自己年轻时相比，"无悔于今"指自己言行没有过失，意在勉励曹植年轻时应建功立业。《诸儿令》则是曹操选择儿子治理地方时的训诫之语："儿虽小时见爱，而长大能善，必用之，吾非有二言也。不但不私臣吏，儿子亦不欲有所私。"[1]曹操对诸子申明自己的用人标准，即重视品德与才能，任人唯贤，即使对于儿子也不徇私情。曹操去世之前又作《遗令》，留给儿子曹丕等，云："天下尚未安定，未得遵古也。葬毕，皆除服……敛以时服，无藏金玉珍宝。"（《三国志·魏书·武帝纪》卷一）《遗令》告诫曹丕等人，丧事从简办理，死后服饰有如平时，墓中不得放置金银珍宝，这与曹操喜好节俭的作风相一致。曹操家训多针对具体事件而发，训诫家人重视社会实践，重视个人示范作用，将谆谆教诲与恪守法度相结合，体现了汉末乱世中一位优秀政治家的风范。曹操后人曹丕《诫子》《终制》、曹衮《令世子》、曹睿《诫诲赵王干玺书》等也为家训类文献，在教育子孙、训诲族人、后事安排等方面阐述个人见解，诫诲与惩罚结合，应该说继承并丰富了曹操的家训思想，对后世帝王家训有一定影响。

相对于帝王家训，曹魏士人家训的内容更为丰富，尤其是以"家诫"命名的

---

① 〔清〕严可均：《全上古三代秦汉三国六朝文·全三国文卷二》，中华书局1958年版，第1065页。

文章更加具有典范意义，如王肃《家诫》、王昶《家诫》、杜恕《家诫》、嵇康《家诫》等。王肃为著名学者，其《家诫》专论饮酒事宜，这在当时乃至后世家训中实为罕见。其文云："过则为患，不可不慎。是故宾主百拜，终日饮酒，而不得醉，先王所以备酒祸也。……祸变之兴，常于此作，所宜深慎。"[①]王肃认为，饮酒过量会带来祸患，故"不可不慎"，提出酒宴上主人、宾客应对饮酒的妥当做法，总之，饮酒要遵守礼度，须谨慎对待，加以节制。曹魏名臣王昶《家诫》则明显受到马援《诫兄子严、敦书》的影响，用来训诫子侄，将儒家追求功名富贵与道家知足保身相结合，作为立身处世的行为准则。王昶《家诫》内容丰富，大致可以分为以下几点。一是遵行儒家"孝敬仁义"之道，"夫孝敬仁义，百行之首，行之而立身之本也"（《三国志·魏书·王昶传》卷二十七），反对子弟追求浮华、妄结朋党，以致丧身败家。二是崇尚道家"知足常乐"的思想，"故知足之足常足矣。览往事之成败，察将来之吉凶，未有干名要利，欲而不厌，而能保世持家，永全福禄者也"（《三国志·魏书·王昶传》卷二十七），不知退、不知足就会招致祸患，切忌自傲、自夸、争功干名。三是面对毁誉荣辱，重在默然自修，"若己有可毁之行，则彼言当矣；若己无可毁之行，则彼言妄矣。当则无怨于彼，妄则无害于身，又何反报焉？"（《三国志·魏书·王昶传》卷二十七），不必对别人怨恨、报复，关键在于提升自我修养。四是择善而从，择贤而学，"北海徐伟长，不治名高，不求苟得，澹然自守，惟道是务……吾敬之重之，愿儿子师之"（《三国志·魏书·王昶传》卷二十七），希望子侄以北海徐干等人为学习楷模，更重要的是举一反三、推而广之，致力于社会实际事务。王昶教诲家族子弟奉行儒家伦理道德，在政治上努力进取的同时要保持谨慎、谦恭、知足和淡泊心态，力争在乱世中自我保全、维护家族利益。著名的思想家、文学家、音乐家嵇康的《家诫》，主要为其子嵇绍而作，其家训思想突出了立志处世。嵇康《家诫》论立志的重要性及实现志向的途径，"人无志，非人

---

① 〔清〕严可均：《全上古三代秦汉三国六朝文·全三国文卷二十三》，中华书局1958年版，第1181页。

也。……若志之所之，则口与心誓，守死无二，耻躬不逮，期于必济"①，即立下高远志向，就要坚持不懈，务求成功，并列举古代坚持守志的典型人物事迹。《家诫》还申论待人接物之道，"所居长吏，但宜敬之而已矣"，"若见穷乏而有可以赈济者，便见义而作"，"过此以往，自非通穆，匹帛之馈，车服之赠，当深绝之"②，要善于处理与长吏、同僚、朋友及其他人之间的关系，区分不同情形而采取不同的措施。《家诫》还强调言语谨慎，"夫言语君子之机，机动物应，则是非之形著矣，故不可不慎"③，在公私场合谈话尤其要小心谨慎，注意合乎礼法、掌握分寸，不可招惹是非。嵇康《家诫》的核心在于"志""慎"等，立身、待人处世要考虑多种复杂情况及应对方法，实际上教导家人在魏晋之际的混乱世道中生存、避祸自保的方法。明代张溥评道："嵇中散任诞魏朝，独《家诫》恭谨，教子以礼。"④曹魏士人家训还有殷褒《诫子书》、刘廙《戒弟纬》、郝昭《遗令戒子》等，从不同方面对家人施以教诲。此外，女训方面，程晓《女典篇》具有一定价值。其文曰："妇人四教，以备为成。妇德阙，则仁义废矣；妇言亏，则辞令慢矣；妇工简，则织纴荒矣。"⑤《女典篇》重视女子"四教"，即妇德、妇言、妇容、妇工等，强调女子个人修养，反映了当时社会对女子的要求，不乏时代意义。

三国时期，除曹魏之外，蜀汉先主刘备、丞相诸葛亮等人训诫皇族、家族子弟方面的文献值得注意，均在立志、读书、修身、治家等方面提出了一些有益的见解，名篇也不少。蜀国建立者刘备有《遗敕后主诏》，这是临终之际为训导太子刘禅而作。《遗敕后主诏》云："勿以恶小而为之，勿以善小而不为。惟贤惟德，能服于人……可读《汉书》《礼记》，间暇历观诸子及《六韬》《商君书》，益人意智。"（《三国志·蜀书·先主传》卷三十二裴松之注引《诸葛亮

① 〔清〕严可均：《全上古三代秦汉三国六朝文·全三国文卷五十一》，中华书局1958年版，第1342页。
② 〔清〕严可均：《全上古三代秦汉三国六朝文·全三国文卷五十一》，中华书局1958年版，第1342页。
③ 〔清〕严可均：《全上古三代秦汉三国六朝文·全三国文卷五十一》，中华书局1958年版，第1342页。
④ 〔明〕张溥著，殷孟伦注：《汉魏六朝百三家集题辞注》，人民文学出版社1960年版，第173页。
⑤ 〔唐〕欧阳询：《艺文类聚》，上海古籍出版社1982年版，第419页。

集》）刘备告诫刘禅要加强个人道德修养，不要忽视"小恶""小善"，只有具备高尚的品性德行才能服人，对嗣君刘禅提出道德方面的要求。刘备又教导刘禅要重视读书，可读史书《汉书》、儒家经典《礼记》、兵家《六韬》、法家《商君书》等，这些不仅"益人意智"，还可以从中学习治国之术。可见，刘备教训儿子用心良苦。蜀汉丞相诸葛亮为著名政治家，其《诫子》《诫外甥》等可称家训中的佳品。《诫子》教诫其子诸葛瞻："夫君子之行，静以修身，俭以养德，非澹泊无以明志，非宁静无以致远。夫学须静也，才须学也；非学无以广才，非志无以成学。"①诸葛亮论述了德、才、学、志的关系，"静""俭"对于修身、养德至关重要，而立志、学习对于提升才干是必不可少的，修德、求学都离不开"澹泊""宁静"，这些话对后人颇有启发。诸葛亮《诫外甥》云："夫志当存高远，慕先贤，绝情欲，弃疑滞，使庶几之志，揭然有所存，恻然有所感。忍屈伸，去细碎，广咨问，除嫌吝，虽有淹留，何损于美趣？何患于不济？"②诸葛亮教育外甥，立志要高远，杜绝私情邪欲，不必多疑固执，要能屈能伸，广泛向他人请教，培养高尚的志趣，努力实现个人的理想。诸葛亮家训言简意赅，富于哲理性，其中"非澹泊无以明志，非宁静无以致远""志当存高远"等至理名言为世人所称道。诸葛氏后世子孙有德有才，忠君报国，这与诸葛亮的教诲密不可分。晋武帝司马炎赞道："诸葛亮在蜀，尽其心力，其子瞻临难而死义，天下之善一也！"（《三国志·蜀书·诸葛瞻传》卷三十五裴松之注引《晋泰始起居注·载诏》）蜀汉家训还有向朗《遗言戒子》等篇目，论及从政、治家等方面，具有一定价值。相对于曹魏与蜀汉而言，吴国家训文献较少，仅虞翻《与弟书》、姚信《诫子》、张纮《临困授子靖留笺》等，大多成就也不大，此处从略。

2.两晋时期家训

西晋时期，家训主要分为名臣、名士、女训等类型，其中士人家训数量不少，居于显著地位。西晋名臣家训有王祥《训子孙遗令》、羊祜《诫子书》、李

---

① 〔清〕严可均：《全上古三代秦汉三国六朝文·全三国文卷五十九》，中华书局1958年版，第1374页。

② 〔清〕严可均：《全上古三代秦汉三国六朝文·全三国文卷五十九》，中华书局1958年版，第1374页。

秉《家诫》等，主要包括训诫子孙立德、为政及后事安排等。王祥在魏晋之际位高权重，封侯封公，其人以孝行闻名，"王祥卧冰"的故事被录入元代郭居敬《二十四孝》。《训子孙遗令》为王祥临终之际所作遗命，其文云："气绝但洗手足，不烦沐浴，勿缠尸，皆浣故衣，随时所服。所赐山玄玉佩、卫氏玉玦、绶笥皆勿以敛。西芒上土自坚贞，勿用甓石，勿起坟垄。穿深二丈，椁取容棺。"（《晋书·王祥传》卷三十三）王祥在遗令中对自己身后丧葬之事予以安排，包括丧服、坟墓、祭奠等，丧事以节俭为原则。《训子孙遗令》又以信、德、孝、悌、让"五德"教诫子孙，此"五德"可称安身立命之本。王祥教子有方，后世人才济济。东晋时期，王氏家族遂为名门望族。羊祜为西晋名将，地位甚隆，其《诫子书》为训诲子侄而作。其文云："恭为德首，慎为行基。愿汝等言则忠信，行则笃敬，无口许人以财，无传不经之谈，无听毁誉之语。闻人之过，耳可得受，口不得宣，思而后动。"①羊祜教育其子在德行方面加强修养，懂得"恭""慎"，希望其言行"忠信""笃敬"，不轻易言人之过，要讲究信义。又据《晋书·羊祜传》卷三十四记载，羊祜告诫诸子"人臣树私则背公，是大惑也，汝宜识吾此意"。羊祜认为，谋求私利而背弃公义，乃是最大的困惑，为官理当清廉、简朴，其中不乏个人多年仕宦的经验之谈。

西晋著名文士家训文献则有潘岳《家风诗》、陆机《赠弟士龙》、夏侯湛《昆弟诰》等，追忆先祖功业、劝勉勤于修德、笃志诗书等，又充溢家人亲情，采用诗文形式，更多呈现文人风貌。潘岳《家风诗》云："日祇日祇，敬亦慎止。靡专靡有，受之父母。……义方既训，家道颖颖。岂敢荒宁，一日三省。"②诗中写到，为人、为官要恭敬谨慎，谨遵祖宗训诫，"一日三省"表明自我反省的态度，发扬家族的美德，使家族兴旺发达。关于训诫女子的文献，西晋有张华《女史箴》、裴頠《女史箴》、王廙《妇德箴》等，针对朝廷后宫女性、贵族女性等而作，看重女性柔顺、贤淑、勤劳、孝悌、谨慎等品质，反映当时社会对于妇女德行的要求，此处恕不赘述。

① 〔清〕严可均：《全上古三代秦汉三国六朝文·全晋文卷四十一》，中华书局1958年版，第1696页。
② 逯钦立：《先秦汉魏晋南北朝诗》（上），中华书局1983年版，第631页。

东晋时期，皇权衰弱，而门阀制度鼎盛，某些世家大族政治势力很大，典型者如"王与马，共天下"（《晋书·王敦传》卷九十八），王氏家族可以左右朝政，连东晋中央政权也有所畏惧、忌惮。东晋时期是士族与皇权分庭抗礼的时代，著名士族有琅琊王氏家族、颍川庾氏家族、陈郡谢氏家族、谯郡桓氏家族等，这些家族重视家庭教育，重视子弟品德、才能培养，人才辈出，极大地影响了东晋的政治、文化等。就东晋陈郡谢氏家族家训文献而言，《世说新语·言语》记载谢安咏雪与族人讲论文义，谢混留有《诫族子诗》，不过这类文献现在存世很少，实为一大憾事。

东晋时期，士人家训仍然极为重要，著名者如名臣陶侃家族家训，包括母亲教诲儿子、父亲训诫子侄等，涉及仕宦、为人、家庭和睦等方面，训诫方式灵活多样。陶侃之母湛氏贤明有智算，以善于教子而闻名天下。《晋书·陶侃传》卷六十六载："鄱阳孝廉范逵尝过侃，时仓卒无以待宾，其母乃截发得双髲，以易酒肴，乐饮极欢，虽仆从亦过所望。"陶侃之母剪发售卖，以换取酒食款待范逵一行宾客，希望儿子广泛结交名士、英才，范逵后来大力举荐陶侃，使其受到朝廷器重。《晋书·列女传》卷九十六记载，陶侃年轻时借县吏职务之便送给母亲鲜鱼，湛氏责备道："尔为吏，以官物遗我，非惟不能益吾，乃以增吾忧矣。"湛氏教育陶侃，为官要廉洁奉公，不可谋取私利，这类官德教育对陶侃后来从政影响颇大。陶侃担任东晋侍中、刺史、太尉等要职，才能卓越，忠顺勤劳，建立了不世之功，成为朝廷重臣，这与其母湛氏的训诫息息相关。唐代舒元舆作《陶母坟版文》，赞扬陶侃之母的教子方法，这正是陶母湛氏教子事迹对后世影响的实证。陶侃后人陶渊明是晋宋之际的著名隐士、诗人，家训则有《与子俨等书》《命子》《责子》等篇目。《与子俨等书》一文训诫诸子，文中回顾自己的人生经历，以喜读书、尚志节为荣，表明个人志趣，教育儿子乐天安命，不妄求富贵功名。其文云："然汝等虽不同生，当思四海皆兄弟之义……他人尚尔，况同父之人哉！"[1]陶渊明诸子非一母同生，文中引经据典告诫儿子们应该互爱互助、和睦相处，希望兄弟们同居共财，长久维系陶氏家族。《命子》《责子》则是陶

---

① 〔清〕严可均：《全上古三代秦汉三国六朝文·全晋文卷一百十一》，中华书局1958年版，第2097页。

渊明为训诫诸子所作诗篇，对于诸子不学无术、碌碌无为表示担忧，表达了父亲教子的良苦用心。《命子》诗共十章，回顾陶氏先祖的荣耀，感叹自己未能振兴家业，勉励儿子们能够大有作为。其诗云："名汝曰俨，字汝求思。温恭朝夕，念兹在兹。尚想孔伋，庶其企而！"[1]从儿子的名字来看，陶渊明对儿子寄予厚望，希望其勤奋学习而德业有成，然而儿子们实乃不才，又令人灰心失望。《责子》又云："白发被两鬓，肌肤不复实。虽有五男儿，总不好纸笔。"[2]陶渊明五子均不喜欢读书、写字、作文，他将此种状况归结于天命，表现了面对不肖子弟的复杂心情。陶渊明家训的核心为训诫其子，虽然他耳提面命、用力甚勤，然而收效甚微，其子平庸无为，未能承继良好家风，有负父亲厚望。

两晋时期，西北地区拥有不同的割据政权，如前凉、后秦、西秦、后凉、南凉、北凉等，少数民族政权与汉族政权并存，其中前凉、西凉为汉族建立的政权，一些君王留下的家训作品，具有一定代表性。帝王家训则有前凉张轨《遗令》、张茂《遗令》，西凉李暠《手令诫诸子》，等等。前凉开国君主张轨《遗令》、其子张茂《遗令》都对死后国家政事、丧葬事宜有所安排，如张轨《遗令》云："文武将佐，咸当弘尽忠规，务安百姓，上思报国，下以宁家。素棺薄葬，无藏金玉。"（《晋书·张轨传》卷八十六）张轨叮嘱文武百官要忠心报国、安抚百姓，又表明死后薄葬的愿望，要求继承人及朝中大臣能够遵照执行。相对而言，西凉建国者李暠《手令诫诸子》篇幅更长，涉及读书、立德、为君等诸多方面，内容更为丰富，可从以下四个方面进行分析。一是要求读书自修。《手令诫诸子》云"念观典籍，面墙而立"，又曰"节酒慎言，喜怒必思，爱而知恶，憎而知善"（《晋书·凉武昭王李玄盛传》卷八十七），就是告诫诸子多读书，言行谨慎，做事要冷静思考，注重个人的品行修养。二是要礼敬、任用人才。其文云"详审人，核真伪，远佞谀，近忠正"，"僚佐邑宿，尽礼承敬"（《晋书·凉武昭王李玄盛传》卷八十七），要审慎辨别人才、辨别忠奸，还要敬重下属与地方要人、名流。三是刑罚与恩德并用，处事力求公正。其文云"蠲刑狱，忍烦扰，存高年，恤丧病，勤省案，听讼诉"，"事任公平，坦然无类。

---

[1] 逯钦立：《先秦汉魏晋南北朝诗》（中），中华书局1983年版，第971页。
[2] 逯钦立：《先秦汉魏晋南北朝诗》（中），中华书局1983年版，第1002页。

初不容怀，有所损益"（《晋书·凉武昭王李玄盛传》卷八十七），论及勤问刑狱、抚恤民众、办事公平等方面。四是要警戒骄横、纵欲之心。其文云"广加咨询，无自专用，从善如顺流，去恶如探汤。富贵而不骄者至难也，念此贯心，勿忘须臾"（《晋书·凉武昭王李玄盛传》卷八十七），告诫诸子广纳雅言、从善如流，时刻警惕萌生富贵而骄之心。可见，李暠对诸子教诫甚严，要求懂得当国施政原则，培养为政品德、为政才能，巩固西凉基业，使国强民安。可惜的是，李暠之子并没有认真履行其父教诫。除前凉、西凉之外，五胡十六国中的其他政权也有一些家训文献，如石勒、苻坚等家训，恕不赘述。

三、南北朝时期：家训的定型

南北朝时期，天下分裂，政权割据，战乱不休，王朝更迭频繁，各民族之间矛盾冲突尖锐。南朝与北朝政权一方面对峙、冲突，另一方面不乏在经济、文化等方面的交流与沟通。这一时期，上承两汉魏晋，封建大家族的家学世传有新的发展，研习儒学仍为重点，如"三礼"等成为热门学问，即使北方少数民族政权也积极汲取汉族儒家文化，典型者有北魏冯太后与孝文帝，运用儒家思想教诲皇族子弟，推动鲜卑政权的汉化进程。此外，玄学、道教、佛教等也被用于家庭教育，家训思想呈现多元化、复杂化面貌。南北朝时期，家训文献丰富，见于《宋书》《南齐书》《梁书》《陈书》《魏书》《北齐书》等，出现了家训文献汇编如《金楼子·戒子篇》等，也有规范家庭礼仪的家训文献如徐爰《家仪》等。南北朝时期，汉族与少数民族政权自上而下都重视家庭训诫，家训内容更为广泛，包括德行、才学、为政等方面，在动荡时代重视自保与保家，时代特征鲜明。这一时期，颜之推《颜氏家训》堪称中国家训的成熟之作，具有划时代意义。南北朝时期为中国家训发展乃至定型时期，以下简述这一时期的家训发展状况。

（一）南朝家训

南朝维持了一百余年，社会状况相对于北朝而言较为稳定，经济、文化发达，都市出现繁荣景况，世家大族虽然呈现衰微之势，但仍然居于不可忽视的地位。南朝皇室与士人均重视教育子孙，帝王家训与士人家训比较重要，前者侧重于训诫皇族子弟立德、成才、治国等，以便维护、巩固政权，后者侧重教育家族子弟立志、治学、修德、治家等，以便自保与保家，这二者在品德修养、为政才能等方面有相通之处。以下略述南朝的帝王家训与士人家训。

1. 南朝帝王家训

南朝宋、齐、梁等帝王留存有家训文献，较为重要者有宋文帝刘义隆《诫江夏王义恭书》、齐豫章王萧嶷《戒诸子》、梁武帝萧衍《答皇太子请御讲敕》、梁简文帝萧纲《诫当阳公大心书》、梁元帝萧绎《金楼子·戒子篇》等。

宋文帝刘义隆是刘宋王朝有所作为的君主之一，为"元嘉之治"的缔造者，《诫江夏王义恭书》为教诫其弟刘义恭所作，重在传授为官治国的经验，政治色彩颇浓。《诫江夏王义恭书》云："礼贤下士，圣人垂训；骄侈矜尚，先哲所去。豁达大度，汉祖之德。猜忌褊急，魏武之累。"（《宋书·江夏文献王义恭传》卷六十一）这是引用前人事例告诫刘义恭礼贤下士、豁达大度，不可骄纵奢侈。其文又曰："凡审狱多决，当时难可逆虑，此实为难……至讯日，虚怀博尽，慎无以喜怒加人。能择善者而从之，美自归己。不可专意自决。"刘义隆谈到审案治狱事宜，应该谨慎而有气度，要择善而从。刘义隆还论及精于用人、砥砺操行、严守机密、戒逸乐、尚节俭等。这篇家训将修身与为政相结合，针对刘义恭本人的缺点加以训诫，着眼于江山社稷治理，体现了帝王家训的特色。梁代开国君主武帝萧衍颇有政绩，笃信佛教，《答皇太子请御讲敕》就太子请他宣讲佛学之事而论。其文云"数术多事，未获垂拱，兼国务縻寄，岂得坐谈"[1]，认为当今国家正值多事之秋，不宜大张旗鼓谈论佛理，可见，其对国事及佛教有清醒的认识。此文又曰："汝等未达稼穑之艰难，安知天下负重，庸主少君，所以继踵颠覆，皆由安不思危，况复未安者邪？"[2]萧衍训诫其子要居安思危，要懂得国事之艰难，又指出痴迷佛教的危害性。萧衍本人佞佛的态度与教诫儿子不可迷恋佛理显然形成了矛盾，可知这位君主思想性格的复杂性。不过，《答皇太子请御讲敕》对于嗣君还是有警示意义的。萧衍之子简文帝萧纲则有《诫当阳公

---

[1] 〔清〕严可均：《全上古三代秦汉三国六朝文·全梁文卷五》，中华书局1958年版，第2973页。

[2] 〔清〕严可均：《全上古三代秦汉三国六朝文·全梁文卷五》，中华书局1958年版，第2973页。

大心书》，这是关于为学、为文方面的教诫，篇幅虽然不长，却语重心长，颇有意味。《诫当阳公大心书》云"汝年时尚幼，所阙者学，可久可大，其唯学欤"[①]，强调学习的重要性，训诫儿子大心孜孜求学，以求增长个人才干。其文又云"立身之道，与文章异，立身先须谨重，文章且须放荡"[②]，指出"立身"与"作文"有所不同，一是要谨慎持重，一是要放纵而不受约束，此为个人读书作文经验的总结，可谓名言警句，影响甚大。豫章王萧嶷《遗令》为个人丧葬后事做出安排，萧绎《金楼子·戒子篇》则是汇集家训文献教诫子弟，此处从略。

2. 南朝士人家训

南朝士人家训多集中于宋、齐、梁时期，训诫者有朝廷重臣、著名文人、道教人士等，分为单篇之文、家书、遗训等形式，关涉修身、齐家、为政诸方面，时代色彩鲜明。

颜延之为晋宋之际著名文学家，不拘细行，在刘宋时期仕宦多舛，作《庭诰》之文用来告诫诸子。《庭诰》篇幅较长，内容丰富，兹择要略析。颜延之主张儒家、佛学兼用，"达见同善，通辩异科。一曰言道，二曰论心，三曰校理"[③]。《庭诰》一文在奉行儒家伦理道德的同时，主张引入佛学思想实施家训，这在家训史上较为突出。《庭诰》云："欲求子孝必先慈，将责弟悌务为友。虽孝不待慈，而慈固植孝；悌非期友，而友亦立悌。"（《宋书·颜延之传》卷七十三）这是宣扬儒家慈、孝、悌观念，实为家人和睦相处之道。其文又云："今所载咸其素蓄，本乎性灵，而致之心用。"颜延之用佛家"性灵"之义教诲其子修身处世，体现其深厚的佛学修养。《庭诰》将佛学教义引入家训的做法富有时代思想特征，丰富了家训内容，对后世家训影响很大。《庭诰》又对诸子加以告诫，强调处世、交友的注意事项。其文云"言高一世，处之逾默；器重一时，体之滋冲。不以所能干众，不以所长议物"，这是说处事要谦和、沉稳、谨慎。《庭诰》又云"游道虽广，交义为长。得在可久，失在轻绝。久由相敬，绝由相狎"，"交义为长"是说以义为基础，重视个人品行修养。《庭诰》还论

---

① 〔清〕严可均：《全上古三代秦汉三国六朝文·全梁文卷十一》，中华书局1958年版，第3010页。
② 〔清〕严可均：《全上古三代秦汉三国六朝文·全梁文卷十一》，中华书局1958年版，第3010页。
③ 〔梁〕释僧祐：《弘明集》卷十三，四部丛刊本，商务印书馆1935年版。

析养生之道。其文云"古人耻以身为溪壑者，屏欲之谓也。欲者，性之烦浊，气之蒿蒸，故其为害"，又曰"然喜过则不重，怒过则不威，能以恬漠为体，宽愉为器，则为美矣。大喜荡心，微抑则定，甚怒烦性，小忍即歇"。节制欲望，调节心性，恬淡生活，这些都有助于养生。

宋齐之际的王僧虔出身于琅琊王氏，喜好书法，在南朝宋齐时担任多种要职，其家训《诫子书》主要在学业方面劝诫其子。《诫子书》云："见诸玄，志为之逸，肠为之抽，专一书，转诵数十家注，自少至老，手不释卷，尚未敢轻言。"（《南齐书·王僧虔传》卷三十三）王僧虔认为，读书务要精熟，"专一书"，"手不释卷"，针对某一种书深入研读、熟读精读，不可见异思迁。他勉励其子，"（汝）今壮年，自勤数倍许胜，劣及吾耳"，要趁着年轻刻苦攻读，学业方面才可能有所成就。其文又云："况吾不能为汝荫，政应各自努力耳……或父子贵贱殊，兄弟声名异，何也？体尽读数百卷书耳。"王僧虔希望儿子不要借助家族门第父荫做官，"各自努力"是鼓励自立自强，而决定个人地位声名的重要原因之一在于是否熟读"数百卷书"。王僧虔《诫子书》重在论析学业，强调学业而启发子弟学习的自觉性，希望刻苦努力、提高才智德行，这和门第兴衰息息相关。

梁代徐勉政绩卓著，号为名相，留有《诫子崧书》，是为训诲其子而作。徐勉云"人遗子孙以财，我遗之以清白"（《梁书·徐勉传》卷二十五），这种家训思想在《诫子崧书》中就有所体现。《诫子崧书》曰："吾家世清廉，故常居贫素，至于产业之事，所未尝言，非直不经营而已……仰藉先代风范及以福庆，故臻此耳。古人所谓'以清白遗子孙，不亦厚乎！'"（《梁书·徐勉传》卷二十五）徐勉自道家族清廉，为官清廉，不以权谋私，不着力置办产业，希望子孙继承这种良好家风，以"清白"传家。《诫子崧书》又云："凡为人长，殊复不易，当使中外谐缉，人无间言，先物后己，然后可贵……汝当自勖，见贤思齐，不宜忽略以弃日也。"徐勉还特意叮嘱长子徐崧，经营产业获利后，分配应该公平合理，先人后己，使内外和谐；又劝勉长子向贤人学习，不可虚度时光而贻误自身。徐勉的家训思想继承了汉代杨震的思想精华，这种"以清白遗子孙"的家风传诵甚广，对后世影响很大。

南朝士人家训还有一些值得注意的篇目。刘宋时期，徐爰《家仪》目前仅存残篇，可谓现存最早规范家庭礼仪的家训文献。范晔《狱中与诸甥侄书》、张融《门律自序》等用于教诫家族子弟。孙谦《临终遗命》、陶弘景《遗令》、袁昂《临终敕诸子》等则是临终时有关治家、节葬等方面的遗命，渗透着儒、佛、道等思想，反映了南北朝时期的思想风尚。

（二）北朝家训

北朝历经一百余年，相对于南朝而言，战争频繁，更为动荡不安，经济、文化遭受严重破坏，而少数民族政权的崛起成为突出的现象。北朝家训中，汉族与少数民族文献并存，训诫者有帝王、士人、妇女等，涉及内容与南朝家训有类似之处，如修身、齐家、理政等，形式有诏令、家书、遗训等。帝王家训有北魏孝文帝训诫高阳王雍之语（《魏书·高阳王雍传》卷二十一）、北周武帝《遗诏》等，士人家训则有源贺《遗令敕诸子》、杨椿《诫子孙》、魏收《枕中篇》、王褒《幼训》等，女性家训有北魏高谦之妻张氏《诫诸子》等。北朝家训中，士人家训尤为重要，出现了一些家训名篇，以下择要予以简述。

北魏时期，名臣杨椿留有《诫子孙》一篇，是致仕之际训诫子孙之辞。《诫子孙》用先祖及自身实例告诫子孙，要勤俭、恭谨，不得骄奢淫逸。《诫子孙》云"然记清河翁时服饰，恒见翁著布衣韦带……又不听治生求利"，又曰"今汝等服乘，已渐华好，吾是以知恭俭之德，渐不如上世也"（《魏书·杨播附传》卷五十八）。杨椿将自己祖父"清河翁"服饰与子孙服乘相对比，认为子孙"恭俭之德"不如先世长辈，实际上是劝勉子孙要养成良好美德。此篇还希望子孙们和睦相处，以维系家族团结、稳固。《诫子孙》曰"又吾兄弟，若在家，必同盘而食，若有近行，不至，必待其还"，又云"又愿毕吾兄弟世，不异居、异财，汝等眼见，非为虚假"。这是讲兄弟在家同盘而食，同居同财，在大家庭中相处融洽而其乐融融。杨椿此篇还谈到为官理政应该谨慎言语，以便保身保家。《诫子孙》曰"汝等脱若力一蒙时主知遇，宜深慎言语，不可轻论人恶也"，又谈及个人仕宦经验，"正由忠贞，小心谨慎，口不尝论人过，无贵无贱，待之以礼"。这里告诫子孙应言谈谨慎，不轻率谈论他人过失，无论贵贱都要以礼待人。《诫子孙》多用父祖之辈及自身实例教诫子孙，亲切而有说服力，有助于教育后人为人处世。史书赞道："杨播兄弟，俱以忠毅谦谨，荷内外之任……而言色恂恂，出于诚至，恭德慎行，为世师范。"（《魏书·杨播附传》卷五十八）北魏杨播、杨椿家族重视言传身教，家族成员多成为一时俊杰，堪称当时家族的楷模。

北齐史学家、文学家魏收撰写《魏书》，诗文创作在当时也颇有知名度，其《枕中篇》用来训诫年少子侄。《枕中篇》先引用管子之语"以重任行畏途，至远期，惟君子为能及矣"（《北齐书·魏收传》卷三十七），主张君子担当重任、行走艰险之路而流传久远，而人们容易产生骄奢之气进而导致危险败亡，大贤大智之人能够见微知著、随时推移，讲究有度、有术。《枕中篇》又云："游遨经术，厌饫文史。笔有奇锋，谈有胜理。孝悌之至，神明通矣。审道而行，量路而止。"（《北齐书·魏收传》卷三十七）魏收告诫子侄要研读经术、文史以增长学识，文笔与言谈并重，还要懂得为人处世之法。《枕中篇》还提及做事慎言慎行，"宜谛其言，宜端其行"，"知几虑微，斯亡则稀。既察且慎，福禄攸归"，要审慎言语、端正自身行为，善于察看形势、言行谨重，才可能获得福禄。魏收这篇家训内容丰富，告诫子侄要行善远恶，融入了个人的经验、教训，言辞恳切，提出了一些教子见解，富有哲理。

北周时期，著名文学家王褒著有《幼训》，今仅存一章，主要用来劝诫其子学习修行，增进个人品德与学业。《幼训》教导儿子读书求道，"若乃玄冬修夜，朱明永日，肃其居处，崇其墙仞，门无粿杂，坐阙号呶，以之求学，则仲尼之门人也……立身行道，终始若一"（《梁书·王规传附王褒传》卷四十一）。读书应珍惜时间、深居简出，创造有利环境，还要持之以恒，善始善终，才可能有所成就。就学习内容而言，《幼训》中以自己的求学体验来启发子弟，"吾始乎幼学，及于知命，既崇周、孔之教，兼循老、释之谈，江左以来，斯业不坠，汝能修之，吾之志也"。儒、释、道均劝人积德行善，需要三教兼修，这既是王褒的个人志趣，也反映了多元思想并存的时代风气。《幼训》虽然残缺不全，但毕竟包含着王褒可贵的家训思想，对后人富有启迪。

此外，北朝士人家训中有遗训之类，其中终制节葬为重要内容，如崔光韶《诫子孙》、刁雍《行孝论》、崔孝直《顾命诸子》、魏子建《疾笃敕子收祚》、雷绍《遗敕其子》等，此处从略。

（三）仕宦家训的成熟之作《颜氏家训》

南北朝时期，颜之推《颜氏家训》为中国仕宦家训的成熟著作，单行传世。颜之推历经梁朝、北齐、北周、隋朝等，是著名的文学家、教育家。此书题为"北齐黄门侍郎颜之推撰"，但传统说法认为其作于北朝时期①。关于《颜氏家训》的撰写宗旨，该书《序致》篇云："整齐门内，提撕子孙。夫同言而信，信其所亲；同命而行，行其所服。"②可见，此书的主要意图在于教育家族子弟，促使他们成才成器。颜氏认为，父母与子女关系最为密切，因而父母的教诲也最有成效，注意从家族的传承与发展方面看待家训的重要性。此书共二十篇，篇章有标题，自成系统，从交代写作目的的《序致》开始，到嘱托丧葬事宜的《终制》结束，大致分为修身、齐家、养生等内容，包含有益的教育原则与方法，涉及儒、道、佛等方面思想，也提供了不少有价值的文献资料。以下分几个方面简述《颜氏家训》的思想内容。

1. 品德、修养方面

古代家族培养子弟尤其重视品德操行，此为个人立身之本，主要生活于南北朝时期的颜之推也不例外。《颜氏家训》希望子孙为家族赢得名声，重视德行节操教育，涉及《风操》《慕贤》《名实》《止足》等篇目。《风操》篇论当时士人的风度节操，告诫子弟应当遵守相关礼制，"汝曹生于戎马之间，视听之所不晓，故聊记录以传示子孙"，希望子孙知晓相关礼仪制度。文中谈论避讳、称谓、凭吊、迎宾待客、饯别、居丧供斋等方面内容，记录了当时的礼仪生活风俗。如人物称谓方面，古今有异，南方、北方也有差别，需要遵从当今规定，也

---

① 当代学者余嘉锡、王利器等认为颜之推《颜氏家训》成于入隋以后。参见余嘉锡：《四库提要辨证》，中华书局1980年版，第849—852页；王利器：《颜氏家训集解》（增补本），中华书局1996年版，叙录第1—2页。此处依据传统说法，仍定此书作于北朝、北齐时期，实际上该书撰写历经一个不断累积、不断增补的过程。

② 王利器：《颜氏家训集解》（增补本），中华书局1996年版，第1页。以下《颜氏家训》引文均出自此书，不再一一标注。

要入乡从俗，因地制宜。这是当时士大夫"风操"的重要体现，族中子弟不可不重视个人道德修养。《慕贤》篇谈礼敬古今贤哲，"是以与善人居，如入芝兰之室，久而自芳也；与恶人居，如入鲍鱼之肆，久而自臭也"，"君子必慎交游焉"，强调子弟谨慎交游。文中又列举古今众多贤人，告诫子孙尊贤慕贤，择善而从，以提升个人修养。《名实》篇则是讲做人表里如一、名实相符，"德艺周厚，则名必善焉"，"今不修身而求令名于世者，犹貌甚恶而责妍影于镜也"，君子修身慎行，要循名责实，立名以求实。文中还谈到忌浮华虚构、沽名钓誉等，罗列典型事例以警戒族中子孙，启发子孙恰当处理名与实之间的关系。《止足》篇认为，不可放纵个人的欲望，要有知足之心，以颜氏先祖"仕宦不可过二千石，婚姻勿贪势家"之语来自警自勉。文中提倡谦虚、知足、节欲、谨慎的人生态度，体现在仕宦、家庭生活等方面，这样有助于在南北朝乱世中保家保族，包含着作者个人的人生体验，同时，对于子孙修身来说是难能可贵的。这些篇目从节操、敬贤、名与实、知足止欲等方面而论，涉及品德修养等多方面内容，可见颜之推对于子弟思想品德教育方面的重视。

2. 知识、才艺方面

颜之推崇尚儒业，实为当时博学好文之士，要求子孙饱读诗书，勉力苦学，具有较高的文化知识素养。《颜氏家训》中，《勉学》篇谈论学习的必要性、学习目的及注意事项等问题。人生在世，读书学习是重要之事，"本欲开心明目，利于行耳"。关于读书学习的内容，《勉学》偏重儒家经典，士大夫子弟少时"多者或至《礼》《传》，少者不失《诗》《论》"，而成年做到"明六经之指，涉百家之书"。其中"六经"堪为重点，"百家之书"在于涉猎，颜之推反对一味崇尚老、庄书籍，反对空谈玄理而贻误国家及自身。《勉学》篇还提及读书学习的多种方法，如贵在履行、读书趁早、勤学好问、互相切磋、学无止境、典故考证、重视文字、校订书籍等方面，这些对家族子弟不无裨益。除了教育子孙学习儒家经典之外，《颜氏家训》对于佛学也颇为重视，《归心》篇讲的就是归心于释教。《归心》篇认为，佛教"明非尧、舜、周、孔所及也"，佛教教义"五戒"与儒家伦理规范一致，"归周、孔而背释宗，何其迷也"。文中列出世人对佛教的多种非议，如古怪荒诞、吉凶祸福、僧尼多不精纯、寺庙靡费钱财等，作者一一驳斥，并举出不少因果报应实例来论证，希望宗族子孙皈依佛教。颜之推这种佞佛思想在魏晋南北朝时期颇有普遍意义，也是时代思想风尚的体现。

此外，《颜氏家训》重视家族子弟的才艺教育，包括作文、治学、书法、绘画、音乐、医学等方面，这些与知识教育相辅相成，既有助于品行修养，也有助于学习、掌握多种技能，更好地立足于社会，维护家族荣耀。《文章》篇主要谈论撰写文章的问题，有益于宣扬仁义道德、治民经国。其文云："当以理致为心肾，气调为筋骨，事义为皮肤，华丽为冠冕"，强调作文要重视"理致""事义"等思想内容，也不应忽视文学语言特色，颇有见地。《文章》篇建议族中子孙，"钝学累功，不妨精熟；拙文研思，终归蚩鄙。但成学士，自足为人。必乏天才，勿强操笔"。写文章要有自知之明、量力而行，可先向亲友请教，再进行脱稿，不可自以为是。文中还评论历代名家名作，提出关于作文的一些看法，如风格典正、通俗易读、用典恰当、地理知识准确等。颜之推深得作文之真谛，因而从多方面告诫子孙作文的注意事项。《书证》《音辞》篇则在文字训诂、校勘、音韵等方面体现了较高的学术水平。《书证》主要讨论字形、字义、语法等文字学内容，《音辞》则论及汉语声、韵、调等音韵学内容，由这两篇可见颜之推深厚的学识水平及严谨求实的治学态度。《颜氏家训》还提倡族中子弟掌握多种技艺，涉及艺术、军事、数学、医学等方面，这些是当时士人必备的文化、技能素质，《杂艺》篇可谓其中的代表。《杂艺》篇谈到书法、绘画、射箭、占卜、算术、投壶、弹棋等技艺，少数技能如卜筮"拘而多忌，亦无益也"，而大多数技能具有实用、娱乐等功能，可以调节、丰富身心，也为士人群体生活需要所具备，可以稍加涉猎，不可过于沉迷其中。文中认为这些技能不需精通，不需专门钻研，并列举大量实例证明拥有此类杂艺的人劳累乃至屈辱的处境，"夫巧者劳而智者忧，常为人所役使，更觉为累"，后世子孙要引起警惕，以之为戒。颜之推考虑当时的社会环境特征，并且从个人生活经历及经验教训出发，表明对子弟才艺教育的看法，其中的一些见解是有积极意义的。

3. 治家方面

家庭伦理教育为《颜氏家训》的重要内容之一，篇目有《教子》《兄弟》

《后娶》《治家》等，探讨家庭教育中应如何处理父子、兄弟、夫妇等方面的关系，讲述教育方面有关的原则、方法，无疑对于协和家族具有重要作用。《教子》篇主要谈父母如何教育子女，大致提出以下三方面个人看法。一是父母应重视子女早期教育，先是继承前代做法而提倡母亲胎教，然后主张加强婴孩时期教育，"当及婴稚，识人颜色，知人喜怒，便加教诲，使为则为，使止则止"，以便日后养成良好的思想品德及行为规范。二是父母教育子女应威严与慈爱相结合，不可一味娇纵溺爱，必要时予以体罚。文中列举当代典型事例论证，又云"父子之严，不可以狎；骨肉之爱，不可以简。简则慈孝不接，狎则怠慢生焉"，骨肉之间要以狎昵、简慢为戒。三是父母对待多个子女要均平、公正，不可偏私。文中列举古今反面事例，说明父母偏爱常会酿成大祸而贻害子女。这些看法基本上结合当时多种因素而提出，实为肺腑之言，在教育子女方面多有可取之处。《兄弟》篇是论家庭中兄弟手足之情的，这是人伦中不可或缺的一环，"兄弟相顾，当如形之于影，声之与响；爱先人之遗体，惜己身之分气，非兄弟何念哉？"兄弟之间需要相亲相爱、互敬互爱，否则会导致家族衰败。文中还分析了兄弟小时亲近、长大疏远的原因，认为妻妾、妯娌会淡化甚至恶化兄弟之间的关系，这类女性应该去私情而推及仁爱之心，使家族和睦相处。《后娶》篇则谈论男子续娶妻室的弊端，"凡庸之性，后夫多宠前夫之孤，后妻必虐前妻之子；非唯妇人怀嫉妒之情，丈夫有沉惑之僻，亦事势使之然也"。颜之推认为，男子续弦娶妻会造成父子、母子、兄弟间的多重矛盾，可能引起门户之祸，因而男子"后娶"应该慎之又慎。作者告诫族中子孙尽量避免"后娶"，同时赞成江东地区以侍妾主持家中事务的做法，以维系家族稳定。

如果说《教子》《兄弟》《后娶》三篇从父子、兄弟等不同侧面而论，那么《治家》篇总括多种家庭关系，探讨应如何遵守家庭伦理、如何整治家庭问题，遵循父慈子孝、兄友弟恭、夫义妇顺的原则，注意运用多种方法，为家庭成员之间的相处确立道德准则。该篇涉及内容比较丰富，包括治家宽猛结合、俭而不吝、妇女地位职责、婚姻选择清白人家、爱护典籍、反对巫觋活动等方面。以下主要简述其中三点。一是治家以勤俭节约为根本，但也不必过于吝啬。"今有施则奢，俭则吝；如能施而不奢，俭而不吝，可矣"，既要乐于施舍、帮助亲友，又要躬俭节用。文中列举一些持家苛刻、吝啬或者过于宽仁的实例加以佐证。二是规范家庭中妇女的角色、职责。"妇主中馈，惟事酒食衣服之礼耳，国不可使预政，家不可使干蛊"，妇女备办酒食、裁制衣服为分内之事，不宜干政主事。此外，作者对于当时妇女地位低下、境遇悲惨也表示同情。三是儿女婚姻选择清白家世人家，此为颜氏先祖遗训。文中抨击当世"卖女纳财，买妇输绢，比量父祖，计较锱铢"的不良风气，婚姻嫁娶极力讲求财富、门第，结果招来"猥婿""傲妇"，使门风败坏不堪。此篇阐述治家之道，提出有益建议，不过也有历史局限性，如倡导体罚、男尊女卑等思想。

4. 处世、养生方面

颜之推要求子女不仅立德修身、掌握知识与才艺，而且要善于处世，具备经纶世务的能力，治国、治民兼治家，成为国家有用之才，进而光宗耀祖。《颜氏家训》中《涉务》《省事》《诫兵》等篇目，侧重教育子弟增强处理实际事务的能力，提高个人才干，读书仕进而不宜依靠武力、征战博取声名。《涉务》篇主要教诲子弟如何应对社会事务，"贵能有益于物耳，不徒高谈虚论，左琴右书，以费人君禄位也"。该文把国家人才分为"朝廷之臣""文史之臣""军旅之臣""藩屏之臣"等六类，关键在于勤学守行，发挥个人所长，具有实干精神，忠于个人职责，尤其要熟悉农事，这对于仕宦、治家皆有益处。文中还对南朝士人生活奢靡、夸夸其谈、不通世务而百无一用的现状进行批评，指出其贻害自身、误国误民的后果，可以说为族中子孙敲响了警钟。《省事》篇告诫子弟不多言、不多事、守本分，专心于一门学问、技艺胜过掌握多种本领，仕宦上书言事讲究方式，恪守职分，做人应谨言慎行，急人之难而勿学游侠做派。文中明确反对"贾诚以求位，鬻言以干禄"的不良风气，反对为了功名利禄而投机钻营，主张君子"守道崇德，蓄价待时，禄位不登，信由天命"，包含着颜之推身处乱世中为人处世的经验之谈。《诫兵》篇则认为，颜氏家族"世以儒雅为业"，子孙以读书仕进为要务，不以兵武显达，勿要习武从军而招致祸患。文中抨击了那些谈武用兵以求取名位而导致败亡的文士，劝勉子孙引以为戒。

关于养生延年的话题，集中体现于《养生》篇中。此篇主要谈论养生之术，借此来启迪、教导族中子孙，要点主要有如下三方面。一是虽然未否定当时盛行的修道成仙之说，不过作者认为人生遁迹山林、超然世外实为少见。"考之内教，纵使得仙，终当有死，不能出世，不愿汝曹专精于此"，告诫子女不宜痴迷于神仙之说、求仙之道。二是阐释现实中养生的具体方法。"若其爱养神明，调护气息，慎节起卧，均适寒暄，禁忌食饮，将饵药物，遂其所禀，不为夭折者，吾无间然"，肯定调养身体、注意饮食、服药滋补等延年益寿的方式，养生还要注意个人逃避祸患、保全性命，此为实施养生的前提条件之一。三是养生虽然要爱惜生命，但是不可苟且偷生，不可丧失气节、大义。"行诚孝而见贼，履仁义而得罪，丧身以全家，泯躯而济国，君子不咎也"，赞赏杀身成仁、舍生取义的行为，话语充满了凛然正气，也批评了当时士大夫苟且偷生、不顾廉耻节操的不齿行径。《养生》篇承继了前贤观点，又具有南北朝的时代特色与作者饱经丧乱的个性特色，值得后世子孙重视。

颜之推《颜氏家训》是南北朝时期动荡年代的产物，涉及内容广泛，主要以儒家的修身、治家、为学、仕宦、处世之道教育子弟，包含中庸思想，希望子孙在乱世中安身立命，既读书仕进、专精一业，又能深谙为人处世，成为国家实干之才，以便光耀门楣，使家族得以传承与发展。相对于前代情境性、零散性、片段化的家训，《颜氏家训》可谓中国现存第一部系统化、理论化的家训著作，它以儒家思想为主，兼顾释、道思想，或被列入儒家，或被列入杂家。从文献资料价值来看，《颜氏家训》丰富了历史、文学、民俗等方面的资料，具有重要的认识价值。该书提供了一些有效的原则与方法，如"寓爱于教""严慈相融""均爱诸子""经验传授""典型引导"等①，不仅适用于封建时代的仕宦世家，对当代的人也有所启发。当然，《颜氏家训》也有历史局限性，其中存有某些封建糟粕，如封建尊卑等级观念、男尊女卑、轻视杂艺、宗教迷信思想等，我们需要批判地接受。

《颜氏家训》是魏晋南北朝家训的代表性著作，尤其在仕宦家训中意义非常重大，打上了琅琊颜氏家族的深深烙印。魏晋南北朝时期，琅琊颜氏家族重视家庭教育，从《颜氏家训》中《止足》篇引用先祖靖侯颜含之语"仕宦不可过

---

① 徐少锦、陈延斌：《中国家训史》，陕西人民出版社2003年版，第277—279页。

二千石，婚姻勿贪势家"来看，两晋时期颜含就留有"靖侯成规"。刘宋时期，著名文人颜延之撰写《庭诰》，从品德修养、为人处世、治家之道、作文等方面进行教诲，含有儒家、道家思想。在琅琊颜氏家族家训发展史中，南北朝时期的颜之推《颜氏家训》成就最高、影响最大，超越颜氏家族范围，被全社会接受、研习。《颜氏家训》在隋唐时期就开始流传，后世传抄、刻印版本众多，王利器先生提到的就有宋淳熙台州公库本、明代傅太平本、明代颜嗣慎本、清代黄叔琳节钞本、清代卢文弨抱经堂本等①，可见其传播广泛而久远。除了《颜氏家训》内容广泛、形式创新、思想深邃、实用价值大等，我们还要注意中古时期琅琊颜氏家族人才众多、声名显赫，如唐代就有著名学者颜师古、保国英雄颜杲卿、著名书法家颜真卿等，颜氏家族成为名门望族。《颜氏家训》不仅被颜氏家族后裔重视，中国古代诸多家族也奉之为佳品，逐渐成为一部流传广泛且影响深远的著作，历来评价颇高。宋代陈振孙《直斋书录解题》评道："古今家训，以此为祖。"②清代王钺称赞《颜氏家训》："篇篇药石，言言龟鉴，凡为人子弟者，可家置一册，奉为明训，不独颜氏。"③清代卢文弨《注颜氏家训序》又云："若夫六经尚矣，而委曲近情，纤悉周备，立身之要，处世之宜，为学之方，盖莫善于是书。"④范文澜评《颜氏家训》："在南方浮华北方粗野的气氛中，《颜氏家训》保持平实的作风，自成一家之言，所以被看作处事的良轨，广泛地流传在士人群中。"⑤《颜氏家训》是标志中国家训走向成熟的重要著作，对后世家训影响很大，如袁采《袁氏世范》、朱熹《朱子家训》、曾国藩《曾国藩家书》、陈宏谋《养正遗规》等对其有继承、发展。《颜氏家训》可谓中国家训史上的一座丰碑。

---

① 王利器：《颜氏家训集解》（增补本），中华书局1996年版，叙录第11—13页。
② 〔宋〕陈振孙：《直斋书录解题》，广雅书局刻本，光绪二十五年（1899）。
③ 王利器：《颜氏家训集解》（增补本），中华书局1996年版，叙录第1页。
④ 王利器：《颜氏家训集解》（增补本），中华书局1996年版，第629页。
⑤ 范文澜：《中国通史》（第2册），人民出版社1978年版，第515页。

第三节　隋唐时期：家训的创造与成熟

中国封建社会发展到隋唐时期，呈现大一统、大繁荣局面，这一时期的家训具有创造性，内容、形式等方面日趋成熟，逐渐普及化、大众化。这一时期，家训分为帝王家训、仕宦与文人家训、女训、母训等类型，形式有片段、单篇、专著等，体裁有散文、诗歌、经书等，一批系统化、理论化专著出现。此外，产生了成文的家法、家规，诗训成为一种重要的形式。隋唐时期，家训内容广泛，主要以儒家思想文化为核心，涉及修养、学业、仕宦、治家诸多方面，目的是教导家族后人立身免祸、传家保国等；家训形式也丰富化、多样化，更容易为家族子女所接受。隋唐家训作为封建社会繁盛时期的文化产物，巩固了封建统治，促进了家庭发展，在中国家训史上地位极其重要。

一、隋唐时期家训概述

隋唐时期是中国封建社会发展的重要阶段，农业、手工业、商业等呈现勃勃生机，科举取士兴起，文化教育颇为发达，大家族家庭、小家庭皆重视子弟教育，家学家风特色鲜明。隋唐家训文献丰富，类型多种多样，如帝王家训有李世民《帝范》等，仕宦家训有姚崇《六诫》等，文人家训有敦煌写本《太公家教》等，女训有宋若莘《女论语》等。这一时期，家训不断变革、演进，标志着中国家训逐渐成熟，其成就令人瞩目。以下概述隋唐社会及家训的发展状况。

（一）隋唐时期社会概貌

隋王朝由隋文帝杨坚建立，统一全国而结束了南北朝分裂、混乱的局面，继任者隋炀帝杨广横征暴敛、荒淫无道，各地民众的反抗此起彼伏，导致隋朝政权倾覆。唐王朝由唐高祖李渊创建，太宗李世民"贞观之治"、玄宗李隆基"开元盛世"等堪称繁盛时期，历经安史之乱，王朝由盛而衰，最终灭亡而进入五代十国时期。隋唐王朝一共延续三百余年，疆域辽阔，经济繁荣，国力强盛，中外交通发达，思想文化方面兼容并蓄，儒、释、道并重，多元思想并存，中外文化交流频繁，标志着中国封建社会迈入辉煌时期。

隋代及唐初采用均田制与租庸调制，农业生产、手工业生产水平逐步提高，商业贸易兴盛，出现了不少大都市，推动了社会经济发展。而中唐以后，土地兼并现象严重，庄园制得到巩固，土地私有制占据着主导地位，商品经济发展，朝廷实行"两税法"，加重了农民及小生产者的负担，阶级矛盾尖锐，致使唐末社会危机重重。隋唐时期的经济发展、变化影响了社会阶层分化。魏晋南北朝时期，门阀制度鼎盛，而隋唐时期，门阀士族政治、经济等特权大大削弱，如唐代颇为显赫的清河崔氏、范阳卢氏、赵郡李氏等家族，呈现日渐衰弱的趋势，庶族地主阶层崛起，新兴士大夫阶层引人瞩目，平民阶层力量日益壮大。就隋唐时期的家庭结构状况而言，以祖孙三代为标志的小家庭人口不断增加，大家族家庭迅猛发展，此类大家族家庭有平民家庭、普通地主家庭、仕宦及士族家庭等，总人数可达百人乃至上千人规模。关于隋代小家庭的人口数据，据杜佑《通典·食货》记载，"炀帝大业五年，户八百九十万七千五百三十六，口四千六百一万九千九百五十六"①，可知，隋代这一时期户均人口大约5人。唐代户均人口有所增加：唐玄宗天宝十四年（755），户为8914709，人口为52919309，每户为5.9人；唐肃宗乾元三年（760），户为1933174，人口为16990386，户均增加到8.79人。②从上述数据可以看出，由隋代到唐代，多种因素使小家庭户数变化不定，但户均人口还是呈现增长的势头，可见，小家庭规模有所扩大。汉代以来，大家族家庭逐渐增多，隋唐时期更为兴旺，这与统治者大力提倡、推行有关。长孙无忌《唐律疏议·户婚》云"诸祖父母、父母在，而子孙别籍异财者，徒三年"③，朝廷对父母在而兄弟分家的行为予以法律惩戒，在道德、法律、经济方面采取有力措施，保障不同类型的大家族家庭的稳定、发展。

① 〔唐〕杜佑：《通典》，中华书局1984年版，第149页。
② 张敏如：《简明中国人口史》，中国广播电视出版社1989年版，第84页。
③ 〔唐〕长孙无忌等：《故唐律疏议》（第1册），商务印书馆1935年版。

平民类大家族如宋兴贵家族，"累世同居，躬耕致养，至兴贵已四从矣。（唐）高祖闻而嘉之"（《旧唐书·孝友·宋兴贵传》卷一百八十八）。庶族地主大家族，如唐代张公艺家族，"寿张人张公艺九世同居，齐、隋、唐皆旌表其门"（《资治通鉴·唐纪一七》卷二百一）。仕宦、士族大家庭数量也不少，如隋唐时期的绛州裴氏家族，"子通弟兄八人，复以友悌著名"，"乡人至今称为'义门裴氏'"（《旧唐书·孝友·裴敬彝传》卷一百八十八），可知，裴氏家族的孝友之风由隋代传至唐代。隋唐时期，大家族规模颇大，形式颇多，有共财同居、异居同财、同居异财、异居异财等，这与当时的社会、经济状况有关。隋唐时期，小家庭人口增多，聚族而居的大家族发展，都对家族管理、传承等方面提出了严峻挑战。而家训这种形式适应了这些方面的需要，不仅防范了家族子弟的不良品行，更在于激励子弟持家创业、扬名立万，得到了当时人们的重视，因而蔚为大观。

汉代至南北朝时期采用荐举制、察举制选拔和任用人才，魏晋南北朝的九品中正制尤其得到重视，世家大族仕宦占有优势。科举制在隋代创立，唐代逐步完善，打破了门阀士族凭借权势、门第居于政治高位的局面，扩大了士人的政治出路，为广大寒门、庶族人士仕宦提供了良好契机，可以说是中国古代人才选用制度的重大变革。科举制分为常举、制举等形式，科目繁多，考试内容包括儒家经典、律令、诗赋、时务等，常举有秀才、明经、进士、明法等科目，其中进士科尤为士人所看重，报考人数众多而登第极难，即"三十老明经，五十少进士"[1]，及第者地位大大提升，荣耀无比。隋唐科举考试这种取士、选拔官吏的制度，由以往重门第变为重才学，使众多士人汲汲以求，于是拓宽了朝廷选拔人才的层面，有助于巩固封建中央集权制度。唐太宗李世民目睹新科进士而感叹道"天下英雄入吾彀中矣"[2]。隋唐时期，科举制度促进了学校教育、家庭教育的发展，全社会学习文化知识，学习多种技艺，有助于士子科举求名，实现个人政治理想。隋唐时期，教育发达，制度更为完善，官学、私学教育日益普及，庶族教育得以较大发展。中央官学设有国子学、太学、四门学、书律学等，最高教育行政机构为国子监，统领中央

---

① 〔五代〕王定保：《唐摭言》，三秦出版社2011年版，第6页。
② 〔五代〕王定保：《唐摭言》，三秦出版社2011年版，第4页。

官学，地方则有州学、县学等，传授经学、律学、书学、算学等。据《新唐书·选举志下》卷四十五记载，盛唐时期的在校学生人数，"诸馆及州县学六万三千七十人，太史历生三十六人，天文生百五十人，太医药童、针咒诸生二百一十一人，太卜卜筮三十人"，粗略统计，人数为六万三千余人，可见当时教育的盛况。统治者允许、鼓励兴办私学，私学包括蒙学、私家讲学、地方官吏办学等，教学内容丰富，许多专门学术都有私人传授，为普及文化做出了贡献，影响甚大。除了学校教育发达之外，社会各阶层都重视家庭教育，从帝王到平民，培养家族子弟知识、技艺、才干等，以便成为有用之才，更好地承担维持、发展家族事业的重任。隋唐延续了汉魏晋南北朝家学的传统，崇尚儒学依然是家学的重点，如京兆韦氏家族《礼》学、吴郡陆氏家族《春秋》学等。此外，杂艺、技术也得到家庭的重视，如欧阳询父子喜好书法、李淳风子孙精于天文历算等。隋唐时期，科举制及学校教育、家庭教育的长足发展，有助于推进家训的普及化、繁荣化，深刻影响了家训的内容、形式等。

（二）隋唐时期家训要览

相对于秦汉魏晋南北朝时期，隋唐时期家训在诸多方面有所拓展、演进，文献众多，呈现出繁荣局面。家训内容包括修身、仕宦、处世等方面，作者（编者）身份有帝王、士大夫、普通文人等，文体有诗歌、散文等，训导对象有帝王家室、贵族官僚子弟、平民人家、女子等。隋唐家训表现出宽泛化、多样化的特征，以下按照帝王家训、仕宦家训、女训等类型予以简述，力求把握其内容特征。

就帝王家训而言，先秦时期到魏晋南北朝产生了不少名篇，隋唐时期的帝王家训更值得重视，隋文帝杨坚、唐太宗李世民、唐代宗李豫、唐宣宗李忱等均留下了训诫篇章或著作，用来教诲帝王家室成员的立德、治家、治国、处世等方面，以示垂范。杨坚《诫太子勇》用来告诫太子杨勇，强调力戒生活奢侈浮华，以便以后更好地承继隋代大统。李世民作为历史上的明君，其家训在唐代帝王中最具代表性，其所撰《帝范》一改以前帝王家训简单、零碎的面貌，成为家训史上第一部理论化、系统化的帝王家训著作，总结了为人君的道德规范要求及治国方略。这部著作自诞生以来备受重视和青睐，明成祖朱棣称赞道"要皆切实著明，使其子孙能守而行之，亦可以为治"（《圣学心法》）。此外，唐太宗《戒皇属》等篇目教育皇子诸王勤于政事、戒骄戒奢，以求长保富贵，也有积极意义。唐太宗之后，唐高宗李治有《诫滕王元婴书》、唐睿宗李旦有《戒诸王皇亲敕》等家训篇目。唐代帝王也注意训诫公主恪守礼法、生活简约，如唐玄宗、唐宣宗等多采用诏令形式，奖惩结合，使女子具备贤淑等品行。除了唐太宗家训名作外，唐代帝王家训多散见于史书中，较为零散，但其中的思想仍然值得借鉴。

仕宦家训、文人家训当为隋唐家训的主体部分，占有重要的地位。首先，这一时期出现了一批家训著作，标志家训日趋成熟，如李恕《戒子拾遗》、狄仁杰《家范》、姚崇《六诫》、柳郢《柳氏家学》、李商隐《家范》、于义方《黑心符》、无名氏《太公家教》等，多用于训诫家室子孙，其中大多著作今亡佚不存。如李恕《戒子拾遗》涉及读书求学、仕宦、治家等方面，于义方《黑心符》重在讲时人娶继室之害。其次，这一时期的家训单篇数量较多，内容比较丰富，有家书、家训诗、家规、遗训等类型。家书类有颜真卿《与绪汝书》、李观《报弟兑书》、元稹《诲侄等书》等，从遵礼、勉学、治家、出仕等方面训导家族子弟，具有随意性，常披露作者个人心迹，感情色彩浓。诗训类篇目数量颇多，不少作者为著名诗人，如李白《送外甥郑灌从军》、杜甫《宗武生日》、韩愈《符读书城南》、白居易《狂言示诸侄》、李商隐《骄儿》等，大多切合作者人生阅历，在读书、技艺、从军、处世等方面劝诫家族子弟，形象、委婉而雅致，更易使训诫对象接受。家规类具有时代特色，柳玼《诫子孙》等体现了名门世族柳氏家法的特色，陈崇《陈氏家法三十三条》则为成文家法，劝勉、惩罚条文可行性强，用来整治家庭、家族。这类家训不乏创新意义。

隋唐时期继承了秦汉魏晋南北朝重视女子教育的传统，从帝王后妃、贵族官僚到平民百姓，都加强对女子的训诫，因而训女之作盛行。隋唐时期的女训有辛德源与王邵《内训》、长孙皇后《女则》、王搏妻杨氏《女诫》、郑氏《女孝经》、宋若莘《女论语》等，现在大多数已经散佚。唐太宗李世民评长孙皇后《女则》："皇后此书，足以垂范百世。"（司马光《资治通鉴·唐纪十》卷一九四）这类训女书以郑氏《女孝经》、宋若莘《女论语》最为著名。郑氏《女孝经》仿照《孝经》分章，重在训诫皇家宫室嫔妃，承载着当时社会对妇女的种种规范，如孝敬、勤劳、忠贞等。而宋若莘《女论语》则模仿《论语》，采用问答形式，阐述妇女立身、持家等多种德行，更倾向于平民化、大众化。隋唐时期，妇女常常承担治家的重要职责，贤明之母教诫子孙之风盛行，产生了一批母训篇章，如《卢氏母训》《张镒母训》《杨氏母训》《郑氏母训》等，保存在史书等典籍中，多以言行教导晚辈。就这一时期的母训而言，越族冼夫人教诫子孙忠孝（《隋书·列女传》）、卢氏教子崔玄暐仕宦忠清（《旧唐书·崔玄暐传》）、郑氏训诫李景让兄弟勿取不义之财（《资治通鉴·唐纪六十四》）等较为著名，体现了贤母谆谆教导子孙的良苦用心，与父祖教诫篇章相比较，显示出自身的特征。

隋唐时期，王朝呈现大一统、大繁荣局面，家训以儒家思想为主流，涉及修身、劝学、治家、仕宦等方面，内容相对于前代更为广泛，类型更加多样化。就家训类型而言，李世民《帝范》集前代帝王家训之大成，《太公家教》之类敦煌石窟文献则说明了唐代民间家训的盛行，郑氏《女孝经》、宋若莘《女论语》反映了唐代女训的发展。就家训形式而言，一批专著的出现标志着唐代家训的逐步成熟。家书多长篇大论，诗训走向繁盛，又产生了将家庭道德与法规相结合的成文家法，可见，唐代家训在前代基础上有所开拓、创新。隋唐家训所采取的训诫方法更为灵活，如严慈结合法、直观形象法、以事喻理法、亲情感化法等，注意结合作者、对象、具体场合等，更易为家族子女所接受，收到良好的效果。当然，隋唐家训也有局限性，如重官轻民、愚忠愚孝、歧视女性、重农轻商等方面，带有明显的时代烙印，需要加以辨析、批判。这一时期的家训作为封建社会文化繁盛时期的产物，有利于巩固封建统治，促进家庭、家族发展，也促使家族成员立德、立业。隋唐时期的家训富有创造性，步入了成熟时期，在中国家训史上占有重要地位，对宋元明清时期的家训产生了重要的影响。

二、唐代的帝王家训

隋唐时期，帝王家训仍为重要的一类，步入了成熟阶段。隋文帝杨坚《诫太子勇》、唐太宗李世民《戒皇属》等颇为著名，而具有代表性的则为李世民《帝范》，可谓帝王家训中自成系统的著作，影响甚大。唐代帝王还注意训诫公主，这方面的记载也不少。以下主要对唐代帝王家训予以评述。

（一）唐太宗李世民家训

唐太宗李世民是中国历史上著名的政治家、军事家，为唐代圣明君主，缔造了"贞观之治"，史书称赞道："其除隋之乱，比迹汤、武；致治之美，庶几成、康。自古功德兼隆，由汉以来未之有也。"（《新唐书·太宗本纪》卷二）。隋王朝历经隋文帝、隋炀帝二世而亡，大唐王朝也多次演绎皇室内部骨肉相残的悲剧，诸多因素促使李世民认识到教育太子、诸王的重要性，这关乎国家的长治久安及天下苍生的福祉。李世民《戒皇属》《贞观政要·论教诫太子诸王》《诫吴王恪书》等篇目，从不同方面训导、警示皇室子弟。李世民的家训篇章，多散见于史书中，也有较为系统的家范著作《帝范》，不仅在唐代帝王家训中具有代表性，在古代帝王家训中也引人瞩目。《帝范》撰写于贞观二十二年（648），为其晚年告诫太子李治而作，"披镜前踪，博览史籍，聚其要言，以为近诫云尔"①。此书主要分为《君体》《建亲》《求贤》《审官》《纳谏》《去谗》《诫盈》《崇俭》《赏罚》《务农》《阅武》《崇文》等十二篇，从多方面对储君加以教诫，主要内容可从以下几方面进行简述。

1.道德修养方面

君王要重视体态容貌，特别要提升个人的人格魅力，修炼个人德行，为臣民做出表率，这样有助于国家安定、百姓幸福。《君体》篇（《帝范》卷一）谈人君仪表，"如山岳焉，高峻而不动；如日月焉，贞明而普照"，具有庄严宏伟之相，还需要有人君之风范，"宽大其志，足以兼包；平正其心，足以制断"，志向广大，内心公平端正，还要讲求"仁""礼"，"威德"与"慈厚"相结合，这样才能担当莅临天下的大任。君主要加强个人道德修养，在生活方面严加自律，预防、改变某些不良习气。《诫盈》篇（《帝范》卷三）云"夫君者，俭以

---

① 〔唐〕唐太宗：《帝范》，广雅书局刊本，光绪二十五年（1899）。以下《帝范》引文不再一一标注。

养性，静以修身"，要求君主生活节俭、恬静寡欲，如果人主"好奇技淫声、鸷鸟猛兽，游幸无度，田猎不时"，大兴土木，爱好奇珍异宝，那就可能加重百姓负担，使国家积贫积弱。此篇将治世之君与乱世之君相对比，告诫太子应该戒盈戒满，防止骄奢淫逸，避免给国家发展带来重大隐患。《崇俭》篇（《帝范》卷三）阐述培养俭德的重要性，"夫圣世之君，存乎节俭。富贵广大，守之以约；睿智聪明，守之以愚"，明主保持节俭的美德，不骄纵，不居功自傲，不投机取巧，而以淡泊、俭约为天下做出表率。此文还列举暗主、昏主奢侈纵欲而使国家倾危败亡方面的实例，以告诫太子李治为君崇俭之道。可见，人主不同于一般臣民，更应注意由外到内加以修身立德，遵守社会道德规范，约束个人不良的言行，以便示范于臣民，这样不仅利于自身，更利于王朝长治久安、福祚延绵。

2. 用人治人方面

唐太宗李世民是一位英明的君主，善于用人，虚心纳谏，管理臣民方面也不乏行之有效的经验。《帝范》中论及这些方面的内容比较突出，希望能够传授给太子李治，为其确立良好的行事规则。君主需要聚合皇族亲戚的力量，彼此团结协作，以求安国安邦，如《建亲》篇（《帝范》卷一）论封建宗亲之道。其文云："是以封建亲戚，以为藩卫，安危同力，盛衰一心。远近相持，亲疏两用。并兼路塞，逆节不生。"本篇谈分封亲戚在拱卫王朝方面的重要性，分析历史上分封制的利弊，警示李治不可过度分封宗亲，避免尾大不掉之患，着力明察忠奸、施行德义，以便巩固王朝政权。《帝范》中的《求贤》《审官》《纳谏》《去谗》篇目则集中论述君主用贤、纳谏之道，融入唐太宗李世民个人治国理政方面的经验教训，敬贤、用贤是国家治乱的关键，而君主广开言路、杜绝谗言也是其圣明的重要表现。《求贤》（《帝范》卷一）云，"是明君旁求俊乂，博访英贤，搜扬侧陋。不以卑而不用，不以辱而不尊"，任用贤才不必拘泥于地位卑微及自身玷辱之处，文中举出历史上明主求贤而大治的诸多事例加以佐证，希望君主有敬贤、用贤之心，这是治理国家的基本保障。《审官》篇（《帝范》卷二）则在《求贤》篇的基础上谈论如何选拔贤能、任用贤能，"智者取其谋，愚者取其力，勇者取其威，怯者取其慎，无智、愚、勇、怯，兼而用之"，明主应秉承设官分职、量才授职的原则，使"智者""愚者""勇者""怯者"等各有所用，权衡人才的善恶、功过等因素，进行客观、公正、全面的评析、审察，做到知人善任，发挥各类人才所长，使其为国所用。《纳谏》篇（《帝范》卷二）认为，君王视听受到种种限制，虚心纳谏非常重要，"言之而是，虽在仆隶刍荛，犹不可弃也；言之而非，虽在王侯卿相，未必可容。其义可观，不责其辩；其理可用，不责其文"，君王应多方面听取意见，以正确、合理、可用为标准。反之，如果君主一味拒谏，就可能招致国灭身亡之祸。圣明君主重视纳谏，同时要警惕谗言的蒙蔽，《去谗》篇（《帝范》卷二）就讲明了这个道理。其文曰，"夫谗佞之徒，国之蟊贼也。争荣华于旦夕，竞势利于市朝"，痛恨、抨击"谗佞之徒"，又列举谄谀、奸邪之人的种种表现，告诫太子克服"忠言逆耳"的人性弱点，辨析臣下忠与奸的言行，劝导太子去谗却佞，引以为戒。此外，君主统御臣民要赏罚分明，确立是非标准。《赏罚》篇（《帝范》卷三）云："显罚以威之，明赏以化之。威立则恶者惧，化行则善者劝。适己而妨于道，不加禄焉；逆己而便于国，不施刑焉。"君主赏罚得当、惩恶劝善，用以教化天下。赏罚以国家利益为重，这也离不开君王的公正、持平之心。唐太宗在《帝范》中教授君主用人、治人方面的经验，劝诫太子不仅要知晓这方面的道理，更要付诸行动，从而实现国家稳定、繁荣。

3. 治国策略方面

《帝范》阐述君主治国采取的重大策略，如重农、崇武、好文等，既吸取了前人的理政经验，也表述了个人的看法，以求对太子李治进行警戒、训导。中国传统社会以农为本，君主理应重视农业，《务农》篇（《帝范》卷四）云"莫若禁绝浮华，劝课耕织，使人还其本，俗反其真，则竞怀仁义之心，永绝贪残之路"，阐发了重农抑商思想，鼓励耕织，以解决百姓的基本生活问题，使国富民安。此篇还认为，人君恩威并施、刚柔兼济、赏罚结合，督促、劝导民众从事耕作、纺织而回归本业，并且借以教化人心，其中人君的带头示范作用必不可少。《阅武》篇（《帝范》卷四）则是谈君主的崇武策略，"土地虽广，好战则人凋；邦国虽安，亟战则人殆。凋非保全之术，殆非拟寇之方。不可以全除，不可以常用"，既不可尚武好战，也不可忘记兵战，农闲时要加强军事训练，做好练兵备战之事，以保持军事威慑力量，这样才可以保卫天下，维护和平安定。君主崇武的同时要重视文治，《崇文》篇（《帝范》卷四）云"礼乐之兴，以儒为本。宏风导俗，莫尚于文；敷教训人，莫善于学。因文而隆道，假学以光身"。《崇文》篇包括礼乐教化、重视儒学、重教重学等方面，天下平定、时局稳定时期尤其应崇儒兴文，可以起到安定邦国的作用。

李世民吸取前人的家训思想，又结合隋唐之际的历史情境与自身教诫子孙的经验，撰写《帝范》等篇目。相对于前代帝王家训篇幅短小、内容单一的特征，《帝范》可谓理论性较强的帝王家训著作，标志着古代帝王家训走向成熟。《帝范》重在阐述为君之道，内容涉及政治、经济、军事、文化等多方面，结构严谨，教诫太子的方式也多种多样。《帝范》等训诫太子、诸王家训，包含"以物喻理""以古圣贤为鉴""亲情感化""以法制恶"等原则方法[①]，对后世家训确有启发。《帝范》的内容也有一定的局限性，如教诫中重视政治权术的运用以巩固政权，重视治国治民却缺乏知识、技能方面的教育，等等。《帝范》作为一部帝王家训著作，在唐代便受到统治者的高度重视，明成祖朱棣、清康熙皇帝等也肯定其成就，对后世帝王一类家训影响甚大。

此外，唐太宗李世民的皇后长孙氏重视对皇室子女、族人的教育，有家训著作《女则》，可惜已经失传，其家训言行留存于《旧唐书》《新唐书》《资治通鉴》等史书中，在唐代后妃家训中较为典型。《旧唐书·后妃上》载"后性尤俭约，凡所服御，取给而已"，《资治通鉴·唐纪十》又云"长孙皇后性仁孝俭素，好读书"。长孙皇后本人"俭约""俭素"，并以此教诫皇族子弟，敦促他们养成生活简朴的作风。《新唐书·后妃上》云："太子承乾乳媪请增东宫什器，后曰：'太子患无德与名，器何请为？'"长孙皇后拒绝太子乳母增加东宫什器的要求，希望儿子重视修身立德，力争为天下做好表率。《新唐书·后妃上》记载长孙皇后临终遗命，"妾生无益于时，死不可以厚葬，愿因山为垅，无起坟，无用棺椁，器以瓦木，约费送终，是妾不见忘也"，表明反对厚葬、个人丧事从简的愿望，这与其平日生活作风相一致。长孙皇后对族人也严格要求，以防长孙氏家族恃宠弄权，危害朝廷纲纪。《新唐书·后妃上》云："兄无忌，于

---

① 参见徐少锦、陈延斌：《中国家训史》，陕西人民出版社2003年版，第308—310页。

帝本布衣交，以佐命为元功，出入卧内，帝将引以辅政，后固谓不可。"长孙无忌本为皇亲国戚，又与唐太宗交好，将被朝廷委以重任，长孙皇后申明其兄不可担当重臣，实际上是不愿意外戚当政，以避免前朝外戚势力所带来的政治祸患。长孙皇后此类后妃家训可谓唐代帝王家训的有益补充，历史地位不容忽视。

（二）唐代其他帝王家训

除了唐太宗李世民家训之外，唐代还有不少其他帝王家训，针对太子、诸王、公主等皇室子女而发，这方面的材料散见于史书中。如唐高宗李治、唐睿宗李旦、唐玄宗李隆基训导皇室子弟，唐代宗李豫、唐文宗李昂、唐宣宗李忱等教育公主，呈现出多样化的特色。这一类家训富有教诫意义，有助于我们更加全面地了解唐代帝王家训的面貌，以下简述之。

1.训诫太子、诸王

唐代帝王采取多种方式，从正面教导太子、诸王，希望皇室贵胄德才兼备，以承续先祖的政治业绩。《新唐书·十一宗诸子·太子瑛传》记载："帝种麦苑中，瑛、诸王侍登，帝曰：'是将荐宗庙，故亲之，亦欲若等知稼穑之难。'"唐玄宗召集太子、诸王赴种麦场所，表明自己对宗庙先祖的敬奉、笃诚之心，也教育皇室子弟懂得"稼穑之难"。帝王通过自身劳动实践来教诫子弟的这种做法值得称道。此外，唐代帝王为皇子们选拔老师、属官颇为用心，坚持以贤人辅佐的原则，精选天下贤才来担任相关职务。如史书记载唐文宗考察皇子李永老师之事，"因召见傅和元亮。元亮以卒史进，有所问，不能答。帝责谓宰相：'王可教，官属应任士大夫贤者，宁元亮比邪！'于是剧选户部侍郎庾敬休兼王傅"（《新唐书·十一宗诸子·庄恪太子永传》卷八十二）。唐文宗认为李永之师和元亮并不称职，难以担当辅导大任，因而责备宰相，最终另选他人为皇子之师，可见帝王极为重视教诫子孙。

唐代帝王家训还针对太子、诸王过失而论，训诫、警告当事者，督促其改过自新，这一类篇目有唐高宗李治《诫滕王元婴书》、唐睿宗李旦《戒诸王皇亲敕》等。唐高宗李治《诫滕王元婴书》为劝诫其叔父李元婴而作，滕王骄纵不法、逸乐无度，因而李治下诏加以训诫。文中列举李元婴的多种不良行为，如喜好畋猎、以弹伤人、结交小人等，告诫道，"朕以王骨肉至亲，不能致王于法，今与王下上考，以愧王心。人之有过，贵在能改，国有宪章，私恩难再"（《旧唐书·高祖二十二子·滕王元婴传》卷六十四），用宗族之情感化，用国家宪章规范，目的在于劝诫滕王元婴痛改前非而成为诸王楷模。唐睿宗李旦《戒诸王皇亲敕》则是对诸王皇亲加以教诫。其文云，"当从戒慎，勉遂悛改。如迷而不复，自速愆尤，已实为之，悔之无及"①（《全唐文》卷十九），指出诸王国戚颇不称职、行事偏私、恣情享乐等弊病，告诫他们要勇于改过、勤勉政事，否则就会招致祸患，误国害己。其文情理结合，具有说服力与感召力。

2.训诫公主

唐代公主的性格、品德、修养、兴趣、行事千差万别，人生结局也多有不同，有的恪守礼法，有的谋逆叛乱，有的出家修行，呈现出复杂性。唐代帝王多重视对公主的教育，大量采用诏书形式，褒奖与惩罚相结合，目的在于使公主们立身谨重、遵守礼法、勤俭持家、贤淑爱民等，成为皇室、夫家、国人的典范。唐代帝王训诫公主的内容主要包括以下两方面。

一是要求公主以妇礼侍奉舅姑、丈夫等，使夫家和睦兴旺。唐太宗李世民倡导公主下嫁士人后遵行女子礼法，如孝敬公婆、敬重丈夫、和合家族等，表彰典型人物，从而引导唐代公主施行妇礼。后来，唐宣宗训导万寿公主，"先王制礼，贵贱共之。万寿公主奉舅姑，宜从士人法"（《新唐书·诸帝公主·宣宗十一女》），要求公主不以身份自居，遵从士人家法。唐宪宗时期，岐阳庄淑公主"事舅姑以礼闻"（《新唐书·诸帝公主·宪宗十八女》），可称恪守礼法的楷模。如果下嫁的公主违背礼制、行为不法，将会受到帝王的多种惩戒。如唐中宗时期，宜城公主下嫁裴巽，"巽有嬖姝，主恚，刵耳劓鼻，且断巽发。帝怒，斥为县主"（《新唐书·诸帝公主·中宗八女》），中宗贬斥不遵礼法的公主，以强调妇礼的重要性。唐代公主再嫁者为数不少，唐宣宗下诏曰"夫妇，教化之端。其公主、县主有子而寡，不得复嫁"（《新唐书·诸帝公主·宣宗十一女》），规定公主夫死有子而不得再嫁。这种弘扬礼教的做法大大遏制了公主再嫁的风气，体现了封建社会的男性

---

① 〔清〕董诰等：《全唐文》，中华书局1983年版，第224页。

权威。

二是训导公主警惕戒惧贪婪、奢侈、淫乱等不良习气，培养知止、俭朴、贞洁等品德。唐玄宗"开元新制"云："长公主封户二千，帝妹户千，率以三丁为限；皇子王户二千，主半之。"（《新唐书·诸帝公主·玄宗二十九女》）唐代帝王为公主订立了一系列封赏规则，对公主封户、日常用度等方面予以规范，禁止浮靡，倡导勤俭之风。如唐文宗"诏宫人视主衣制广狭，遍谕诸主，且敕京兆尹禁切浮靡"（《新唐书·诸帝公主·顺宗十一女》），在服饰方面禁止公主奢华无度。在这种训导环境下，唐代出现了一些贤淑公主，如汉阳公主"独以俭，常用铁簪画壁，记田租所入"（《新唐书·诸帝公主·顺宗十一女》），履行俭约，身为表率。唐代帝王严厉惩罚骄横奢靡、淫乱违礼的公主，以儆效尤，进而端正社会风气。如郜国公主与李万等人淫乱，"德宗怒，幽主它第，杖杀万"（《新唐书·诸帝公主·肃宗七女》）。唐代多位公主因自身违法失德而受到惩戒，可见诸帝训诫公主的力度，对公主品行的高度重视。

此外，唐代帝王教诫公主不得因为一己之私而损害民利。如唐代宗要求昭懿公主拆除泾水之滨的磨坊，以便利于百姓田地灌溉，"吾为苍生，若可为诸戚唱！"（《新唐书·诸帝公主·代宗十八女》）唐代帝王又教导公主不得参与朝政而贻害自身，如唐宣宗训诫万寿公主，"无干时事"，"太平、安乐之祸，不可不戒！"（《新唐书·诸帝公主·宣宗十一女》）唐代太平公主、安乐公主擅权弄权导致败亡，要以之为戒。鉴于唐代的公主与太子、诸王有所不同，诸帝注意结合公主们的特点，从妇容、妇德、妇礼等方面加以教育，采取情理兼顾、重视引导、奖惩结合等方式，希望她们成为天下女子的典范。

三、唐代的训女书

中国封建社会重视对女子的训诫，隋唐以前有关这方面的著作有刘向《列女传》、班昭《女诫》、辛德源《内训》、徐湛之《妇人训解集》等，涉及妇女品德、智慧、能力等方面的教育。隋唐继承了前代的传统，帝王、大臣、文人乃至平民均热衷于女子教育，这方面的书籍颇为盛行，根据《新唐书·艺文志二》卷五十八记载，"凡女训十七家，二十四部，三百八十三卷"。唐代训女之类的著作有长孙皇后《女则》、武则天《孝女传》、王方庆《王氏女记》、韦氏《续曹大家女训》等，推进了女子教育的繁荣。可惜绝大多数今已经失传，无法洞察其内容。侯莫陈邈之妻郑氏《女孝经》与宋若莘《女论语》流传至今，堪称唐代训女书的代表。通过对这两部书的评介，窥一斑而见全豹，借此了解唐代此类著作的基本面貌。

（一）郑氏《女孝经》

在中国古代，《孝经》作为宣扬孝文化的经典著作，为封建王朝所推崇，成为天下必读的书目。唐代帝王将听讲《孝经》列为传统项目，唐玄宗李隆基亲自注解《孝经》，推行"以孝治国"的理念，唐代自上而下形成了重视、研读《孝经》的风尚。唐玄宗时期，朝散郎侯莫陈邈之妻为郑氏，其侄女被册封为唐玄宗第十六子永王李璘之妃，郑氏仿照《孝经》而著《女孝经》。《进〈女孝经〉表》云，"今戒以为妇之道，申以执巾之礼，并述经史正义"（《全唐文》卷九百四十五），郑氏借此对侄女加以教导。《新唐书·艺文志》未收录郑氏《女孝经》，而五代时期将其刊行于世，《宋史·艺文志》对其有所载录。此书共分为开宗明义、后妃、夫人、邦君、庶人、事舅姑、三才、孝治、贤明、纪德行、五刑、广要道、广守信、广扬名、谏诤、胎教、母仪、举恶等十八章。就写作目的而言，《女孝经》的训诫对象偏重帝王宫室嫔妃，而其内容适用于从皇后到庶人女子，假托汉代班昭与诸女的对话问答，表现封建礼教对妇女的规范，也不乏积极意义。《女孝经》的思想内容可从以下几方面予以概述。

其一，以"孝"为要义，女子身份不同，孝道有别。

夫妇为"五伦"之一，夫妇之道为人伦的开端，夫妇相处在于礼义，而仁、义、礼、智、信"五常"教化中，重在于"孝"。《女孝经》之《开宗明义章》曰"夫孝者，广天地，厚人伦，动鬼神，感禽兽，恭近于礼"[1]，强调孝的重要性，认为施行孝道可以成就人的美德。在夫妇关系中，女子的孝行颇为关键。

---

[1] 〔明〕陶宗仪：《说郛》，宛委山堂刻本，清代顺治四年（1647）。以下引用《女孝经》的内容，均出自此书，不再一一标注。

《女孝经》根据女子的身份、地位，将其分为后妃、夫人、帮君、庶人四类，每一类关于"孝"的标准有所不同。首先是后妃的品德、职责。《后妃章》云"忧在进贤，不淫其色，朝夕思念，至于忧勤，而德教加于百姓，刑于四海"。后妃的德行在于推荐贤才、忧心国事、施行德教、母仪天下等，以自己的言行引导、教化天下。然后是夫人之孝。《夫人章》云"居尊能约，守位无私；审其勤劳，明其视听；诗书之府，可以习之；礼乐之道；可以行之"，"静专动直，不失其仪，然后能和"。夫人之德体现在多方面，如俭约无私、勤恪明察、熟习诗书礼乐、和睦子孙等，这样做才可能保其宗庙、泽被后世。再是"帮君之孝"的要求，其训诫对象是封国公侯之妻。《帮君章》曰，"非礼教之法服，不敢服；非诗书之法言，不敢道；非信义之德行，不敢行。欲人不闻，勿若勿言；欲人不知，勿若勿为；欲人勿传，勿若勿行"，实则以"礼教""诗书""信义"等标准约束个人的言行举止。要谨言慎行，这样才可能有利于邦国安定，子孙兴旺。还有对庶人德行的要求。《庶人章》曰"为妇之道，分义之利，先人后己，以事舅姑，纺绩裳衣，社赋蒸献"。庶人妻的孝行主要施行于家庭，如辨清义利、敬奉舅姑、纺绩制衣、备办酒食祭神等，使室家和顺、发达。女子贵贱、尊卑不同，对其孝的要求也有差异。对其这几类女子的要求有相通之处，都是要其恪守封建礼教，培养其勤劳、俭约、仁义、和柔等品德，这样有利于家国发展、子孙绵延。

其二，应侍奉舅姑、丈夫等，倡导将"孝行"推及亲族。

女子出嫁后对待公公、婆婆要尽心竭力，这是履行孝道的基本要求。《事舅姑章》云："敬与父同，爱与母同。守之者义也，执之者礼也……敬以直内，义以方外，礼信立而后行。"女子要将公婆视如亲生父母加以敬重、侍奉，遵行义、礼、信等准则，一天早晚、一年四季都要看望、问候、侍奉，持有戒慎敬肃的态度而服侍周到，这样可谓对公婆尽孝。关于女子如何对待丈夫，《女孝经》用《三才章》《纪德行章》《谏诤章》等进行训导，既要以夫为天、尊敬侍奉，也要明辨是非、敢于谏诤，尽力辅助丈夫。《三才章》云："夫者天也，可不务乎！古者女子出嫁曰归，移天事夫，其义远矣。"女子的丈夫就为"天"，而女子形同"地"，这里强调丈夫在家庭中的重要地位，服侍丈夫乃天经地义之事。《纪德行章》曰："缅笄而朝，则有君臣之严；沃盥馈食，则有父子之敬；报反而行，则有兄弟之道；受期必诚，则有朋友之信；言行无玷，则有理家之度。"此章论述妻子事夫之道，从女子打扮整齐、备办酒食、禀报归期、行事如期完成等方面而谈，对待丈夫如同臣对君、子对父、弟对兄等那样敬畏、顺从、爱戴、守信、宽容。此外，要"居上不骄，为下不乱，在丑不争"，这样才可能尽到妻子的职分，使夫妻和谐相处。当然，女子并非毫无原则地服从、迁就丈夫，在大是大非问题上要坚持道义，据理力争，以便纠正丈夫的错误。《谏诤章》云："夫有诤妻，则不入于非道""故夫非道则谏之，从夫之令，又焉得为贤乎！"妻子并非对丈夫要绝对服从，如果丈夫行事有过失，应该直言劝谏，引导其步入正道，这样才能称为贤淑妇女。《女孝经》还主张将妇女对待公婆、丈夫的孝道推广到其他亲族，使九族和睦、六亲欢心，实际上体现了"泛孝"的观念。《孝治章》云："古者淑女之以孝治九族也，不敢遗卑幼之妾，而况于娣侄乎！故得六亲之欢心以事其舅姑。治家者不敢侮于鸡犬，而况于小人乎！"此处提出淑女"以孝治九族"，将孝道推及"九族"乃至"小人"，由近到远，女子的"行孝"范围逐渐扩大。还有《广扬名章》云："女子之事父母也孝，故忠可移于舅姑；事姊妹也义，故顺可移于娣姒；居家理，故理可闻于六亲。"《广要道章》云："女子之事舅姑也，竭力而尽礼；奉娣姒也，倾心而馨义。抚诸孤以仁，佐君子以智，与娣姒之言信，对宾侣之容敬。"此章认为，女子对父母与舅姑的孝心、礼义可以适用于姊妹、娣姒、诸孤、宾侣，由亲到疏，可以推广到处理其他人伦关系。

其三，女子应以品德与智慧并重。

受前人女训著作的深刻影响，《女孝经》着重强调妇女的多种美德，如仁孝、忠贞、诚信等，也认为妇女的一些恶行会贻害自身，导致家国败亡。郑氏采取正反结合的方式训诫女子，以求发挥扬善惩恶的作用。《广守信章》认为男女夫妇关系是人伦之起始，"然则丈夫百行，妇人一志。男有重婚之义，女无再醮之文"，认为妇女应对丈夫忠贞不贰，女无再嫁之理。此章列举春秋时期楚昭王夫人姜氏恪守约定而殒命之事，"其守信也如此，汝其勉之"，赞美女子的诚信品德，希望后世能够效法前人美德。不过需要指出，唐代从公主到平民女子，再嫁之风甚为普遍，郑氏所宣扬的"从一而终"并未切合唐代女子的实情，但这也表明了郑氏关于女德的一种观念，后来这种思想在明清时期逐步得到了强化。《五刑章》云"五刑之属三千，而罪莫大于妒忌，故七出之状标其首焉"，指出妇女的"妒忌"乃为大恶，女子应贞顺、和柔而克服"妒忌"之病。《举恶章》则列举夏、商、周等时期女子祸家祸国的事例，"由是观之，妇人起家者有之，祸于家者亦有之"，"若行善道，则不及于此矣"，从反面告诫后世女子要多行善道，匡正个人道德观，避免败家亡国的悲剧重演。《女孝经》不仅仅强调女子的品德，还看重女子的智慧才能，这一点不同于传统的"重德轻才"观念，尤其值得注意。《贤明章》云"人肖天地，负阴抱阳，有聪明贤哲之性，习之无不利，而况于用心乎"，肯定女子的"聪明贤哲"，认为学习、思考于女子增长智慧、才干大有益处，并且列举春秋时期樊女巧谏楚庄王的事例，以说明女子贤明智慧有助于国富民强，有助于丈夫建立功业。《女孝经》认为女子的品德与智慧才能并行不悖，相得益彰，联系唐代的社会文化环境，这一点是有积极意义的。

其四，女子教诲子女，则兴家兴国。

《女孝经》继承前代家训的胎教做法，主张女子怀胎时就应加强对子女的教育，以利于后代未来的发展。《胎教章》云："古者妇人妊子也，寝不侧，坐不边，立不跛，不食邪味，不履左道，割不正不食，席不正不坐，目不视恶色，耳不听靡声，口不出傲言，手不执邪器；夜则诵经书，朝则讲礼乐。"妇女"妊子"要从寝、坐、立、食等方面倍加留意，从目、耳、口、手等方面加以约束，只有女子言行举止合乎礼义规范，生子才可能"形容""才德"有特异之处。胎教仅仅为开端，作为母亲更要重视孩子的早期教育，《母仪章》云："夫为人母者，明其礼也。和之以恩爱，示之以严毅，动而合礼，言必有经。"母亲教诲子女以礼义为准绳，"恩爱"与"严毅"结合，避免一味溺爱或者过于严厉苛责。《母仪章》认为，男孩"八岁习之以小学，十岁从以师焉"，"不有私财，立必正方；耳不倾听"，要求男孩研习小学、拜师学习，言行遵守礼法，而女孩"七岁教之以四德"，即从妇德、妇言、妇容、妇功方面施加教育。可见，对男孩与女孩应该实施不同的教育方式。该章最后列举孟母教子、皇甫谧叔母教侄的典范实例，对女子进行劝勉。《女孝经》从为人母的职责出发，告诫女子勤勉教诲子女，重视家庭教育，促使后人成才、成名，这样不仅有益于自身，更有益于家国。

郑氏《女孝经》本为教诫侄女而作，着眼于女子的孝道教育，实际上适用于从后妃到庶人，在当时对于广大妇女颇有教益。该书贯穿了儒家教育观念，主张妇女应加强自身修养，履行孝道，遵行夫妇之道，致力于教育子女，由个人对父母、公婆、丈夫的孝敬及侍奉扩展到整个家族、亲族成员，养成孝悌、勤俭、忠贞、谦让等品德，使家庭上下和睦，达到保家、兴家乃至兴国目的。《女孝经》重视封建女德教育，采用征引经典、榜样示范、因材施教、有奖有惩等方法，其思想包含诸多合理因素，如肯定女子的智慧才能、鼓励女子敢于劝谏及引导丈夫等，其教育方式对今人也有诸多启示。《女孝经》以封建男权为重，宣扬男尊女卑、夫唱妇随、从一而终等思想，对妇女加以束缚、禁锢，限制妇女个人价值的实现，目的在于维护封建家国利益，这是该书的历史局限性。

（二）宋若莘《女论语》

宋若莘是唐德宗时才女，生于儒学之家，有姊妹五人，皆聪慧、博学、善属文，后均被德宗选入宫廷，称为"学士先生"。宋若莘姊妹的事迹见于《旧唐书》《新唐书》。宋若莘与其妹宋若昭尤为著名，掌管宫中"记注簿籍"等，备受赏识与敬重。宋若莘撰有《女论语》①，宋若昭订正注释，据《旧唐书·后妃传下》卷五十二记载，"若莘教诲四妹，有如严师。著《女论语》十篇，其言模仿《论语》，以韦逞母宣文君宋氏代仲尼，以曹大家等代颜、闵，其间问答，悉以妇道所尚"。可见，《女论语》出于教诫女子这一目的而作，尤其与教诲家中四妹有关。现存《女论语》除序言外，分为立身、学作、学礼、早起、事父母、事舅姑、事夫、训男女、营家、待客、和柔、守节等共十二章，形式方面模仿《论语》，讲述儒家规定的妇人之道，在立身、女工、待人等方面有所要求，希望教诫对象成为贤女、贞妻、良母。《女论语》的主要内容可以分为如下几方面。

---

① 选自〔明〕陶宗仪编《说郛》〔宛委山堂刻本，清代顺治四年（1647）〕。《说郛》中，《女论语》托名曹大家（班昭）撰，实为唐代宋若莘所著。以下《女论语》引文均出自《说郛》，不再一一标注。

其一，倡导女子立身立德，重视妇德、妇功教育。

《女论语》重视女子的品德教育，弘扬儒家礼教，《立身章》《学礼章》《守节章》等篇目要求女子立身谨重、熟知礼数、讲求贞节等，此为女子尤为重要方面。《立身章》讲述女子立身为人之道，"立身之法，惟务清贞。清则身洁，贞则身荣"，"清贞"指清白、端正、纯洁、专一等品德，又云"行莫回头，语莫露唇。坐莫动膝，立莫摇裙。喜莫大笑，怒莫高声"。女子的言语、坐立、行走、喜怒等方面要合乎妇德，还应注意男女有别、内外有别，故立身可谓女子做人的根本。《学礼章》强调女子待人接物时应知晓多种礼仪，"女客相过，安排坐具。整顿衣裳，轻行缓步。敛手低声，请过庭户。问候通时，从头称叙。答问殷勤，轻言细语"，这是说对待女客的言行要合乎礼数。此章又云："如到人家，且依礼教。相见传茶，即通事务。说罢起身，再三辞去。主若相留，礼筵待过。酒略沾唇，食无叉箸。退盏辞壶，过承推拒。"此处讲女子到人家做客的注意事项，还谈到少到道路游玩、遇到生人应行为谨慎等方面。《守节章》则是肯定女子的贞节，从多方面加以阐述。如女子在家端正个人的言行，"有女在堂，莫出闺庭。有客在户，莫出厅堂"，"黄昏来往，秉烛擎灯"；此外，注重夫妇之义，"若有不幸，中路先倾。三年重服，守志坚心。保家持业，整顿坟茔"，丈夫不幸离世后要服丧、持家等，以继承丈夫的遗志，光大家业。《女论语》还教诫女子学习女工而得以精熟，养成早起做活、操持家务的良好习惯，如《学作章》《早起章》等体现对女子劳作技能的重视，"妇功"正是女子立身之本之一。《学作章》曰"凡为女子，须学女工"，"女工"包括采桑养蚕、纺线织布、裁制衣物等方面，精通多种女工才可能自力更生、不愁穷乏。《早起章》倡导女子早起从事家务活动，"拾柴烧火，早下厨房。摩锅洗镬，煮水煮汤。随家丰俭，蒸煮食尝。安排蔬菜，炮豉舂姜。随时下料，甜淡馨香。整齐碗碟，铺设分张"，早起烧茶煮饭、备办菜蔬既是贤妇的职分，也是家庭和睦、兴旺的因素之一。

其二，教导女子孝敬父母、舅姑，夫妇和谐相处。

女子作为人女要敬重父母，作为人妻需要处理好与舅姑、丈夫的关系，《女论语》中《事父母章》《事舅姑章》《事夫章》等阐述如何处理家庭中这三种最为重要的关系，其中贯穿着儒家伦理道德规范。首先，女子要聆听父母的教诲，孝敬父母，力争做一位贤女。《事父母章》曰"女子在堂，敬重爹娘。每朝早起，先问安康。寒则烘火，热则扇凉。饥则进食，渴则进汤"，每日问候、照料父母的生活起居，还要遵照父母的教训行事。此章又云"父母有疾，身莫离床。衣不解带，汤药亲尝"，父母一旦患有疾病更要精心伺候，而父母不幸去世，要办好丧葬事宜并且按时祭奠，以感恩父母、表达哀思。其次，女子出嫁后尊敬、侍奉舅姑，视如自己亲生父母，在衣、食、住诸多方面尽心供承看奉，要日日坚持，不可厌倦、懈怠。《事舅姑章》对于侍奉公公、婆婆提出具体要求，"敬事阿翁，形容不睹。不敢随行，不敢对语。如有使令，听其嘱咐"，"姑坐则立，使令便去"。知晓礼度，敬畏公公、婆婆并遵从吩咐，做好洒扫、洗濯、备办茶饭等事项，使舅姑身心愉悦，这样才可能被称为贤妇。还有，夫妇关系在家庭中极为重要，一方面女子敬重、服从丈夫，以卑弱自居，在生活中竭力侍奉；另一方面善于劝谏丈夫，夫妻恩爱，同甘共苦，这正是女子贤德的重要表现。《事夫章》告诫道，"将夫比天，其义匪轻，夫刚妻柔，恩爱相因"，"同甘同苦，同富同贫。死同棺椁，生共衣衾"，阐述"夫刚妻柔""恩爱相因""同富同贫""生死相依"等道理，又讲明了女子事夫的做法，如苦心劝谏、等候归家、关注安危、关心身体、柔顺退让等，较为具体地阐释了夫妇相处之道。

其三，女子应训导子女，勤于治家，和睦内外。

妇女承担着相夫教子、整治家庭、和睦亲族乡邻的职责，《女论语》中《训男女章》《营家章》《和柔章》《待客章》等对其有所阐发，在经营家庭、友善亲友等方面教诫女子，努力成为贤妻良母。《训男女章》论妇女教诲子女，"男入书堂，请延师傅。习学礼义，吟诗作赋"，"女处闺门，少令出户。唤来便来，教去便去"。母亲为男孩延请学堂老师，教其读书、习礼、作文，对于女儿则施以母训，教习女红、家务，这样使子女养成知书、知礼、勤恪等品性。《营家章》突出强调妇女应操持家务，"营家之女，惟俭惟勤。勤则家起，懒则家倾；俭则家富，奢则家贫"，女子治家应遵循勤俭原则，家庭事务包括洒扫家宅、勤送茶饭、喂养家禽家畜、收藏钱粮酒物等，经过勤苦经营才可使家境殷实、生活安乐。《和柔章》谈家庭和顺之道，"以和为贵，孝顺为先。翁姑有责，曾如不曾"，"是非休习，长短休争。从来家丑，不出外传"。女子在家中孝顺公婆、怜爱子侄、亲和妯娌，还要与乡邻友好相处、礼数周全，由内到外搞好多种人事关系。《待客章》则从家中主妇应殷勤待客方面予以训导，涉及准备酒食、留客住宿等，对待客人既要讲究礼数，也要注意男女有别，做到有礼有度。这几章训诫女子教子、治家，要遵守礼教，身体力行，充当贤内助，使内外和睦、家业兴盛。

宋若莘《女论语》仿效儒家经典《论语》而撰写，又受到汉代班昭《女诫》等女训的影响。该书作为女子教育的读物，以儒家伦理道德规范为准绳，从女子的品德修养、技能技巧、待人接物、教诫子女、治家营家等方面予以教诫，明确女子为人女、为人妻、为人母的不同角色及相应职责，适应了唐代统治者的需要，发挥了振兴礼教、重建秩序的作用。清人章学诚认为此书"趋向尚近雅正"①，体现了儒家的价值观。《女论语》采用四言形式，寓教诲于形象描述之中，如《早起章》中的"懒妇"形象、《事舅姑章》中的"恶妇"形象等，又大量运用对比手法，如《学礼章》《事父母章》《训男女章》中正面与反面事例对举，可行性较强，语言通俗易懂，生活气息颇浓，使广大妇女更易理解、接受其中的道理，有助于扩大其传播及影响范围。由于宋若莘姐妹由民间到宫廷的特殊身份、地位，加上著作本身的思想、艺术魅力，该书在唐代皇室乃至平民中产生了较大影响，明末清初王相将《女论语》与班昭《女诫》、皇后徐氏《内训》、王相母刘氏《女范捷录》合编为《闺阁女四书集注》（《女四书》），遂成为封建社会女子教育的重要读物，融入女性大众文化，又大大提升了此书的知名度。

《女论语》曲折反映了唐代盛世的女性状况，其内容具有积极性、进步性，如女性讲究教养、勤习女工、孝敬老人、规劝丈夫、勤俭持家、和睦内外等，在当下仍有启发意义。但是，该书不可避免地包含了一些封建思想，如渗透着男尊女卑、三从四德等封建思想，要求女子遵从封建妇道，曲从公婆、丈夫，又如将女子圈定于家庭范围而限制其言行自由、宣扬婚姻宿命论、肯定贞节观等，这些都是我们阅读时要注意的。

---

① 〔清〕章学诚：《文史通义》（二），上海书店1988年版，第70页。

四、诗训、家法与家书

隋唐时期，家训日趋成熟，形式日益丰富，除了帝王家训、训女书之外，还有其他诸多类型。这一时期，诗歌发展步入黄金时期，出现了诸多著名诗人，家训诗成为家训重要的形式，盛行于世。李白、杜甫、白居易等留下的诗训作品，朗朗上口，使读者更容易接受，带有浓烈的时代特色。这一时期，产生了成文家法，如柳氏家法、陈氏家法等，宣扬封建礼教，要求家族成员严格执行相关条目，并且采取惩戒措施，使家范日益规范化。隋唐时期的家书也值得注意，如颜真卿、元稹等留有家书篇目，谆谆告诫家族成员，并用自身行为感化之，不乏说服力。此外，敦煌启蒙著作《太公家教》、少数民族家训等，也对后世影响不小。以下略述这一时期形式多样的家训，汲取其思想精华，探究其丰富的文化内涵。

（一）唐代诗训

中国家训诗源于先秦时期，《诗经·小雅·小宛》等包含着家训方面的内容，两汉魏晋南北朝有韦玄成《戒子孙诗》、刘桢《赠从弟》、潘岳《家风诗》、陶渊明《责子》等，不过唐代之前的诗训篇目比较零散，数量也不多。唐代是诗歌勃兴的时代，诗歌创作达到了中国诗歌史上的一个高峰。根据清人编《全唐诗》、中华书局版《全唐诗外编》、陈尚君编《全唐诗补编》等统计，唐诗作者有三千余人，作品五万余首，除李白、杜甫之类大诗人外，名家也为数不少。诗歌题材内容、体制形式、艺术技巧、风格流派等都为前代所无法比拟，唐诗创作呈现出繁荣的局面。在这种文学背景的影响下，唐代的家训诗作数量多，内容广泛，初唐、盛唐、中唐、晚唐时期均有名家创作家训诗，如王梵志、李白、杜甫、白居易、韩愈、杜牧、李商隐等，大多采用五言形式，教诫子女及家族其他成员等，容易记诵，颇有艺术魅力，影响甚大。唐代的家训诗涉及教诫子弟修身、劝学、处世等方面。以下略析不同诗人的家训诗作，进而把握诗训的基本思想内容，体味此类诗的艺术魅力。

其一，训导子弟勤于修身，学习技艺，从而立足于社会。

唐代的家训诗重视家族子弟的品德修养，秉承儒家道德标准，讲究孝悌、礼让、诚信、隐忍等，有助于彼此人事关系的和谐。初唐王梵志的诗训具有一定代表性。①关于孝悌方面，"欲得儿孙孝，无过教及身"，"兄弟相怜爱，同生莫异居"，强调孝敬父母、兄弟友爱。重视家礼，"亲家会宾客，在席有尊卑。诸人未下箸，不得在前椅"，"坐见人来起，尊亲尽远迎。无论贫与富，一概总须平"，宴会上讲求尊卑有序，要平等接待"尊客"。此外，其诗作"立身存笃信，景行胜将金。在处人携接，谙知无负心"，认为待人诚信会受益无穷。"难忍偻能忍，能忍最为难。伏肉虎不食，病鸟人不弹"，隐忍虽然难以做到，然而实际有助于自身。王梵志诗作多取材于民间生活，通俗平实，重在议论，而事理明白，使大众易于知晓其中的道理。

此外，唐代的家训诗劝诫子弟学习多种技艺，以便立足于社会，谋生立业。王梵志诗云"丈夫无伎艺，虚沾一世人"，肯定个人技艺在人生中的重要价值。杜甫《示从孙济》云"诸孙贫无事，宅舍如荒村。堂前自生竹，堂后自生萱。……淘米少汲水，汲多井水浑。刈葵莫放手，放手伤葵根"②，教授孙辈汲水、刈葵等劳动技艺。杜甫《催宗文树鸡栅》则是有关课督其子宗文修鸡栅之事，希冀儿子掌握家务技巧，有助于个人谋生立业。

其二，教导子弟熟读诗书，进而科举成名。

隋唐时期，各级各类教育颇为普及，文化建设受到重视。朝廷实行科举制度，考试内容包括儒家经典研读、诗赋写作等，广大庶族士人可通过科举考试跻身仕途，实现个人价值。这些因素影响了唐代家训诗的风貌，诗作将家庭教育与科举考试相结合，劝学勉学、科举仕宦成为训诫子弟的要点之一，如王梵志、杜甫、韩愈、杜牧等作品均体现了这方面的内容。王梵志诗云"世间何物贵，无价是诗书"，又云"养子莫徒使，先教勤读书。一朝乘驷马，还得似相如"，指明读书的重要性，激励家中晚辈刻苦读书，通过科举求官求名，这正是隋唐时期社会风气的反映。杜甫教育儿子饱读诗书，投身于诗歌创作，以绍继家学，有诗

---

① 具体引用内容参见项楚：《王梵志诗校注》，上海古籍出版社1991年版。
② 〔清〕仇兆鳌：《杜诗详注》，中华书局1979年版，第206页。以下杜甫诗训引文不再一一标注。

作《宗武生日》《又示宗武》等。《宗武生日》云："诗是吾家事，人传世上情。熟精《文选》理，休觅彩衣轻。"杜甫祖父杜审言是初唐时期著名诗人，杜甫又擅长作诗，用"诗是吾家事"训导儿子传承杜氏家族能诗之风，其中熟读、精通《文选》是作诗要诀之一。《又示宗武》云："试吟青玉案，莫羡紫罗囊。……应须饱经术，已似爱文章。十五男儿志，三千弟子行。"诗人告诫宗武要多诵读、揣摩古诗，不可玩物丧志，致力于"经术""文章"，从小树立求学之志，像孔子弟子一样学业有成，德行出众。韩愈也善于用诗歌教育其子韩符读书好学。《符读书城南》曰："人之能为人，由腹有诗书。诗书勤乃有，不勤腹空虚。"此处谈勤奋读书的重要性。该诗又胪列读书与不读书的事例："两家各生子，提孩巧相如。少长聚嬉戏，不殊同队鱼。……一为马前卒，鞭背生虫蛆。一为公与相，潭潭府中居。问之何因尔，学与不学欤。"[1]"马前卒""公与相"，人生境遇大不相同，原因在于"学与不学"，可见勤学苦读才可能科举入仕，进而博取功名、光宗耀祖。韩愈此诗用于劝勉韩符努力读书，诗中包含对功名利禄的强烈渴求，明代袁衮《庭帏杂录》认为此诗"专教子取富贵，识者陋之"。尽管如此，其中重视教育子弟读书求学，仍然具有积极意义。此外，杜牧《冬至日寄小侄阿宜诗》、卢仝《寄男抱孙》等诗也劝勉、训导家族子弟读书，不乏启发意义。

其三，训诫子弟投笔从戎，建功立业。

唐代士人除了读书应举入仕之外，还有多种途径可以谋取政治前途，其中杀敌卫国、立功边塞是重要的一种，这与唐代边塞战争频繁、士人心态积极进取等因素有关，家训诗也反映了这一方面的内容。如孟浩然、李白、李商隐等创作的这一类作品，勉励、训诫家族子弟弃文从武，立功于边疆而获取封赏，充溢着忠君爱国豪情，作者关注现实、关注国事，也包含着个人仕途蹭蹬、人生失意等复杂情感。孟浩然《送莫甥兼诸昆弟从韩司马入西军》云"饰装辞故里，谋策赴边庭。壮志吞鸿鹄，遥心伴鹡鸰。所从文且武，不战自应宁"[2]，劝诫外甥、诸昆弟胸怀雄心壮志，杀敌报国，使边疆清平，诗中充满了豪壮、昂扬之气。李白

---

① 钱仲联：《韩昌黎诗系年集释》，上海古籍出版社1984年版，第1011页。
② 〔清〕彭定求等：《全唐诗》（增订本），中华书局1999年版，第1663页。

《送族弟绾从军安西》云："尔随汉将出门去，剪虏若草收奇功。君王按剑望边色，旄头已落胡天空。匈奴系颈数应尽，明年应入蒲萄宫。"[1]诗人鼓励族弟奋勇作战、消灭敌人而建立奇功，诗作慷慨激昂，爱国精神、英雄情怀跃然纸上。晚唐李商隐《骄儿诗》是诗人政治失意、穷困潦倒时期的作品。"儿慎勿学爷，读书求甲乙。穰苴司马法，张良黄石术。便为帝王师，不假更纤悉"，李商隐希望儿子勿学自己读书而科举求官，而要精通"司马法""黄石术"之类的兵书。诗中又写道："况今西与北，羌戎正狂悖。……儿当速成大，探雏入虎窟。当为万户侯，勿守一经帙。"[2]北方羌戎猖狂作乱，诗人期盼儿子长大后从军报国、靖难平乱，以立功封侯为要事，不必固守经书。此诗包含着诗人不遇于时的牢骚，也有对个人人生道路充满沉痛的体验与反思，其中的爱国杀敌精神值得肯定。

其四，训导子弟应知足常乐，淡泊名利，保身远祸。

初盛唐时期，政治清明，经济、文化得到长足发展，士人积极入世、奋发进取，富有乐观进取精神。而中晚唐时期，宦官专权，藩镇割据，外敌入侵，民生凋敝，士人参政热情消减，愤世嫉俗、消极退隐、避祸保身等思想却颇为盛行，这都影响了中晚唐时期家训诗的内容特征。家训诗宣扬知足常乐、明哲保身的处世哲学，训导家族子弟在艰难的环境下为人处世，白居易诗作具有一定典型性。白居易少年科举成名，然而仕途坎坷，遭受政治打击，个人历经由"兼济天下"到"独善其身"变化，晚年产生了安于现状、保身免祸的思想，其家训诗《狂言示诸侄》《闲坐看书贻诸少年》《见小侄龟儿咏灯诗并腊娘制衣因寄行简》《遇物感兴因示子弟》等[3]阐释个人立身处世之道，借以训导晚辈子弟。《狂言示诸侄》云："人老多病苦，我今幸无疾。人老多忧累，我今婚嫁毕。心安不移转，身泰无牵率。所以十年来，形神闲且逸。况当垂老岁，所要无多物。"此处写诗人晚年"形神闲且逸"的生活处境。又曰："如我优幸身，人中十有七。如我知足心，人中百无一。傍观愚亦见，当己贤多失。不敢论他人，狂言示诸侄。"诗

---

① 〔清〕王琦注：《李太白全集》，中华书局1977年版，第814页。

② 刘学锴、余恕诚：《李商隐诗歌集解》，中华书局2004年版，第948页。

③ 下文引用白居易家训诗内容，均参见谢思炜：《白居易诗集校注》，中华书局2006年版。

人用个人的人生经验告诫侄儿们知足知止、恬淡少欲，以此启发侄儿们的处世方式。《闲坐看书贻诸少年》云"多取终厚亡，疾驱必先堕。劝君少干名，名为锢身锁。劝君少求利，利是焚身火"，训导家族少年不要贪求功名利禄，以免败家丧身。《见小侄龟儿咏灯诗并腊娘制衣因寄行简》又曰"巧妇才人常薄命，莫教男女苦多能"，阐说男女多才多能而导致"薄命"的观点，以此劝说其弟白行简。《遇物感兴因示子弟》总结个人处世经验，用"狂词"训示族中子弟，"吾观器用中，剑锐锋多伤。吾观形骸内，劲骨齿先亡。寄言处世者，不可苦刚强"，这是说为人不可太刚直，包含了道家"贵柔守雌"的思想。此诗又曰"寄言立身者，不得全柔弱。彼固罹祸难，此未免忧患"，做人不宜太柔弱，因为如此也难免忧患、灾祸。此诗宣扬将儒家、道家的处世之道相结合，提倡执守中庸之道，强弱刚柔、穷达进退有度，具有圆滑老练的特点。全诗多用比喻，道理显豁明白，这样就加强了训诫效果。

运用诗歌训诫子弟，是传统家训惯用的形式。隋唐诗训相对于前代来说更为突出，内容丰富，作者众多，作品数量多，标志着家训诗发展到了新的阶段。唐代一批著名诗人参与其中，从品德、学业、处世等方面训导子弟，出现了不少佳作，有助于弘扬家学，宣扬封建伦理道德。这些诗训也难免包含男尊女卑、轻视劳动者、避世避祸等消极思想，带有明显的时代印记。诗训作者常借用个人人生经历、体验加以训诫，列举典型事例，运用多种艺术表现手法，注重形象化说理，注重情感感召力量，亲切委婉，具有潜移默化的功效，体现了诗人不同的人生价值追求及个性特色。此外，无论是杜甫、白居易等著名文士，还是王梵志之类民间诗人，其作品语言大都讲究通俗易懂，质朴平实，富有音乐性，容易为人接受并记诵，有利于广泛传播，对后世产生了不小的影响。

（二）唐代家法

家法指治家之法，是家训的一种形式，如《宋书·王弘传》卷四十二所云南朝刘宋的"王太保家法"，将封建礼法规范施行于家族子孙。《旧唐书》《新唐书》等史料中多处记载唐代士人教诲家族成员的家法，如张知謇、穆宁、裴坦等家法，不乏条理性，而且颇为严格，可操作性强。《新唐书·张知謇传》卷一百记载，张知骞"每敕子孙'经不明不得举'，家法可称云"。《旧唐书·穆宁传》记载，穆宁"善教诸子，家道以严称……每诫诸子曰：'吾闻君子之事亲，养志为大，直道而已。慎无为诟，吾之志也。'""近代士大夫言家法者，以穆氏为高"。《新唐书·裴坦传》记载："坦性简俭，子娶杨收女，赍具多饰金玉，坦命撤去，曰：'乱我家法。'"可见，张知骞训诫子孙熟读经书，穆宁重视履行"直道"，裴坦则以"简俭"训子，三家家法各有特色。唐代出现了成文家法，如陈崇家法，具有标志性意义，对后世制定家法影响甚大。以下简述唐代柳氏家法与陈崇家法，以便把握这一时期家法的重要特色。

1. 柳氏家法

唐代京兆华原（今陕西省铜川市耀州区）柳氏家族治家有方，子弟凭借科举入仕，多任朝廷高官，出现了柳公绰、柳公权、柳仲郢、柳玭等知名人物，门第显赫。柳氏家族以严于教子著名，世代沿袭，时人称之为"柳氏家法"。柳公绰之父丹州刺史柳子温因儿子学业未成而禁止他们食肉，柳公绰"性谨重，动循礼法"（《旧唐书·柳公绰传》）。司马光《家范》（卷一"治家"）记载，柳公绰夜晚"则以次命子弟一人执经史立烛前，躬读一过毕，乃讲议居官治家之法。或论文，或听琴"[1]，命令子弟研读经史，又讲论"居官治家之法"，遂为定制。柳公绰之妻韩氏出自仕宦名门，也善于教子。"故仲郢幼嗜学，尝和熊胆丸，使夜咀咽以助勤"（《新唐书·柳仲郢传》），韩氏以熊胆制成丸药，方便其子仲郢夜里读书困倦时服用以驱除睡意，助其苦学勤学。据《旧唐书·柳仲郢传》记载，仲郢"有父风，动修礼法"，任官实施仁政，公正廉明，其家法强调"居官不奏祥瑞，不度僧道，不贷赃吏法"（顾炎武《日知录》卷十三），为官不妄奏祥瑞之类迷信事件，不崇尚佛、道，不宽恕贪赃枉法官吏。柳氏家法对后世仕宦颇有教益，柳仲郢之子柳玭家法最具代表性，柳玭《家训》《诫子孙》等篇章有所表述。这里重点从三方面简述柳玭家法的要点，便于后世汲取柳氏家法的思想精髓。

第一，告诫家族子弟勤于自修，修德修业，不可一味依仗个人门第。柳玭

---

① 〔宋〕司马光：《家范》，中国书店2018年版。

《家训》云"夫门地高者，可畏不可恃"（《旧唐书·柳玭传》），《诫子孙》又云"门高则自骄，族盛则人窥嫉"（《新唐书·柳玭传》），训诫子弟要心存戒惧，不宜依靠自身门第，避免"自骄"情绪而败坏先祖名誉，避免受到指责、挞伐。名门望族的子孙责任重大，贵在自身修德、治学、立业，"修己不得不恳，为学不得不坚"（《旧唐书·柳玭传》）；若果自己无能、无德，那就难以得到别人的尊重、重用，不可苛求他人。故贵胄子弟需要"研其虑，博其闻，坚其习，精其业，用之则行，舍之则藏"（《旧唐书·柳玭传》），勤于思考，博学而多闻；还要懂得"行藏"，兼顾"德行文学""正直刚毅"，具备"孝慈、友悌、忠信、笃行"（《新唐书·柳玭传》），注重个人品德、学问等方面的修炼。

第二，申明柳氏父祖家法，其核心为逊顺处己、和柔保身。柳玭从立身、治家、为官等方面论及先人训诫，有益于正面了解柳氏先祖家法，这些自然有保家、保族方面的用意。关于柳氏先训，《旧唐书·柳玭传》云，"立身以孝悌为基，以恭默为本，以畏怯为务，以勤俭为法"，论柳氏家族成员的立身处世态度，以孝敬父母与敬爱兄长为基础，以恭敬严肃为根本，还有小心敬畏、勤劳节俭等方面。这些无疑是子弟修身的基本内容，应该给予高度重视。此外，理家"忍顺"、交友"简敬"、入仕"洁己省事""直不近祸，廉不沽名"等（《旧唐书·柳玭传》），提出"富家"要忍让和睦、交友要谦逊恭敬、仕宦要清廉简政及正直廉洁等方面的准则，内容涉及广泛，这些都是柳氏家族切实可行的家法。柳玭向子孙讲论柳氏家法，希望子弟在了解家法的基础上恪守家法，以便加强个人立身、治家、仕宦等方面的素养，进而探析柳氏家法的要诀。

第三，指出导致坏名、丧身、辱家等五种过失，总结名门大族兴衰的经验教训。柳玭《家训》讲述足以害己败家的五方面问题，涉及个人品德、经术学问、仕宦功名等，以求引起家族子孙的戒惧、警惕。第一方面过失，《家训》云"自求安逸，靡甘澹泊，苟利于己，不恤人言"，只求自身安逸，不甘于淡泊，唯利是图而不顾是非曲直。第二方面过失，《家训》云"不知儒术，不悦古道，懵前经而不耻，论当世而解颐，身既寡知，恶人有学"，不通儒家经典，不懂当今人情世事，不学无术却又嫉恨他人才学。第三方面过失，《家训》云"胜己者厌之，佞己者悦之，唯乐戏谭，莫思古道，闻人之善嫉之，闻人之恶扬之"，嫉贤妒能却亲近谄媚逢迎之人，乐于嬉戏，结果德义日销而沦落为下流之人。第四方面过失，《家训》云"崇好慢游，耽嗜曲蘗，以衔杯为高致，以勤事为俗流，习之易荒，觉已难悔"，好逸恶劳，缺乏敬业精神，贪图吃喝玩乐，荒废个人学业、事业。第五方面过失，《家训》云"急于名宦，昵近权要，一资半级，虽或得之，众怒群猜，鲜有存者"，贪图权势，长于投机钻营、趋炎附势，这样可能获得官职，然而难以长久。柳玭认为，这五种过失危害甚大，比身患恶疾还要严重，希望子孙后世吸取古今经验教训。柳玭还在《诫子孙》中列举诸多家族兴衰的具体事例教诫族中子弟，正面事例如崔山南家族恪守孝道、裴宽家族重视信义等，反面事例如外郎冯球之妻奢侈无度、舒元舆构陷他人而祸及自身等，进而得出关于名门大族成败的个人看法。文中说，名门大族"莫不由祖考忠孝勤俭以成立之，莫不由子孙顽率奢傲以覆坠之。成立之难如升天，覆坠之易如燎毛"（《新唐书·柳玭传》），可见兴家极难而败家极易，"忠孝勤俭"可以光大门庭，"顽率奢傲"却使家族倾覆。

唐代柳氏家族为仕宦名族，子孙多读书入仕而声名显赫，在很大程度上得益于柳氏家法的训导。柳玭家法在品德、学业、处世等方面对子弟严加要求，成效显著。柳氏家法侧重于社会与家庭伦理道德规范的教育，告诫子孙遵循先祖礼法、准则，运用典型事例法、亲情感染法、惩戒法等，对柳氏子弟影响很大，为家族赢得了社会声誉。当然，柳氏家法也含有尊卑贵贱、保身避祸等消极观念，需要我们阅读时加以辨析、批判。

2.陈崇家法

唐宋之际，江州陈氏家族是江南地区著名的大家族。唐玄宗开元年间，江州陈氏始祖陈旺开始居住于九江郡蒲塘场太平乡（今江西省九江市德安县），"家益昌，族益盛"[①]，后来家族日益兴盛。陈氏家族累世同居，南唐徐锴《陈氏书堂记》云"合族同处……室无私财，厨无异馔。长幼男女，以属会食，日出从事，不畜仆夫隶马"（《全唐文》卷八八八）。陈氏家族在唐代时有数百人口，北宋时期达到千人规模。该家族家法严明，人才辈出，受到唐代、南

---

① 陈增荣等：《义门陈氏宗谱》，宜春德星堂本，民国二十五年（1936）。

唐、北宋帝王的褒奖，被称为"义门"，得到了多方面优厚的待遇。唐代大顺元年（890），陈氏族人陈崇主持制定了《陈氏家法三十三条》。据《宋史·孝义·陈兢传》记载，陈崇担任江州长史，"益置田园，为家法戒子孙，择群从掌其事，建书堂教诲之"（《宋史》卷四百五十六）。陈崇制定家法出于管理、教诲家族成员的需要，维护封建大家族的日常生活，使子孙承继并且发扬陈氏家族基业。《陈氏家法三十三条》①内容比较丰富，包括家族组织结构、日常礼仪、成员劳作事务、财物管理等方面，这里主要从以下几点予以概述。

第一，设置家族组织，各司其职。《陈氏家法三十三条》规定，家族设立主事、副事、库司、宅库、勘司等职位，管理族中大小事务。各职位选拔标准严格，分工明确，要求尽职尽责。家法第一条云"立主事一人，副事两人，管理内外诸事"，主事、副事总管全族事务，选择族中行事谨慎的贤能者担任此职。第二条谓库司"惩劝上下，勾当庄宅，掌一户版籍、税粮及诸庄书契等"，负责族中日常事务，如惩劝善恶、掌管户籍税粮等，选用时以"公干刚毅"为标准，族中老幼皆可。第四条云"立弟侄十人名曰宅库，付掌事手下共同勾当"，宅库人数达十人，主管、处理的事务比较繁杂，如管理生活物资、园圃牲畜、门户关锁等，安排、监督劳动。此外，庄首主管本庄之事，勘司管理男女婚姻之事。可见，陈氏家族注意建立不同类型的组织机构，不同职务的人员既有分工也有协作，健全管理机构，注重管理人员的品德、才干，制定相应的规则，促使其有效办理家族日常事务，保证家族运行良好。

第二，建立书屋、书堂，要求族中子弟读书求学、学医等。陈氏家族所居之地较为偏僻，受到唐代读书求学、科举入仕风气的影响，家族遂建立学堂，教育族中子弟，提高他们的文化知识水平。家法第九条云"立书屋一所于住宅之西，训教童蒙"，又曰"童子年七岁令入学，至十五岁出学"。家族建立书屋的目的在于教诫族中年幼子弟，规定七岁至十五岁入学，实施儿童启蒙教育。家族还建有高级学校，"立书堂一所于东佳庄，弟侄子姓有赋性聪敏者，令修学"（第八条），家族中聪慧而有才能的子弟可进入书堂修习。书堂藏书比较丰富，若有参

---

① 陈增荣等：《义门陈氏宗谱》，宜春德星堂本，民国二十五年（1936）。下文引用《陈氏家法三十三条》内容，均出自此书，不再一一标注。

加科举考试的，再继续添置书籍以供进一步深造。李国钧等著《中国书院史》认为，"从事教学活动，又具有学校性质的书院始于唐代"①，并且根据家法中"东佳书堂"（陈氏书堂）材料予以印证。学术界主张中国书院起源于唐代，其中"东佳书堂"被誉为中国书院发展史的第一个里程碑。此外，陈氏家族挑选族中子弟学医，"命二人学医，以备老少疾病"（第十二条）。培养医生为族人治病，这适应了自给自足经济环境下家族的医疗需要。

第三，合居、同食、共财，男女劳动分工明确。陈氏家族是一个绵延数百年的大家族，聚族而居成为显著特征，《陈氏家法三十三条》在家族同食、日常用品配给、婚嫁礼物调配、男女劳作安排等方面都制定了具体规范，便于严格执行。关于饮食规则方面，家法云"厨内令新妇八人掌庖炊之事"（第十三条），又云"每日三时茶饭，丈夫于外庭坐"，"妇人则在后堂坐"（第十四条），新妇负责全族饭菜事务，而每天"三时茶饭"，全族按照男女、长幼顺序安排座位，集体用餐。家族日常用品使用遵照一定制度，家法云"诸房令掌事每月各给油一斤，茶盐等以备老疾取便"（第十七条），又云"每年给麻鞋，冬至、岁节、清明三时各给一双"（第二十五条），又云"丈夫衣妆，三月中给春衣，每人各给付丝一十两。夏各给麻葛衫一领"（第二十四条）。族中统一配发油、茶、盐之类饮品、食品，衣服、麻鞋之类服饰用品按照时令发给族人，按照一定标准行事。此外，陈氏家族对成年男女的劳动任务有所要求，遵照男耕女织的分工模式。家法谓丈夫"逐日随管事吩咐去执作农役等"（第六条），又云"每年织造帛绢……新妇自年四十八以下另织二匹、帛一匹。女孩一匹"（第二十三条），男子去田间从事农业劳动，妇女从事织造帛绢，女子的任务则根据不同年龄做出不同的安排。

第四，建立奖惩机制，奖惩结合。《陈氏家法三十三条》制定了一系列奖励、惩罚条款，奖勤罚懒，惩恶劝善，以便约束族人的行为，保障家法的顺利实施。《陈氏家法三十三条》涉及家族生活的诸多方面，条文具体，可操作性强，奖励、处罚措施明确，有助于维护家族利益，有助于子孙继承、光大家业，成为

---

① 李国钧主编：《中国书院史》，湖南教育出版社1994年版，第13页。

唐代成文家法的典范。一方面，家族鼓励、奖励族中男女勤于做事，家法云"其或供应公私之外，田产添修仓廪充实者，庄首副衣妆上次第加赏"（第三条），又谓妇女"其有得茧多者，除给付外别赏之，所以相激劝也"（第二十二条），男子善于经营田产而仓廪充实者加赏，妇女养蚕成绩显著者也可以得到奖赏。另一方面，陈氏家法对族中子弟采取惩戒措施，"立刑杖厅一所，凡弟侄有过必加刑责，等差列后"（第二十九条）。设立"刑杖厅"处罚犯错之人，这可以说在中国家训史上具有创造性。陈氏家族针对族中子弟所犯不同类型的错误，采取相应的惩罚措施，详细而具体，能够起到惩治恶行、以儆效尤的作用。家法云"恃酒干人，及无礼妄触犯人者各决杖五十"（第三十一条），又云"妄使庄司钱谷入于市肆，淫于酒色行止耽滥，勾当败缺者，各决杖二十"（第三十三条），对于酗酒冒犯他人者、耽于酒色而误事者采用"决杖"刑罚。还有，请安问候父祖时衣冠不整、去集市花费钱财而账目不清等情形，要根据实际情况予以处罚，以维护家长权威、维护规则的严肃性。

陈崇所制定的《陈氏家法三十三条》对陈氏家族事务规划详细，涉及家族生活的诸多方面，条目要求明确，惩治与褒奖并用，目的在于确保家族同居共财、和睦相处，影响了家族的价值体系，有助于家族的发展、兴旺，对于封建家庭的道德建设也有启示作用。不同于柳氏家法之类的家训，陈氏家法属于成文家法，采用强制性手法，具有某种法律意义，用以训诫家族子弟，标志着唐代产生了真正的家法。《陈氏家法三十三条》将家庭道德与法规相结合，对宋元明清时期的家法、族法影响甚大，如元代《郑氏规范》对陈氏家法有所借鉴，反映了中国家训日趋法律化的倾向，在中国家训史上意义重大。

（三）唐代家书及其他

除了诗训、家法之外，唐代还有家书、遗训类型的家训，如家书类有颜真卿《与绪汝书》等，遗训有姚崇《遗令诫子孙文》等。此外，敦煌文书中有一些家训类著作，除了上文提到的初唐王梵志诗歌外，典型者有无名氏《太公家教》、藏族《礼仪问答写卷》等。以下简析唐代家书及《太公家教》，借此了解唐代家书及启蒙类读物的特色。

1. 唐代家书

家书是家训中重要的一类，大都是作者与家人、族人通信往来所写。隋唐时期，家书在继承前代的基础上有所发展，不过相对而言数量较少，有颜真卿《与绪汝书》、李华《与外孙崔氏二孩书》、李观《报弟兑书》、李翱《寄从弟正辞书》、元稹《诲侄等书》、舒元舆《贻诸弟砥石命并铭》等。

按照教诲、训诫的对象而言，唐代家书大致可以分为三类。一是劝勉兄弟辈家书，如舒元舆《贻诸弟砥石命并铭》一文。舒元舆家书讲述了运用岐山下所捡石块磨砺宝剑之事，引申出人生之理，"而或公然忘弃砺名砥行之道，反用狂言放情为事，蒙蒙外埃，积成垢恶，日不觉瘝，以至于戕正性，贼天理，生前为造化剩物，殁复与灰土俱委，此岂不为辜负日月之光景耶！"（《全唐文》卷七二七）舒元舆之文劝诫兄弟要砥砺自己的节操品行，勤于修身、修业，养成刚正、自强等德行，使自己的人生如宝剑一样焕发光彩。二是训诫子侄辈家书，如元稹《诲侄等书》一文。元稹家书用自己读书的经历教诲侄儿勤学，"忆得初读书时，感慈旨一言之叹，遂志于学"，"因捧先人旧书，于西窗下钻仰沉吟，仅于不窥园井矣。如是者十年"。①作者有感于慈母之叹而立志学习，闭门读书而心无旁骛，借此希望侄儿刻苦攻读、博取功名。《诲侄等书》还告诫侄儿忠于朝廷、谨慎出游等，书中饱含的长辈殷切期望之意溢于言表。三是告诫孙辈家书，如李华《与外孙崔氏二孩书》（《全唐文》卷三一五）一文。李华家书教诫两位外孙女，内容丰富，可从以下几点简论之。作者以自己尊奉长幼之礼为例，"吾小时犹省长幼，每日两时栉盥，起居尊行，三时侍食，饮食讫然后敢食，犹责不如礼"，告诫外孙女按照礼仪行事。作者又勉励外孙女读书明礼，"汝等当学读《诗》《礼》《论语》《孝经》，此最为要也"，以便以后更好地侍奉父母、公婆，做事没有差错。还对外孙女的品行提出要求，"凡人不患尊行不慈训，患身不能承顺耳"，"当不扶自直"，女子当以敬奉、恭顺、和柔为重。李华家书从多方面教诲外孙女，涉及遵行礼度、勉学达理等，注重培养外孙女的美德，以求成为贤良之人。

---

① 〔唐〕元稹：《元稹集》，中华书局1982年版，第355—356页。

唐代家书的作者绝大多数为官僚，训诫对象多样化，从遵礼、勉学、治家、出仕等方面训导家族子弟，具有随意性，常披露作者的个人心迹，感情色彩浓。唐代家书运用以物喻理、亲身经验体会教育、典型事例等方式，重视形象性而不忽视说理，发挥书信体的专长，娓娓而谈，容易打动训诫对象。这一时期，家书数量不多，篇幅较长，这与两汉魏晋南北朝时期侧重短篇情况不同。但家书内容更为复杂，多角度阐述事理，表明其相对于前代日趋成熟。

2. 敦煌文献《太公家教》

清末，在甘肃敦煌洞窟内发现了大量古代文献资料，震惊中外。其中，家训之类文献不少，散文类有《唐高宗天训》《太公家教》《辨才家教》等，诗歌类有《王梵志诗集》《新集严父教》《夫子劝世词》等，这些文献经过学术界的整理、研究，取得了不小的成果。唐宋之际的《太公家教》被视为唐人写本（一卷），作者序云，"简择诗书，依经傍史，约礼时宜，为书一卷，助幼童儿，留传于后"①，可见，它是劝诫童蒙一类的读物。此书在唐宋时期广为流传，而后来的典籍却少有著录，在敦煌洞窟文献被发现后才得以面世。《太公家教》中的"太公"一词颇有争议，大多认为指祖父或者高祖父。《太公家教》共两千余字，以四言句为主，杂以三言、五言、六言、七言等，贯穿着忠孝、仁爱、修身、勤学等思想。以下简述《太公家教》的重要内容，以便对唐宋之际这类读物的特征有所把握。

一是孝敬父母，尊师重学。唐代统治者以"孝"治天下，将孝亲与忠君相结合，王朝自上而下形成了重孝风气，《孝经》之类的经典著作风行于世。《太公家教》中多处表述了劝孝之意，如"事君尽忠，事父尽孝""孝子不隐情于父""立身行道，始于事亲。孝无终始，不离其身""孝是百行之本"，认为孝为立身之本，强调孝的重要性。关于如何孝敬父母，《太公家教》云"孝心事父，晨省暮参。知饥知渴，知暖知寒"，又云"父母有疾，甘羹不飧。食无求，无求饱。居无求，安闻乐"。这就是说，子女早晚问候省视父母，关心其饥渴、冷暖之事。父母患有疾病，子女尽心侍奉，与长辈同喜同忧。《太公家教》还论

---

① 高国藩：《敦煌写本〈太公家教〉初探》，载《敦煌学辑刊》1984年第1辑。以下《太公家教》引文不再一一标注。

及尊师重教方面的内容，"弟子事师，敬同于父。习其道也，学其言语"，"一日为师，终日为父"，将老师视如家父给予尊重，学习老师为人处世之道。这反映了唐代的尊师风尚，值得我们学习。此外，《太公家教》劝勉子弟刻苦求学，"人儿学者如日出之光；长而学者如日中之光；老而学者如日暮之光"，由小儿到老者，勤学苦学均有价值，这种劝诫具有积极意义。

二是日常生活礼仪方面的教育。唐代家训重视对族中子孙礼仪方面的教育，《太公家教》作为童蒙读物，用不少篇幅教诲儿童日常礼仪，包括对待尊长、宾客及其他人的行为规范，这对日后立身行事大有裨益。关于敬重尊长方面，《太公家教》云"路逢尊者，齐脚敛手。尊人之前，不得唾地。尊人赐酒，必须拜受。尊者赐肉，骨不与狗。尊者赐果，怀核在手"，尊者赐给食物之时，行为举止都要合于礼仪规范。关于善待宾客方面，"对客之前，不得唾涕。亦不漱口，忆而莫忘"，在客人面前"唾涕""漱口"都是失礼行为，需要小心警惕。《太公家教》又云"与人共食，慎莫先尝。与人同饮，莫先起觞"，"与人相识，先整容仪。称名道学，然后相知"，讲明"与人共食""与人相识"方面的有关注意事项。《太公家教》还教诫女子日常生活礼仪，涉及应对宾客、对待公婆与丈夫等方面，渗透着封建妇德教育。《太公家教》云"妇人送客，不出闺庭。口出言语，下气低声。出行随伴，隐影藏形。门前有客，莫出齐听"，这是教导女子对待宾客之道，如送人不出门庭、说话低声等，使女子熟知这方面的规范。《太公家教》又云"新妇事夫，敬同于父。音声莫听，形影不睹"，新妇对丈夫应该恭敬、畏惧，类似于父亲一般，这体现了"夫天妇地"思想，正是封建社会妇女身份、地位的映现。《太公家教》教诲家庭女子日常礼仪规范，为以后经营家庭、充当贤内助打好基础。

三是言行谨慎，慎于交游。《太公家教》训诫子弟谨言慎行，遵照封建礼法行事，体现了仁爱、谦让、自律、自保等为人处世的态度，文中多处反映了这方面的内容。《太公家教》云，"教子之法，常令自慎，勿得随宜。言不可失，行不可亏。他篱莫越，他事莫知。他户莫窥，他嫌莫道。他贪莫讥，他病莫欺。他财莫取，他色莫侵。他强莫触，他弱莫欺"，教子重在做到言行"自慎"，切忌窥户道嫌、讥贪欺病、侵财侵色、触强欺弱等不良事件发生。《太公家教》又云，"贪心害己，利口伤身。荒田不整履，李下不整冠。圣君虽渴，不饮道泉之水。暴风疾雨，不入寡妇之门"，指出"利口"危害，又要避免"整履""整冠"嫌疑，饮水、避雨也要顾及自身声名，言行谨慎可使个人受益无穷。《太公家教》还关注子弟的交游，朋友对于自身影响甚大，在子弟如何交友方面多有告诫。交友要选择贤能之人，"居必择邻，慕近良友"，"近痴者愚，近圣者明。近贤者德，近淫者色"，"人无良友，不知行为之得失"，反复讲明结交良友及其意义。《太公家教》还论及良友之间的相处之道，"寄死托孤，意重则密，情薄则疏。荣则同荣，辱则同辱。难则相救，危则相扶"，肯定生死之交，朋友之间同荣同辱、互相帮助扶持。此外，《太公家教》涉及治家方面，兄弟、夫妇之间勿信多种谗言，要谨慎行事，不乏警示意义。

　　《太公家教》内容丰富，从为人处世诸多方面教训子女，重在劝人为善，以儒家思想为主，也掺杂着道家思想，内容驳杂。就语言形式而言，以对偶的四言韵语为主，句式多样化，杂取《诗经》《论语》《礼记》等经典著作，也运用民间俗言谚语。这类启蒙读物有助于面向普通民众施行家教，不乏浓厚的民间色彩。唐代李翱《答朱载言书》云，"其理往往有是者，而词章不能工者有之矣……俗传《太公家教》是也"（《全唐文》卷六三五），肯定了《太公家教》所说的道理，而批评其"词章不工"。《太公家教》因为"粗俗浅陋"，为后世文人所鄙视，多以手抄本形式流传，敦煌文献中写本众多可以印证这一点。学者王重民认为："这个童蒙课本的流传之广，使用时间之长，恐怕再没有第二种比得上它的。"[①]当然，这种说法未必十分恰当，但也肯定了它的地位和影响。《太公家教》对后来的《三字经》《名贤集》《增广贤文》等儿童启蒙书籍有一定的影响。

---

① 王重民：《敦煌古籍叙录》，中华书局1979年版，第220页。

第三章

中国传统家训的历史沿革（下）

第一节　宋元明清：家训的繁荣与鼎盛

宋元明清①时期，社会经济日益发达，君主专制逐步加强，儒家思想强化并深入社会的方方面面，文化繁荣昌盛，可谓封建社会的变革、转型时期。这一时期的家训分为帝王家训、仕宦家训、文人家训、商贾家训、女训等种类，内容极为丰富，涉及修身、婚姻、治家、仕宦、治生等方面，家族性与社会性相统一，劝导性与强制性相统一。家训的形式有长篇宏制、格言、诗词、碑刻、家书等，并将其载入家谱、族谱。家训著作大量涌现并且广泛传播，汇集各家家训的总集出现，家训数量极大②，难以准确统计。训诫方法灵活多样，呈现出某些新的时代特征。宋元明清时期，家训在社会各个阶层广为传播，社会上教家训子气氛浓厚，中国传统家训步入辉煌期、鼎盛期。

一、宋元明清家训概述

宋元明清时期，中央集权逐渐强化，程朱理学兴起且居于主导地位，文化教育事业颇为发达，农业、手工业、商业等得到长足发展。同时，小家庭、大家庭规模不断扩大，合族而居的大家庭日益增多，封建宗族势力强大，家谱、族谱修撰之风炽盛。家训著作繁富，总集、类书等汇集大量家训文献，家训形式也多种多样，家训在社会上传播极广，其发展呈现出繁荣局面。帝王家训著名者有明成

① 此处"清代"实际截至清代中叶，即鸦片战争发生之前，而鸦片战争后进入清代后期，可以划归近代部分。

② 当代学者林锦香《中国家训发展脉络探究》一文认为，"统计《中国丛书综录》所列书目记载的'家训'一类著作，公开印行的就有上百种，宋元明清朝代就占了五分之四"（参见《厦门教育学院学报》2011年第4期，第47页）。根据上海图书馆所编《中国丛书综录（子目2）》（上海古籍出版社2007年版），家训著作经不完全统计，可知宋元明清时期的家训实际著作数量当远超于该书所列举其他阶段著作，这可以从一个角度印证这一时期家训繁盛的状况。

祖朱棣《圣学心法》、清代康熙皇帝《庭训格言》等，仕宦家训有袁采《袁氏世范》、张英《聪训斋语》等，文人家训有郑文融《郑氏规范》、朱用纯《治家格言》等，商贾家训有儋漪子《士商要览》、王秉元《生意世事初阶》等，女训有明代仁孝徐皇后《内训》、刘氏《女范捷录》等。以下简述宋元明清时期的社会文化面貌及家训发展状况，以求从宏观方面了解这一时期家训的概貌。

（一）宋元时期家训

宋元时期持续了四百余年，相对于隋唐时期，中央集权得以强化，儒家思想复兴，经济、文化进一步发展。宋王朝由赵匡胤建立，从中央到地方加强专制主义集权，抑制武事而大兴文教事业，重用文臣，提高了文士的地位、待遇。这种国策虽然有助于巩固国家统一、稳定，但也带来了诸如官僚机构臃肿庞大、国家积贫积弱等弊端，范仲淹、王安石等力图变法，但均告失败，最终北宋政权覆亡。南宋王朝建立于江南，偏安一隅，与北方金朝政权对峙，政治局势动荡不安，主战派、主和派斗争激烈，爱国主义情绪高涨，而国家日渐衰弱，后来为北方蒙元政权所灭。元代疆域面积空前广大，统治者将国人分为蒙古人、色目人、汉人、南人等级，其中蒙古人、色目人地位最高。蒙古政权又施行"汉法"，采取"文治"政策，儒士地位降低，汉族士人危机感增强，从而影响了知识阶层的文化心态。宋元时期，农业、手工业、商业发展势头迅猛，北宋都城汴京、元代都城大都等成为著名城市，市民阶层壮大，商品经济繁荣，印刷术、指南针、火药等成就引人瞩目，代表了当时的科技发展水平。

宋代统治者尊孔崇儒，理学的兴起可谓两宋思想领域的重要特征。理学以先秦孔孟学说为主，兼容佛、道观念，主张"天理"，论述"三纲五常"，倡导"明天理，灭人欲"[①]，代表人物有周敦颐、张载、二程、朱熹等，形成了较为完整的思想体系。南宋时期，程朱理学成为官方学说，元朝统治者仿照宋朝的尊儒做法，加封儒家先贤孔子，科举考试以"四书"为必考内容，继续推崇程朱理学，定理学为一尊，强化了以"三纲五常"为核心的封建伦理道德，对后世影响

---

① 〔宋〕朱熹：《朱子性理语类》，上海古籍出版社1992年版，第164页。

深远。宋代崇文抑武，推动了文化事业的繁荣。两宋朝廷重视收藏书籍，私人著述颇盛。随着印刷术的发展，书籍得以大量刊印，统治者组织编纂了《太平御览》《文苑英华》《册府元龟》等丛书，民间藏书量也特别丰富，共同促进了文化知识的传播。宋代大兴科举，掀起了读书应举的热潮，文士队伍庞大，教育事业发达。京城有国子学、太学等，如北宋元丰二年（1079），"太学置八十斋。斋容三十人，外舍生二千人，内舍生三百人，上舍生百人，总二千四百"①，地方也有州学、县学等类型。私学也较为兴盛，书院著名者有岳麓书院、白鹿洞书院等，名儒硕学聚徒讲学，乡塾村校更为普及，社会上读书、论道、求学风气盛行。蒙古贵族建国初期，战争频繁，文化遭受较大破坏，元世祖忽必烈当政后，注意任用汉族儒士，保护儒学、文化典籍，文化、教育呈现复兴之势。元朝时期，华夏文化、蒙古文化、藏族文化等并存，宗教多元化，有佛教、道教、基督教、伊斯兰教等，重视中外文化交流，文化、教育方面表现出开放、包容的特色。

宋元时期，旧有的门阀士族家族日渐衰亡，庶族地主阶层逐渐壮大，小家庭人口不断增加，平民大家庭迅速发展，出现了不少合族共居的大家族、大家庭，封建宗族组织力量日益强大。宋代的家庭一般由祖、父、子组成，有关家庭的规模，当代学者程民生认为三代同堂的标准家庭大约九人②，邢铁则认为"宋型家庭"大约五人③，不同类型的家庭人口实际上有所不同。宋元时期，聚族而居的大家族显著增多，如江州义门陈氏家族。李焘《续资治通鉴长编》卷三一记载，北宋太宗年间，"江州言德安县民陈兢十四世同居，老幼千二百余口"④，可知，陈氏家族在北宋时期人口达到了千人规模。《宋史·孝义传》记载，江州德化许氏"八世同居，长幼七百八十一口"，又洪州奉新胡仲尧"累世聚居，至数百口"。《元史·孝友传》记载，延安延长张闰，"八世不异爨，家人百余口"，又芜湖芮世通"十世同居"。根据以上材料可知，宋元时期，不少大家

---

① 〔元〕马端临：《文献通考》，中华书局2011年版，第1224页。
② 程民生：《宋代家庭人口数量初探》，载《浙江学刊》2000年第2期。
③ 邢铁：《试论"宋型家庭"》，载《河北师范大学学报》（哲学社会科学版）2003年第6期。
④ 〔宋〕李焘：《续资治通鉴长编》，浙江书局刻本，光绪七年（1881）。

族、大家庭人口达到数十人、数百人乃至上千人，不少大型家庭得到了朝廷旌表。《宋刑统》卷十二《户婚律·父母在及居丧别籍异财》规定"诸祖父母、父母在，而子孙别籍异财者，徒三年"①，宋代从法律层面保障大家庭的稳定。宋元时期，自上而下重视社会教化、家庭教育，儒家思想深入家族、家庭教育，家族组织日益完善。

随着家族、家庭的规模不断扩大并发展，家族立族长、置族产、建祠堂等，宋元时期，修撰家谱、族谱之风兴盛。家谱是记录家族或者宗族世系和事迹的文献，魏晋南北朝时期门阀制度鼎盛，谱牒成为专门学问而大行于世，唐代由李世民主持修撰《氏族志》、武则天主持修撰《姓氏录》等，出现了刘知几《刘氏家史》、柳芳《永泰新谱》、林宝《元和姓纂》等谱牒著作，谱牒之学有所发展。宋代，私人修谱之风颇浓，家谱、族谱可以维系家族血缘关系，能够发挥道德教化的作用，因而不断规范化。一般认为，规范化的私修家谱始于北宋时期的欧阳修与苏洵，分别修撰《欧阳氏谱图》与《苏氏族谱》，奠定了后世修谱的基本体例格局。武新立《中国的家谱及其学术价值》归纳了家谱的主要内容："本家族的历史沿革、世系繁衍、人口变迁、居地迁徙和婚姻状况"，"本家族成员在科页、官封名谥等政治生活中的地位、作用和事迹"，"本家族的经济情况及其兴衰变化"，"本家族的丧葬、祀典"，"本家族为管理、教化族众而制定的族规家法"。②家谱、族谱中有不少族规家法，对族人进行封建伦理教化，要求恪守规则，惩罚不服管理的族众，具有较强的约束性。宋元时期的家谱、族谱现存较少，家谱、族谱中家训更少，如宋仁宗皇祐二年（1050）制定《文正公初定规矩》、宋神宗熙宁六年（1073）制定《忠宣右丞侍郎公续定规矩》、宋宁宗嘉定三年（1210）制定《清献公续订规矩》等。可见自宋元时期，中国家族、家谱中家训资料不断增多，这从一个方面印证了这一时期家训文献的繁盛。宋元时期，私人修撰家谱、族谱的风气促进了家训的繁荣。

这一时期出现了大量家训著作，可以根据《宋史·艺文志》《中国丛书综录》等粗略统计。《宋史·艺文志》"史部传记类"收录宋人家训三种，"史部

---

① 〔宋〕窦仪等：《宋刑统》，中华书局1984年版，第192页。
② 武新立：《中国的家谱及其学术价值》，载《历史研究》1988年第6期。

仪注类"收录三种，"子部儒家类"收录三种，"子部杂家类"收录两种，共收入宋代家训著作十一种。《中国丛书综录》"子部，儒学类，礼教"收录宋人之作十四种，元人之作五种①。著名者有苏洵《苏氏族谱》、司马光《家范》、朱熹《家礼》、袁采《世范》（《袁氏世范》）、陆游《放翁家训》、陆象山《居家制用》等。当然，《宋史·艺文志》《中国丛书综录》仅仅是不完全统计，宋元家训的实际数量远多于以上统计数目，表明这一时期家训著作的繁富。

汇集各家家训总集的出现，成为宋元时期家训发展的显著特色。南朝《金楼子·戒子》汇集了东方朔、马援、陶渊明、颜延之等戒子材料，唐代类书《艺文类聚》也收录了一些家训文献。根据《文献通考·经籍考》所录，第一部家训总集是北宋孙顾所编《古今家戒》，搜集了多位前人家训，可惜此书已经失传。南宋刘清之《戒子通录》可谓家训总集的代表著作，收录前人家训一百余篇，规模宏大。《钦定四库全书总目》评道："其书博采经史群籍，凡有关庭训者，皆节录其大要，至于母训间教，亦备述焉。"②刘清之《戒子通录》从先秦典籍到南宋家训都有采录，如帝王家训、仕宦家训、女训等，节录重要著作如颜之推《颜氏家训》、李世民《帝范》、李恕《戒子拾遗》、吕本中《童蒙训》、吕祖谦《辨志录》等，重在收集戒子文及训子语，采录广博，具有极大的文献价值。此外，宋代所编大型类书《太平御览》"人事部"、《册府元龟》"总录部"等录有家诫之类篇章，汇集了这方面重要的文献资料。不论是家训类专著、家训总集撰写编纂，还是类书中汇集的家训篇目，都成为这一时期家训繁荣的重要标志。

从体裁来看，宋元时期家训有散文、诗歌、语录、书信、条规式等，其中散文是主要的表现文体，单篇家训著作大多为散文体式。诗歌类家训超越前代而达到新的高度，如范质《戒从子诗》、邵雍《教子吟》、王安石《示四妹》、陆游《冬夜读书示子聿》、辛弃疾《永遇乐》（烈日秋霜）、刘因《临江仙·贺廉侯举次儿子》、许衡《训子》等。南宋陆游家训诗达二百多首，数量多、形象生动而特色鲜明。语录体家训有宋仁宗赵祯"爵赏所以与天下共也"（《宋史·外戚中·李珣传》）、呼延赞"出门忘家为国，临阵忘死为主"（《宋史·呼延赞

---

① 上海图书馆编：《中国丛书综录》（第2册），上海古籍出版社2007年版，第751—753页。
② 〔清〕纪昀等：《钦定四库全书总目》，武英殿聚珍版。

传》）、朱熹"论轻重，行为重"①等，言简意赅，对于族人具有教育、警示作用。书信方面有范仲淹《给诸子书》、欧阳修《与十二侄》、苏轼《与侄儿》、朱熹《朱子训子帖》、陆九渊《与侄孙濬》、郝经《家人箴》、许衡《与子师可》等，涉及生活的诸多方面，如求学、交友、处世等，谈个人经验，真实流露出个人思想，目的在于教诫家族子弟。条规式家训有范仲淹《义庄规矩》、赵鼎《家训笔录》、郑文融《郑氏规范》等，以条文形式在居家、理财、仕宦等方面订立规则，以求维护家族的稳定，措施明确，可操作性强。宋元时期，家训体裁、形式多样，既承继前代，又有某些新的变化，适应了时代发展的需要。

从家训撰写主体来看，宋元家训可以分为帝王家训、仕宦家训、文人家训、女训、母训等类型，不同身份、地位人物的家训各有特征。帝王家训，如宋太祖赵匡胤教育女儿永庆公主节俭服饰，"汝生长富贵，当念惜福，岂可造此恶业之端"②，金世宗完颜雍教导太子恭俭勿侈（《金史·世宗本纪中》卷七），成吉思汗用"折箭"方式教育皇子团结友爱③。这类家训教育皇室子女加强自身品德修养，侧重于掌握政治方面的统治之术。宋元时期，仕宦家训可谓最盛，著作有司马光《家范》、叶梦得《石林家训》、袁采《袁氏世范》、真德秀《真西山教子斋规》、许衡《许鲁斋先生训子诗》等。文人家训，则有陆九韶《陆氏家制》、惠希孟《家范》、郑文融《郑氏规范》等。这些仕宦、文人家训内容涉及修德、劝学、治家、立业等方面，体现了著者对族中子孙的教诲，兼有社会教化意义。女训方面，有司马光《居家杂仪》中的"女童"教育、张载《女诫九章》、吕本中《示内》、刘克庄《孺人郑氏墓志铭》、元好问《书贴第三女珍》等，针对女儿、妻子、妹妹等女性而作，要求女子遵奉伦理纲常，成为贤女、贤妻之类的理想女性。母教方面，则有欧阳修之母"画荻教子"（《宋史·欧阳修传》）、平阳黄友母郑氏《勉子》诗作、郑允端《赠侄》诗作等。母教将女性的慈爱与严厉相结合，体现了女性教育的特色，勉励督促子孙、兄弟等修德、成

① 〔宋〕黎靖德编：《朱子语类》，山东友谊书社1993年版，第309页。
② 〔宋〕李焘：《续资治通鉴长编》，浙江书局刻本，光绪七年（1881）。
③ 〔伊朗〕志费尼：《世界征服者史》（上册），何高济译，内蒙古人民出版社1980年版，第44—45页。

才。此外，宋元家训有一些特殊类型，如童蒙类读物王应麟《三字经》、吕本中《童蒙训》、许衡《稽古千文》等，又如，乡规民约一类文献带有家训性质，如宋人吕大中《蓝田吕氏乡约》等，在当时也有较大影响。

（二）明清时期家训

明清时期，中国封建政权基本维持大一统局面，总的看来，呈现出由盛转衰的态势，社会处于转型、变革时期。明王朝由朱元璋建立，历经永乐、宣德时期的盛世，又出现了弘治中兴气象，到万历时期日渐衰微，明末爆发了农民大起义，明王朝覆亡。清王朝由满族贵族所建立，后入主中原，经过数十年战争基本统一了全国，采取多种政策缓和政治、经济等方面的矛盾，出现了康乾盛世，封建社会步入最后的鼎盛时期，嘉庆、道光时期国势衰微，鸦片战争后实际上进入近代社会。明清时期，农业、手工业得到长足发展，市镇兴起，都市繁荣，商业经济发达，明代中后期出现了资本主义萌芽，不过后来受到遏制、阻碍，海外贸易时兴时停，科技方面取得了诸多成就，总的看来，小农经济仍然占有极其重要的地位。

这一时期，封建君主专制强化，皇帝集军政大权于一身，大兴文字狱而控制天下，这种专制、独裁可谓前无古人，达到封建社会的极致，又八股取士，尊崇程朱理学，这些对明清时期的社会生活影响巨大。明朝统治者废除中书省和宰相制度，实行内阁制，分权于"三司""六部"等，均向皇帝直接负责，在经济、政治、军事等方面加强了君主集权；设立锦衣卫、东厂、西厂等机关，加强对臣民的统治。明代统治者尊崇儒学，太祖朱元璋"以太牢祀先师孔子于国学"（《明史·太祖本纪二》），以程朱理学为官学，科举考试把"四书""五经"列为重要内容，采用八股文形式，禁锢士人思想；学校有国子监、州学、县学等，书院教育兴盛一时，又设社学之类乡村学校来教化民众。清朝在制度方面多沿用明代，恢复内阁制，顺治皇帝下旨，"天下一统，满、汉无分别"（《清史稿·冯铨传》），满、汉官员并用而治国，逐步缓和阶级矛盾、民族矛盾，加强了君主独裁。康熙时期设立南书房，雍正又设军机处，参与国家机密事务，最终由皇帝裁决。清代皇帝尊孔崇儒，多次加封孔子、祭祀孔庙，而且重视宋代大儒朱熹，体现了朝廷对程朱理学的推重，科举考试以儒家经典为主要内容，制度更为完善。中央有国子监，州县学校也颇为兴盛，书院或为私人创设，或为官方兴办，还有私塾学校承担教育职责，学校教育多与科举考试、封建伦理纲常传授相联系。明清时期，从明太祖朱元璋到清朝康熙、雍正、乾隆皇帝，均实行文字狱，清朝皇帝更是变本加厉，加强对民众思想的控制，以便维护封建君主统治，深刻影响了士人的思想行为，"避席畏闻文字狱，著书都为稻粱谋"①。这一时期，印刷、出版事业发达，官方藏书、私人藏书巨大，朝廷组织文士编纂《永乐大典》《古今图书集成》《四库全书》等大型丛书，对文化成果进行全面总结，有助于文化知识的社会传播。此外，明清时期，西方传教士涌入中国，带来西方天文、历算等自然科学知识及实用技术、技巧，西方的宗教、科技翻译、出版著作众多，形成了士人研习西学的风气。

明清时期，中国人口相对于前代大大增长，小家庭数量不断增加，小家庭人口平均五口②。明清时期，封建大家庭、大家族有所发展，典型者如婺州浦江郑氏家族，十余世同居，鼎盛时人口达到千人规模。《明史·孝义传》记载"嘉靖间，石伟十一世同居"，"万历间，萧梅七世同居"，可见，明代石伟、萧梅等家族人口为数不少。清代，著名大家族有桐城张氏家族、叶赫那拉氏家族、钮祜禄氏家族等，上述大家族人口总数可观，社会影响颇大。明清时期，家庭、家族组织兴盛，建立了一系列制度、规范，用来保障家庭、家族的良好运行，维护自身多重利益。徐扬杰认为："祠堂、家谱和族田三者恰恰是近代封建家族制度的主要特征。"③这一时期，无论是贵族官僚，还是平民百姓，均承继宋元时期修撰家谱、族谱的风气，家谱、族谱数量繁多。武新立《中国的家谱及其学术价值》统计，中国家谱的收藏数量，"内地约有28500余种，台湾有10613种，香港

① 刘逸生、周锡馥：《龚自珍编年诗注》，浙江古籍出版社1995年版，第204页。
② 如当代学者袁祖亮《西汉至明清家庭人口数量规模研究》（载《中州学刊》1991年第2期）一文认为，明清时期的家庭人口数量规模保持在五口人左右。又如，栾成显《明清文书档案反映的农民家庭规模》（载《中国人口科学》2006年第1期）一文认为，明代，农民家庭人口"其规模较小，户平均为5口左右"，而清代，家庭人口规模大致与此相同。
③ 徐扬杰：《中国家族制度史》，武汉大学出版社2012年版，第280页。

有700种"①。这仅仅是不完全统计，其中大部分为明清时期所修撰，表明这一时期，家谱、族谱的发展处于鼎盛时期。家谱、族谱多刊载"本族有史以来制订的各种家法族规、家训家范、祖宗训诫子孙的言论等"②，明清时期，许多家谱载有族规家范，具有家训性质。徐梓《家范志》根据日本多贺秋五郎所撰《家谱的研究》第三部分资料篇，罗列了明清时期众多家谱中所包含的家训篇目，如万历五年（1577）浙江皇甫庄《范氏家谱》"祠规"、崇祯十七年（1644）江西润州《赵氏宗谱》"赵氏宗约"、康熙四十四年（1705）浙江会稽《顾氏族谱》"祠堂条例"、乾隆五十七年（1792）江苏夫椒《丁氏族谱》"祠规"等③。虽然这些仅仅是中国丰富的家谱中的部分材料，不过足以值得我们注意。

明清时期，家训繁荣的显著标志是家训著作繁富，其数量难以详细估算。可以粗略统计《明史·艺文志》《清史稿·艺文志》等史著中收录的家训著作，《明史·艺文志》"经部小学类"有家训著述24部，《清史稿·艺文志》"子部儒家类"有家训著述17部。上海图书馆所编《中国丛书综录》"子部儒学类"收录明人之作28种，清人之作63种。④明清时期的家训著作数量远远超过前代，其中著名者有方孝孺《家人箴》、姚舜牧《药言》、孙奇峰《孝友堂家规》、朱用纯《治家格言》、徐汝霖《德星堂家订》等。家训的集结也能够反映这一时期家训的繁荣状况，其中有类编式著作、家训丛书等，汇集了大量家训文献。类编性质的著作有明代薛梦李《教家类纂》、清代胡达源《治家良言汇编》等，采集治家格言、粹语，而清代的《古今图书集成》尤为典型，其中，"家范典"部分收录了先秦至清初的大量家训文献。家训丛书如明代秦坊《范家集略》、清代陈宏谋所编《五种遗规》等，汇集了不少前人、时人的家训之作，保存了一些珍贵的家训资料。

这一时期，家训形式极为丰富，有格言、诗词、箴铭、歌诀、碑刻、家书等，呈现了多样化特色。格言体有明代吴麟征《家诫要言》、清代冯班《家诫》

① 武新立：《中国的家谱及其学术价值》，载《历史研究》1988年第6期。
② 徐扬杰：《中国家族制度史》，武汉大学出版社2012年版，第297页。
③ 徐梓：《家范志》，上海人民出版社1998年版，第144—145页。
④ 上海图书馆编：《中国丛书综录》（第2册），上海古籍出版社2007年版，第753—756页。

等，诗词类有明代孙承恩《示子效玉川子》、清代孙奇逢《示子孙》等，箴铭体有方孝孺《幼仪杂箴》、明代吕坤《孝睦房训辞》、张英"四语"训子箴言等（《聪训斋语》卷上），歌诀体有明代王守仁《训儿篇》、清代彭定求《成家十富》与《败家十穷》，碑刻类有明代吕坤《近溪隐君家训》、清代乾隆年间广东海丰《徐氏族规碑》等，家书类有明代张居正《示季子懋书》、清代郑板桥《潍县署中与舍弟墨第二书》等。以上不同形式的家训涉及内容广泛，包括修身、读书治学、治家教子、仕宦、交友、择业、处世等方面，各具特色，有利于训诫家人、世人，有利于多种类型的家训思想在家族中、社会上广泛传播。

明清时期，家训可以分为帝王家训、仕宦家训、文士名儒家训、商贾家训、女训、母训等类型，与宋元时期的家训类别相比，体现出不同的时代风貌。这一时期，不同类型的家训侧重点有异。帝王家训，如明太祖朱元璋《训诸子书》希望子孙"兢兢业业，日慎一日"①，明成祖朱棣《圣学心法》分为"君道""父道""子道""臣道"等部分；又如，清代康熙皇帝《庭训格言》记录家庭教育状况及自身体会，雍正皇帝《圣谕广训》则是通过阐释父训而表明个人主张。这类家训渗透着帝王修身、治国、养生等方面的思想，希望强化对皇室子弟的教育，达到巩固江山社稷的目的。仕宦家训，如明代杨士奇《家训》、许相卿《许云邨贻谋》、杨继盛《椒山遗嘱》、袁黄《了凡四训》、庞尚鹏《庞氏家训》、姚舜牧《药言》等，又如清代张英《聪训斋语》、张廷玉《澄怀园语》、许汝霖《德星堂家订》、汪辉祖《双节堂庸训》等。这些家训内容丰富，从修身、读书、理家、仕宦、择业、处世、养生等方面对子弟进行教诫，包含忠孝、勤俭、重农、重民等思想，对后世颇有裨益。文士名儒家训，如明代曹端《夜行烛》、宋诩《宋氏家仪部》、陈继儒《安得长者言》、费元禄《费氏家训》等，清代傅山《家训》、孙奇逢《孝友堂家训》、王夫子《示子侄》、申涵光《荆园小语》、朱用纯《治家格言》、毛先舒《家人子语》等。这些家训在道德修养、读书治学、为人处世等方面教诫族中子弟，提出有益的见解，体现了训诫者文士、名儒风范。商贾家训则别具特色，如明代憺漪子《士商要览》、清代王秉元《生

① 《钞本明实录》（第1册），线装书局2005年版，第516页。

意世事初阶》、清代吴中孚《商贾便览》、徽商所编《生意蒙训俚语十则》等。这类家训传承商业道德、商业规范、商业理念等，训导及劝勉后世遵守商德、学习经营、恪守法规等，有助于商业经济的发展。女训、母训，如明代仁孝徐皇后《内训》、温璜之母陆氏《温氏母训》、袁李氏《庭帏杂录》、王刘氏《女范捷录》等。此外，有大量由男子撰写的女教书目，如明代吕坤《闺范》、李文定《训女文》，清代陆圻《新妇谱》、陈宏谋《教女遗规》，等等。大多数女训用来规范女子的言行，在立德、修养、女工、和睦家人等方面予以训诫和教导，体现了封建统治者对女子教育的重视，也表明了明清时期家庭和社会的要求。

宋元明清历经八九百年，程朱理学逐渐成为官方思想，君主专制日益加强，封建社会经济进一步发展，封建社会步入后期的辉煌阶段。这一时期，家训数量巨大且难以估量，家训专著、汇集家训总集、类编式家训、家谱族谱中的家训等并存，内容极为丰富，涉及修身、治学、理家、为官、经商等方面，呈现出多样化特色。就家训类型而言，帝王家训以明成祖朱棣《圣学心法》、清代康熙皇帝《庭训格言》等为代表，仕宦、文人家训以司马光《温公家范》（一名《家范》）、袁采《袁氏世范》、郑文融《郑氏规范》、朱用纯《治家格言》等为典范，商贾家训中，憺漪子《士商要览》等为重要著作，儿童启蒙著作中，王应麟《三字经》、李毓秀《弟子规》等影响深远。这一时期，家训以儒家伦理思想为准则，帝王、官吏、文人、平民共同倡导、编撰、传播，呈现出社会化、普及化、大众化特色，影响波及各个阶层。遵守礼义道德、勤俭持家、士农商并重等家训思想值得珍视，奖惩结合、民主商议、现身说法等教育方式多有可取之处，当然，也存在男尊女卑、封建迷信、宿命论等消极思想。总之，宋元明清时期，中国家训步入全面繁荣、鼎盛时期，直至清代后期开始衰落，出现了转型，呈现出不同的面貌。

二、宋代仕宦家训的涌现

宋代以崇文抑武为基本国策，文化、教育蓬勃发展，理学兴起。此外，都市繁荣，工商业发达，印刷术发展，等等，这些因素均影响了宋代家训的面貌特征。宋代家训可以分为帝王家训、仕宦家训、文人家训、女训等，内容涉及修身、治学、治家、处世等方面，以儒家伦理思想为主体，其中渗透着爱国主义与崇尚气节、理财制用等思想，以散文、诗歌、格言等形式呈现，专著比隋唐时期有所增多。帝王家训有宋太祖赵匡胤、宋太宗赵光义家训等，仕宦家训如包拯家训、陆游家训等，文人家训如陆九韶家训等，女训多散见于著作中，如司马光《温公家范》中论妻子的德行等。相对而言，仕宦家训在宋代大为兴盛，占有显著的地位，以下将予以简论。

（一）宋代仕宦家训概说

宋代，仕宦家训数量众多，佳作颇多，这与王朝重文轻武、科举取士、文士地位与待遇提高等环境有关。宋代统治者吸取唐五代藩镇割据、国家离乱的历史教训，"兴文教，抑武事"[①]，中央集权不断强化，文人执政成为重要的特色。朝廷将科举考试作为选拔官吏的主要途径，重策论、经义而轻诗赋，考试范围覆盖社会的诸多阶层，录取人数大幅度增加，科举及第者可以获得很大荣耀，"状元登第，虽将兵数千万，恢复幽蓟，逐强虏于穷漠，凯歌劳还，献捷太庙，其荣亦不可及也"[②]。宋代优待文人士大夫。据说宋太祖赵匡胤立誓碑，"不得杀士大夫及上书言事人"[③]，文士的政治境遇远胜于前朝。《宋史·职官志·俸禄制》对官员的俸禄、赏赐记载较为详细，可见，朝廷官吏待遇优厚，社会地位自不待言。在多种社会、文化因素影响下，宋代士大夫官僚集团迅速庞大，成为政治的中坚力量，诸多文士集官员、学者、作家身份于一身，充满政治、文化责任感。宋代仕宦家训繁荣，成为学校教育的有益补充，有助于教诫官僚子弟，促使他们成为社会的有益人才。以下概述两宋时期仕宦家训的发展状况，进而把握此类家训的基本特色。

1. 北宋仕宦家训

北宋时期，名臣范质、范仲淹、贾昌朝、包拯、欧阳修、司马光、苏轼等撰

---

① 〔宋〕李焘：《续资治通鉴长编》，浙江书局刻本，光绪七年（1881）。
② 〔宋〕田况：《儒林公议》，商务印书馆1937年版。
③ 〔宋〕陆游：《避暑漫抄》，商务印书馆1939年版。

有家训著作（作品），在修身、读书、为官、处世等方面加以训诫、教诲，包含伦理思想、经济思想、教育思想、应世思想等，使家族子弟及世人受到教益。这类家训，慈严结合、现身说法、树立典型、以情动人等教育方式也有可取之处。以下主要从三方面进行概述。

一是家庭伦理、治家方法及家规、族规方面，代表著作有司马光《温公家范》、范仲淹《义庄规矩》等。司马光《温公家范》通过辑录儒家经典格言及历史人物事迹来教子治家，全书分为治家、祖、父母、子、女、孙伯父、侄、姑姊妹、夫、妻等篇章，引用《周易》《诗经》《论语》《孝经》《礼记》《颜氏家训》等著作，从人物关系角度，谈家庭伦理及修身、治家、处世等，贯穿着儒家正统观点，维护封建纲常礼教，其见解颇有价值，对宋代以前的家训资料进行了系统总结，在家训文献编纂体例方面有所建树。后人对此书评价甚高，如南宋赵鼎《家训笔录》第一项中告诫子孙，"司马温公《家范》，可各录一本，时时一览，足以为法"①。司马光《居家杂仪》（一名《涑水家仪》）篇幅短小，全书二十一则，谈论居家日常规矩仪节，规定家长、人子、子妇、仆妾等成员的行为准则，如家长御众、人子及子妇事奉父母舅姑、尊卑长幼拜见等，还涉及家庭孩童教育问题，诸多条目为后来儿童启蒙教材所吸收，流传颇广。北宋范仲淹创立范氏宗族义庄，购买义田，制定《义庄规矩》十三条，对宗族田产管理、日常衣食费用、婚丧嫁娶费用、贫穷亲戚赈济等均有明确规定。如"嫁女，支钱三十贯。再嫁，二十贯"，"娶妇，支钱二十贯。再娶，不支"②，涉及族人嫁娶事宜支取费用，这些规矩较为详细，有助于加强范氏义庄管理。范氏子孙对《义庄规矩》多次修订，使其不断丰富、完善，维护了范氏家族的经济管理、道德教化，保障的范氏义庄的长期存在，这在中国家族发展史上意义重大。

二是族中子弟读书为学方面，司马光、欧阳修、苏轼等的家训涉及较多。宋代文化、教育事业发达，读书应举求仕之风浓厚，宋真宗赵恒用"书中自有千钟粟""书中自有黄金屋""书中有女颜如玉"③等语句劝勉天下学子，柳永、王

---

① 〔宋〕赵鼎：《家训笔录》，商务印书馆1939年版。
② 周鸿度等：《范仲淹史料新编》，沈阳出版社1989年版，第117页。
③ 〔宋〕黄坚选编，熊礼汇点校：《详说古文真宝大全》，湖南人民出版社2007年版，第14页。

安石、朱熹等也有劝学之文，这种"读书入仕论"对宋代的家庭教育影响甚大。司马光《居家杂仪》谈及家庭儿童教育，"（七岁）始诵《孝经》《论语》"，"九岁，男子诵《春秋》及诸史"，"十岁，男子出就外傅，居宿于外，读《诗》《礼》《传》"，"观书皆通，始可学文辞"。①可见，司马光重视家族子孙早期读书求学方面教育，不仅继承上古幼儿教育传统，也明显受到时代风尚的浸染。欧阳修从小受到母亲的良好教育，也特别重视教诲族中子孙，其《书示子》云："玉不琢，不成器；人不学，不知道。然玉之为物，有不变之常，虽不琢以为器，而犹不害为玉也。人之性，因物则迁，不学，则舍君子而为小人。可不念哉？"②教诫儿子努力为学，加强自身修养，成为君子。苏轼多用诗文来训导其弟及子侄，不仅倡导读书求官、求名，还阐述为学、做人之道。其《并寄诸子侄》诗云，"春秋古史乃家法，诗笔离骚亦时用。但令文字还照世，粪土腐余安足梦"③，勉励子侄勤读诗书，以"文字照世"为理想追求。家书《与元老侄孙》又云，"侄孙近来为学何如？想不免趋时。然亦须多读史，务令文字华实相副，期于适用乃佳。勿令得一第后，所学便为弃物也"④，强调晚辈应多读史书，为学不宜趋时，不应将其作为博取功名利禄的手段，而要有益于个人品行、才干提升。

三是家族子弟为人处世方面，有范质、贾昌朝、包拯、欧阳修等文臣家训，重视子孙修身、处世能力的培养。宋初范质《戒从子诗》为侄子而作，"戒尔学立身，莫若先孝悌"，"戒尔学干禄，莫若勤道艺"，"戒尔远耻辱，恭则近乎礼"，"戒尔勿放旷，放旷非端士"，"戒尔勿嗜酒，狂药非佳味"，"戒尔勿多言，多言众所忌"。⑤范质从立身、求仕、日常言行等方面教诫急躁冒进的侄儿，涵盖为人处世的诸多方面，全诗情真意切，合乎情理，被时人誉为劝戒名

① 楼含松主编：《中国历代家训集成》（第1册），浙江古籍出版社2017年版，第223—224页。
② 楼含松主编：《中国历代家训集成》（第1册），浙江古籍出版社2017年版，第484页。
③ 余冠英、周振甫、启功等编：《唐宋八大家全集·苏轼集》，国际文化出版公司1998年版，第3520页。
④ 余冠英、周振甫、启功等编：《唐宋八大家全集·苏轼集》，国际文化出版公司1998年版，第4090页。
⑤ 楼含松主编：《中国历代家训集成》（第1册），浙江古籍出版社2017年版，第482页。

篇，广为传诵。宋代仕宦家训还阐述为官之道，希望子孙能够传承良好家风，在从政方面提供借鉴，如贾昌朝、包拯、欧阳修等人的家训具有这方面的特色。贾昌朝《戒子孙》一文侧重于子孙的官德教育，文中云："居家孝，事君忠，与人谦和，临下慈爱。众中语涉朝政得失，人事短长，慎勿容易开口。仕宦之法，清廉为最。听讼务在详审，用法必求宽恕"①。贾氏倡导"忠""慈"品德，又结合个人为政经验，提出官场慎言、清廉、详审、宽恕等行为准则，虽然含有明哲保身的内容，但所倡导的居官忠贞、清廉、公正严明等德行仍然对后人富有教益。宋代典型的清官包拯，其家训短小精悍，训诫"后世子孙仕宦，有犯赃滥者，不得放归本家；亡殁之后，不得葬于大茔之中"②，警示子孙为官不得贪赃枉法，否则会受到逐出家族、不许葬于祖坟等惩罚。这样的家训对包氏家族影响很大，有助于树立清正的家族家风。欧阳修家书《与十二侄》则是谈官员如何报效朝廷，"偶此多事，如有差使，尽心向前，不得避事。至于临难死节，亦是汝荣事，但存心尽公，神明亦自祐，慎不可思避事也"，又云"汝于官下宜守廉，何得买官下物"③。欧阳修告诫侄儿，时值国家多事之秋，要尽力完成朝廷委派的差事，甚至不惜为国死节，持有公正无私之心，还要保持廉洁的品行。该书信在为官多方面予以告诫，体现了长辈的关切之情，颇有感染力。

2. 南宋仕宦家训

南宋王朝偏安江南，民族矛盾、社会阶层矛盾交织，文人士大夫颇具政治文化使命感和民族气节，重视家族、家庭教育，家训的社会化、大众化、专门化特色更为鲜明。南宋仕宦家训与北宋家训有诸多相似之处，著作数量不少，采用散文、诗歌等形式，内容涉及处己、读书、仕宦、交游、治家等方面，叶梦得、赵鼎、张浚、陆游、朱熹、吕祖谦、袁采等均留下了家训著作（篇章）。南宋仕宦家训与前代相比，拓宽了家训的领域，具有一些新的特征，以下重点从两方面论述。

一是崇德遵礼，着重培养子弟的道德品行、礼仪规范，由家族延及社会大众

---

① 楼含松主编：《中国历代家训集成》（第1册），浙江古籍出版社2017年版，第495页。
② 〔宋〕吴曾：《能改斋漫录》（下），商务印书馆1941年版，第353页。
③ 余冠英、周振甫、启功等编：《唐宋八大家全集·欧阳修集》，国际文化出版公司1998年版，第1881页。

的教化，这方面有叶梦得、陆游、朱熹、吕祖谦等的家训。叶梦得《石林家训》谈子弟品行，"凡吾宗族昆弟子孙，穷经出仕者，当以尽忠报国，而冀名纪于史，彰昭于无穷也"①（"尽忠实录以遗子孙"条），倡导子弟在国事艰难之际要忠君报国。《石林家训》又云，"夫孝者，天之经也，地之义也。故孝必贵于忠"，"故得尽爱敬之心以养其亲，施及于人"，"汝等能孝于亲，然后能忠于君"②（"戒诸子侄以保孝行"条），又推重子弟的"孝亲"品行。可见，忠孝等品德是叶梦得非常看重的，以此教训族中子孙。陆游著作《放翁家训》，重视家风的传承。《放翁家训·序》论陆氏家族，"廉直忠孝"，"孝悌行于家，忠信著于乡，家法凛然"，崇尚思想道德及气节教育，以族人"挠节以求贵，市道以营利"③为耻，提倡清廉俭约的风尚，希望能够培养子弟高尚的道德品质。陆游的教子、训子诗数量庞大，在诗歌史上占有显著地位。此类诗内容比较丰富，尤其是忠君爱国、崇尚气节风骨、为官清正爱民等方面较为突出，以诗训谕，富有哲理，颇具感染力。《示儿子》云"墓前自誓宁非隘，泽畔行吟未免狂"，"秋毫何者非君赐，回首修门敢遽忘"④。《示儿》又云"王师北定中原日，家祭无忘告乃翁"⑤，抒写关心国事、渴望统一的情怀。《示元礼》云"但使乡闾称善士，布衣未必愧公卿"⑥，《示子孙》云"富贵苟求终近祸，汝曹切勿坠家风"⑦，教导子弟学做善人，养成不慕富贵、正道直行的品行，看重个人节操。陆游还有一些诗注重对子孙进行官德方面的教育。《送子龙赴吉州掾》云"汝为吉州吏，但饮吉州水；一钱亦分明，谁能肆谗毁？"⑧，《示儿子》又云"禄食

① 〔宋〕叶梦得：《石林家训》，叶氏观古堂本，清宣统三年（1911）。
② 〔宋〕叶梦得：《石林家训》，叶氏观古堂本，清宣统三年。
③ 〔宋〕陆游：《放翁家训》，商务印书馆1939年版。
④ 钱仲联、马亚中主编：《陆游全集校注·剑南诗稿校注》（第1册），浙江教育出版社2011年版，第75页。
⑤ 钱仲联、马亚中主编：《陆游全集校注·剑南诗稿校注》（第8册），浙江教育出版社2011年版，第286页。
⑥ 钱仲联、马亚中主编：《陆游全集校注·剑南诗稿校注》（第4册），浙江教育出版社2011年版，第51页。
⑦ 钱仲联、马亚中主编：《陆游全集校注·剑南诗稿校注》（第5册），浙江教育出版社2011年版，第462页。
⑧ 钱仲联、马亚中主编：《陆游全集校注·剑南诗稿校注》（第6册），浙江教育出版社2011年版，第4页。

无功我自知，汝曹何以报明时？为农为士亦奚异，事国事亲惟不欺"①，勉励儿子为官廉洁奉公，为国、为民勤于做事，报效朝廷。关于家族礼仪规范方面，代表性著作有朱熹《朱子家礼》②。全书分为《通礼》《冠礼》《婚礼》《丧礼》《祭礼》等部分，先论古代"祠堂与深衣制度"，重点阐释冠、婚、丧、祭礼仪，详细而易行。如家族祠堂祭祀，"出入必告"，"俗节则献以时食"，"有事则告"（《朱子家礼》卷一），祠堂作为家族祭拜祖先的重要场所，在特殊时节、重大事件发生等情境下祭告、祭祀先祖，讲究众多礼节。又如《冠礼》部分，男子"年十五至二十皆可冠"，"必父母无期以上丧始可行之"，女子"许嫁笄""母为主"（《朱子家礼》卷二），阐述冠、笄的具体程序。又如《婚礼》部分，分为议婚、纳采、纳币、亲迎、妇见舅姑等环节，其中"明日夙兴，妇见于舅姑""舅姑礼之""妇见于诸尊长"（《朱子家礼》卷三）等语句，说明新妇拜见舅姑等夫家长辈，需要依照礼仪要求逐步完成婚礼各项活动。《朱子家礼》汲取《仪礼》《周礼》《礼记》等儒家礼学经典，根据时代要求加以革新，适合于士庶阶层运用，将"礼"由贵族官僚阶层引入庶民日常生活，对百姓的现实生活具有指导意义，对传统礼学平民化做出了巨大贡献，流传广泛。吕祖谦《少仪外传》（一名为《辨志录》）辑录前代诸多文献，如马援训侄儿书信、颜之推《颜氏家训》、姚崇遗令诫子孙、司马光《温公家范》等。《四库全书总目》云，"其书为训课幼学而设，故取《礼记》'少仪'为名"③。该书为训导幼童所作的启蒙读本，具有家训的性质。《少仪外传》内容比较广博，既有训诫儿童日常礼仪，也包括成人立身应世之道，如儿童德行、读书学习、成人为官之道、丧葬之事等，选择的材料较精，对后学有一定的借鉴意义。

二是谋划生计、治家理财方面，包含择业务本、经营家业、消费节用等经济思想，这方面有叶梦得、赵鼎、张浚、杨万里、袁采、倪思等人的家训，特色鲜明。宋代封建经济颇为发达，自然经济、小农经济仍然占据主导地位，以农

---

① 钱仲联、马亚中主编：《陆游全集校注·剑南诗稿校注》（第5册），浙江教育出版社2011年版，第173页。
② 参见〔明〕邱濬：《朱子家礼》，紫阳书院本，清康熙四十一年（1702）。
③ 〔清〕纪昀等：《钦定四库全书总目》，武英殿聚珍版。

为本、勤俭持家等观念深入士大夫官僚的家庭教育，有助于维系封建家族利益，达到保家兴家的目的。叶梦得《石林治生家训要略》[①]是专论家人、族人生计的"治生"类家训，谈"治生"的意义、类型、方法等，可谓较早论述"治生"问题的家训。《石林治生家训要略》云"人之为人，生而已矣。人不治生，是苦其生也，是拂其生也，何以生为？"（第一条），此处强调"治生"的重要意义。《石林治生家训要略》又云"出作入息，农之治生也；居肆成事，工之治生也；贸迁有无，商之治生也；膏油继晷，士之治生也"（第二条），"治生"分为农、工、商、士等类型，农为根本，突出了士人治生"砥砺表率"的作用。关于"治生"的具体方法，《石林治生家训要略》认为"要勤""要俭""要耐久""要和气"，此外，论及购买田产、待客往来、婚姻嫁娶、管家等方面注意事项，这些对于家庭而言都比较实用。《石林治生家训要略》贯穿着"治生"的基本精神，"今吾膝下亦当量度处中，未足则勤俭以足之，既足则安分以守之。敦礼义之俗，崇廉耻之风"，此处申说"量度处中""敦礼义""崇廉耻"等，教诫子弟维持生计、管家守业，对家族子孙不乏指导意义。杨万里《杨文节公家训》也论"治生"之道，其文云："片瓦条椽，皆非容易；寸田尺地，毋使抛荒。懒惰乃败家之源，勤劳是立身之本。大富由命，小富由勤。男子以血汗为营，女子以灯花为运。……栽萱种麻，助办四时之衣食；耕田凿井，安排一年之种储。育养牺牲，追陪亲友。看蚕织绢，了纳官租。"[②]杨万里家训重视农业生产，教导族中子弟勤劳务农、男耕女织，强调"勤""俭"等美德在家族兴业中的地位，其治生之道确有启发意义。在治家制用方面，名相赵鼎《家训笔录》[③]涉及家族田产、衣食、室库、租课等的管理、分配、消费，具有代表性。《家训笔录》教导子孙生活节俭，"唯是节俭一事，最为美行"（第二十九项），要求主管家事者"持心公平，无一毫欺隐"（第二十八项），族人要遵守相关规则。关于家族田产方面，规定"子子孙孙，并不许分割"（第八项）；室库、租课的管理，"应具文历并收支单状，主家者与诸位最长子弟一人，通行签押"（第十

---

① 〔宋〕叶梦得：《石林治生家训要略》，叶氏观古堂本，清宣统三年。下文不再一一标注。
② 杨维森编译：《古代杨氏名人家训》，贵州人民出版社2002年版，第203页。
③ 〔宋〕赵鼎：《丛书集成初编·家训笔录》，商务印书馆1939年版。下文不再一一标注。

项），开具账单并由相关人员签字画押，而租课收索"预告报管田人，候见本宅诸位子孙同签头引，及主管宅库人亲身到彼，方得交付"（第十八项），要履行严格的程序。关于岁收租课的分配，"诸位计口分给，不论长幼，俱为一等。五岁以上，给三之一，十岁以上给半，十五岁以上全给，止给骨肉"（第九项），又"罢官于他处寄居者，更不分给租课"（第十七项），根据族人的年龄分配家族田产赋税方面的收入，指明罢官而居于别处的人不得分取租课。《家训笔录》还制定了家庭收支计划，"甲年所收租课，乙年出粜收索。至丙年正月初，据所收之数，十分内椿留一分（约度有余即量增），以备门户缓急"（第十一项），收支中预留一部分费用应对"门户缓急"，这样可以更好地维系家庭生活的正常进行。此外，倪思《经锄堂杂志》、张浚《遗令教子持俭守节》等训诫子孙家庭生活要有计划，节约用度，日常衣食方面应根据家庭实际情况量力而行，并阐述应如何谋取正当利益。可见，南宋时期，治生、制用方面的家训日益增多，这对元明清家训影响甚大。

（二）袁采《袁氏世范》

宋代仕宦家训中，《袁氏世范》①堪称代表性著作，影响极大。作者袁采是南宋人，进士及第，任县令、监登闻鼓院等职务，为官颇有政声，"德足而行成，学博而文厚"（《袁氏世范·序》），著有《政和县志》《县令小录》等。袁采《袁氏世范》作于南宋孝宗淳熙年间，初名为《俗训》，后改为今名。全书共三卷，分为"睦亲""处己""治家"三门，各为一卷，每门各有数十则，包括和睦亲族、修身养性、应对世务、治家兴业等方面。以下重点评析《袁氏世范》的内容，以便把握著作要点，进而探析宋代仕宦家训的重要特征。

1. 人际关系的调适之道

《袁氏世范》中，《睦亲》涉及父子、夫妇、祖孙、兄弟、妯娌、子侄等家庭成员之间的复杂关系，涵盖饮食衣服、议亲嫁娶、男女轻重、主婢贤愚、家

---

① 〔宋〕袁采：《袁氏世范》，上海人民出版社2017年版。下文不再一一标注，只注卷条名。

务料理、周济亲属等，分析家人失和的多种原因，申明亲人、族人之间和睦相处的方式方法。《睦亲》认为，家人之间产生矛盾的原因多种多样，比如性格不合、偏私不公、听信谗言、缺乏包容心等，持论有理有据，能抓住要害，说服力较强。如《睦亲》认为，父子兄弟具有不同的性格、性情，"父必欲子之性合于己，子之性未必然；兄必欲弟之性合于己，弟之性未必然。其性不可得而合，则其言行亦不可得而合"（卷一"性不可以强合"条）。如果父亲、兄长强迫儿子、弟弟的秉性适合自己，那么就可能产生矛盾，甚至导致家人终身失欢。关于父母偏心不公这一方面，《睦亲》云"今人之于子，喜者其爱厚，而恶者其爱薄，初不均平，何以保其他日无争！"（卷一"教子当在幼"条），又云"或由于父母憎爱之偏，衣服饮食，言语动静，必厚于所爱而薄于所憎"（卷一"父母爱子贵均"条），又云"同母之子，而长者或为父母所憎，幼者或为父母所爱，此理殆不可晓"（卷一"父母多爱幼子"条）。这里认为，父母喜爱无常、偏私任情，对不同子女厚薄不均、待遇有异，长此以往，就会给家人失和埋下隐患。关于偏听偏信方面，《睦亲》云"凡人之家有子弟及妇女好传递言语，则虽圣贤同居，亦不能不争"，"况两递其言，又从而增易之，两家之怨至于牢不可解"（卷一"背后之言不可听"条），又云"人家不和，多因妇女以言激怒其夫及同辈"（卷一"妇女之言寡恩义"条），又云"婢妾愚贱，尤无见识，以言他人之短失为忠于主母"（卷一"婢仆之言多间斗"条）。此处谈子弟、妇女夸大增饰类语言的危害，家长、主母若不详加审察而听信其辞，就会激化家中成员之间的矛盾，造成亲人之间关系不睦。《睦亲》从不同角度分析家人之间矛盾的症结，这样有助于顺利解决亲族成员之间的不和问题，也体现了作者对于家庭人际关系的洞察力与剖析能力。

《睦亲》还提出了处理家庭成员关系的诸多行为准则，如父慈子孝、互相宽容、自我反思、秉持公心、友爱侄儿、赈济孤贫等，具有积极意义。《睦亲》论父慈子孝，"为人父者能以他人之不肖子喻己子，为人子者能以他人之不贤父喻己父，则父慈而子愈孝，子孝而父益慈，无偏胜之患矣"（卷一"父子贵慈孝"条），父子之间多以他人的实例启发、开导，才可能做到父慈子孝，不至于陷入慈父败子、严父害子等强弱不均衡的境地。《睦亲》又谓，父母对待子女，"子幼必待以严，子壮无薄其爱"（卷一"父母不可妄憎爱"条），反对父母小时候溺爱子女而长大憎怒的做法，父亲尤其要详察而谨慎从事。《睦亲》论家人宽容忍让，"或父子不能皆贤，或兄弟不能皆令，或夫流荡，或妻悍暴，少有一家之中无此患者……惟当宽怀处之"（卷一"处家贵宽容"条），又谓儿媳行为规则，"而有小姑者，独不为舅姑所喜。此固舅姑之爱偏，然为儿妇者要当一意承顺，则尊长久而自悟"（卷一"舅姑当奉承"条）。家庭中，父子、兄弟、夫妇、舅姑等品行有高有低，家庭成员之间应有包容之心，待人宽厚为上，这样可使家庭和美。如《睦亲》提到父子之间各自完成应做之事，"若各能反思，则无事矣"，"然世之善为人子者，常善为人父"，"贤者能自反，则无往而不善"（卷一"人必贵于反思"条），父子多设身处地地为对方考虑，善于自我反思，这对处理好彼此的关系颇有帮助。《睦亲》认为，兄弟子侄居家应该怀有公心，"取于私则皆取于私，取于公则皆取于公。众有所分，虽果实之属……亦必均平，则亦何争之有？"（卷一"同居贵怀公心"条）该私人出钱就私人支取，该公家出资就公家支出，这样就会公平分配，不会引起家人争执。《睦亲》强调，应关心、疼爱侄儿，"故幼而无父母者，苟有伯叔父母，则不至于无所养；老而无子孙者，苟有犹子，则不至于无所归"（卷一"友爱弟侄"条），爱其子应与爱兄弟之子兼顾，这样符合圣贤制礼、立法之意。"赈济孤贫"方面，《睦亲》云"应亲戚故旧有所假贷，不若随力给予之"，"不若念其贫，随吾力之厚薄，举以与之"（卷一"亲旧贫者随力周济"条），与其本人和亲戚有借贷往来而常因此产生嫌隙，不如量力而行，救济、资助亲戚而不求回报，反能体现个人的仁爱之心。

此外，《睦亲》谈及敬爱老人、督促子弟学业、分割财产、收养子嗣、男婚女嫁、订立遗嘱等问题，申述相关项目的重要性，更是表明个人的见解，不乏可行性。《睦亲》注意针对家人、族人的不同情况采取不同的措施，制定相应的行为准则，有助于亲族之间和谐相处。

2. 立身、处世、交友之道

《袁氏世范》中，《处己》涉及德行偏失、富贵贫寒、成败荣辱、劝善谏恶、礼待乡曲等，关注家人立身处世，教导子弟修身养性，并发表个人有益见解。以下简论其基本内容。

一是贫富贵贱安然处之，不宜骄横无礼或势利待人。《处己》云"富贵乃命分偶然，岂宜以此骄傲乡曲"（卷二"处富贵不宜骄傲"条），又云"今世间多有愚蠢而享富厚，智慧而居贫寒者，皆有一定之分，不可致诘。若知此理，安而处之，岂不省事"（卷二"穷达自两途"条）。此处认为，富贵乃命中注定，以平常心看待世间的贵贱穷达，随遇而安，任其自去自来，体味世间的劳逸、苦乐，持有无忧、无喜、无怨的态度。《处己》又云"世有无知之人，不能一概礼待乡曲。而因人之富贵贫贱设为高下等级"，"殊不知彼之富贵，非我之荣，彼之贫贱，非我之辱，何用高下分别如此"（卷二"礼不可因人分轻重"条），这里批评势利小人以贫富论高下的做法。袁采认为，人生有苦有乐，人生艰难实为常态，贫富穷达变化莫测，重要的是持有任其自然的态度，深谙人情厚薄之理，不能以势利、功利之心对待他人。

二是人贵在忠信笃敬、公平正直，不可怀有轻慢、虚伪、嫉妒、多疑之心。《处己》认为，"忠信笃敬"会赢得乡人敬重，其中，"忠"就是"不损人而益己"，"信"就是"有所许诺，纤毫必偿"，"笃"就是"处事近厚，处心诚实"，"敬"就是"礼貌卑下，言辞谦恭"（卷二"人贵忠信笃敬"条）。《处己》又云，"忠、信、笃、敬，先存其在己者，然后望其在人者"（卷二"厚于责己而薄于责人"条），意思是多反省自身是否做到"忠、信、笃、敬"，严于律己而宽以待人。《处己》云，"凡人行己公平正直，可用此以事神，而不可恃此以慢神；可用此以事人，而不可恃此以傲人"（卷二"公平正直人之当然"条），指出"公平正直"的重要性，君子还应该谨慎行事。又"凡吾之处事，心以为可，心以为是，人虽不知，神已知之矣"（卷二"处事当无愧心"条），"勉人为善，谏人为恶，固是美事。先须自省：若我之平昔自不能为人，岂惟人不见听，亦反为人所薄"（卷二"正己可以正人"条）语句，说明做事问心无愧、正人先需正己等道理，对世人确有警示意义。从另一方面来看，人们应该改正自身的一些不良习气，以不善之人、不善之事为戒。《处己》云"处己接物，而常怀慢心、伪心、妒心、疑心者，皆自取轻辱于人，盛德君子所不为也"（卷二"人不可怀慢伪妒疑之心"条），说的是君子不可傲慢、虚伪、嫉妒、猜疑，应该加以戒除。《处己》又云，"君子惟恐有过，密访人之有言，求谢而思改"（卷二"君子有过必思改"条）君子有过必改，善于从坏人坏事中吸取教训，引以为戒，这样对自己修身善莫大焉。

三是言论谨慎、和气，以免招致怨恨、责备。《处己》云"言语简寡，在我，可以少悔；在人，可以少怨"（卷二"言语贵简当"条），少言寡语对自己而言可以减少懊悔，对别人而言可以减少怨恨，所以此处将言语简寡作为立身处世的原则。《处己》又云，"亲戚故旧，人情厚密之时，不可尽以密私之事语之，恐一旦失欢，则前日所言，皆他人所凭以为争讼之资"（卷二"言语虑后则少怨尤"条），即使面对亲戚故旧，也不可道尽私密之语，言语应该慎重，以免以后带来麻烦。《处己》又云，"亲戚故旧，因言语而失欢者，未必其言语之伤人，多是颜色辞气暴厉，能激人之怒"，"故盛怒之际与人言话尤当自警"（卷二"与人言语贵和颜"条），这是说，与亲戚故旧交谈应该和颜悦色，切忌声色俱厉、感情用事，以免言语伤害别人而导致彼此失和。从另一角度看，对于别人的批评议论之言、阿谀奉承之言要认真辨析，要多加警惕，要有自己的处世原则。《处己》云，"君子之出言举事，苟揆之吾心，稽之古训，询之贤者，于理无碍，则纷纷之言皆不足恤，亦不必辨"（卷二"浮言不足恤"条），君子只要正道直行、言行合于情理，别人的流言蜚语就不必畏惧，也不必分辩。又云，"人有善诵我之美，使我喜闻而不觉其谀者，小人之最奸黠者也"，"人有善揣人意之所向，先发其端，导而迎之，使人喜其言与己暗合者，亦小人之最奸黠者也"（卷二"谀异之言多奸诈"条），这是说，对于小人的恭维奉承、奸诈不实之言要善于辨析、识破，以免自身受到小人的祸害。

四是慎重交游，取长补短，增益品行和才干。《处己》并不一味地禁止族中子弟交游，而是鼓励"不若时其出入，谨其交游，虽不肖之事习闻既熟，自能识破，必知愧而不为"（卷二"子弟当谨交游"条），子弟交游要谨慎小心，这样会丰富自身阅历，有助于提升才干。《处己》又云，"与人交游，无问高下，须常和易，不可妄自尊大，修饰边幅"（卷二"与人交游贵和易"条），交游应平易待人，注意细节问题。《处己》又云，"与人交游，若常见其短而不见其长，则时日不可同处；若常念其长，而不顾其短，虽终身与之交游可也"（卷二"人行有长短"条），人们各有长短，交游时要善于发现别人的长处，学习别人的长处，这样既有利于巩固友情，也有利于自身发展。

五是子弟当有职业，以求谋生兴家。《处己》云，"如不能为儒，则巫、医、僧、道、农圃、商贾、伎术，凡可以养生而不至于辱先者，皆可为也"（卷二"子弟当习儒业"条），肯定读书治学、求仕的重要性，同时认为，巫、医、农、商等职业均可以选择，体现了择业观的进步倾向。《处己》又从反面论述家族子弟无业及沾染恶习的危害性，"凡人生而无业及有业而喜于安逸不肯尽力者，家富则习为下流，家贫则必为乞丐。凡人生而饮酒无算、食肉无度，好淫滥，习博弈者，家富则致于破荡，家贫则必为盗窃"（卷二"荒怠淫逸之患"条），无论贫家富家子弟，若是无业或者有业却不尽职，都容易沾染酗酒、赌博、耽于声色等不良习气，以致败坏家业、贻害自身。《处己》强调，富贵人家子弟尤其需有正当职业，以便谋生立业，对于仕宦人家确有一定警示、借鉴意义。

此外，《处己》论及服饰打扮、居乡生活、理家守业、诉讼事宜、仕宦之道等内容。作者基于圣贤家训及当时的社会环境、个人经验等，提出一些处世的有效方式。《处己》教导子弟品德修行、待人处世的原则、方法，无疑富有启迪意义。

3. 治家、理财的节用之道

《袁氏世范》中《治家》重在传授治家理财的有关经验，包括宅基选择、房屋建造、防火防盗、钱粮管理、经营商业、役使奴仆、修桥补路等，家政管理涉及生活的诸多方面，不乏实用意义。《治家》的主要内容大致概括为以下几点。

一是防火防盗，注意家人尤其是年幼子弟的人身安全。关于防火，《治家》云，"盖厨屋多时不扫，则埃墨易得引火。或灶中有留火，而灶前有积薪接连，亦引火之端也。夜间最当巡视"（卷三"火起多从厨灶"条），提示清扫厨屋、巡查厨灶，以防备火灾。《治家》又云，"茅屋须常防火；大风须常防火；积油物、积石灰须常防火"（卷三"致火不一类"条），茅屋要防火，大风天气、油物及石灰积聚之地都要提防火灾，注意多种特殊情境。《治家》多处谈到提防盗贼，以保障家族成员的生命、财产安全，相关预防措施颇得当。《治家》云，"须于诸处往来路口，委人为耳目，或有异常，则可以先知。仍预置便门，遇有警急，老幼妇女且从便门走避。又须子弟及仆者，平时常备器械，为御敌之计"（卷三"防盗宜多端"条），采取布置耳目预警、预置便门走避、常备器械御敌等方式，来应对盗贼偷盗、劫掠。《治家》提出宅舍防范周密、夜间派人巡逻、少蓄金帛财宝等防盗措施，有利于维护家庭安全。关于小儿安全，《治家》云，"市邑小儿，非有壮夫携负，不可令游街巷，虑有诱略之人也"（卷三"小儿不可独游街市"条），街市中，小儿出行需大人携带，防止被人拐骗。《治家》又云，"富人有爱其小儿者，以金银珠宝之属饰其身。小人有贪者，于僻静处坏其性命而取其物"（卷三"小儿不可带金宝"条），由于富人给小儿佩戴金银珠宝而招致祸患，这需要引起家长的警示，不可给小儿佩戴金宝之类。此外，《治家》云，"人之家居，井必有干，池必有栏"（卷三"小儿不可临深"条），家中孩童容易靠近深井深池，家长需加以禁防，以免发生不测之事。

二是奴婢、佃户的雇买与管理。《治家》论奴婢雇佣的选择，"当取其朴直谨愿，勤于任事"（卷三"仆厮当取勤朴"条），又曰，"蓄奴婢惟本土人最善"（卷三"婢仆得土人最善"条），选取忠厚勤快之人，以本地人为最佳，从正面阐述奴婢选用的多种注意事项；同时，不可雇买那些品行恶劣之人，"仆者而有市井浮浪子弟之态，异巾美服，言语矫诈，不可蓄也"（卷三"轻诈之仆不可蓄"条），严加防备浮华放浪、言语矫诈等婢仆，不宜雇买、留用之。在奴婢约束、管理方面，《治家》云，"清晨早起，昏晚早睡，可以杜绝婢仆奸盗等事"（卷三"婢仆奸盗宜深防"条），又云，"婢仆有小过，不可亲自鞭挞……惟徐徐责问，令他人执而挞之，视其过之轻重而定其数"（卷三"婢仆不可自鞭挞"条）。早起早睡可以预防婢仆奸盗之类事件发生，婢仆有小过之时主人不必亲自动手鞭挞，重在按照规则予以责罚，可以体现家庭主人的威严，而使他们畏惧、顺服。《治家》还谈及应关心奴婢、佃户个人生活，"婢仆欲其出力办事，其所以御饥寒之具，为家长者不可不留意。衣须令其温，食须令其饱"（卷三"婢仆当令饱暖"条）。这说明，作者对奴婢、佃户的生活问题颇为关切，尽力保障他们衣食保暖、住处无风寒，在生育、婚丧、营造等大事上予以救济，这样才可能彰显仁爱之心，做到内心无愧。

三是田产的分割与买卖。《治家》云，"人有田园山地，界至不可不分明。

异居分析之初，置产典买之际，尤不可不仔细"（卷三"田产界至宜亦分明"条），人们分割田地时"界至"一定要分明，避免引起纠纷。《治家》认为，家族分割田产的契约文书应该详细明白，分家之户还要及时带上契约去官府盖印，使其合法化，以免遗留后患。《治家》还指出分割田地、家产后弄虚作假的危害，"人有已分财产而欲避免差役，则冒同宗有官之人为一户籍者，皆他日争讼之端由也"（卷三"冒户避役起争之端"条），有人为了逃避官府的差役而假冒官者户口，这样会引起日后争讼，实不可取。《治家》还讲明田产买卖交易之际诸多事项，云"凡邻近利害欲得之产，宜稍增其价"（卷三"邻近田产宜增价买"条），又云"凡田产有交关违条者，虽其价廉，不可与之交易"（卷三"违法田产不可置"条）。袁采强调，购买邻近田产可以稍微提高价格，以求尽早、稳妥获取，田产交易还要遵守朝廷法律条文，违法田产不可置办，交易程序也要合法合规。《治家》又指出，富贵之家置办田产要存有仁慈之心，"贫富无定势，田宅无定主。有钱则买，无钱则卖。买产之家当知此理，不可苦害卖产之人"（卷三"富家置产当存仁心"条），体谅卖产之人的种种难处，注意公平交易，不可无理吞并他人产业。

四是钱谷借贷、缴纳赋税问题。《治家》谈到钱谷借贷问题，云"有轻于举债者，不可借与，必是无藉之人"（卷三"钱谷不可多借人"条），又云"凡人之敢于举债者，必谓他日之宽余可以偿也"，"凡无远识之人，求目前宽余而挪积在后者，无不破家也"（卷三"债不可轻举"条）。无论是借给别人钱粮还是向别人借贷，都要根据对象及自身实际谨慎行事，不可轻易进行借贷，以免造成催讨困难或者无力偿还钱物的后果。《治家》还提及朝廷赋税缴纳事项，倡导尽快缴纳，避免损失家产、损害声誉等诸多麻烦，云"凡有家产，必有税赋，须是先截留输纳之资，却将赢余分给日用"（卷三"税赋宜预办"条），又云"纳税虽有省限，须先纳为安"（卷三"税赋早纳为上"条），可以先将纳税部分提留，积极缴纳朝廷税赋，不可延迟，这样会展示乡曲良民的风范。

除上述方面之外，《治家》还谈及乡亲邻里相处、纳妾、田地灌溉、桑木种植、造桥修路及建屋等内容。《治家》事项繁多，加上袁采颇有心得，经营家业的措施颇为详细，具有一定实用价值，体现了封建家长治理家事的良苦用心。

《袁氏世范》论及亲族关系处理、家人子弟立身处世、家庭管理等方面，不仅用来教诫袁氏家族子弟，还在于教谕世人，"姑以夫妇之所与知能行者语诸世俗，使田夫野老、幽闺妇女皆晓然于心目间"（卷三"袁采自序"），可见，此书为端正士风、民风而作，体现了作者可贵的社会责任感。相比于前人家训，此书思想开明，内容切合当时实际，近乎人情，富有多方面积极意义，家庭教育方法也多有可取之处。如处理家人关系需要双方交流沟通、包容理解，"为父兄者通情于子弟，而不责子弟之同于己；为子弟者，仰承于父兄，而不望父兄惟己之听，则处事之际，必相和协，无乖争之患"（卷一"性不可以强合"条）。此外，有关长辈爱子要均平、引导子弟交友增长才干、子弟要有正当职业、男女不可幼时议婚、家人不可轻易借贷等方面，在当今仍有启示意义。又如，同情、体谅妇女的处境，"大抵女子之心最为可怜……为父母及夫者，宜怜而稍从之"（卷一"女子可怜宜加爱"条），"有子而不自乳，使他人乳之，前辈已言其非矣。况其间求乳母于未产之前者，使不举己子而乳我子"（卷三"求乳母令食失恩"条），等等。还有关心奴婢生活、买婢妾询问来历、体恤佃户疾苦、怜惜猪牛羊等动物、购置田产不可巧取豪夺等，都包含人道主义色彩，确有进步意义。当然，《袁氏世范》宣扬宿命论、因果报应、轻视下层劳动人民等方面，体现出明显的历史局限性。

　　《袁氏世范》语言通俗浅近，明白切要，正如刘镇《袁氏世范序》所云，"其言则精确而详尽，其意则敦厚而委曲"，使人们更容易通晓书中睦亲、处己、治家道理。《袁氏世范》中，家训规范便于施行，将古代家训的训俗功用提升到新的高度，成为古代颇具代表性的家训著作。后世常将此书作为儿童启蒙读物使用，袁氏后人撰修族谱、家谱时将其刻载，元代陶宗仪所辑《说郛》、明代陈继儒所辑《宝颜堂秘籍》、清代《四库全书》等都收录此书。《袁氏世范》受到了后人好评，如清代所撰《四库全书总目》称之为"《颜氏家训》之亚"[①]，将其与颜之推《颜氏家训》相提并论，可见此书在家训发展史上的重要地位。

---

① 〔清〕纪昀等：《钦定四库全书总目》，武英殿聚珍版。

三、元代家规族训的拓展

在中国历史上，辽、西夏、金、元政权与北宋、南宋对峙，其中元政权相继攻灭金、南宋等，成为第一个由少数民族建立的大一统王朝。元代统治者一方面秉承蒙古传统模式治国，另一方面逐渐推行"汉法"，吸取汉族的文化，尊孔崇儒，施行文德教化，文化具有多元性、包容性。元代家训主要保存在史料、别集等文献中，其中耶律楚材、许衡、吴澄、王冕等留有家训，颇具特色。元代郑文融制定、其子孙修订的《郑氏规范》，堪称这一时期家规族训的典范，成为影响明清家训的重要文献。以下概述元代家训及其《郑氏规范》，力求把握这一时期家规族训的基本特征。

（一）元代家训要略

元代是一个由蒙古贵族主政的王朝，疆域广大，多民族文化并存、交融，传统家训受到这种特殊社会文化环境的影响，呈现出有别于前代的多元化特色。元代家训传世很少，以下主要从少数民族、汉族家训两方面简述元代家训的发展，重点探析仕宦、文人家训，以便了解这一时期家训的基本面貌。至于《郑氏规范》，将另辟一部分析论。

1.少数民族文士家训

金元之际，鲜卑后裔元好问为著名的文学家，其诗歌成就最高，在北方声名显赫，被誉为"一代文宗"，著有《遗山集》《遗山乐府》。元好问在家孝敬父母，与原配、继配夫人感情深厚，又能关爱子女，家训方面的诗词为数不少。他的家训类诗歌训诫、劝勉对象有儿子、女儿、外孙等，如《阿千始生》《书贴第三女珍》《示程孙四首》等①，表现了对子孙的期望与训导，也反映了元氏家族良好的家风家教。《阿千始生》为诗人四十岁时生子而作，"田不求千亩，书先备五车。野夫诗有学，他日看传家"（《元好问全集》卷七），希望儿子能够赓续诗书人家的传统，在学业、文学方面有所建树。《示程孙四首》则为教女有成

---

① 参见姚奠中：《元好问全集》（上），山西人民出版社1990年版。

而自豪，"吾女在吾家，先以安卑弱。虽然适贵门，一味甘俭薄。财廉出仁让，语省见端悫"（《元好问全集》卷二）。女儿具有谦恭有礼、生活节俭、仁让谨重等品德，显然与诗人的家庭教育有关，这里也肯定了女儿良好的妇德。《书贻第三女珍》写给三女儿阿珍，"珠围翠绕三花树，李白桃红一捻春。看取元家第三女，他年真作魏夫人"（《元好问全集》卷十四），称赞女儿青春美丽，期望能够成为如北宋魏夫人那样的诗词名家。元好问家训诗词内容比较丰富，从侧面反映其丰富多彩的家庭生活及个人思想人格，较好地体现了其作为文学家的特质。

元初，契丹族重臣耶律楚材是辽太祖耶律阿保机的后裔，崇尚汉族文化，博学多才，辅佐成吉思汗、窝阔台，建立了元朝的一系列制度，在政治、经济、文化等方面采取措施稳固政权，可谓功勋卓著。耶律家族是金元时期著名的政治家族，耶律履、耶律楚材、耶律铸、耶律希逸等祖孙四代均担任宰相之职，颇有政绩，形成了清廉、正直、仁爱的家风，其中耶律楚材家训类诗歌尤为值得注意。耶律楚材训诫子孙诗[1]追述耶律家族的光荣历史，《为子铸作诗三十韵》曰"皇祖辽太祖，奕世功德积。弯弓三百钧，天威威万国。一旦义旗举，中原如卷席"（《湛然居士文集》卷十二），《子铸生朝润之以诗为寿予因继其韵而遗之》又云"我祖东丹王，施仁能善积。我考文献公，清白遗四壁。盛名流万世，馨香光赫赫"（《湛然居士文集》卷十四）。从辽太祖耶律阿保机、东丹王耶律倍到金朝文献公耶律履，耶律家族业绩、仁德不同寻常，这里教育后辈牢记家史、绍继家风，光大耶律家族门庭。耶律楚材家训诗更重要的是教诫子孙修身、为学及仕宦，勉励后世成为国家有用人才，不可辱没先祖的名声。《子铸生朝润之以诗为寿予因继其韵而遗之》又云，"优游礼乐方，造次仁义宅。继夜诵诗书，废时毋博弈。勤惰分龙猪，三十成骨骼。孜孜寝食废，安可忘朝夕。行身谨而信，于礼顺而摭"（《湛然居士文集》卷十四），告诫儿子重视礼乐、仁义，勤读诗书，要熟知礼义，行事谨慎，做人讲求诚信。《为子铸作诗三十韵》又曰"汝方志学年，寸阴真可惜。孜孜进仁义，不可为无益。经史宜勉旃，慎毋耽博弈。深思识

————————

[1] 具体内容，参见〔元〕耶律楚材：《湛然居士文集》，商务印书馆1939年版。

146 -

言行，每戒迷声色。德业时乾乾，自强当不息"（《湛然居士文集》卷十二），训诫儿子珍惜大好时光，钻研经史，好学不倦，以修德进业为重，不可沉迷于博弈、声色。《爱子金柱索诗》云"致主泽民宜务本，读书学道好穷源。他时辅翼英雄主，珥笔承明策万言"（《湛然居士文集》卷四），《送房孙重奴行》又云"汝亦东丹十世孙，家亡国破一身存。而今正好行仁义，勿学轻薄辱我门"（《湛然居士文集》卷十一），勉励子孙"读书学道"，"行仁义"，治国济民而建立政治功业，以辱没列祖列宗为耻。耶律楚材作为元朝功勋之臣，既保持契丹的传统特征，又接受儒家文化的影响，重视教育子孙立德、求学、立业。其家训诗多自述个人人生履历，语言朴实无华，这种谆谆告诫确实有助于形成良好的家教、家风，对家族的发展、鼎盛不无裨益。此外，元代色目人马祖常《寄六弟元德宰束鹿》、色目人丁鹤年《赠表兄赛景初》等诗作也有可取之处，体现了汉文化对少数民族文士的熏陶，不乏时代特征。

2. 汉族文士家训

元初政治家、思想家、教育家许衡，博学多才，崇儒好文，劝谏元世祖忽必烈推行"汉法"，又创立"国学"，弘扬程朱理学，修订天文历法，贡献颇多。许衡一生笃行儒家礼义道德，清正廉洁，严以律己，《元史·许衡传》记载其"不食无主之梨"之事，其中有"梨无主，吾心独无主乎？"语句，体现了儒家的慎独思想。他又重视家庭教育，留有《训子》诗、《与子师可》等家训篇目。①《训子》诗重在教育儿子，"大儿愿如古人淳，小儿愿如古人真。平生乃亲多苦辛，愿汝苦辛过乃亲。身居畎亩思致君，身在朝廷思济民。但期磊落忠信存，莫图苟且功名新"（《鲁斋遗书》卷十一），劝诫儿子保持纯真的人格特征，吃苦耐劳而自我磨砺，要怀有报国济民的壮志，踏实做人，不可贪图功名富贵。家书《与子师可》重在勉励儿子师可读书为学，"《小学》，《四书》，吾敬信如神明。自汝孩提，便令讲习，望于此有得，他书虽不治，无憾也"，又云"汝当继我长处，改我短处，汝果能笃实，果能自强"（《鲁斋遗书》卷九），劝导儿子刻苦攻读《四书》等儒家著作，告诫儿子要善于学习自己的长处，改掉

---

① 参见〔元〕许衡：《鲁斋遗书》，文渊阁四库全书本（集部）。

自己的短处，自强不息。许衡家训诗文以儒家价值标准、道德规范为根本，在品德、学业、仕宦等方面对子孙进行训诫，主张修身与治国相结合。许氏子孙多能遵守先辈的教导，担任宰相、尚书等要职，成为国家良臣，由此可见许衡家庭教育的深远影响。

元代与许衡齐名的吴澄也是著名的思想家、教育家，堪称当时的理学大师，其《勉学首尾吟四首》之一云："三十年前好用工，男儿何者谓英雄。世间有事皆当做，天下无坚不可攻。万里行方由足下，一毫非莫入胸中。"[①]吴澄勉励后辈刻苦学习，珍惜大好时光，振作精神，在道德、学问方面要做摧朽攻坚的英雄人物。宋末元初，于石《示衢子》又云"读书贵有用，岂徒资笔舌。立身一弗谨，万事皆瓦裂"，"汝今其勉旃，经史须涉猎。顾我何足学，当学古贤哲"[②]，说明读书学以致用、立身谨慎的道理，劝告儿子阅读经史典籍，多向古代圣贤学习，以助于修身立业。生活于元末乱世的王冕被称为"狂士"，实为有节操、有风骨之士，长于诗画，其《示师文》《元日示师文》等诗[③]为劝诫儿子所作。《示师文》写道"且宜修道德，不必问田园"，《元日示师文》又云"读书当努力，写字莫糊涂"，希望儿子加强思想道德修养，在读书、书法方面多加努力，不可追求物质享受。这些家训多采用诗歌形式，关注子侄后辈道德、学问、才干精进，内容方面颇有教益，语言质朴自然，富有音乐感，更易使人接受。

（二）家规体家训《郑氏规范》

元代最有名的民间家训是《郑氏规范》（又名《郑氏旌义编》）[④]，这与宋明时期著名的婺州浦江郑氏家族有关。该家族兴起于宋代，十几世同居共食，延续三百余年，鼎盛时家族人口达数千，元明时期被树为封建家族典范，号称"义门"。郑氏家族事迹被载入《宋史》《元史》《明史》中的《孝义传》《孝友传》等，家族多次受到皇帝表彰，被朱元璋赐以"江南第一家"，成为当时著名

---

① 〔元〕吴澄：《草庐吴文正公全集》，万璜刻本，清乾隆二十一年（1756）。

② 〔元〕于石：《紫岩于先生诗选》，江苏广陵古籍刻印社1983年版。

③ 〔元〕王冕：《王冕集》，浙江古籍出版社1990年版。

④ 〔元〕郑太和：《丛书集成初编·郑氏规范》，商务印书馆1939年版。下文不再一一标注。

的大家族。《郑氏规范》是家规体家训专著，记载具有强制性的家族规条，成书过程比较复杂，最初由元代郑文融撰写五十八则，后来经过子孙修订、增删，明初增加到一百六十八则，成为郑氏家训的总汇。《郑氏规范》涉及治家、居家的多方面内容，如家族祭祀、子弟学业、婚丧礼仪、财物管理、男训女诫、奖惩细则等，以罗列条款的方式行文。以下评述这部家训的主要思想内容，进而把握这一类著作的重要特色。

1. 家族组织机构设置及相关规定

《郑氏规范》中的家庭事务管理规定比较细致，设立家长、典事、监视、主记、新管、旧管、差服长、掌膳、掌营运、知宾等职位，总管与分管相结合，职责分明，又互相监督，服务于郑氏家族的日常事务管理。如《郑氏规范》指明家长的职责，"家长总治一家大小之务，凡事令子弟分掌"（第十三则），家长对家族事务负有全部责任，家长本人"专以至公无私为本"（第十四则），家长要大公无私、以诚待人。《郑氏规范》又云，"设典事二人，以助家长行事。必选刚正公明、材堪治家、为众人之表率者为之"（第二十三则），典事协助家长处理各项事务，类似于家长助理，需要有德有才、堪为人表者担任这个职位。《郑氏规范》述及监视的选用及其职责，"择端严公明、可以服众者"，"有善公言之，有不善亦公言之"（第二十五则），任用公正严明的族人为监视，纠正家庭是非，主管劝善惩恶等重要事务，可见这个职位的重要性。《郑氏规范》还提及新管职务及要求，总体上"所掌收放钱粟之类"（第三十六则），具体事务较多，要求"置一《总租簿》"（第三十九则），"置《租赋簿》"（第四十则），所管谷麦要用心，招募佃户耕种荒芜的田地，负责收取田租。此外，郑氏家族设有旧管、差服长、知宾等，管理家族内部不同事务，此处从略。

郑氏家族家大业大，事务繁杂，管理人员虽然并不多，然而各有相应的职责，如总管家族事务、主管饮食服饰、主管钱粮财产、主管营运种植、主管接待宾客事务等，管理有序，运作效率颇高。《郑氏规范》注重家政管理人员的选拔、任用、监督，对管理者的道德品质、日常行为提出明确要求，如人品端正、精于事务、恪尽职守等。还制定一些处罚措施，如"子孙以理财为务者，若沉迷酒色、妄肆费用以致亏陷，家长覆实罪之，与私置私积者同"（第五十九则），管理财务者若有过失，家长要根据实情加以处罚。从《郑氏规范》来看，郑氏家族家务管理既有分工又互相协作、互相制约，形成多层家族结构，这种组织机构有助于保障家族日常秩序，维护家族的稳定和谐。

2. 家族祠堂及坟茔管理

郑氏家族建有祠堂，"以奉先世神主，出入必告正。至朔、望必参，俗节必荐时物"（第一则），祠堂用来祭祀、敬奉先祖，族中子弟定期祭拜，体现孝敬、感恩之意。祠堂的日常管理由宗子负责，"宗子当严洒扫扃钥之事"（第三则），族中子弟出入祠堂要遵守礼仪规范。《郑氏规范》谈到子孙祠堂祭祀，"其或行礼不恭，离席自便，与夫跛倚、欠伸、哕噫、嚏咳，一切失容之事，督过议罚"（第四则），对于轻慢不恭者应该予以责罚，以儆效尤。《郑氏规范》又谓子孙进入祠堂，"当正衣冠，即如祖考在上，不得嬉笑、对语、疾步"（第六则），子弟要毕恭毕敬，"正衣冠"表示对祖宗的敬重、爱戴，不得嬉戏、怠慢。郑氏族人进入祠堂禀告、参拜、祭祀祖先，要遵守一系列礼仪制度，在神圣之地表达对先祖的孝敬、感恩之心，包含着子弟的"报本反始"之意。

族中的坟茔使用、管理也有相应的制度。《郑氏规范》云"诸处茔冢，岁节及寒食、十月朔，子孙须亲展省，妇人不与"（第八则），族中子弟须定时前往家族墓地查看，而妇女不得参与。关于家族坟墓的维修，《郑氏规范》云"其有平塌浅露者，宗子当择洁土益之，更立石，深刻名字"（第九则），子孙需要及时修缮坟茔。郑氏家族重视坟茔管理，表达对先祖的敬仰、缅怀之情，这是其慎终追远精神的体现。

3. 对家族成员品德修养的教育、约束

郑氏家族以孝义闻名天下，依据儒家伦理规范，注重对家族成员进行道德修养方面的教育，并且运用家规加以制约，有益于族人养成孝悌、仁爱、廉洁、忠信等品德，促进良好的家风建设。根据族人年龄、性别、职务等，《郑氏规范》提出了不同的道德、行为要求，既比较全面地对族人实施训诫，运用家规加以制约，又能够顾及个体性、特殊性。《郑氏规范》重视族人道德、礼仪教育，这一方面成为全书的重要内容。

《郑氏规范》注重家族子女的早期品德教育，如每天早晨族人汇集厅堂，

"令未冠子弟朗诵男女训戒之辞"（第十二则），族中未成年男女分别诵读《男训》《女训》，《男训》要求男子孝悌、仁厚，《女训》期望女子未来成为贤妻良母。这些针对家族男女的训词包含家庭伦理道德之类内容，性别不同，社会角色定位有差异，如此天长日久，年少者就会潜移默化地受到道德方面的教育，有利于培养个人的良好品行。《郑氏规范》规定家族子孙的道德准则，"子孙须恂恂孝友，实有义家气象"（第一百零二则），要求子孙具备孝友美德，这样才可能配称"孝义"之家。《郑氏规范》要求子孙尊敬、服从尊长，宽和待人，培养"诚朴"等品德。子孙在日常饮食、言语举止、交结、衣饰、祭祀、杂艺等方面也有严格的规定，务必遵守相关制度，以维系家族声誉，不可违礼违规。《郑氏规范》还对为官子弟进行官德教育，"须奉公勤政，毋蹈贪黩，以忝家法"（第八十六则），"当夙夜切切，以报国为务。抚恤下民，实如慈母之保赤子"（第八十七则），为官者注重品行修养，廉洁奉公，一心忠君报国、体恤民众，不可辱没郑氏家风。《郑氏规范》针对女子而制定特别条目，在妇德方面要求严格。族中媳妇要稳重、恭敬，"奉舅姑以孝，事丈夫以礼，待娣姒以和"（第一百四十六则），孝敬公婆，以礼对待丈夫，妯娌之间要和谐相处。此外，规定族中媳妇亲自哺乳孩子，生活要简朴，父母去世后不许省亲，不和僧道一类亲戚来往，等等，女子应做好分内之事。《郑氏规范》还要求族人将孝义、仁爱之举由家族内部推及乡人，"里党或有缺食，裁量出谷借之"（第九十七则），"展药市一区，收贮药材。邻族疾病……施药与之"（第九十八则），借给乡人粮食，并向乡人施药，帮助治疗疾病。族人还要赈济鳏寡孤独、修桥修路、夏日摆设茶水为行人解渴等，这些均属于慈善、公益事项，有利于家族积善积德、和睦乡邻。

《郑氏规范》还对家族成员的违礼、失德行为给予处罚，有斥责、下跪、鞭挞、削除族籍等方式。如家族子孙惩罚方面，"子孙赌博无赖及一应违于礼法之事，家长度其不可容，会众罚拜以愧之"（第十八则），又"其有出言不逊、所行悖戾者，姑诲之。诲之不悛者，则重棰之"（第一百零六则），采取罚跪、鞭挞等方式，以示惩戒子孙。又如女子惩罚方面，"若有妒忌长舌者，姑诲之；诲之不悛，则责之；责之不悛，则出之"（第一百四十六则），采取教育、责备、休弃等方式惩罚"妒忌长舌"女子。《郑氏规范》制定诸多家规条文，通过惩戒方式维护家规、族规，希望族人纠正错误，端正个人品行，从而形成良好的家风、门风。

4. 对家族成员知识技能、治家理财的培养及规范

郑氏家族实为著名的文化家族，《郑氏规范》重视家族子弟文化知识的学习，一方面可以提高子弟的文化素养，使他们以后更好地营家谋生，另一方面，子弟也可以通过读书科举进入仕途，实现济世安民的理想。郑氏家族注意收集、储藏书籍，"广储书籍，以惠子孙，不许假人，以至散逸"（第一百一十五则），以儒家经典为重，给子弟的学习提供便利条件。《郑氏规范》制定了促使子弟学业精进的相关规划，分阶段实施文化知识方面的教育。"小儿五岁者，每朔望参祠讲书，及忌日奉祭，可令学礼"（第一百一十七则），家族子弟五岁就要"讲书""学礼"，从小养成读书学礼的习惯。"子孙自八岁入小学，十二岁出就外傅，十六岁入大学，聘致明师"（第一百一十八则），不同年龄的家族子弟进入不同类型的学校学习，聘请教师精心培养。关于家族子弟学习的内容，《郑氏规范》云"训饬必以孝弟忠信为主"（第一百一十八则），"须以孝义切切为务。若一向偏滞辞章，深所不取"（第一百二十则），重在学习儒家之道，至于词章则不可拘泥。郑氏家族的学堂吸引了一大批名儒名士执教或者游学，如虞集、吴莱、宋濂、方孝孺等，可见其重教重学之风浓厚，在当时发挥了巨大的示范功能。

《郑氏规范》在家族成员生活实践技能、治家理财方面有比较详细的规定，提倡男子在家族内外历练、女子精通女工，家人要勤俭持家、善于理财，使家业兴旺。《郑氏规范》云"子孙黎明闻钟即起。监视置《夙兴簿》，令各人亲书其名，然后就所业"（第一百零九则），子弟黎明早起而各从其业，这成为郑氏家族的一项制度。又云"凡子弟当随掌门护者，轮去州邑，练达世故，庶无懵暗不谙事机之患"（第三十二则），族中子弟应去州县增长阅历，熟悉人情世故，锻炼个人治家谋生的能力。郑氏家族规定，妇女备办日常膳食茶点，"诸妇主馈，十日一轮，年至六十者免之"（第一百五十一则），采取轮流值日的做饭方式，年纪大者可以免除这项事务。《郑氏规范》鼓励家中女子提高自己的劳动技能，"每岁畜蚕，主母分给蚕种与诸妇，使之在房畜饲"（第一百五十四则），女子承担养蚕、纺织、制衣等多种任务，族中派专人督促，奖励其中业绩突出者。在置办家族产业方面，《郑氏规范》云"增拓产业，长上必须与掌门户者详其物与价等，然后行之"（第三十三则），购置产业时根据实情进行交易，及时登记在册，怀有仁义之心进行买卖，不宜损人利己。郑氏家族秉承勤俭持家的传统，《郑氏规范》倡导俭素风气，如家族子孙"年未二十五者，除棉衣用绢帛外，余皆衣布"（第一百二十一则），族人在服饰、饮食等方面崇尚简朴。又如家族妇女穿戴方面，"诸妇服饰，毋事华靡，但务雅洁"（第一百四十九则），女子服饰以"雅洁"为佳，不求奢华。《郑氏规范》多处规定家庭日常开支务求节俭，这是治家理财的基本要求，在家训中不可忽视。

郑氏家族治家遵循儒家礼义，《郑氏规范》以《朱子家礼》等著作作为蓝本，制定了族人冠、笄、婚、丧等方面的礼仪规定，要求族内成员严格执行，对违反者予以惩罚，体现"孝义"之家的本色。家族看重子弟冠礼，《郑氏规范》曰"子弟年十六以上，许行冠礼，须能暗记四书五经正文，讲说大义，方可行之"（第六十八则），说明了子弟的加冠年龄、基本条件、方式等，要求子弟熟知儒家经典，并且邀请德高望重的宾客参加冠礼。而女子实行笄礼，"女子年及笄者，母为选宾行礼，制辞字之"（第七十一则），母亲筵请贵宾施行成人之礼，笄礼后可以谈婚论嫁。《郑氏规范》中诸多条目列举男女婚姻方面的礼仪制度，包括配偶选择、财物资助、婚礼程序、纳妾问题、小孩满月之礼等，礼仪繁多而有可操作性。如结婚对象的选择，"婚嫁必须择温良有家法者，不可慕富贵，以亏择配之义"（第七十三则），注重配偶对象的为人品行，婚事须与族人商议，婚嫁不得贪求富贵。又如婚礼要求"不得享宾，不得用乐"（第七十五则），婚礼不得大操大办，不得雇佣乐班，婚后夫妻拜见双方父母长辈，可见婚礼的相关规定比较明确。《郑氏规范》还涉及家族丧葬礼仪，"子孙临丧，当务尽礼，不得惑于阴阳非礼拘忌，以乖大义"（第八十四则）。子孙举办丧事要遵照礼仪规定，不用鼓乐，服丧期间不可饮酒吃肉，不得违反家族"大义"。

《郑氏规范》借鉴了陈崇《陈氏家法三十三条》、朱熹《朱子家礼》、袁采《袁氏世范》等家训，总结了郑氏家族的治家经验，包括家政管理、子孙教育、冠婚丧祭、为人处世等方面，寓含道德训诫，语言通读易懂，规定明确，便于操作，褒奖与惩罚相结合，形成了较为完备的制度。明代宋濂《郑氏规范序》云：“是编之行，其于厚人伦、美教化之道，诚有益哉。”清人胡凤丹《重刻旌义编序》评道：“型以仁，范以礼，而其敷词质实，妇孺尤易通晓，视昔圣贤家训庭诰之作，有过之无不及焉。”①《郑氏规范》认为，家族管理方面应举贤任能、多方协商、互相监督，治家方面应遵行儒家礼法、勤俭持家，子孙教育方面应读书勉学、劝善惩恶，婚姻方面应不慕富贵、重视品行，为官方面应崇尚廉洁奉公、报国爱民，还有防火防盗、禁溺女婴、关爱奴婢佃户、扶助孤贫、体恤乡邻等方面的诸多条规。这些在当时无疑具有积极意义，对当今社会也不无启发。当然，《郑氏规范》也包含家长至上、男尊女卑、重视体罚、禁止个人多元爱好等消极因素，打上了封建社会的历史烙印。

总之，《郑氏规范》促进了郑氏“义门”的发展，又以“义门”而闻名于世，其中家族组织管理机构、定期聚会教育制度、“以孝义治家”等，有助于弘扬封建家族的伦理道德，加速封建时代儒家伦理的世俗化，营造良好的社会风气，稳定封建统治秩序。《郑氏规范》成为元明时期杰出的民间家训，对后世家规家法的订立及家庭管理、家庭教育影响深远。

四、明代商贾家训的兴起

明代，封建君主专制加强，统治者崇尚儒学，提倡程朱理学，重视思想文化建设，朝廷以八股文选取人才，从多方面加强对国人的统治，经济得到了进一步发展。明代的家训数量超过前代，内容广泛，类型多样，分为帝王家训、仕宦家训、商贾家训、女训等类型，可以称为传统家训的繁荣期。明代家训中，商贾家训是值得关注的一类，代表著作有憺漪子《士商要览》等，从侧面反映了传统农业社会中商业经济的发展概貌。以下主要简析明代商贾家训，从而加深对这类家训的认识，有利于把握明代商贾阶层的经营之道及精神风貌。

---

① 〔元〕郑太和：《丛书集成初编·郑氏规范》，商务印书馆1939年版。

（一）明代商贾家训产生的背景

明代社会，农业、手工业生产超过前代的水平，对外贸易一度兴盛，大都市工商业发达，富有经济特色的小城镇也为数不少，商品经济迅速发展。至中后期，资本主义开始萌芽，总体经济水平达到新的高度。明代疆域广大，水路、陆路交通发达，重要商品有瓷器、食盐、茶叶、棉花、布匹等，品种繁多，商品流通方便。正如明人李鼎所说："燕、赵、秦、晋、齐、梁、江、淮之货，日夜商贩而南；蛮海、闽广、豫章、楚、瓯越、新安之货，日夜商贩而北。"[①]明代的流通货币分为铜钱、纸币、银两等类型，加上长期的和平环境与统治者施行的一系列经济措施，这样就为工商业繁荣创造了诸多有利条件。明代以经商为主的家庭增多，大江南北形成了诸多商帮，官员、士人、商人结合，商人阶层活跃于社会舞台上。商贾文化兴起，成为这一时期值得注意的现象，经商之类的图书日渐繁多。商人家族受到社会大环境的影响，注重家庭教育，逐渐出现了别具特色的商贾家训。本书主要从以下几方面略加分析。

1. "工商兴市"与"重农抑商"传统的影响

远古时期，中国先民就开始从事商业贸易活动。《易·系辞下》云"（神农氏时）日中为市，致天下之民，聚天下之货，交易而退，各得其所"。据说，尧、舜、禹曾经组织、推动商业活动。商周时期，重视商业，采取工商兴市的方式，商民"肇牵车牛，远服贾，用孝养厥父母"（《尚书·酒诰》），《周礼》中载有司市、质人、贾师、肆长等管理市场事务的官职，都市中的"国人"就包括工商业者，成为一股重要的社会力量。春秋战国时期，鲁国、齐国、郑国等诸侯国工商业兴旺发达，士、农、工、商并称，出现了子贡、范蠡、弦高、吕不韦等著名商人，他们在政治舞台上发挥了重要作用。

不过，周代萌发了"轻商"思想。战国时期，秦国商鞅变法采取崇农抑商的政策，限制工商业发展，《韩非子》中将"工商"视为危害国家的蛀虫而加以打击。秦王朝继续施行重农抑商政策，放逐大批商贾，将其归入社会"贱类"，商

---

① 张海鹏、王廷元主编：《明清徽商资料选编》，黄山书社1985年版，第5页。

人地位明显下降。汉代统治者如汉高祖、汉武帝等，困辱、打压商贾，商人不得衣锦乘车，不得仕宦，却得承担繁重的赋税。到了魏晋南北朝时期，贱商、轻商思想日益严重。唐代，这种情况依然持续，如柳宗元《宋清传》记载，药材商人宋清自贱其业，"逐利以活妻子耳"①，可见当时工商业者地位的低微。宋代，规定工商业者不得与士人相提并论，不许进入官学。如陆游《东阳陈君义庄记》希望家族子孙要做士人，勿"流为工商"②，可知，宋代鄙视工商成为风气。

另外，汉代至唐宋时期，封建官僚阶层乃至皇族成员经商求利之风颇浓，如汉代丞相张禹、西晋官员石崇、刘宋孝武帝诸子、梁代名将曹景宗、唐肃宗之女政和公主、南宋宰相汤思退等，凭借权力、地位经商贸易。此外，士人经商、商人做官等事时有发生。但是，传统社会重视农业，崇尚读书科举，鄙视、打压商人，重农轻商的格局没有大的变化。

2. 商人阶层的壮大及其地位的提升

随着农业、手工业的发展，明代商品经济颇为发达，商业活动较受重视，商人的经济力量壮大，与前代相比，商人的社会地位显著提高，成为不可忽视的群体。明太祖朱元璋《敕问文学之士》认为"商贾之士，皆人民也"③，命令儒士为商贾编写教科书；明成祖朱棣扩大朝廷免税的范围；明代中后期施行"一条鞭法"，使赋税货币化，缴纳银两可以代替徭役。明代统治者颁行一系列法令制度，有利于商品流通，工商业者的人身依附有所减轻，促使了商业经济的发展。明代的有识之士肯定商品经济及工商业者的地位，如王阳明《节庵方公墓表》论道"古者四民异业而同道，其尽心焉一也"④，认为"四民"（士、农、工、商）处于平等的地位；又如黄宗羲《明夷待访录》曰"夫工固圣王之所欲来，商又使其愿出于途者，盖皆本也"⑤，提出了"工商皆本"观点。明代的思想理论

---

① 余冠英、周振甫、启功等主编：《唐宋八大家全集·柳宗元集》，国际文化出版公司1998年版，第586页。
② 〔宋〕陆游著，马亚中、涂小马校注：《渭南文集校注》（第2册），浙江古籍出版社2015年版，第305页。
③ 〔明〕朱元璋：《明太祖集》，黄山书社1991年版，第206页。
④ 〔明〕王守仁：《王阳明全集》，上海世界书局1936年版，第454页。
⑤ 李伟：《明夷待访录译注》，岳麓书社2008年版，第170页。

界，农业为本、商业为末的传统观念被逐渐打破，标志着社会价值观的一些改变，有助于商人地位的提升。

明代经商群体庞大，人员成分复杂。农村耕田收益少、田赋繁重、农户破产等造成农夫"弃农经商"，家庭贫困、家道中落、科举不得志等导致儒士"弃儒经商"，还有自王侯到地方官员也热衷于经商贸易。明代，商贾获得了科举入仕的资格，商人及其子弟通过科举考试步入仕途的数量增多，如东林党领袖顾宪成、思想家李贽、名士唐寅等都来自商人家庭，通过科举考试而知名于天下，这些登第者有助于维护商人阶层的利益。在"捐纳""卖官"之风的影响下，商人还可以依靠个人的经济力量谋取朝廷官职、爵位，如休宁县商人汪新应诏输粟，被授南昌卫指挥佥事①。明中晚时期，商人子弟通过这种方式获取朝廷官爵的事例不胜枚举。此外，商人频繁交结王侯、官僚等权势人物，提高个人的政治地位，有助于个人的事业发展。明代，从商所获利润较大，也吸引了本属儒士、乡农、官僚诸多阶层人物进行商业活动追求发家致富，如徽州人汪道昆《蒲江黄公七十寿序》谓"吾乡左儒右贾，喜厚利而薄名高"②，山西商人席铭云"丈夫苟不能立功名于世，抑岂为汗粒之偶，不能树基业于家哉？"③人们"贱商""轻商"的传统看法逐渐改变，商贾势力得以壮大，在一定程度上影响了明代中后期都市、乡村的豪华奢靡之风。

明代，富商积极收购收藏书画、瓷器等艺术品，建造精致、美观的私家园林，附庸风雅，喜欢与文人墨客交往，有助于提升自身的文化素养。著名文人如王世贞、袁宏道、归有光等常与富豪大贾交游，众多文坛名流撰写赞美商人的文章，文人、商人相互协作，兼顾求利、求名，二者相得益彰。明代钟惺云："富者余赀财，文人饶篇籍，取有余之资财，拣篇籍之妙者而刻传之，其事甚快。非惟文人有利，而富者亦分名焉"④。明代商人财力雄厚，多参与、资助教育事业，通过捐资助学和创办学校，参加官方、民间的教育活动。此外，文艺作品中

---

① 〔清〕汪立正：《休宁西门汪氏大公房挥金公支谱》卷四，乾隆四年（1739）刻本。
② 〔明〕汪道昆：《太函集》（第1册），黄山书社2004年版，第381页。
③ 〔明〕韩邦奇：《苑洛集》卷六，台湾商务印书馆1986年版。
④ 〔明〕钟惺：《隐秀轩集》，沈春泽刻本，明天启二年（1622）。

多出现商业活动及商人形象，如明代仇英版《清明上河图》、冯梦龙编撰小说集"三言"、凌濛初编撰小说集"二拍"等，商人成为关注的重要人物，这是当时社会上重商风气的映现。

明代商人按照经营状况可以分为行商、坐商、小商贩等类型，随着世人观念的转变、商人地位的提高、商贾队伍的扩大，出现了富有特色的商人群体——商帮。当代学者张海鹏、张海瀛认为，商帮"以地域为中心，以血缘、乡谊为纽带，以'相亲相助'为宗旨，以会馆、公所为其在异乡的联络、计议之所"①，可见，地域、血缘、亲缘是明代商帮形成的重要因素，体现了商人群体的特色。明代，活跃于商业领域的商帮颇多，有福建、广东、安徽、山东、山西、陕西等地的商帮，以商人家族、地缘关系为基础扩展而成，其中徽商、晋商最有代表性，正如明人谢肇淛所云"富室之称雄者，江南则推新安（徽州古称——引者注），江北则推山右（山西境内——引者注）"②。明代中叶至清代中叶，徽商在商界鼎盛数百年，从事盐业、茶业、典当业、木材业等行业，经营行当多样化，经商区域广泛。如明代徽商汪箕从事典当业，"家赀数百万，典铺数十处"③，又如《冬官记事》记载木材商王天俊经商之事④，可知，徽商拥有巨大的财富。徽商既经商谋利，也注重声名，讲究诚信、仁义等，家族观念强，重视合伙经营，经商方面有自身的特点。明代，晋商天下闻名，"平阳、泽、潞，豪商大贾甲天下，非数十万不称富"⑤，山西商人财力雄厚，可以说是显赫一时。晋商的经营范围包括盐业、茶业、铜业、粮食业、绸布业、典当业等，以长途贩运、转售而闻名。晋商"亢氏号称数千万两，实为最巨"⑥，杨继美在两淮地区经营盐业而担任盐商祭酒，商人李明性崇尚仁德，乐善好施⑦。晋商富有艰苦创业的精神，讲究信义，以义制利，又团结协作，善于经营、管理，获得了巨大的

---

① 张海鹏、张海瀛：《中国十大商帮》，黄山书社1993年版，前言第2页。
② 〔明〕谢肇淛：《五杂俎》（上），远方出版社2005年版，第96页。
③ 〔明〕计六奇：《明季北略》，商务印书馆1958年版，第509页。
④ 张海鹏、王廷元主编：《明清徽商资料选编》，黄山书社1985年版，第397—398页。
⑤ 〔明〕沈思孝：《晋录》，商务印书馆1936年版。
⑥ 徐珂：《清稗类钞》（第5册），商务印书馆1966年版，第69页。
⑦ 张正明：《明清晋商商业资料选编》（上），山西经济出版社2016年版，第346—347页。

利润，晋商文化影响深远。此外，陕西商帮勇敢而吃苦耐劳，广东商帮冒险开拓而灵活变通，商帮各有特色，既为自己积累了财富，也促进了社会经济的发展、繁荣。明代，商人地位与前代相比大有提高，不过朝廷仍对商人予以盘剥、掠夺、打压，工商业方面赋税繁重，商人生存颇为艰难，倾家荡产时有发生，在封建小农经济占主导地位的环境下，商人地位难以有实质性的突破。此外，商人生活豪华奢侈，容易助长不良的社会风气，有一定数量的奸商，损害顾客利益，影响商人阶层的形象，受到社会舆论的谴责，这一点需要加以注意。

3. 商业类用书的涌现

明代商品经济发达，商贾势力壮大，商业活动活跃，经商愈来愈受到社会的重视，加之印刷业的发展，因而论述经商之道、商业知识的商业类图书大量刊行。商业类图书多由商人编写或专门为商人编写，可谓商人治生经验之谈，大多在明代中后期公开刊印，在商业领域中广为传播，不乏史料价值。现存明代商业图书为数不少，内容涉及水陆路程、商品生产及流通、经营方法等基本知识，以及商业道德、经商行为等方面，其中难免存在雷同，重复部分也不少。以下主要从两方面简述明代商业图书的内容，以便了解这一时期此类著作的概貌。

一是记载全国各地水路、陆路交通状况，可谓商旅交通指南类书籍，图文结合，为经商者提供地理、交通、物产、驿站、名胜古迹、风俗人情等方面的知识。黄汴《一统路程图记》（又名《天下水陆路程》，隆庆年间刊）共八卷，由路程图和路引两部分组成，包括"二京至十三省""两京各省至所属府""各边路""江北水陆路程""江南水陆路程"等部分，汇集路引一百余条，记载明代水马驿站、行程里距、各地道路起讫分合等，涉及山川物产、水旱码头、牙侩好坏、轿夫船户等方面。此书为经商提供了重要参照，也有重要的历史文献价值。陶承庆《新刻京本华夷风物商城一览》（万历年间刊）则为商贾行商而编撰，主体为水陆商程一百余条，包括"二京至十三省水陆路""江北水路""江南水路""江南陆路"等部分，涉及地理、交通、各地土产、风俗、官员俸禄、官员服色等。当代学者陈学文认为，"该书在交通史、历史地理学、经济史、社会史、文化史上都提供了许多珍贵的史料"①。此外，商浚《水陆路程》、壮游子《水陆路程》等记载明代的水陆交通状况，对于商贾也颇有参考价值。

二是商业规范及为商之道、经营经验的书籍，讲述如何遵守商业准则、如何提高个人素质、如何经商赢利等，对商贾无疑具有教育、启迪意义。李晋德《客商一览醒迷》（崇祯年间刊）记述从商经验和商人训诫，包括商贾醒迷、警世歌等部分，论述商业行为规范、道德修养、经营之术等方面，倡导商人勤俭、廉洁自持、乐善好施。《商贾醒迷》云"吝己不好施与者，其性多贪，所入亦狭，常恨不足。大度广布博济者，其心多仁，所处亦宽，必自有来"②，又论及观察选择牙行经纪人、经营用人、薄利招财、自守本业而专精等方面，还要保护人身、财产安全，谨防诓骗、强夺、哄诱等。该书所论治生之术值得商贾学习、借鉴。余象斗《新刻天下四民便览三台万用正宗》（简称《三台万用正宗》，万历年间刊）是适合于民众日常生活的日用类图书，共有四十余卷，包括天文地理、时令季节、音乐书画、体育活动、医学知识、占卜风水、农桑活动等方面，可以说是明代百科全书类著作。《三台万用正宗·商旅门》分为客商规鉴论、船户、脚夫、秤锤、天平、谷米、杂粮、棉花、纱罗、茶、果品、商税等专题。其中，《客商规鉴论》是现存明代最早的一篇有关商业规范的篇章，申明经商者的基本素养、经商行为准则等，其余部分阐述经商专业知识、经商之道，详尽而具体，颇有针对性，较好地适应了当时商贾经商贸易的需要。《三台万用正宗·商旅门》可谓当时商人的必读之书，在百姓日用类图书中掺杂"商旅门"，说明商业类知识在民众中普及度提高，反映了当时经商风气之盛。此外，程春宇《士商类要》、延陵处士《商贾指南》、江湖散人《新刻士商必要》等，论述商人素养、经商知识等，受到世人重视，在明代商业类图书中也有一定代表性。

明代商人地位提高，商人家族崛起，社会地位日益显赫，又出现了诸多商帮，商业书随之纷纷面世。商业类书籍内容广泛，"涉及交通、住宿、货币、度

---

① 陈学文：《明代一部商贾之教程、行旅之指南——陶承庆〈新刻京本华夷风物商城一览〉评述》，载《中国社会经济史研究》1996年第1期。

② 郭孟良编译：《从商经》，湖北人民出版社1996年版，第113页。以下"客商一览醒迷"内容均出自《从商经》，从略。

量衡、商品、商税、应酬书信等各方面"①，不仅提供经商专业知识，也包含商业伦理、商业道德等内容，用于教诲家族子弟及世人经商贸易活动。明代商业类用书中明显含有家训方面的内容，如憺漪子《士商要览》、程春宇《士商类要》等，标志着古代商贾家训的发展步入新的阶段，值得我们重视。

（二）憺漪子《士商要览》

商贾家训指作为父兄的商人对其子弟的教诲、训诫，这类家训萌发于先秦时期。春秋时期，管仲谈论商贾，"相语以利，相示以赖，相陈以知贾。少而习焉，其心安焉，不见异物而迁焉。是故其父兄之教不肃而成，其子弟之学不劳而能"（《国语·齐语》），可知，先秦时期，商贾子弟从小接受商业知识、商人素养、经商方法等家庭教育，长大后继承父兄的经商事业。汉代，商人任氏为子孙订立家约，"非田畜所出弗衣食，公事不毕则身不得饮酒食"（《史记·货殖列传》卷一百二十九），教诲勤俭持家、勤于经营，任氏家族数世富贵。商贾家训在重农轻商的环境下历经漫长的发展、转型，到明朝兴起并趋于成熟，成为家训中重要的一类。明代的商贾家训内容涉及行商志向、经商经验、商业道德等方面，如晋商常万育遵从母命而北上经商②，晋商王文显训诫其子"利以义制"③，又如徽商汪处士告诫子弟"毋以苦杂良"④。这一时期，商贾家训的代表性著作是明末憺漪子所编《士商要览》（崇祯年间刊）。《士商要览》散佚颇多，现在主要分析其中的《士商规略》《士商十要》《买卖机关》篇章⑤，由此了解其大致内容，以便认识明代商贾家训的特征。

1. 遵行商德

古代有道德、有智慧的商人被称为"良商""诚贾""廉贾"，尤其是明代

① 邱澎生：《由〈商贾便览〉看十八世纪中国的商业伦理》，载《汉学研究》2015年第3期。
② 张正明：《晋商兴衰史》，山西古籍出版社1995年版，第230页。
③〔明〕李梦阳：《空同集》卷四十四，曹嘉明刻本，明嘉靖十一年（1532）。
④〔明〕汪道昆：《太函集》（第1册），黄山书社2004年版，第599页。
⑤《士商规略》和《士商十要》的内容，参见郭孟良编译《从商经》（湖北人民出版社1996年版）；《买卖机关》的内容，参见魏金玉《介绍一商业书抄本》〔载《安徽师大学报》（哲学社会科学版）1991年第1期〕。以下相关引文不再一一标注。

的商贾深受儒家思想的影响，儒、商结合，如徽州商人张洲"以忠诚立质，长厚摄心，以礼接人，以义应事"[①]（《新安休宁名族志》卷一），运用儒家伦理道德约束、规范商业活动，以求名利兼收。明代商贾家训中，商德训诫可谓精华部分，知晓做人之道是经商活动的基础，需要处理好与雇主、同行、债主、顾客等的关系。商人训诫家族子弟以德经商，经商与道义相统一，建立商业信誉，有助于商业活动。《士商要览》中的商德包括以义制利、诚实不欺、待人和气、勤劳经营、生活节俭等方面，经商活动中务必遵守，这是获取真正成功的因素之一。《士商十要》云"凡待人，必须和颜悦色，不得暴怒骄奢。年老务宜尊敬，幼辈不可欺凌"，商贾待人要和颜悦色、态度诚恳，对待老者要尊敬、谦让，不可暴躁倨傲，不可欺凌弱小。《士商十要》又曰"凡入席，乡里努宜逊让，不得酒后喧哗，出言要关前后，不得胡说乱谈，此为笃实至诚"，提示在公众场合注重礼仪，说话得体自然，养成笃实至诚的品性。《买卖机关》曰"彼大富固有自来，吾衣食丰足未必不由勤俭得来。观彼懒惰之人，游手好闲，不务正理，既无天坠之食，又无地产之衣，若然，不饥寒吾不信矣"，崇尚勤俭美德，说明勤俭致富、懒惰致贫的道理，将两类人进行对比，内容富有教益。《士商要览》浸透着儒家思想，关于商德方面的教导比较具体，具有可行性，有利于提高商人的品行修养，有助于商业活动的健康发展。

2. 阐明经营生财之道

关于经商之道，《史记·货殖列传》记载，春秋时期的范蠡"治产积居，与时逐而不责于人"，"择人而任时"，战国时期的白圭"乐观时变，故人弃我取，人取我与"，这些从商经验对后世商贾颇有启发。当代学者田兆元、田亮把古代商家的经营技巧归纳为以下几方面，包括"预测行情，先发制人""扬长避短，出奇制胜""和气生财，薄利多销""巧用广告，炫人耳目"等[②]，确有一定道理。明代商业书多谈论经商知识、经商技巧，其中《士商要览》总结经商中的经验教训，包括熟知天时地理、审择合作对象、调控买卖价格、收取钱款等方面，教诫子弟掌握经营之道，提高个人相关技能，以便谋取更大的商业利润。

---

① 张海鹏、王廷元主编：《明清徽商资料选编》，黄山书社1985年版，第273页。
② 田兆元、田亮：《商贾史》，上海文艺出版社2007年版，第179—190页。

《士商规略》云"如贩粮食，要察天时。既走江湖，须知丰歉"，贩卖粮食要察看天时及当时、当地庄稼的收成情况，长途贩运交易要熟悉不同地域、不同物品的状况，及时掌握具体、详细的商业信息。《买卖机关》中对于审查、选择"牙人"有所要求，"投牙三相，相物、相宅、相人"，又"入坐试言，言直、言公、公诈"，一方面观察牙人的家具陈设、住宅状况及外表衣着，另一方面考察牙人的言语，根据实情对其进行综合评判，做出自己的抉择。《士商规略》谈商品交易价格问题，"买要随时，卖毋固执。如逢货贵，买处不可慌张。若遇行迟，脱处暂须宁耐。货有盛衰，价无常例"，买卖要根据行情灵活定价，随机应变，采取相应措施，努力把握买与卖、贵与贱、疾与慢等方面的规律。《士商十要》论经商收账、记账事宜，"全要脚勤口紧，不可蹉跎怠情，收支随手入账，不致失记差讹"，强调要勤快、谨慎、细心，做到账目清楚、收支有度。《士商要览》认为，经商要遵循商业原则、商业规律，根据多种实际情况，采取灵活多变的方式，在长期实践中积累经验，获取丰富知识，不断提高个人的经营能力、经营技巧。

3. 注意经商安全

古代社会的商贾常受到歧视、打压，承担着繁重的赋税，被官府、权势人家勒索、侵夺乃至吞没财产，经商也可能导致折本、亏损、破产等，还有其他意外灾害发生，所以经商之路充满艰难险阻。明代李晋德《客商一览醒迷》载录"悲商歌三十首"，其中写道"四海无家任去留，也无春夏也无秋""抛却妻儿渡海滨，不辞晓夜载星行""一逢牙侩诓财本，平地无坑陷杀人""经营财货在良谋，一着输来即便休"，这些诗句均反映了当时商人的实际处境。古时候，经商关涉货物、钱财问题，应该说具有一定风险性，诈骗、偷盗、抢劫乃至谋害之事都有可能发生，因此安全问题非常重要。张应俞《江湖奇闻杜骗新书》（又名《杜骗新书》，万历年间刊）则是明清时期以防骗为宗旨的书籍，书中不少人物为商贾，对于商贾阶层不乏警示意义。明代的商贾家训在经商安全方面多有论述，《士商要览》就谈到经商过程中货物、钱财及人身方面的安全，提出了不少解决方法、措施。《士商规略》云"但凡远出，先须告引。搭伴同行，必须合契"，外出经商首先向官府申请办理路引，以便通行无阻，还要精心选择结伴同行之人。《士商规略》又云"未出门户，须仆妾不可通言。既出家庭奔路程，贵乎神速"，出发之前，日期及目的地要保密，防止奴婢、仆从知道，要快速前往目的地以免中途发生意外。《士商十要》云"凡行船，宜早湾泊口岸，切不可图快夜行"，水路行船要早点停泊口岸，不宜夜行，避免发生不测之事。《士商十要》又云"凡店房，门窗常要关锁，不得出入无忌，铺设不可华丽，诚恐动人眼目"，住店时关好、锁好门窗以保障人身、财物安全，摆设不要华丽以免惹人注目，谨慎小心可以避免带来灾祸。《买卖机关》云"同舟同宿，未必他心似我，一切贵细之物，务宜谨慎防护，夜恐盗而昼恐拐也"，严加提防同船同住之人，看管好自己的贵重细软之类物品，防备盗窃、拐带等不幸事件发生。《士商要览》论及商贾出行、住宿、交易等方面的注意事项，告诫经商子弟审时度势、谨慎细心，还要具备随机应变的能力，这些有助于防范不可预知的风险，化解种种危机，促使经商活动安全、顺利地进行。

4. 杜绝恶习

商人拥有大量财富，如果自身素质不高、缺乏自我约束，就可能挥霍无度，追求奢侈与腐化的生活，违法乱纪，败坏社会风气。明代谢肇淛《五杂俎》云"（新安人）惟娶妾，宿妓，争讼，则挥金如土"[1]，可见，徽州商人花费巨资娶妾、宿妓、争讼，这种习气并不值得称道。明代商人经商时常携带大量财物，又多在外经营，缺少家人朋友的陪伴、监督，容易沾染不良习气，影响经营活动，以致辱身败家。《士商要览》告诫子弟要深知创业的艰难，遵守法度，遵守家规，洁身自好，拒绝奢华、淫乐生活，力戒酗酒、嫖赌等恶习。《士商十要》云："先告路引为凭，关津不敢阻滞，投税不可隐瞒。"商人出门要申办路引，这样关卡渡口就不会阻拦，还要积极缴纳朝廷赋税，提倡知法守法，切忌违反法度的行为。《士商十要》又云"凡在外，弦楼歌馆之家，不可月底潜行，遇人适性，酌杯不可夜饮过度"，告诫子弟不要私自去"秦楼楚馆"一类娱乐场所游玩，饮酒要适当，不可贪杯误事。《士商十要》又云"凡见人博弈赌戏，宜远而不宜近，有人挟妓作乐，不得随时打哄"，子弟要远离赌博、游戏一类活动，严

---

① 〔明〕谢肇淛：《五杂俎》（上），远方出版社2005年版，第96页。

防染上赌博恶习，不宜狎妓作乐。《士商要览》劝诫子弟恪守道德规范，杜绝种种不良生活习气，勤俭经商，继承祖业，努力致富。

憺漪子《士商要览》在明代商品经济发达的社会环境中产生，也与商人家族兴起、商人集团壮大有关，既提供经商方面的专门知识，又富含商业伦理，教诲商人子弟提高个人素养及增强经商才干，立业谋生，兴家旺族。《士商要览》重视商人的经商实践活动，融入商人的人生经验教训，将正面说理与反面教育相结合，条规、措施明确，语言通俗易懂，使家族子弟更容易接受。该书也难免具有局限性，如宿命论、圆滑处世等，缺乏更高的思想境界，在一定程度上表现了明代商贾家训共有的缺陷。《士商要览》具有商贾家训性质，揭示商人家训的一些重要思想，反映了明代商贾家训日益兴起的趋势，在明代众多家训著作中别具一格，对清代这一类家训的发展繁荣功不可没。

五、清代名儒家训的繁荣

清代家训的数量远超过明代，文献资料极为丰富，内容涵盖社会生活的诸多领域，形式更加多样化。单篇家训数量惊人，家训一类著作空前繁多，家谱、族谱中的家法、族规大量涌现，家训类编式著作、家训丛书在明代的基础上不断增多，成果喜人。清代家训可以分为帝王家训、仕宦家训、名儒家训、商贾家训、女训等类型，其中名儒家训的成就较为突出，朱用纯《治家格言》可以称为这一类家训的典范之作，在社会各阶层广为传播。清代初期、中期是中国传统家训的鼎盛时期，后期则呈现不同的面貌，这部分将置于近代家训中予论述。

（一）清代名儒家训概说

名儒指的是有名的学者或者读书人，古代读书、科举、仕宦相结合，名儒中不乏朝中为官者，不过名儒家训毕竟与仕宦家训有所差异。清代的名儒家训数量可观，训主大多为不事科举或者弃绝举业的学者，这类家训的大量产生受到政治环境、文化环境及作者思想人格等方面影响。清代名儒家训内容广泛，秉承儒家伦理道德规范，涉及修身、治学、治家、处世诸多方面，教诫子弟日后成为贤人、君子。以下按照不同阶段梳理清代名儒家训的发展概况，以便了解、评析此类家训中的重要篇章。

1. 明清鼎革之际的名儒家训

明朝末年，社会变乱纷繁，农民起义风起云涌，明朝最终灭亡，清政权入主中原。这一时期，众多学者参与政治斗争，不少人隐居治学，启蒙民众，他们崇尚节操，家国意识浓烈，影响了家训的基本风貌。名儒傅山、彭士望、王夫之、魏禧等留下了一些家训篇目。傅山曾参加政治活动，后隐居不仕，著作有《霜红龛集》《荀子评注》等，其家训篇目有《训子侄》《文训》《诗训》《字训》《十六字格言》等①，多涉及读书治学方面，可见其学者本色。傅山《训子侄》勉励子侄趁年轻刻苦读书，"自爱其资，读书尚友，以待笔性老成、见识坚定之时，成吾著述之志不难也"（《霜红龛集》卷二十五），又谈到精读与泛读的方法。《十六字格言》则是专门为其孙撰写，"静""勤""谦""蜕""归"论读书为学，"淡""远""藏""忍""乐""默""俭""宽"等论为人处世，可谓个人修身、治学、处世经验的总结，不乏借鉴意义。王夫之是明清之际的著名思想家，明亡后隐居乡野，著述颇多，编为《船山遗书》刊行。王夫之的家训篇目有《示子侄》《丙寅岁寄弟侄》《示侄孙生蕃》等②，主张家庭教育应严厉与慈爱相结合，重视自我反省功夫，在教训子弟方面颇有特色。他训诫子弟立志高远，重视为人节操，《示子侄》云"立志之始，在脱习气。习气薰人，不醪而醉"，《示侄孙生蕃》又云"人字两撇捺，原与禽字异。潇洒不沾泥，便与天无二"（《姜斋文集》卷四），希望子孙潇洒脱俗、志节高尚。王夫之《丙寅岁寄弟侄》谈家庭和睦之道，"勿以言语之失，礼节之失，心生芥蒂。如有不是，何妨面责，慎勿藏之于心以积怨恨"（《姜斋文集》卷四）），家人之间要相互包容、相互沟通，化解彼此矛盾，这样有助于和睦团结。此外，彭士望《示儿婿》、魏禧《谕子》等重视学问、做人等方面的教育，也有可取之处。

明清之际，名儒孙奇逢、张履祥、朱用纯、申涵光、毛先舒等撰写了一些家训类著作，如《孝友堂家训》《孝友堂家规》《训子语》《治家格言》《荆园

① 参见〔清〕傅山：《霜红龛集》，北岳文艺出版社2007年版。
② 参见阳建雄：《〈姜斋文集〉校注》，湘潭大学出版社2013年版。

小语》《家人子语》等，对家人子弟加以教诫，也对世人颇有启迪，产生了很大影响。孙奇逢是明清之际的著名学者，被誉为"清初三大儒"之一，著有《理学宗学》《四书近旨》《夏峰先生集》等，家训方面主要有《孝友堂家训》与《孝友堂家规》①，浸透着儒家纲常名教思想，也不乏遗民意识。孙奇逢《孝友堂家训》重视子弟启蒙、成人教育，"从古贤人君子，多非生而富贵之人，但能安贫守分，便是贤人君子一流"，"夫知勇辩力四者，皆民之秀杰，然不能恶衣食耕凿以自养，反不如谨厚朴拙之安分而寡过也"，要求子弟安守本分、谨厚朴拙，养成良好品德，力争成为贤人。《孝友堂家训》又论做人、做事诸多方面，阐述宽容为上、知行结合、遵守家庭伦理、耕读兼重等道理，以此告诫族中子孙。孙奇逢《孝友堂家规》修订了十八则家规，包括个人修身、婚配择偶、处事择友、勤俭治生等方面，如"安贫以存士节""择德以结婚姻""敦睦以联宗党""勿欺以交朋友""克勤以绝耽乐之蠹己"条目，希望子孙能够传承良好的家风。张履祥是明末清初著名的理学家、教育家、农学家，致力于讲学著述，其著作被编为《杨园先生全集》②刊行于世。家训著作《训子语》为训诫幼子而作，包括立德、读书、谋业、婚嫁、丧葬等方面，彰显了其作为名儒的智慧与才华，颇有思想价值。《训子语》注重培养子孙宽和、仁爱、敬慎、勤俭等品德，"凡做人，须有宽和之气"，又立身四要素"曰爱，曰敬，曰勤，曰俭"（《杨园先生全集》卷四十七），又曰"只内外勤谨，守礼畏法，尚谦和，重廉耻，是好人家"（《杨园先生全集》卷四十八）。家长要选择良师、教子严格、辨别贤与不肖等，使子孙积善积德而光大门庭。《训子语》还教育儿子以耕读为业，"子孙只守农士家风，求为可继，惟此而已"，"耕与读又不可偏废，读而废耕，饥寒交至；耕而废读，礼义遂亡"（《杨园先生全集》卷四十七），既要勤于务农，又要重视读书明礼，可见，其在子弟职业指导方面具有封建小农经济时代的鲜明特色。清代汪森《训子语跋》认为，此书善于阐述人情事理，"非独先生之子当遵而不失，即凡为子者，皆可作座右铭也"（《杨园先生全集》卷四十八）。申涵

---

① 参见〔清〕孙奇逢：《孝友堂家训》，商务印书馆1939年版。
② 〔清〕张履祥：《杨园先生全集》，江苏书局刻本，清同治十年（1871）。

光在经史、诗文方面均有成就，留有《聪山集》。家训著作有《荆园小语》[①]，采用格言体形式，论立身处世之道，用来训诲家中弟弟，也借以自励自勉。《荆园小语》谈个人修身养性，注重从日常生活中的小事做起，诸如衣、食、住、行等方面，"绝荤是难事，亦且不必"，"早起有无限好处，于夏月尤宜"，"翻人书籍，涂人书案，折损人花木，皆极招厌之事"。从生活中的小事、细微之处培养个人品德，这是本书关于积德行善的一大特色。《荆园小语》还谈及处世经验，诸如家人相处、与人交往、婢仆管理、借贷纳税等方面，如"凡应人接物，胸中要有分晓，外面须存浑厚"，"不孝不弟人，不可与为友"，"将欲论人短长，先顾自己何若"，这些语句阐明了交际中知人贵德、宽厚待人、严于律己等道理。《荆园小语》又云"人生不论贵贱，一日有一日合作之事"，意谓人要有正当营生，又曰"亲故有困窘相求，量情量力，曲加周给"，倡导体恤、关怀亲友。总之，孙奇峰、张履祥、申涵光等家训著作虽然有不少落后思想，但其中包含宽严结合、对话交流、生活实践教育、重视环境影响等原则和方法，也值得我们汲取、借鉴。

2. 清代中期的名儒家训

清代中期大致包括康熙、雍正、乾隆、嘉庆等执政时期，名儒梅文鼎、万斯同、石成金、章学诚、聂继模等撰有家训篇章，教诲家中兄弟、子侄等，在读书、作文、仕宦、经世等方面加以训诫，提出了不少有益的见解。梅文鼎在天文历算方面用力甚勤，讲求经世致用之学，著作有《梅氏丛书辑要》《绩学堂文钞》等，其中《送仲弟文鼎入城读书序》一文为勉励其弟求学而作，颇为知名。《送仲弟文鼎入城读书序》云，"吾弟此行，若能凝乃神，笃乃虑，寝食梦寐，惟书是求，则断简残编，无往非治境治心之要。发为文章，必光明雄骏，向来心境，日益变化"[②]，告诫其弟读书不必过于讲究特定的环境、时间，要有强烈的求知欲望，把求学当作切身事情，调整个人心境而用心学习，才可能学有所成。万斯同为清代著名史学家，万氏《石园诗文集》含有家训方面的篇章，涉及读书治学等内容，体现了重文重教的学者风范。万斯同《与从子贞一书》云，"使

---

① 〔清〕申涵光：《丛书集成新编·荆园小语》（第14册），新文丰出版公司1985年版。
② 〔清〕梅文鼎：《绩学堂文钞》，清乾隆年间梅瑴成刻本。

古今之典章法制，灿然于胸中而经纬条贯，实可建万世之长策，他日用则为帝王师，不用则著书名山为后世法，始为儒者之实学，而吾亦俯仰于天地之间而无愧矣"[1]，教诲侄儿将读书学习与经纶世务、治国济民相结合。无论身在朝堂还是居于乡野，都可以实现经世致用之目标，这样才能成为儒者"实学"，这种思想境界确实高于常人。聂继模是著名学者，又善医术，著有《朱氏家训证释》《乐庵集》等，因其子聂涛出任县令而作《诫子书》，谈论为官之道，被收入《皇清经世文编》和《政令全书》，成为清朝官员的必读箴言。《诫子书》劝诫儿子谦虚谨慎、廉洁奉公、勤于政务，文中云"今服官年余，民情熟悉，正好兴利除害"，"偶有微功，益须加勉，不可怀欢喜心，阻人志气"，"知县是亲民官，小邑知县更好亲民。做得一事，民间就沾一事之惠，尤易感恩"。[2]聂继模勉励儿子在偏僻小县要有所作为，为政要造福一方百姓，而其子聂涛终成朝廷良吏。《诫子书》实为家训中的上乘之作，影响聂氏子孙，聂氏家族涌现了众多贤才，遂成为百年名门望族。此外，石成金《天基遗言》及章学诚《文史通义》等篇章在家训思想、家训格式方面也有所贡献。

这一时期，由名儒所编撰的家训著作数量可观，如王心敬《丰川家训》、夏敬秀《正家本论》、倪元坦《家规》、焦循《里堂家训》等，涵盖个人修身、读书治学、居家伦理、为人处世等方面，富有时代特色。理学家王心敬著有《丰川易说》《礼记汇编》等，其中家训著作《丰川家训》分为《立身》《治家》《莅仕》三卷[3]，关涉修身养德、齐家之事、居官从政等方面，"略仿古训，参以时宜，示训于家，令其诵守"（《丰川家训自叙》），目的在于教诫家人，维护良好家风。《立身》强调立身的重要性，文中云，"做人之道，上一等，达便宜为天地立心，生民立命；穷便宜为往圣继绝学，来世开太平。有如气质不高，才识有限，亦必安分守礼，无作非为"，将做人之道分为不同类型，而"安分守礼，无作非为"是人生的基本要求，读书修心是可以达到更高境界的途径。《治家》论家庭成员相处及教子之道，阐述治家要点，"吾谓公为要焉"，"以忠厚

---

① 方祖猷主编：《万斯同全集》（第8册），宁波出版社2013年版，第261页。
② 〔清〕聂焘：《镇安县志》，清乾隆十八年（1753）抄本。
③ 具体内容，参见楼含松主编：《中国历代家训集成》（第7册），浙江古籍出版社2017年版。

为元气，以严整为格式"，"孝为德本"，提出公正、忠厚、严整、仁孝、勤俭等治家准则。《莅仕》谈为官之道，其文曰"凡官职，无论大小高卑，莫不各有宜尽之道""其于国事必有所济，于生民必有所益"，又云"居官，俭朴是最要紧事。盖一能俭朴，则可以成廉，可以就公"，做官应该恪尽职守，还要精明能干，对于国家、民众有益，不可忽视俭朴、廉洁等品德，这样能为子孙指明仕宦的原则、规范。焦循为一代通儒，著述有《易通释》《春秋传杜氏集解补疏》《毛诗地理释》等，《里堂家训》①为教导其子而写，包括治生择业、治家教子、读书治学、交友、待人处世等方面，引用大量佐证材料，言之成理。《里堂家训》重视儒者的"治生"问题，"曰勤，曰俭，曰量入以为出"，又认为人拥有职业必不可少，"士农工商，四者皆可为"，可见在择业方面持开明观点。《里堂家训》又论说教育子弟方面，"教子弟读书，不可不专，不可不严"，"弟子入孝出弟，即次以谨而信。'诚'，子弟之要也"，告诫子弟读书时要"专""严"，培养孝悌、诚信等品行。《里堂家训》还用较多笔墨谈论读书治学的态度、方法，治学要因人而异，还要广采博取，不宜固守一隅。其文曰，"圣贤之学，以日新为要"，这就突出了创新的重要性。又云"故人之学高于己，就而师之可也，不可忮也；己之学高于人，引而教之可也，不可矜也"，对学问高于自己之人不可嫉妒、伤害，而对学问不如自己的人不可骄傲自夸。顾廷龙评价《里堂家训》："即今时移势异，修治岂有变易，精义尤难泯灭，百世后生，永堪师法。"②王心敬、焦循等名儒成长于清朝的发展、繁荣时期，太平之世，程朱理学的地位进一步强化，文人学者重视义理、考据之学，这些家训著作坚守儒家道德规范，勉励子弟以读书求学为重，耕读传家，伦理性、学术性较为突出。

（二）朱用纯《治家格言》

朱用纯，自号柏庐，生活于明末清初，一生没有出仕，居于乡间著书授徒，养家糊口，"上奉母陶孺人，下抚弟妹"③。朱用纯精研程朱理学，成为当时著

---

① 具体内容，参见楼含松主编：《中国历代家训集成》（第10册），浙江古籍出版社2017年版。
② 楼含松主编：《中国历代家训集成》（第10册），浙江古籍出版社2017年版，第5812—5813页。
③ 陆林、吴家驹：《朱柏庐诗文选》，江苏古籍出版社2002年版，第337页。

名的思想家、教育家，有《困衡录》《愧讷集》《大学中庸讲义》等著作。朱用纯《治家格言》①可以称为清代名儒家训的典范之作，该书全称为《朱子治家格言》或者《朱柏庐治家格言》，徐少锦、陈延斌《中国家训史》评论《治家格言》的内容，"几乎涉及治家、教子、修身、处世的各个方面"②。现从以下方面概述这部名作的思想内容，以把握其精髓，深化对清代名儒家训的认知。

1. 治家方面

家庭是社会的细胞，古人特别重视家庭治理，家国一体，治家是治国的基础。中国传统家训中，治家常为核心内容之一。朱用纯《治家格言》要求发扬勤劳俭朴的传统，忠厚传家，处理好与家人的多种关系，这样才可能维系家庭的和谐，有助于家业兴旺。《治家格言》云"黎明即起，洒扫庭除，要内外整洁。既昏便息，关锁门户，必亲自检点"，家人要早起打扫庭院，晚上巡查门户，注意勤劳持家，谨慎行事。《治家格言》云"一粥一饭，当思来处不易。半丝半缕，恒念物力维艰"，又云"自奉必须俭约，宴客切勿留连。器具质而洁，瓦缶胜金玉。饮食约而精，园蔬胜珍馐。勿营华屋，勿谋良田"，家人要珍惜饮食、衣服，特别是日常饮食追求俭约，住宅不宜奢华，田地不宜肥美，生活要节俭。《治家格言》谈及家中婢仆、妻妾问题，"婢美妾娇，非闺房之福。奴仆勿用俊美，妻妾切忌艳妆"，谨慎选用、严格管束奴婢妻妾，禁止奢靡之风，以免招致灾祸。关于家人相处方面，《治家格言》云"兄弟叔侄，须多分润寡。长幼内外，宜法属辞严"，又云"家门和顺，虽饔飧不济，亦有余欢"，兄弟叔侄之间在财物方面互相帮助，"长幼内外"要有规矩，讲究忠厚待人，促使家庭上下和顺、和睦。

2. 教子方面

古代家族重视教诫子弟，培养良好的品行，掌握知识技能，不断增长才干，因为这关系到子弟本身的成长及家庭的未来。朱用纯在家中承担着教育子弟的重任，"训子弟循分读书，切以攀援幸进为戒"，"教养诸弟，俱不失为贤

---

① 具体内容，参见楼含松主编：《中国历代家训集成》（第6册），浙江古籍出版社2017年版。下文不再一一标注。
② 徐少锦、陈延斌：《中国家训史》，陕西人民出版社2003年版，第682页。

者"。①《治家格言》融入了朱氏个人的经历与感悟。《治家格言》云"祖宗虽远,祭祀不可不诚。子孙虽愚,经书不可不读",教育子弟敬奉祖宗,勤读经书,如"四书""五经"之类的儒家经典著作,增强文化素养,知晓礼义道德,以便日后成器、立业。男女婚嫁方面,要树立重人轻财的观念,"嫁女择佳婿,毋索重聘。娶媳求淑女,毋计厚奁",重在选取"佳婿""淑女",不贪图彩礼,不贪图富贵。族中子弟要具有孝悌美德,"听妇言,乖骨肉,岂是丈夫? 重资财,薄父母,不成人子",听信妇人谗言而伤害骨肉亲情,看重钱财而有违仁孝之义,这些都不可取,否则就难以成为合格的男子。《治家格言》又云,"居身务期质朴,教子要有义方","与肩挑贸易,勿占便宜。见贫苦亲邻,须多温恤",告诫家人子弟为人"质朴""仁厚",不可贪占便宜,不可刻薄冷酷,行为要合乎道义。关于读书、仕宦方面,《治家格言》云"读书志在圣贤,为官心存君国",读书的远大目的在于成为圣贤而不仅仅应举求仕,为官的目的在于报效君主、国家而不仅仅博取富贵。清代官员程含章书写"读书志在圣贤"等十余字,悬挂厅堂而用以自勉②,可见,《治家格言》中的语句也成为后人为官从政的规范。此外,《治家格言》告诫子弟不可懒惰颓废,不可争斗诉讼,等等。

3. 修身、处世方面

朱用纯身处明清易代之际,对于当时的社会风气感慨良多,"今举世之人,汲汲津津,所事者惟功利,所尚者惟富贵。其于人之所以为人、三纲五常之道,莫之或讲也"③,揭示了世人伦理纲常日渐沦丧的现状。对此,朱氏忧心忡忡,这也成为其撰写家训著作的原因之一。《治家格言》论述为人修身、处世之道,内容涉及个人品德、交友、处世方面,重视以德育人,希望子弟品行端正、人事关系融洽,能够更好地立足于社会。家族子弟要有仁爱之心,"人有喜庆,不可生妒忌心。人有祸患,不可生喜幸心",戒除嫉妒、幸灾乐祸等不良心理,要与他人同喜同悲,这样既能显示个人的思想素质,也更容易与人相处。家族子弟要

---

① 陆林、吴家驹:《朱柏庐诗文选》,江苏古籍出版社2002年版,第341、337页。

② 〔清〕梁章钜:《楹联丛话》,中华书局1987年版,第113页。

③ 〔清〕金吴澜、胪青甫:《朱柏庐先生编年毋欺录》(卷上),见周和平主编:《北京图书馆藏珍本年谱丛刊》(第77册),北京图书馆出版社1999年版,第486页。

谨慎言行、行事有度、安分守己，"处世戒多言，言多必失"，"凡事当留余地，得意不宜再往"，"守分安命，顺时听天"，警戒多言、做事太过、汲汲营求的弊端。家族子弟勿要贪财贪色，"勿贪意外之财"，"见色而起淫心，报在妻女"，指出贪财、好色的过失，使自己遭遇灾祸。家族子弟勿要成为势利之徒而欺压良善，"见富贵而生馋容者，最可耻。遇贫穷而作骄态者，贱莫甚"，"勿恃势力而凌逼孤寡"，羡慕、渴求富贵，而在贫穷者面前倨傲无礼，以及欺凌弱小，这些行为实不可取。家族子弟要增强处理实际事务的能力，"轻听发言，安知非人之谮诉，当忍耐三思。因事相争，安知非我之不是，须平心暗想"，勿要轻信人言，遇事多自我反省。家族子弟交友须谨慎，"狎昵恶少，久必受其累。屈志老成，急则可相依"，不与恶少来往，多结交老成之人，具备辨析良莠的能力。《治家格言》谈及修身、处世方面的许多事项，比较细致具体，对族中子弟为人处世富有启迪。

朱用纯《治家格言》是一部以家庭道德教育为主的启蒙教材，涉及居家、修身、处世等方面，包含着丰富的生活经验和人生哲理，用以警示、训诫族中子弟，见解深刻、独到，值得后人借鉴。当然，《治家格言》难免包含消极思想，如宣扬明哲保身、安分守命、因果报应等，需要加以辨别。《治家格言》将儒家思想和传统美德日常化、世俗化，采用格言、警句体形式，言简意赅，形象生动而通俗易懂，《清史稿·孝义传》称其"语平易而切至"。《治家格言》的语句注重押韵，采用对仗方式，句式整齐，朗朗上口，容易记诵，使读者乐于阅读、接受。

《治家格言》自问世后，受到了官吏、文人、平民的欢迎，在社会各个阶层广为流传，几乎家喻户晓，成为我国历史上传播最广、影响最大的家训之一。清代严可均《铁桥漫稿》记载："江淮以南，皆悬之壁，称'朱子家训'。"[1]清代戴翊清将《治家格言》与儒家"六经""四书"相提并论，给予很高评价，"久传海内，妇孺皆知，固'六经''四书'并垂不朽"[2]。《治家格言》版本极多，有单行本、合刊本、插图本、注释本、翻译本，均发挥了重要的家庭教育

---

① 陆林、吴家驹：《朱柏庐诗文选》，江苏古籍出版社2002年版，第346页。
② 〔清〕戴翊清：《治家格言绎义》，有福读书堂丛刻本，清光绪二十三年（1897）。

功能，在今天仍然具有很高的现实意义。

第二节　近代社会：家训的危机与转型

近代指的是从清朝道光年间鸦片战争到五四新文化运动兴起这一时段，中国沦为世界列强宰割的半殖民地半封建社会，内忧外患严重，出现了"数千年来未有之变局"[①]。清朝灭亡后，掀起了思想文化革命，逐渐向现代社会过渡。这一时期，封建社会日薄西山，中国与西方文明碰撞、冲突、交汇，除了官员、传统文人学者家训之外，洋务派、改良主义思想家、启蒙学者等家训引人瞩目，传统家训适应时代的发展而变化，注入了新思想、新知识。这一时期，家训著作数量不少，家书成为家训的重要形式，民间编修家谱之风盛行，如族训、族规、族法等。近代社会，中国传统家训日渐衰落，步入转型期。

一、近代家训概述

近代中国遭受帝国主义列强入侵，沦为半殖民地半封建社会，一方面，人民斗争风起云涌，掀起反帝反封建运动，另一方面，有识之士学习西方，变法图强，引发思想文化界变革。在这种大环境下，封建制度日益衰微，封建家族制度受到了巨大冲击，大家庭逐渐衰落，小家庭兴起，深刻影响了传统家族、家庭教育。近代家训数量可观，种类多样，家族族谱、家谱中存有大量家训，家训类丛书广为流行，家训著作颇为繁盛。近代，家书类家训堪称典范，其中林则徐、曾国藩、左宗棠、郑观应、严复等均留下了家书类名作，教诫子弟读书治学、经世致用、待人接物、养生健体等，内容丰富，家训方法也多有可取之处。这一时期，传统家训衰落已难以避免，家训的革新势在必行。

[①] 蒋世弟、吴振棣编：《中国近代史参考资料》，高等教育出版社1988年版，第185页。

（一）近代社会文化概貌

清朝历经了康熙、雍正、乾隆盛世之后，在嘉庆、道光时期呈现出衰落之势，农业、工商业等发展迟缓，百姓负担沉重，朝廷吏治腐败，社会矛盾日益激化。随着中英鸦片战争爆发，中国步入近代社会时期。帝国主义列强纷纷入侵，清政府在遭受鸦片战争、中法战争、中日甲午战争等挫败后，签订了一系列丧权辱国的不平等条约，国家被瓜分豆剖，经济、军事、文化方面受到外部势力的侵略，古老中国的社会性质和结构随之而改变。另一方面，王朝内部危机重重，洋务运动、戊戌变法等并未使国家积贫积弱的局面有所改观，而太平天国、捻军等农民起义给予了王朝沉重的打击，最终，孙中山领导的资产阶级民主革命推翻了清王朝的统治。中华民国成立后，袁世凯称帝、张勋复辟等事件接连发生，国内陷入长期混战，国家仍然动荡不安。直至五四运动爆发，中国逐渐进入现代社会。在经济方面，封建小农经济、资本主义工商业、游牧经济等共存，其中资本主义国家资本、商品等大量涌入，使中国的传统农业、手工业受到巨大冲击，自然经济被破坏，农民、手工业者贫困化、破产化加剧，同时民族工业兴起，中国近代经济表现出殖民地经济与封建经济相混合的特征。

世界列强侵略、清王朝危机重重、传统社会面貌改变等引起了当时有识之士的关注和忧虑，促使近代思想文化界深刻变革，救亡图存、抵御外敌的潮流盛行，反帝反封建运动风起云涌。虽然晚清思想保守的士大夫官僚以礼义节气、"夷夏之辨"、民智未化等理由贬低与反对西方文化，但是师法西方、改革图强的势头不可阻挡，一大批仁人志士发表见解。魏源曰"师夷长技以制夷"[①]，冯桂芬云"以中国之伦常名教为原本，辅以诸国富强之术"[②]，严复谓"一曰鼓民力，二曰开民智，三曰新民德"[③]，孙中山提出"民族主义""民权主义""民生主义"纲领[④]。梁启超将时人向西方学习概括为"器物""制

---

① 〔清〕魏源：《海国国志》，古微堂刻本，清道光二十九年（1849）。
② 郑大华点校：《采西学议：冯桂芬　马建忠集》，辽宁人民出版社1994年版，第84页。
③ 蒋世弟、吴振棣编：《中国近代史参考资料》，高等教育出版社1988年版，第233页。
④ 蒋世弟、吴振棣编：《中国近代史参考资料》，高等教育出版社1988年版，第352页。

度""人格的觉醒"等不同阶段①，由关注西方船炮等武器到关注西方制度再到关注西方思想，这种看法确实有见地。近代社会，不同政治势力、不同政治派别、不同人物勇于进行社会探索、社会改革，或者维护清王朝统治，或者力求建立新政权，如洋务运动中开办企业、维新派崇尚西学、孙中山谋求建立资产阶级共和国等，均在历史上留下了浓墨重彩的一笔。就近代文化教育而言，"西学东渐"的时代风尚改变了千年以来中国封建文化教育的传统格局，兴办报刊、创办新式学堂、出国留学、重视翻译事业等，传播、学习、接受西方自然科学知识及文化知识，产生了诸多新生事物。洋务派人物创办了京师同文馆、上海广方言馆、福州船政学堂、上海电报学堂、南京陆军学堂等，不同于清代尊孔读经、研习八股的传统官学、书院、私塾，这类新式学堂学习外语、自然科学、政法知识、军事技术等。1905年，清政府下令废除科举、兴办学堂，结束了实行一千余年的科举制度。据统计，从清末实施新政至1909年，全国有小学堂51678所，中学堂460所，高等学堂127所，师范学堂514所，各种实业学堂254所。②唐才常这样描述当时青年学子倾慕新式学堂的风尚："少年子弟之根器稍异、见闻略广者，则不甘心死于时文章句，相与联翩接轸于东西学堂。"③这一时期，留学事业发展迅猛，从清末同治年间到光绪年间，留学生数量已达万人之多，青年学生奔赴欧美、日本等地留学，学习科技、文化、军事等多种知识，接受西方文明的熏陶。近代变革图强的思想潮流及废科举、兴学堂、崇尚留学等对传统家族、家庭教育产生了巨大冲击，逐步改变了旧式家庭教育的面貌。

由于资本主义的发展、人民革命斗争的影响、传统自然经济的破坏等，封建家族制度日益衰落。太平天国运动对于封建家庭冲击甚大，戊戌变法时期，维新派提倡婚姻、家庭改革，如康有为《大同书》提出"社会取代家庭"的设想④。辛亥革命时期，革命者以资产阶级民主思想为武器，抨击封建家族制度及宗法思

---

① 李华兴、吴嘉勋编：《梁启超选集》，上海人民出版社1984年版，第833页。
② 张汝：《清末新政的新式学堂与教育近代化》，载《乐山师范学院学报》2002年第1期。
③〔清〕唐才常：《唐才常集》，岳麓书社2011年版，第359页。
④ 康有为：《大同书》，朝华出版社2017年版，第255—352页。

想，如邹容《革命军》指出，封建礼教是"奴隶之教科书"[①]，其目的在于维护封建专制。此外，无政府主义者、立宪民主主义者等也批判封建家族制度，倡导家庭革命、祖宗革命。在政治、经济、文化、法律等多种因素的影响下，近代传统家庭变迁加剧。当代学者邓伟志认为，"家庭功能在一天天地由多到少，家庭规模在一天天地由大到小，家庭结构在一天天地由紧到松，家庭观念在一天天地由浓到淡"[②]。传统的大家庭逐渐减少，小家庭日益增多，家庭小型化、核心化成为发展趋势。据《光绪湖南通志》卷二〇一记载，各县五世以上同居之户主姓氏统计，大多数为数口之家的个体小家庭，而不是累世同居的大家庭。[③]又根据清代宣统年间户口资料（1912年汇造）统计，全国平均家庭规模为5.11人，与嘉庆二十五年（1820）同类资料在户数、口数、户口均数等方面纵向比较，可见，家庭规模基本上处于从大到小的变迁之中。某些省区变化很大，如奉天的户均口数由10.32人变为6.45人，山西由6.83人变为4.82人，甘肃由8.14人变为5.18人。[④]近代社会，家庭规模发生较大变化，传统大家庭逐渐衰落，小家庭兴起，而广大乡村家庭与城市家庭相比较，变化比较缓慢，传统大家庭仍然占有不小的比重。

（二）近代家训的演进

近代以来，私人修撰的家谱、族谱中仍然保留家训，名称繁多，如家戒、家规、族规、族约、条规、公约等。此类族规、家规数量不少，内容多涉及忠于君上、尊祖敬宗、孝敬父母、和睦族人、友爱兄弟、夫妇和合、教诫子女、尊师交友、力学务农、勤俭持家等方面，值得注意。根据日本当代学者多贺秋五郎《宗谱的研究》（资料篇）统计，近代编撰并且含有族规、家规之类家谱族谱有110余部，如道光二十七年（1847）广东香山《黄氏家乘》（含"族规"）、咸丰十年（1860）江苏通州《沈氏宗谱》（含"家言"）、同治六年（1867）安徽桐城《程氏宗谱》（含"家规"）、光绪十七年（1891）山西平定《石氏族谱》

---

① 郅志：《猛回头：陈天华 邹容集》，辽宁人民出版社1994年版，第213页。
② 邓伟志：《近代中国家庭的变革》，上海人民出版社1994年版，序第1页。
③ 徐扬杰：《中国家族制度史》，武汉大学出版社2012年版，第340页。
④ 岳庆平：《家庭变迁》，民主与建设出版社1997年版，第64—65页。

（含"祭祀规条"）、宣统三年（1911）河北景定《张氏族谱》（含"家规"）等①。近代陕西安康地区民间所撰写的家谱、族谱中也保存了不少家训内容，如宣统三年《杨氏宗谱》（含有"家训家规"）、同治七年（1868）《杜氏家乘》（含有"齐家条规"）、道光二十二年（1842）《陈氏宗谱》（含有"历代祖训"）、光绪四年（1878）《饶氏宗谱》（含有"家训"）、光绪八年（1882）《黄氏宗谱》（含有"家训"）、光绪三十三年（1907）《詹氏宗谱》（含有"家规"）等②，可见，这一地区在近代修谱之风依然较盛。以上列举的近代家谱、族谱中的家训之类，只是其中很小一部分，实际上包含家规、族规的家谱、族谱数量极其庞大，已经无法准确统计。家谱、族谱中的家训重在教育家族子弟进德修业、为人处世，也传授治家之道，维系家族利益，促使家族绵延不绝。

近代仍有一些学者承继前人汇集众多家训的传统，辑成家训之类丛书，类书中也包含不少家训篇章。晚清张承燮所辑《东听雨堂刊书》中《儒先训要》收入了不少家训，如司马光《司马温公居家杂仪》、朱熹《朱子童蒙须知》、杨继盛《杨椒山先生遗训》、张履祥《张杨园先生训子语》、朱用纯《治家格言》等，成为影响较大的训诲劝诫文献。晚清张应昌所编《清诗铎》（又名《国朝诗铎》）为一部清诗选集，收录众多有关世风民瘼诗作，并且根据专门类别编排，"以是为遒人之警路，以是佐太史之陈风"③，其中家范一类收入清人教子诗十余首，如沈青崖《训子诗》、陈寅《示诸子》、李毓清《妇诫》等，其中其他类别家训性质的诗作还有不少。近代家训内容丰富，训诫子女突破传统经史的局限，重视西学和洋务，重视知识的实际功用，书信体家训成为一时之风尚，如林则徐家书、胡林翼家书、彭玉麟家书、李鸿章家书等。家训类型有仕宦家训、平民家训、女训等，如曾国藩家训、陕西汉中《谭氏族规碑》［光绪十九年（1893）］、刘鉴《曾氏女训》等。近代家训的发展演变受到社会环境的深刻影响，与社会、文化、思想变革息息相关，富有时代特色的家训主要有林则徐与魏源家训、洋务派家训、改良主义者家训、启蒙主义者家训等，以下略加梳理，进

---

① 徐梓：《家范志》，上海人民出版社1998年版，第143—154页。
② 戴承元：《安康优秀传统家训注译》，陕西人民出版社2017年版，第324—325页。
③ 〔清〕张应昌编：《清诗铎》（上册），中华书局1960年版，第3页。

而把握其基本风貌。

近代思想改良先驱林则徐、魏源等主张"睁眼看世界"，倡导变古革新、爱国主义、经世致用，留下了不少家训之作。林则徐家书有《致夫人书》《致次儿聪彝》《复长子汝舟》《致家人》等，在读书学问、农耕谋业、报效国家、为官之道等方面发表有益见解。魏源则作有《家塾示儿耆》《家塾再示儿耆》《读书吟示儿耆》等教子诗，励志勉学，要求儿子探究经世致用之学。洋务运动代表人物曾国藩、左宗棠、李鸿章、张之洞等，主张"旧学为体，新学为用，不使偏废"，"中学治身心，西学应世事"①，倡导学习西方科学技术、先进文化，学以致用，兴办企业，建立新式学堂，以求富国强兵，其目的在于维系封建统治。洋务派家训主要以家书形式呈现，反映教化思想，如提倡经世济用之学、传授治学经验、训诫待人处世、重视养生健体等方面，可以说大大拓展了传统家训的内容，也提供了一些教育子弟的原则、方法。如曾国藩《谕纪泽》、李鸿章《示文儿》、张之洞《致儿子书》等谈及学习西方科学技术、军事知识、文化知识，左宗棠《与子书》、李鸿章《谕文儿》、张之洞《复儿子书》等教诲子弟读书治学，曾国藩《致澄弟》、李鸿章《致三弟》、张之洞《致侄子密》等则论述立身做人之道，曾国藩《谕纪泽纪鸿》、李鸿章《致四弟》、左宗棠《与孝威》等进行养生方面的教育。当然，由于时代等因素局限，洋务派家训还存在不少封建思想，需要加以辨析。

除了洋务派家训之外，近代改良主义者、启蒙主义者主张启发民众、变法维新、教育救国、实业救国等，其家训同样体现了纷繁多变的时代特色，代表者有郑观应、严复等家训，家训思想不乏积极因素，也难免有消极保守的一面。郑观应是改良主义思想家、实业家，《训儿女书》教育子女自立自强，《训次儿润潮书》《侍鹤老人嘱书》则是在职业道德、从商经验技巧方面予以训诫，《致天津翼之五弟书》强调养生健体。严复是启蒙学者中的代表人物，翻译出版赫胥黎《天演论》，在思想启蒙、救亡图存方面做出了很大贡献，其《与五弟书》《与四子严璇书》论启发民智、读书治学，《与夫人朱明丽书》谈及家庭管理，《与

---

① 陈山榜：《张之洞劝学篇评注》，大连出版社1990年版，第105、159页。

甥女何纫兰书》则关注养生保健。此外，晚清学者张寿荣作《成人篇》教育儿子，涉及学术发展历史，被誉为"渡津筏""益人智慧"①。著名文人林纾《示子书》作于民国初年，训诫身为县官的儿子，从官德、治民、用人等方面提出忠告，对初入仕途的人有一定的教益。五四新文化运动之后，传统家训的文本形式难以适应时代的发展需要，呈现出衰落之势，而现代家训内容不断更新，形式也有新的变化，随着历史的发展而发展。

二、近代仕宦家训的辉煌

近代社会风云变幻，"新学"与"旧学"相互冲突，知识阶层、士大夫阶层也明显分化，有封建顽固守旧派、洋务派、维新派等，后来还出现了资产阶级革命派。这一时期，士大夫官僚不仅熟悉传统文化和封建纲常名教，而且其中一些人主张接受适应时代的新思想，学习西方科学技术、文化知识，倡导社会变革，以挽救国家危机，实际上已不同于传统的封建官僚。就仕宦家训而言，近代与前代具有明显的差异，除了教育子弟学习儒家经典、史书等以便完善道德、获取功名或者富贵之外，还教导子弟吸取西学以便经世致用、救亡图存，这方面比较著名的有林则徐、魏源、曾国藩、胡林翼等家训，而家书成为此类家训中一种典型的形式。曾国藩被称为清末"中兴名臣""理学大师"，《清史稿·曾国藩传》谓"汉之诸葛亮，唐之裴度，明之王守仁，殆无以过"。《曾国藩家书》（又名《曾文正公家书》）堪称这一时期仕宦家训的代表，可以说集传统家训之大成，标志着仕宦家训达到顶峰，具有划时代的意义。本部分主要简述《曾国藩家书》的重要内容②，探究其训诫子弟的方法，归纳其多重影响，希望有助于研读这一时期典范的仕宦家训。

（一）《曾国藩家书》的基本内容

曾国藩曾任翰林侍讲学士、吏部侍郎、刑部侍郎等官职，又镇压太平天国

---

① 〔清〕张寿荣：《丛书集成续编·成人篇》（第60册），新文丰出版公司1989年版。
② 参见〔清〕曾国藩：《曾国藩全集·家书》，岳麓书社1985年版。以下引文不再一一标注。

运动、查办天津教案、倡导洋务运动等，从政为官时期和家人聚少离多。清末交通发展，邮政业发达，家书遂成为曾国藩与家人沟通思想、交流感情、处理事务的主要形式。从清代道光年间到同治年间，曾国藩撰写家书共一千多封，寄送对象包括祖父母、父母、叔父母、诸弟、夫人、子侄等，数量可谓中国历代最多者，其中家训色彩较浓的有数百篇，主要集中于训诫诸弟、子侄方面，《清史稿·曾国藩传》云"时举先世耕读之训，教诫其家"。光绪年间刊行《曾文正公家书》，后人又编辑、出版《曾国藩教子书》《曾国藩家书》《曾国藩全集·家书》等。《曾国藩家书》内容极其丰富，从国家军政大事到个人居家生活琐事都有所涉及，就教训子弟而言，重点体现在读书、修身、治家、养生等方面。以下简析曾国藩的家书，以便了解曾国藩家训的概貌。

1.读书治学方面

曾国藩出身寒门，通过科举考试而步入仕途，既政绩卓著，又在文化学术方面颇有造诣，一生著述不少，编撰《求阙斋文集》《经史百家杂钞》《十八家诗钞》等。曾国藩教诲子弟，极为重视读书、作文及学问，还主张通过延请名师、开办学堂等加强子弟教育，《曾国藩家书》中多次论及读书求学方面问题，可以说在家书中占有重要的地位。曾国藩此类家书在读书目的、读书方法、读书内容等方面发表个人的见解，对兄弟、子侄不无教益，赓续曾氏家族耕读之风。

古人读书治学的目的有修德、仕宦、博取富贵等，曾国藩作为封建官僚，难免怀有读书应举的理念，不乏政治功利性。《谕纪泽纪鸿》［同治五年（1866）四月二十五日］云"世家子弟既为秀才，断无不应场之理。……纪鸿宜从之讲求八股"，认为家族子弟有必要参加朝廷科举考试，应该精研八股文之类。不过，曾国藩教诫子弟读书，更重要的是明理立德、涵养性情，又希望子弟能够潜心治学、学业有成，这样的读书动机明显高于常人。《谕纪鸿》［咸丰六年（1856）九月二十九夜］云"凡人多望子孙为大官，余不愿为大官，但愿为读书明理之君子"，读书求学不宜一味追求"为大官"，而要成为德才兼备的君子，这种观念值得肯定。《致澄弟温弟沅弟季弟》［道光二十二年（1842）九月十八日］又云："吾辈读书，只有两事：一者进德之事，讲求乎诚正修齐之道，以图无忝所生；一者修业之事，操习乎记诵词章之术，以图自卫其身。"曾国藩进一步申明通过读书达到"进德""修业"的目标，"进德"尤为重要。读书可以掌握圣贤孝悌仁义之道，有助于个人修身立德，还能够增进学识，提升作文能力，进而提高个人综合素质，以图日后更好地效力朝廷。曾国藩在家书中多次强调子弟读书的重要性，《致澄弟》［咸丰九年（1859）六月初四日］云"家中读书事，弟亦宜常常留心。如甲五、科三等皆须读书，令晓文理，在乡能起稿，在外能写信，庶不失大家子弟风范"，读书无疑可以增进子弟自强自立的能力，可以体现"大家子弟风范"。

曾国藩是晚清"湘学"代表人物之一，其学术成果颇为丰硕，但他认为自己在学术方面有诸多缺憾，如研究学问未能将自己擅长的辞章与当时盛行的考据学相结合、不懂天文算学等，在家书中便对子侄提出殷切期望，希望子侄通过读书学习弥补长辈学术方面的不足，日后取得较大的学术成就。《谕纪泽》［咸丰八年（1858）十二月三十日］云："余自憾学问无成，有愧王文肃公（王安国）远甚，而望尔辈为怀祖先生（王念孙），为伯申氏（王引之），则梦寐之际，未尝须臾忘也。"清代江苏高邮王氏家族中，王安国、王念孙、王引之祖孙三人均为著名学者，曾国藩极为推重王氏三人的学问文章，勉励儿子刻苦求学，成为王念孙、王引之一类的名儒。《谕纪泽》（咸丰八年十月二十九日）又云"若尔与心壶二人能略窥二者（天文历数之学）之端绪，则足以补余之阙憾矣"，希望晚辈能够精通天文算学，以完成自己的未了心愿。曾国藩训诫子弟读书治学，促使子弟取得学术成就，这也是他教子读书的重要目的之一。

曾国藩在综合前人经验、个人切身体会与训导对象状况的基础上，通过一封封家书阐明读书问学的注意事项、具体方法，指导诸弟、子侄读书学习，富有识见。关于如何读书，可以概括为以下三方面。

一是立大志、有恒心。《致澄弟温弟沅弟季弟》（道光二十二年十二月二十日）云"盖士人读书，第一要有志，第二要有识，第三要有恒"，"有志""有恒"等为成功的重要条件。"有志"不仅仅指出于个人、家庭动机而读书治学，还要有远大的志向，如代圣贤立言、为国为民效力等，发奋自立，争取成为"完人"。《致澄弟温弟沅弟季弟》（道光二十二年十月二十六日）谓"君子之立志也，有民胞物与之量，有内圣外王之业"，此处告诫诸弟要确立大志，履行儒家

"内圣外王"之道，力争做圣贤豪杰之类的人物。读书学习还要有恒心，《致澄弟温弟沅弟季弟》［道光二十四年（1844）十一月二十一日］曰"学问之道无穷，而总以有恒为主"，强调读书贵在坚持不懈。曾国藩以自己的做法为例而谈，《致澄弟温弟沅弟季弟》（道光二十二年十二月二十日）云"而每日楷书写日记，每日读史十叶，每日记茶余偶谈一则，此三事未尝一日间断"，写日记、读史、记茶余偶谈三事，每日应该坚持完成，日积月累就会有所成就。

二是看、读、写、作四种方法相结合。《谕纪泽》（咸丰八年七月二十一日）曰"读书之法，看、读、写、作，四者每日不可缺一"，可见曾国藩教子强调"读书四法"。"看"多指阅读史书、子书等，如《史记》《汉书》《资治通鉴》《近思录》等，此类书籍能够拓宽个人的知识领域，可以泛读、速读。"读"主要就儒家经典、古代典范诗文而言，如"四书""五经"及唐宋时期李白、杜甫、韩愈、欧阳修、王安石等的诗文，要高声诵读而理解、体会。《谕纪泽》（咸丰八年八月初三日）提到"虚心涵咏，切己体察"，就是说读书不贪多，不强记，要深得其妙并且反省自身，希望多有所获。"写"就是写字、练字。《谕纪泽》（咸丰八年七月二十一日）谓书法"既要求好，又要求快"，《谕纪鸿》（同治五年二月十八日）又云"凡作字总要写得秀，学颜、柳，学其秀而能雄"，强调写字要向颜真卿、柳公权之类名家学习，不可一日间断，既要写得快，更要写得好。"作"指作文。《谕纪泽》（咸丰八年七月二十一日）云"作四书文，作试帖诗，作律赋，作古今体诗，作古文，作骈体文"，包括写作文章、诗词歌赋等，劝勉子弟坚持练习多种文体进行写作，不断提高作文的质量。

三是专一、精熟。曾国藩既主张博览群书，更倡导有选择地阅读，做到读书专一，注重精读这一方式。《致澄弟温弟沅弟季弟》（道光二十二年九月十八日）云"求业之精，别无他法，日专而已矣。谚曰'艺多不养身'，谓不专也"，强调"日专"对于"求业"的重要性，又说明"不专"的危害。关于如何专一、如何精熟，《致澄弟温弟沅弟季弟》［道光二十三年（1843）正月十七日］曰"是故经则专守一经，史则专熟一代，读经史则专主义理"，"若夫经史而外，诸子百家……但当读一人之专集"，无论阅读、学习经史，还是诸子百家都要讲求专精之法，从一部儒家经典、一代历史、一人专集着手，熟读精读，钻研其中的精华部分，这样才可能学有所得。曾国藩主张读书义理、考据、辞章并重，训导子弟读书涵盖经史、诸子百家、小学训诂等，追求书籍的实用价值。《谕纪泽》（咸丰九年四月二十一日）又云："泽儿若能成吾之志，将《四书》《五经》及余所好之八种一一熟读而深思之，略作札记，以志所得，以著所疑。"曾国藩训诫子侄重点阅读"四书""五经"及《史记》、《汉书》、《庄子》、韩（愈）文、《资治通鉴》、《文选》、《古文辞类纂》、《十八家诗钞》等，要求熟读深思，并且做好读书札记。这里对子弟读书的内容加以详细指导，对今人阅读学习有借鉴意义。

2. 立德做人方面

曾国藩讲求修身立德，注重在品行修养、为人处世方面教育子弟，常结合前贤教诲、时代特征及个人经验教训而论，希望子弟砥砺品行，成为圣贤一类的人物，《曾国藩家书》就体现了这方面的重要内容。《谕纪泽纪鸿》（同治五年三月十四夜）为子侄辈列出"勤""俭""刚""明""忠""恕""谦"等"八德"，又在《谕纪泽纪鸿》[同治九年（1870）十一月初二日]中提出"慎独""主敬""求仁"等要求。可见曾国藩重视子弟立德，着力培养子弟勤劳、谦恭、孝悌、仁爱、诚信、宽容、坚韧等品德，以便指导他们为人处世。

《曾国藩家书》强调孝悌之道，劝勉子弟孝敬长辈、友爱兄弟，这无疑是实现"圣贤"目标的重要条件之一。《致澄弟沅弟季弟》（道光二十三年六月初六日）曰"于孝弟两字上尽一分便是一分学"，《致澄弟温弟沅弟季弟》[咸丰元年（1851）八月十九日二更]又云"若诸弟在家能婉愉孝养……岂非一门之祥瑞哉"，子弟在孝悌方面尽心尽力，这样对个人、对家庭都有好处。《谕纪泽纪鸿》（同治九年六月初四日）带有遗嘱性质，其文云"我身殁之后，尔等事两叔如父，事叔母如母，视堂兄弟如手足"，告诫儿子尽力侍奉叔父、叔母，友爱诸兄弟，这正是践行孝悌之道。《曾国藩家书》要求子弟谦恭谨慎，行事遵守礼度而心存敬畏。《致澄弟》[咸丰十一年（1861）正月初四日]云"天地间惟谦谨是载福之道"，《谕纪鸿》[同治三年（1864）七月初九日]又曰"尔在外以谦谨二字为主，世家子弟，门第过盛，万目所属"，此处指出为人"谦""谨"的功用，可以求取福泽，力保平安。曾国藩在《谕纪泽》（咸丰十一年正月十四日）中告诫儿子注意行为举止，"走路宜重，说话宜迟"，在日常生活中走路、说话诸方面要讲究端庄厚重，体现个人的修养。此外，曾国藩劝诫子弟生活中勿搞特殊化、过生日拒收礼物等，避免因为门第太盛而带来种种不良影响。《曾国藩家书》注重"敬恕"品德的培养，"敬"意谓庄敬平和、谦和有礼，"恕"意谓心存仁爱、包容他人、成人之美。《致沅弟》（咸丰八年五月十六日）云"圣门教人不外敬恕二字"，圣贤教导做人"敬恕"，这是立德的根基之一。曾国藩要求子弟从身边事做起，如平和对待仆从、友爱邻里乡亲等，远离自身的富贵习气，不断加强自身品德修养。《曾国藩家书》还依据儒家伦理纲常对妇女品行进行规范，要求妇女遵守"三从四德"，如孝敬长辈、顺从丈夫、勤于家务、戒除奢侈等，此处从略。

作为晚清官员的楷模，曾国藩关于仕宦方面的观点有诸多可圈可点之处，如《清史稿·曾国藩传》评道"清静化民""尤知人，善任使"。其家书中多关注为官从政之道，既向子弟提出了不少建议，也反映了个人的从政理念。《曾国藩家书》重视对子弟施行官德方面的教育，包括清廉、奉公、爱民、谦恭、勤恪等，以求成为一介良吏，更好地报效朝廷。《致沅弟季弟》[同治元年（1862）五月十五日]云："余以名位太隆，常恐祖宗留诒之福自我一人享尽，故将劳、谦、廉三字时时自惕，亦愿两贤弟之用以自惕。"曾国藩宣扬"劳""谦""廉"的从政理念，并且以此教导诸弟。"劳"指履行职务、勤勉做事，每日应该努力完成相关工作，尤其在国是日非之际要勤于政事，《致沅弟季弟》（咸丰十年七月十二日）云"吾惟以一勤字报吾君，以爱民二字报吾亲"，这样才可能为朝廷分忧解愁，又可以回报家人的恩德。"谦"说的是谦恭待人、温厚待人，首先在言谈举止、来往书信等方面加强自我约束，还要管好随员、下属，禁止他们胡作非为。"廉"指廉洁品德，以做官发财为可耻，如《致澄弟温弟沅弟季弟》[道光二十九年（1849）三月二十一日]云"故私心立誓，总不靠做官发财以遗后人"，正是表现了他不贪钱财的官德。

《曾国藩家书》中一些篇目作于作者镇压太平天国起义时期，其中教诫弟弟曾国荃、曾国华、曾国葆等治军用兵，反映了儒将曾国藩的军事思想。《致沅弟》（咸丰十一年正月二十八日）曰"吾家兄弟带兵……惟于禁止扰民、解散胁从、保全乡官三端痛下功夫"，指出将军带兵打仗要严明军纪，制止军队的暴虐行为。《致沅弟季弟》（咸丰十年九月二十四日）云"大约军事之败，非傲即惰，二者必居其一"，提醒诸弟用兵防止骄傲、懈怠，以免导致军事行动失败。家书还在安营扎寨、行军作战、后勤补给、选用人才等方面向曾国荃等人劝导或者建议，此处以任用军事人才为例简说。《致沅弟》（咸丰七年十月二十七夜）分析将才的基本素养，"凡将才有四大端：一曰知人善任，二曰善觇敌情，三曰临阵胆识，四曰营务整齐"，从任用人才、窥测敌情、作战有胆识等方面而论，用以勉励其弟，为考察、选拔军事人才提供一定参考。此外，在晚清动荡多变的政治环境下，《曾国藩家书》还劝诫子弟为官隐忍、刚毅、笃实等，宣扬了功成身退的理想，既努力效忠朝廷，也难免有全身避祸之意，这需要联系当时的具体情境把握其家书中的从政思想。

从另一个视角来看，《曾国藩家书》指出子弟在修身处世方面容易出现的种种弊端，如刚愎自用、浮华巧诈、倨傲无礼、嫉贤妒能、懒散无为、贪图名利等，为其做人提供反面借鉴，实际上仍然为训诫子弟而服务。家书中强调富贵子弟"戒骄""戒惰"，去除身上的不良习气，加强修身养性，这样有利于立足于当世。《致澄弟》（咸丰十一年二月初四日）曰："谚云：'富家子弟多骄，贵家子弟多傲。'非必锦衣玉食、动手打人而后谓之骄傲也。但使志得意满、毫无畏忌、开口议人短长，即是极骄极傲耳。"富贵人家子弟"多骄""多傲"，"骄"表现在炫耀享受、飞扬跋扈、议论讥讽等方面。"惰"即好逸恶劳、懒于做事，这也是富贵人家子弟常有的劣习。《致澄弟》（咸丰十一年正月初四日）告诫其弟"谨记愚兄之去骄去惰"，"去骄"就是要摒弃轻慢、讥刺他人之心，"去惰"就是要坚持早起、勤于做事。此外，家书中提到子弟为人处世"不忮不求"，这也是一种值得注意的观点。《谕纪泽纪鸿》（同治九年六月初四日）曰"余生平略涉儒先之书，见圣贤教人修身，千言万语，而要以不忮不求为重"，可见"不忮不求"为重要的修身方式，"忮"指嫉贤妒能、妒功争宠，"求"指贪图名利、患得患失。比如，嫉妒甚至打击残害比自己聪明能干、比自己名声显赫、比自己境遇优越的人，热衷于追逐名利而不择手段的人，这些人内心卑污，行事有悖于儒家仁义之道，最终会贻害自身与家庭，因而子弟应该引以为鉴。

3. 治家方面

曾国藩非常重视家庭教育，《致澄弟》（同治五年十二月初六日）云"家中要得兴旺，全靠出贤子弟。若子弟不贤不才，虽多积银、积钱、积谷、积产、积衣、积书，总是枉然"，认为家业兴衰与子弟教育息息相关。祖父曾玉屏为乡村农夫，父亲曾麟书考中秀才而执教于乡间私塾，曾国藩则高中进士而步入仕途，由祖辈、父辈延续到曾国藩本人及其子孙，曾氏家教家风与一般官僚士大夫有所不同，带有一定的乡间农夫色彩。曾国藩崇尚并秉承祖训、父训，家书中将祖父星冈公家训归纳为"八好""六恼""三不信"等，希望曾氏子孙牢记并履行先祖训诫。《致澄弟》（同治五年十二月初六日）云："吾近将星冈公之家规编成八句，云：书、蔬、鱼、猪、考、早、扫、宝，常说常行，八者都好；地、命、医理、僧巫、祈祷、留客久住，六者俱恼。""八好"中的"书"指努力读书，"蔬""鱼""猪"分别指种菜、养鱼、养猪，"考"就是祭祖敬老，"早"就是早起，"扫"就是打扫房屋庭院，"宝"就是善待亲族邻里。"六恼"指令人厌恶、恼恨的"六事"，"地""命""医理""僧巫"实际上分别指相信地仙、天命、医生医药、僧人巫师，还有祈祷神鬼、客人久住等。关于"三不信"，《致澄弟》（咸丰十一年二月二十四日）谓"不信地仙，不信医药，不信僧巫"，这些与"六恼"中的"地""医理""僧巫"相似。可以看出，"八好""六恼""三不信"实际上是有关乡村读书求学、生产生活、伦理规范等方面的事务，也涉及反对乡间封建迷信活动的内容。曾国藩还在祖辈、父辈家规的基础上进行拓展、补充，提出"八本""三致祥"等，使得曾氏家法、家规更为完备。《致澄弟》（咸丰十一年二月二十四日）曰："读书以训诂为本，作诗文以声调为本，事亲以得欢心为本，养生以戒恼怒为本，立身以不妄语为本，居家以不晏起为本，作官以不要钱为本，行军以不扰民为本。""八本"涉及读书作文、养生立身、居家做官等重要方面，制定了各项细则，这样的家规、家法具有时代性、可行性。"三致祥"在《致澄弟沅弟季弟》（咸丰十一年三月初四日辰正）中有所阐发，即"孝致祥，勤致祥，恕致祥"，强调"孝""勤""恕"三点，这些可以为家庭带来祥和的气象。曾国藩的家风不乏农村家庭特征，以耕读孝友为本，崇尚勤俭，当属于一种寒素家风，而在清代仕宦家训中呈现一定的特殊性。

承继前代诸多仕宦家训，《曾国藩家书》突出勤俭持家，这是曾氏家庭治理方面极其重要的思想成果。《谕纪鸿》（咸丰六年九月二十九夜）云："勤俭自持，习劳习苦，可以处乐，可以处约。此君子也。"《谕纪泽纪鸿》（同治九年六月初四日）又曰："历览有国有家之兴，皆由克勤克俭所致。"勤俭不仅是君子的核心素养之一，也有助于家庭乃至国家的兴旺发达，因而无论大家小家，还是士农工商家庭，都要注意培养子弟的勤俭美德。《曾国藩家书》中多次论述勤俭乃治家法宝，以下从两方面简论之。

　　一是勤劳方面的教育。《致澄弟沅弟季弟》（咸丰十一年三月初四日辰正）曰"家中无论老少男妇，总以习勤劳为第一义"，对于个人、家庭来说，勤均为"第一义"，其重大作用不容置疑。勤要求曾氏家族成员早起，《谕纪瑞》[同治二年（1863）十二月十四日]云"勤字功夫，第一贵早起，第二贵有恒"，告诫子弟不得偷懒而推迟起床。曾国藩以先辈及自己早起的事例教育子侄，《谕纪泽》（咸丰九年十月十四日）曰"我家高曾祖考相传早起，吾得见竟希公、星冈公皆未明即起"，"吾父竹亭公亦甫黎明即起，有事则不待黎明"，"余近亦黎明即起"，希望子侄能够身体力行，绍继曾氏的良好家风。《谕纪泽》（咸丰十一年九月二十四日）中，还询问其子"尔在家常能早起否？诸弟妹早起否？"可见，曾国藩特别关注子女是否早起做事。除了早起之外，勤还有多种表现，如男子注重耕读，而女子讲求纺织、备办酒食等。曾国藩对曾氏家族子侄之勤有所阐释，《致澄弟温弟沅弟季弟》[咸丰四年（1854）八月十一日]曰："子侄除读书外，教之扫屋、抹桌凳、收粪、锄草，是极好之事，切不可以为有损架子而不为也。"子侄们读书之余，还需要做一些杂活，如扫屋、收粪、锄草等，使他们体会劳动的苦乐，逐步培养勤劳之风。关于曾氏家族女子之勤，家书中多次强调，如《致澄弟温弟沅弟季弟》（咸丰六年二月初八日）云"新妇始至吾家，教以勤俭，纺绩以事缝纫，下厨以议酒食"，新妇入门后要熟习纺织、做饭等事务，这是妇女重要的职责。《谕纪泽》（咸丰六年十月初二日）又曰"大、二、三诸女已能做大鞋否？三姑一嫂，每年做鞋一双寄余，各表孝敬之忱，各争针黹之工"，曾国藩明确要求女子做鞋、做衣袜等，以此判定家族妇女的勤与惰。《谕纪泽纪鸿》（同治五年八月初三日）又曰"吾家妇女需讲究作小菜，如腐乳、酱油、酱菜、好醋、倒笋之类，常常做些寄与我吃"，此处通过妇女所做小菜来考察女子的女工状况，实际上是锻炼妇女操持家务的能力。

二是节俭方面的教育。《谕纪泽》（咸丰十一年八月二十四日）曰"居家之道，惟崇俭可以长久"，"崇俭"可以长期维系家庭，而对于仕宦之家，处于乱世尤其需要生活节俭。曾国藩讲述先祖的"崇俭"事例，再谈到自己的经验体会，《谕纪鸿》（咸丰六年九月二十九夜）云"余服官二十年，不敢稍染官宦气习，饮食起居，尚守寒素家风"，以此劝勉、激励子弟养成的良好风尚。当今，富贵人家子弟的生活多奢侈无度，曾国藩在家书中表达忧虑乃至憎恶之情，并且表明个人的看法，认为应该对世家子弟在钱财、衣服等方面的花费加以规范、抑制。《谕纪瑞》（同治二年十二月十四日）曰"俭字功夫，第一莫着华丽衣服，第二莫多用仆婢雇工"，《致澄弟沅弟季弟》（咸丰八年十一月二十三日）又云"内间妯娌不可多写铺帐。后辈诸儿须走路，不可坐轿骑马"，曾国藩在衣食用度、日常出行等方面对族中男女提出俭约的具体要求。曾氏家族的长辈应该以身作则，子弟在衣、食、住、行方面都要厉行节俭，如衣着朴素、出外不坐轿、不添置田产等，量入为出，节约家庭各项开支，不可沾染纨绔子弟的奢靡享乐之风，以便敦厚家风、泽被后世。

曾国藩在家书中还主张子弟应恪守孝友之道，家庭成员应和睦共处，善待亲族邻里，这些无疑都是家庭治理的重要方面。首先，孝为百善之先，家族子弟要践行孝道。《致澄弟沅弟季弟》（咸丰八年十一月二十三日）谓"贵体孝道"，尊重、侍奉父母及其他长辈，父母长辈去世后也要尽悼念、祭祀等职责。曾国藩长期在外做官，无法亲自在故乡孝敬父母及其他长辈，于是在家书中多委托兄弟、子侄代替自己尽孝，同时劝诫子弟们多体察孝道、践行孝道。《致澄弟温弟沅弟季弟》（咸丰四年八月十一日）云："诸弟及儿侄辈务宜体我寸心，于父亲饮食起居十分检点，无稍疏忽，于母亲祭品礼仪必洁必诚，于叔父处敬爱兼至、无稍隔阂。"曾国藩劝诫诸弟、子侄要尽心尽力敬爱、照料祖辈父辈，对父母、叔父叔母一视同仁，对于去世的长辈也要诚心诚意地祭祀，晚辈对长辈尽孝是家和的重要标志之一。其次，家族兄弟之间要和睦相处。《禀父母》（道光二十三年二月十九日）云"兄弟和，虽穷氓小户必兴；兄弟不和，虽世家宦族必败"，可见，兄弟是否友爱关乎"穷氓小户""世家宦族"的兴衰。关于兄弟相处之道，曾国藩在家书中多有阐述，如互相扶助、互相谅解、善于自省、团结协作等。《禀父母》（道光二十三年正月十七日）云"若一家之中，兄有言弟无不从，弟有请兄无不应，和气蒸蒸而家不兴者，未之有也"，兄弟之间相互应和，做到兄友弟恭，可以使家族蒸蒸日上，反之家族难免衰败。《致澄弟温弟沅弟季弟》（道光二十三年正月十七日）又曰："但愿兄弟五人，各各明白这道理，彼此互相原谅。兄以弟得坏名为忧，弟以兄得好名为快。兄不能使弟尽道得令名，是兄之罪；弟不能使兄尽道得令名，是弟之罪。若各各如此存心，则亿万年无纤芥之嫌矣。"曾国藩认为，兄弟之间要真诚相待，互相包容，互相体谅，努力成全对方，这样就不会心生嫌隙，不会影响彼此之间的和睦关系。还有，家族子弟要与亲戚邻里融洽相处，这实际上是遵照祖父星冈公治家家规中的有关条目。家书中要求子弟由家内到家外、由近到远建立和谐的人际关系，善待亲戚邻里，这样会对"家和"形成推进作用。《谕纪泽》（同治五年十一月二十六日）引用俗语云"有钱有酒款远亲，火烧盗抢喊四邻"，说明富贵人家不可敬重远亲却怠慢邻居，某些时候远亲倒不如近邻。《谕纪泽》（咸丰十年闰三月初四日）谈处理亲族邻里关系，"凡亲族邻里来家，无不恭敬款待，有急必周济之，有讼必排解之，有喜必庆贺之，有疾必问，有丧必吊"，这些措施包括款待、周济、贺喜、问疾、吊丧等，希望能够与亲族、邻里友好相处，促使家族良性发展。

4. 养生方面

曾国藩先祖制定的家规家法中包含健身养生方面的内容，如"八好"中的"书""早""扫"等，"三不信"中的"不信医药""不信僧巫"等，这些对曾氏子弟养生颇有示范效应。曾国藩兄弟及子侄们大多体弱多病，尤其是曾国藩，患有牛皮癣、耳鸣、眼疾、肺病等多种疾病，加上政务、军务繁忙而劳心劳力，故家书中多处谈及养生问题，根据前人理论及个人经验体会等，从多方面劝导、训诫曾氏子弟加强养生。《致澄弟》（同治五年六月初五日）论道："养生之法约有五事：一曰眠食有恒，二曰惩忿，三曰节欲，四曰每夜临睡洗脚，五曰每日两饭后各行三千步。"曾国藩从"眠食""惩忿""节欲""洗脚""行步"等方面而谈，实际上包括生活作息有规律、控制情绪及欲望等内容，确实有益于家族子弟的身体健康。《致澄弟沅弟》[同治十年（1871）十月二十三日]也对子弟阐明"养生六事"，如"饭后千步""将睡洗脚""胸无恼怒""静坐有常时""习射有常时"等，可以说与上文论及的养生之法有相似之处，二者互相补充、互相辅助。《曾国藩家书》中的养生观念贯穿于其读书作文、立德做人、治家理财等方面，如《致澄弟沅弟》（同治十年十月二十三日）云"养生与力学，二者兼营并进，则志强而身亦不弱，或是家中振兴之象"。此外，谦恭仁爱品德、勤俭治家风尚等也有益于个人身心健康。曾国藩家书关于养生的论述虽然比较零散，但毕竟揭示了其养生思想。其养生实践活动也给人们多种启发，值得探究。

《曾国藩家书》中常常劝诫诸弟、子侄健身养生，涉及不同时期、不同场合，包含内容比较丰富，如养成良好的生活起居习惯、谨慎服药、注重运动、养身与养心并重等，具有一定的科学价值。主要从以下三点来简述曾国藩的养生强体之术。

一是讲究"眠食"，动静有常。家书中强调"眠食"的意义，《谕纪泽纪鸿》（同治八年十月十六夜）谓"保身莫大于眠食二字"，主张睡眠、饮食应该遵循一定的规律。关于睡眠方面，曾国藩认为，洗脚可以保障睡眠质量，睡眠时间需要适度，故又要早起，如《致澄弟沅弟》（咸丰十年闰三月初四日）谓"起早亦养身之法，且系保家之道"。关于饮食方面，曾国藩倡导子弟少食，以普通素食、蔬菜为主，追求清淡可口。《致澄弟》（同治五年十月初六日）说明自己的饮食调养方法，"饭必精凿，蔬菜以肉汤煮之，鸡鸭鱼羊豕炖得极烂，又多办酱菜腌菜之属，以为天下之至味"，主食与蔬菜搭配，多体现素淡的特点。《谕纪泽纪鸿》（同治十年八月二十五夜）云"黎明吃白饭一碗不沾点菜"，《谕纪泽》[同治四年（1865）闰五月十九日]又曰"后辈则夜饭不荤，专食蔬而不用肉汤，亦养生之宜"，"黎明吃白饭""夜饭不荤"是说饭菜宜清淡，这样既体现崇俭美德，也有益于养生。家书中又倡导子弟静养与运动相结合，劳逸结合、一张一弛有助于个人身心健康。《谕纪泽纪鸿》（同治十年八月十四夜）云"尔辈身体皆弱，每日须有静坐养神之时，有发愤用功之时"，劝告子侄每天将静坐养神与发愤用功兼顾，这样对于个人学业、身体健康都有好处，避免过度苦学而伤身。曾国藩认为，适当运动对于养生非常重要，除了必要的农业生产劳动与家务劳动之外，又倡导"行步""习射"等活动。《谕纪泽纪鸿》（同治十年八月二十五夜）谓"饭后千步""射有常时"，饭后散步有益于消化，习射可以锻炼子弟军事方面的技能，生命在于运动，二者对于个人身体健康确实大有裨益。

二是既依靠药物疗疾、保健，又主张少服药、慎用药。曾国藩肯定医药在治疗疾病、强身健体方面的作用，他本人及家人患病常请医生诊治，也看重保健类补药。《致澄弟沅弟》（咸丰十年三月二十四日）云"吾生平颇讲求惜福二字之义，近来亦补药不断"，《致澄弟沅弟季弟》［咸丰九年（1859）四月二十三日］又曰"澄弟、季弟二人近年劳苦尤甚，趁此年力未衰，不可不早用补药扶持"，可知，曾国藩与诸弟多服补药，如人参、鹿茸等，以求身体健康。另一方面，由于受到祖辈、父辈做法及个人生活经验等因素影响，曾国藩又在一定程度上否定医药的作用，劝诫子弟少用药物、谨慎用药。《谕纪泽》（咸丰十年十二月二十四日）中谈庸医害人，"药能活人，亦能害人……余在乡在外，凡目所见者，皆庸医也。余深恐其害人，故近三年来，决计不服医生所开之方药，亦不令尔服乡医所开之方药"，自己不服用医生所开方药，也叮嘱子侄们遵照施行，这种看法似乎有一定片面性。《致沅弟季弟》（同治元年七月二十日）云"余在外日久，阅事日多，每劝人以不服药为上策"，此处仍然强调不服药的做法。其实曾国藩更多地认识到医药的弊端，劝导子弟不要过度依赖医药，不必轻易服药，而应重视饮食、运动等调养方式。《致澄弟》（咸丰十年十二月二十四日）曰"保养之法，亦惟在慎饮食节嗜欲，断不在多服药也"，曾国藩认为，调整饮食、节制嗜欲是更好的治病、保养方法，滥用药物伤害身体，从某种意义上说，这种养生观点不无道理。

三是养心，注重个人心理调养，永葆健康。曾国藩在家书中告诫子弟要少恼怒、节制个人欲望，倡导心胸宽广、内心乐观向上等，这些方法都是为了达到养心、治心的效果，有利于个人健康。《谕纪泽纪鸿》（同治四年九月晦日）云："古人以惩忿窒欲为养生要诀。惩忿即吾前信所谓少恼怒也，窒欲即吾前信所谓知节啬也。因好名好胜而用心太过，亦欲之类也。"此处"惩忿"是说控制恼怒之类情绪，遇事不要烦恼、不要发怒，需要客观、冷静，以便养心养肝；"窒欲"是说抑制个人不良的欲望，如情欲、贪财、功名心等，保持内心平和，过多、过高的欲望会戕害身体。《致澄弟沅弟》（咸丰十年闰三月初四日）劝告其弟"总以戒酒为第一义"，可知，在日常饮酒、吃饭等方面要节制个人欲望、清心寡欲，这是养生的重要途径。此外，曾国藩受道家养生观念的影响，家书中主张子弟加强内心修养，拥有积极乐观的心理状态，心胸开阔，保持内心和谐，这样有利于自我保养，可以使个人生命之树常青。《致沅弟》（同治三年正月二十六日）云"弟近来气象极好，胸襟必能自养其淡定之天，而后发于外者有一段和平虚明之味"，"富贵功名皆人世浮荣，惟胸次浩大是真正受用"，告诫其弟勿贪图功名富贵，要保有平和、宁静的内心世界，"胸次浩大"意谓胸襟广大，力求达到更高的精神境界。《致沅弟》（同治元年十一月初一日）曰"此时吾兄弟惟有强作达观，保惜身体，以担国事，以慰家人"，《谕纪泽》（同治四年九月初一日）又云"又尝教尔胸中不宜太苦，须活泼泼地，养得一段生机。亦去恼怒之道也"，"此外寿之长短，病之有无，一概听其在天，不必多生妄想去计较他"。曾国藩强调子弟要有旷达、乐观的心态，内心活泼，精神愉悦，充满生机，处于自在宽容的状态，既要积极向上，又要顺应自然规律，摒弃抑郁不平、怨天尤人的不良心境。养心与养身相结合，加强个人道德、品德修养，善于调节个人心理状态，以养德促进养生，无疑有利于个人身心健康。

（二）《曾国藩家书》的价值及影响

《曾国藩家书》中的书信历时长、数量大，内容广泛，涉及对象众多，以儒家思想为核心，宣扬守礼、仁爱、宽容等，又融入道家盈虚怀柔、明哲保身的理念，具有多方面的思想价值。当然，由于阶级及时代局限，家书难免存在一些封建思想，读者阅读时应该注意辨析。《曾国藩家书》秉承封建社会仕宦家训的传统，又结合清末外患频仍、内乱不息、思想文化变革的现实，也不乏自身读书求学、为人处世经验教训的总结，劝导、训诫诸弟及子侄颇有特色，采取多种的教育方法，如因材施教、宽严结合等，教诫效果比较明显，在家庭教育方面确有启迪意义。曾国藩在诸多方面具有杰出贡献，曾氏家族内部也人才辈出、成就斐然，《曾国藩家书》作为当时仕宦家训的代表著作，受到了广泛的赞誉，产生了巨大的影响。

家书是家人之间陈说实情、处理事务、交流思想的工具，内容题材多种多样，长于披露个人心声，具有私密性、实用性，不乏叙事、说理、抒情因素，可谓别具一格的家训形式。《曾国藩家书》作为书信集，能够对子弟因事、因时、因人而进行教诫，循循善诱，语言朴素自然，有利于表情达意，更好地被教导对象接受。曾国藩在家书中采用多种教育方法，包括因材施教、以身示范、仁慈与严苛相结合等，收到了良好效果，也凸显对后人的启发意义。以下从三方面对《曾国藩家书》中的教育方法略加分析。

一是善于因材施教，针对诸弟、子侄不同的特点采取不同的劝导、训诫方法，注重个别差异性，促使他们在学业、品行、才干等方面良好发展。曾国藩之弟曾国潢资质平平，读书举业没有多大成就，留在故乡持家务农，重在管理曾氏家族的日常事务。曾国藩在家书中根据曾国潢的实际情况，从读书、治家、处事诸多方面予以教诫。《致澄弟沅弟季弟》（道光二十七年三月初十日）曰"澄弟理家事之间，须时时看《五种遗规》"，希望其弟通过研读陈宏谋《五种遗规》，不断提高自身治理家庭、教育子女等多种素养，以便胜任管理家庭的重任。《致澄弟》（咸丰十年五月十四日）云"弟为余照料家事，总以俭字为主。情意宜厚，用度宜俭"，《致澄弟》（同治三年四月二十四日）又曰"总以不干预公事为第一义"，告诫其弟生活宜俭朴、勿干预公事，以免受人怨谤，以免曾氏家族声誉受损。曾国藩之子曾纪泽记性不佳而悟性颇高，言行举止存在一些不妥之处，体质又偏弱，家书中针对这些特征采取相应的教育方式，有助于儿子健康成长。关于读书方面，《致澄弟温弟沅弟季弟》〔咸丰五年（1855）三月二十六日巳刻〕云"纪泽儿读书记性平常，读书不必求熟，且将《左传》《礼记》于今秋点毕，以后听儿之自读自思"，教育曾纪泽读书不必力求背诵，要充分发挥个人长处，重在"自读自思"。关于平日言行方面，《谕纪泽》（咸丰十年十二月二十四日）云"尔走路近略重否？说话略钝否？千万留心"，教诲儿子走路端重、语言缓慢，努力纠正自己的不当之处。家书中还多次谈到曾纪泽身体孱弱，《谕纪泽》又谓"然总不宜服药"，又云"每日饭后走数千步，是养生家第一秘诀"，根据状况提出相应的解决策略，如"不宜服药""饭后走数千步"等，希望加强训练而有助于增强儿子的体质。家书中针对曾国荃、曾国葆、曾纪鸿等人也采取因材施教的方式加以训导，此处从略。

二是以身示范，长辈要做出表率，以自身言行影响、教育后辈。《致澄弟温弟沅弟季弟》（咸丰五年三月二十六日巳刻）曰："吾与诸弟惟思以身垂范而教子侄，不在诲言之谆谆也。"《曾国藩家书》在读书问学、立德修身、为人处世等方面力求为后辈加以示范，身教重于言教，营造了良好的家庭教育氛围，以便增强教育效果。读书方面，曾国藩开列自己喜爱的《庄子》《史记》《汉书》《文选》《资治通鉴》等书，劝诫曾氏子弟熟读、深思。《致澄弟温弟沅弟季弟》（道光二十四年十一月二十一日）云"（兄）每日临帖百字，钞书百字，看书少亦需满二十页"，以自己临帖、钞书、看书为例，劝勉诸弟做学问要有恒心，每日不得拖拉、中断。曾国藩在家书中也不隐瞒自己求学过程中的不足及失误，如《谕纪泽》（咸丰八年八月二十日）云"每作一事，治一业，辄有始无终"，启发儿子纪泽引以为戒，做事善始善终。修身方面，曾国藩在家书中谈自己的经验体会等，以此训导子弟，培养子弟孝友、勤俭、谦敬等品德。家书中有不少篇目写给祖父母、父母、叔父母之类长辈，曾国藩关注长辈身体健康、寄送财物、禀告个人状况等，履行作为晚辈的孝道，语气恭敬、诚恳、顺从，具有感染、启迪子弟的功效。《致澄弟》（同治三年正月十四日）曰"吾不欲多寄银物至家，总恐老辈失之奢，后辈失之骄"，曾国藩从自身做起，不多寄送银物，其实是为了力戒奢、骄，有助于家人养成节俭、谦和的品德。《谕纪鸿》（同治三年七月二十四日）又云"余与沅叔蒙恩晋封侯伯，门户太盛，深为祗惧。尔在省以谦敬二字为主"，说明自己因为门户兴盛而产生"祗惧"之心，以此教诫儿子纪鸿做事持有"谦敬"态度。处事方面，曾国藩在家书中列举曾氏祖辈、父辈及自己处理家务、交友、仕宦等方面的事例，现身说法，告诫诸弟、子侄，这样论说处事之道胜过空洞的说教。家书中多讲述曾氏竟希公、星冈公、竹亭公等祖辈及父辈早起、节俭、待人接物方面的实例，引导、教诫曾氏后辈勤于治家、振兴家业。《致澄弟》（同治六年正月初四日）谈到"寒素家风"，文中曰"吾则不忘蒋市街卖菜篮情景……昔日苦况，安知异日不再尝之？"曾国藩引用自己昔日在街市"卖菜篮"的经历，告诫弟弟曾国潢勤俭持家，不忘吃苦耐劳，戒除傲气、惰性，处事小心谨慎。《致澄弟》（咸丰六年九月初十日）又曰："吾年来饱阅世态，实畏宦途风波之险，常思及早抽身，以免咎戾。家中一切，有关系衙门者，以不与闻为妙。"晚清时期，官场黑暗腐败，政治争斗激烈，曾国藩以自己多年仕宦生涯印证了官场的凶险，劝导其弟曾国潢远离官府，不参与衙门公事，避免给家族带来灾祸，这种方式亲切而有说服力。

三是仁爱与严苛结合，既要关心、爱怜、宽容子弟，又要严格要求、严加督促，以便获取良好的家庭教育效果。首先，家书中多处对诸弟、子侄等关爱、体谅。正如《致澄弟温弟沅弟季弟》（道光二十九年三月二十一日）所云"至于兄弟之际，吾亦惟爱之以德，不欲爱之以姑息"，曾国藩之爱建立在兄弟、父子、叔侄等伦理关系的基础上，遵循传统封建道德观念，目的在于教诲子弟做人做事，并非一味溺爱、纵容。曾国藩作为曾氏家族长兄，特别关注诸弟品行、处事、养生诸方面，弥漫着浓浓亲情，也从一个侧面反映了曾氏家族的良好家风。《致澄弟》（同治三年九月二十四日）曰"且弟于家庭骨肉之间劳心劳力已历三十余年，今年力渐老，亦宜自知爱惜保养"，曾国藩从个人、家族的角度出发，劝导老年曾国潢保养身体，饱含对弟弟的殷切期望、深切关爱，颇有感染力。曾国藩作为父叔之辈，极为重视子侄教育，体现了慈爱的一面，希望子侄身心能够健康发展。鉴于儿子体质较弱，曾国藩在书信中多次劝诫儿子在服药、饮食、身体锻炼等方面加以重视。如《谕纪泽纪鸿》（同治元年四月二十四日）谈儿子写字，"日日留心，专从厚重二字上用工。否则字质太薄，即体质亦因之更轻矣"，写字要追求"厚重"，不仅可以提高自身的书法水平，也有益于个人身体健康。家书中对于侄儿也加以勉励，《谕纪瑞》（同治二年十二月十四日）曰"侄等处最顺之境，当最富之年，明年又从最贤之师，但须立定志向，何事不可成？何人不可作？"教导侄儿善于立志，语气恳切、委婉，表明一位长辈的良好愿望。其次，家书中对诸弟、子侄等严格要求，在读书学习、为人处世诸多方面制定一些规范，布置相关任务，并且检查督促、考核验收，或者赞扬或者批评，凸显了严兄、严父的形象。曾国藩在诸弟、子侄学业方面着力指导、督促，无论弟弟在故乡、省城还是京城读书求学，都严加约束、监督，希望他们在读书、应举方面有所成就。《禀父母》［道光二十年（1840）二月初九日］云"惟诸弟读书不知有进境否？须将所作文字诗赋寄一二首来京"，这封书信向父母询问诸弟读书情况，要求诸弟寄送"文字诗赋"，以便检查、评点、指导，激励他们学业有所进步。《谕纪鸿》（同治五年正月十八日）给儿子布置课业任务，"每日习字一百，阅《通鉴》五叶，诵熟书一千字，三八日作一文一诗"，任务明确、细致，也会加强检查、评阅。即使诸弟、子侄成人自立，曾国藩仍然不放松管教、指点，如给其九弟曾国荃写有多封书信，在修身、仕宦、治军诸多方面进行告诫、督促，对众多事务提出自己的要求，希望九弟认真履行。《致沅弟》（同治二年七月初一日）论及奏折写作，"奏折一事，弟须用一番功夫。秋凉务闲之时试作二三篇……一日看一二折，不过月余，即可周知时贤之底蕴。然后参看古人奏稿，自有进益。每日极多不过二三刻工夫，不可懒也"，劝诫其弟多作奏折、多看奏折，用心揣摩，不断提高自身写作水平。再次，家书中针对曾氏家族妇女制定了一些关于女工的规定，涵盖做饭、纺织、针线刺绣等方面，曾国藩还不忘检查、考核、评比，可见对家族妇女教育的重视。《谕纪泽》（咸丰六年十月初二日）云"新妇初来，宜教之入厨作羹，勤于纺绩"，《谕纪泽》（同治四年闰五月十九日）又曰"儿妇诸女，果每日纺绩有常课否？"曾国藩要求新妇学习"作羹""纺绩"，并且多次过问家族妇女的女工情况，还要亲自验看她们所做食品菜蔬、衣服鞋袜等，有助于监督并考核妇女的劳动成果，展现了其对家族女子严苛的一面。

曾国藩是晚清名臣，道德、文章、事功兼备，具备仁、忠、勇、智等品德，尤其擅长辞章之学，又因功勋极大而受封侯爵，位列清廷要员之列，彰显非凡的个人魅力。曾国藩弟子黎庶昌《曾太傅毅勇侯别传》一文评道："可谓臣道之粹精，希世之人杰已。"[①]《曾国藩家书》加强对诸弟、子侄等家庭成员在读书、修身、处世、养生方面的教导，内容充实，可操作性强，行文不乏严谨性，语言亲切平实，又真诚感人，可以说对曾氏子弟的教育成效显著。《曾国藩家书》中多针对家中诸弟而训诫，其中九弟曾国荃可谓接受其教育的重点人物之一曾国荃

---

① 〔清〕黎庶昌：《拙尊园丛稿》，朝华出版社2017年版。

曾跟从兄长在京城求学，后因镇压太平天国起义而建立大功，受封伯爵，担任巡抚、总督等职务，成为曾氏家族又一个位高权重的人物，名扬天下。曾国藩长子曾纪泽在父亲的悉心教导下，诗文、书画皆长，知识渊博，学贯中西，曾任驻英、法、俄等国公使，特别是主持修订《中俄伊犁条约》，成为晚清著名的外交家。据《清史稿·曾纪泽传》记载，"纪泽争回（伊犁）南境之乌宗岛山、帖克斯川要隘，然后伊犁拱宸诸城足以自守，且得与喀什噶尔、阿克苏诸城通行无阻"，可知。清廷通过该条约收回伊犁地区的大片领土，这与曾纪泽的努力抗争密不可分。曾国藩次子曾纪鸿也能够遵照父亲的教诲为人处世，在算学方面深入钻研，《清史稿·曾纪鸿传》云，其"少年好学，与兄纪泽并精算术，尤神明于西人代数术。锐思勇进，创立新法，同辈多心折焉"，著有《对数详解》等书，在数学领域取得了巨大成就。此外，曾国藩孙辈曾广钧与曾广铨分别为诗人、外交家，曾孙曾宝荪、曾约农为学者、教育家，玄孙曾宪森、曾宪衡均为专家学者。曾国藩家族一百余年名人辈出，在政界、商界、军界、学界等成就突出，家族五代之内无纨绔子弟，曾氏家族遂为近代著名家族之一。曾氏家族成员的成功在很大程度上得益于以《曾国藩家书》为代表的曾氏家训，得益于家族的优良家风家教。

《曾国藩家书》多次刊刻、翻印，成为晚清知识分子的必读书目之一，对近现代家训文化具有深远的影响。就曾氏家族而言，曾国藩的次子曾纪鸿夫人郭筠修订曾氏家训而留有《富厚堂日程》，侧重教育曾氏家族子女，而曾国荃的次子曾纪官夫人刘鉴又编写《曾氏女训》，可谓近代著名的女训著作。曾国藩家训受到了清末名臣左宗棠、彭玉麟、李鸿章等的推崇、借鉴，梁启超称赞曾国藩家训，"彼其所言，字字皆得之阅历，而切于实际。故其亲切有味，资吾侪当前之受用者，非唐宋以后儒先之言所能逮也"[1]。毛泽东在《致黎锦熙信》（1917年8月23日）中说"愚于近人，独服曾文正"[2]，并且喜爱阅读《曾国藩家书》，置于案头重要书籍之列。当代学者李泽厚说："从颜之推的《家训》起，就有各种

① 梁启超：《曾文正公嘉言钞》，商务印书馆1925年版。
② 毛泽东：《毛泽东早期文稿》，湖南人民出版社1990年版，第85页。

封建地主阶级的'治家格言'，到曾国藩这里，算是达到了高峰。"①《曾国藩家书》可谓近代仕宦家训的成熟著作，也是中国传统家训发展史上的一座丰碑，在现当代社会中仍然发挥着重要的思想、文化教育作用，产生了重要的影响。

三、近代家训的转型与衰落

受近代社会政治、经济、军事、文化环境的影响，家训呈现出不同于以前的面貌，洋务派、改良派、启蒙主义思想家等家训异彩纷呈，在内容、方法等诸多方面有所开拓、革新，在家训发展史上引人瞩目。中国封建制度日益腐朽、衰败，封建宗法制度逐渐解体，许多有识之士抨击封建伦理道德，加上维新改良运动、资产阶级革命、五四新文化运动等的冲击，中国传统家训步入衰落阶段，渐渐退出历史舞台，这就为现代新型家训的产生提供了历史契机。

（一）近代家训的新变

近代家训涉及读书、修身、治家、处世、养生等方面的教育，如读书治学、勤俭持家、仕宦之道等，这些与前代家训不无相似之处，表现出明显的承继性特征。近代以来，国家内外交困、经济转型、思想变革，具有开明、进步思想的人士教育家族子弟将读书学习与经世致用相结合，既修身洁行、独立自强，又关注家国命运、济世济民，注重中西通融，多角度反思中华传统文化，多方位接受西方文明成果，重视工商等实业，具有浓厚的时代特征。家训采用因材施教、亲情感染、宽严结合、民主探讨等方式，加大了家庭教育力量，提升了教育效果。近代家训形式多样，以家书为主，适应了时代及训导者的实际需要，此外有家训专著、谱牒家训、家训丛书、碑刻家训等。以下着重从内容方面切入，探析近代家训的新变，以求从宏观角度领略近代家训的重要特色。

一是读书求学与社会实践相结合，经世致用，自立自强。中国传统家训阐

---

① 李泽厚：《中国近代思想史论》，天津社会科学院出版社2003年版，第442页。

述读书明理、修德、应举等功用，不乏经世致用思想，而近代社会，个人、家族乃至国家、民族适逢变动不居时期，可谓危机重重。出于振兴家国、提升自我的需要，近代家训更为强调读书与社会生活的关系，教育家族子弟学习知识，倡导子弟独立自强。近代不少家训虽然肯定读书科举，但是在读书与举业关系方面，能够突破传统偏见，很大程度上否定了读书应试、求官的狭隘见解，看重读书做人、处世的一面，洋务派家书在这方面颇有代表性。左宗棠是晚清名臣，其《与孝威》曰"所贵读书者，为能明白事理。学作圣贤，不在科名一路"，《与孝威孝宽》又云"至吾儒读书，天地民物，莫非己任，宇宙古今事理，均须融澈于心，然后施为有本"。①左宗棠告诫儿子们，读书的目的不在于狭隘的科举功名利禄，而在于明白事理、学做圣贤，心中须有"宇宙""万民"，这样才可能步入更高的境界，才可能不忘读书士子的初心。左宗棠《与癸叟》又曰："识得一字即行一字，方是善学；终日读书而所行不逮一屯农野夫，乃能言之鹦鹉耳！纵能掇巍科跻通显，于世何益？于家何益？"②读书者要知行合一，重在运用于社会实际，若只知死读书而不知如何实践，纵然能够博取功名，那么对于社会、家庭则无益。吴汝纶《谕儿书》云"理财、外交尤吾国急务，或择执一业，汝自斟酌之。学成一门便足自立也"③，结合时代要求，劝导儿子学习理财、外交事务，以便日后应对世务，更好地为国效力。近代改良派、启蒙学者家书多涉及就读新式学校、自立谋生等方面，带有鲜明的时代特色。严复《与四子严璩书》写"吾儿初次出门就学……但以男儿生世，弧矢四方，早晚总须离家入世，故令儿就学唐山耳"④，送儿子出外求学，就读唐山新式学校，目的在于让儿子多学本领，立足于社会。《与四子严璩书》又说，"大抵少年能以旅行观览山水名胜为乐，乃极佳事，因此中不但怡神遣日，且能增进许多阅历学问，激发多少志气，更无论太史公文得江山之助者矣"⑤，鼓励儿子将读书与旅行观览相结合，增长阅历学问，可以学得真正的本领。郑观应《训儿女书》告诫子弟："处

---

① 管曙光编译：《家书》，湖北人民出版社1996年版，第330、326页。
② 管曙光编译：《家书》，湖北人民出版社1996年版，第321页。
③ 楼含松主编：《中国历代家训集成》（第12册），浙江古籍出版社2017年版，第7134页。
④ 喻岳衡：《历代名人家训》，岳麓书社2001年版，第316页。
⑤ 喻岳衡：《历代名人家训》，岳麓书社2001年版，第317页。

适者生存之时代而不为天演所淘汰者，首贵自立。"①《侍鹤老人嘱书》又说："我知二十世纪觅食维艰，故定家规，甚望我子孙各精一艺，凡子孙读书毕业后及二十一岁后不愿入专门学堂读书者，应令自谋生路，父母不再资助，循西例也。"②郑观应教育子孙顺应大时代的趋势，期望子孙"各精一艺"，做到自强自立，又看重工商业，体现了实业家家书的显著特色。

二是崇尚西学、洋务，学习西方科学技术、文化知识。中国自古就以华夏族群及其文化为中心，严于"夷夏之辨"，对于外国科技、文明常采取轻视、排斥态度，明清时期，这种自我封闭倾向尤为严重，严重影响了社会、经济发展。近代以来，西方列强凭借坚船利炮打开中国国门，逼迫清政府签订一系列不平等条约，清廷割地赔款、开放口岸。在内外交困的环境下，许多有识之士主张学习西方科技、文化，接受西方文明，小则充实自我，大则富国强兵。近代家训与前代相比有一大变化，作者训导子弟所构建的知识体系除了中国传统学问之外，还有西学、洋务，中西结合使知识更为丰富，以便解决当时的复杂问题，这体现了知识分子知识观的变迁。洋务派代表人物李鸿章留有多篇家书，《谕文儿》勉励儿子学习外语，其文写道："余近在上海，设立外国语言馆，聘请外国知名人士为教授，专授外国语言。吾儿待国学稍有成就，可来申学习西文。……吾儿他日当尽力研求之。"③李鸿章告诫儿子在国学有成的基础上学习西文，中西结合而拓宽知识视野，有利于个人以后的发展。洋务派又一重要人物为张之洞，其《与子书》写道："然世事多艰，习武亦佳，因送汝东渡，入日本士官学校肄业，不与汝之性情相违。汝今既入此，应努力上进，尽得其奥。勿惮劳，勿恃贵，勇猛刚毅，务必养成一军人资格。"④在国家内忧外患之际，张之洞将儿子送往日本士官学校学习军事，希望儿子努力进取，不骄不躁，勇于锤炼自己，成为一名真正的军人。晚清能吏赵润生《谕长子炳麟家书》，在学问方面指导儿子，"我想过目不忘颇不易易，不如订成定本，似先年作八股之类书，然分为中西学各一册，

① 郑观应：《郑观应集》（下册），上海人民出版社1988年版，第1199页。
② 郑观应：《郑观应集》（下册），上海人民出版社1988年版，第1487页。
③ 管曙光编译：《家书》，湖北人民出版社1996年版，第388页。
④ 喻岳衡：《历代名人家训》，岳麓书社2001年版，第302页。

每册列为吏、户、礼、兵、刑、工，再加以交涉一部。凡看书看报，择其有用者登之。……洞悉中外利弊情形，一一亲手登载"[1]。赵润生劝诫儿子分中学、西学类别积累资料，再划为吏、户、礼、兵等小类，要长期阅读、钻研，以求洞悉中外利弊情形，增长个人本领。梁启超在戊戌变法失败后作家书《致李蕙仙》（1899年2月2日），写道："我等读日本书所得之益极多极多。他日中国万不能不变法，今日正当多读些书，以待用也。"[2]梁启超自述阅读日本书籍是为日后国家变法图强着想，这里既有自励自勉，也有劝告家人之意。近代家训在一定程度上突破了传统社会士人的知识藩篱，强调子弟通过旧式学校、新式学堂、留学海外等学习外国科技文化知识，而且主张中西结合，重在实际应用，不仅仅出于加强个人素养、提升个人才干的动机，还为了处理当时中国的种种复杂问题。这就表现了当时一部分社会精英在教育子弟方面的远见卓识，值得人们重视。

三是重视养生保健，维护个人身心健康。中国古代家训重视家族成员立身、读书、治家、从政等，较少提及养生健体等方面。颜之推《颜氏家训》、康熙《庭训格言》等涉及这个话题，不过内容显得简略、散碎，并未将其置于重要地位。近代社会动乱多变、人事无常，人们忧生意识强化，加上中西经济、科技、文化交流碰撞而西学东渐，人员流动的区域、频率等方面超越前代，人们的医药卫生知识日益丰富，愈来愈看重个人身体健康，这标志着社会的不断进步。近代家训中，这一方面内容大大增加，如洋务派、改良派、启蒙者等家训，就养生保健方面训诫家人、子弟，正如严复所称"以身体健康为第一要义"[3]，既有养生、疗疾等相关理论，也不乏大量的实践活动，希冀子弟身体健康、强壮，能够承担个人、家庭乃至国家的诸多职责。李鸿章《致鹤章弟》写道："朱柏庐先生作家训，首句即为黎明即起，为养生家之唯一良法。盖清晨之气最佳，终夜紧闭卧室之内，浊气充塞，一吸清气，精神为之一爽，百病皆除。兄前好晏卧，自今春始行此法，身体渐好，食量亦增。敢劝吾弟仿行之。"[4]李鸿章引用朱用纯

① 〔清〕赵炳麟：《赵柏岩集》（下），广西人民出版社2001年版，第370—371页。
② 梁启超：《梁启超家书》，百花文艺出版社2017年版，第3页。
③ 严复：《严复集》（第2册），中华书局1986年版，第360页。
④ 管曙光编译：《家书》，湖北人民出版社1996年版，第389页。

《朱子家训》阐明的早起良法，其实《曾国藩家书》中也多次论及早起，李鸿章用亲身实例告诫其弟，早晨在户外活动对增强体质、增加食量大有裨益，劝告其弟努力仿效。吴汝纶通过比较中医、西医而反思中医的某些弊端，《谕儿书》云："中医不能深明药力之长短……观西医不见病不肯给药，则知中国欲以一药医百人，其术甚妄也。"《谕儿书》又云，"此后宜稍习体操，吾每晨跳舞即体操之意"，"若听吾言，则当以外国体育为重，夜尤不可久坐。饮食起居事事珍卫，暇则体操"。①吴汝纶引入西方健康观念，主张儿子学习体操，告诫其夜晚不宜久坐，注重个人饮食起居，以便达到强身健体、祛除疾病的功效。赵润生《谕长子炳麟》强调养生的重要性，劝告儿子善于自我保养，"寒暑、饮食、言动、坐卧，俱要随时留心。总以调摄气血、蓄养精神为主"②，在时令、饮食、言行等方面倍加留意，"调摄气血"，"蓄养精神"，增强身体素质，为个人的事业打好身体基础。近代家训还涉及家族中女子的身体健康，谈论治病、保养等话题，颇有医学道理，体现了家训作者对家族中女性的关爱、呵护。梁启超《致梁思顺》（1913年1月23日）询问长女的疾病，"汝病何如？若患神经衰弱则功课必须减少或更停课调养亦可，即受业时亦不宜务强记"③，主张采用减轻学业压力、调整心态的方式来防治神经衰弱之类疾病。严复《与甥女何纫兰书》认为，外甥女不能仅仅依靠医药治病。其文写道："惟此后谨于起居饮食之间，期之以渐，勿谓害小而为之，害不积不足以伤生；勿谓益小而不为，益不集无由以致健；勿嗜爽口之食，必节必精；勿从目前之欲，而贻来日之病。"④严复告诫外甥女在起居饮食方面小心谨慎，思想方面高度重视，注意生活细节问题，节制个人的种种欲望，懂得卫生健康之道，使自己身体日益强健。近代家训关于养生方面的论述，明显突破了前代家训的内容局限，注意吸取西方卫生保健知识，融合传统中医观点，富有现代性、新颖性，也不乏一定的科学性。

---

① 楼含松主编：《中国历代家训集成》（第12册），浙江古籍出版社2017年版，第7126、7131、7137页。

② 〔清〕赵炳麟：《赵柏岩集》（下），广西人民出版社2001年版，第374页。

③ 梁启超：《梁启超家书》，百花文艺出版社2017年版，第92页。

④ 喻岳衡：《历代名人家训》，岳麓书社2001年版，第320页。

（二）中国传统家训的衰落

中国传统家训在古代社会承担了多种功能，如维护家族共同体、维系地方治安与社会秩序、弘扬传统美德等，传统家训与官方法令、伦理规范相得益彰，家国一体，在维护封建制度、封建思想文化方面功不可没。近代洋务派、改良派、启蒙思想家等的家训，以家书类为主，在内容、形式方面有所革新、开拓，为近代家训增添了诸多亮色。清末家训，还有王师晋《资敬堂家训》、彭瑞毓《彭氏家训》、王德固《诒榖堂家训》、谭献《复堂谕子书》、丁大椿《来复堂家规》、庄受祺《维摩室遗训》等，民间家谱、族谱中的家训也为数不少。民国时期，家训类著作有邬庆时《齐家浅说》、周学熙《周学熙家语》、郭立志《新辑二十四孝》等，家谱、族谱中也存在不少家训篇章，如江苏常熟《太原王氏家乘》、湖南邵阳《楚南邵辰廖氏宗谱》、《汉阳刘氏宗谱》、《交河李氏八修族谱》等，其中就有条规、训诫、族规等家训形式。然而总的看来，近代以来的传统家训相对于明清鼎盛期而言，数量、种类日益减少，内容保守、僵化，较少反映社会巨大变革，颇具影响力的家训作品较少。

近代、现代以来，中国传统家训的衰落原因多种多样，包括社会制度及家族制度变革、思想文化革命等方面。在错综复杂的多种因素共同作用下，传统家训文本逐渐退出历史舞台。近代中国处于半殖民地半封建状态，太平天国运动、洋务运动、戊戌变法、义和团运动等无不对清朝的旧有社会体制产生或大或小的冲击，尤其是辛亥革命推翻了封建王朝，建立资产阶级共和国，在一定程度上摧毁了施行于中国数千年的封建制度，大大撼动了封建家族制度赖以存在的社会基础，使以封建伦理纲常为核心的传统家训难以为继。近代以来，随着西方资本主义经济的影响，随着工业化、商品化的发展，传统小农经济逐渐分解、转型，大量农民、手工业者远离本土而就食他乡，封建大家庭进一步削弱而小家庭增多，封建家族制度出现了某些重大变革。如历代封建王朝严格限制家族中子孙另立门户、分家析产，违反禁令者予以严惩，诸多家训中对这种行为严加控制。而清末制定《大清民律草案》，（第四编"亲属"第二章"家制"）规定"父母在，欲别立户籍者，须经父母允许"①，官方承认子孙可以"别立户籍"，这与以前父母反对分家就可告官惩处的条文相比，已经大为宽松，大家庭内部分家别居实际上已经较为普遍，愈来愈为普通民众所接受。近代以来，大家族、大家庭不断缩减，小型家庭兴起，封建宗法伦理、宗法制度不断削弱，大家族的统治难以维持，加上清末废科举、兴学堂等政策影响，传统家训对于家族成员的制约力逐渐降低。此外，有识之士从多方面抨击封建专制制度，抨击封建纲常礼教，抨击封建家族，反封建思潮方兴未艾。如龚自珍、康有为、梁启超、孙中山、章太炎等人，有的提倡改良革新，有的提倡资产阶级革命，都对封建伦理道德展开批判，启发民众，理论观点大胆激进，振聋发聩。资产阶级革命者吸取资产阶级民主思想，倡议"家庭革命"，主张改革旧有的封建家庭制度，为社会革命服务。如汉一的《毁家论》指出封建家族制度为"万恶之首"②；又如真的《祖宗革命》反对祖宗崇拜，"凡有道之革命党必主张祖宗革命"③，认为应该废弃祠堂、祭祀、厚葬等；这些言论对封建家族制度、宗法思想冲击颇大。后来，五四新文化运动领袖人物陈独秀等更加猛烈地批判封建旧道德、旧观念，提倡自由、平等、博爱，宣扬新型的婚姻家庭观念，启发人们同封建家族制度做斗争。传统家训的内容及教育方式难以适应近现代社会的需要，其衰落之势无可挽回，家训随着时代的发展而变革也成为必然的趋势。

由先秦到近代社会，中国传统家训历经萌芽、定型、成熟、繁荣、鼎盛乃至衰落等时期，与宗法社会、自然经济形态、儒家伦理纲常息息相关，还与封建家族兴衰相伴随，表现出阶段性发展演化的特点，成为中华文化不可缺少的组成部分。当然，传统家训在内容方面存在历史局限性，如政治功利性、等级贵贱观念、男尊女卑思想、封建迷信思想、鄙视工商业观念等，教育方式也有枯燥说教、简单惩戒、专制压迫等缺陷。近现代社会，传统家训虽然有局部的转型、创新，但是总体看来仍然不断衰落，基本上走向终结。

① 杨立新点校：《大清民律草案·民国民律草案》，吉林人民出版社2002年版，第170页。
② 张枬、王忍之编：《辛亥革命前十年间时论选集》（第2卷　下册），生活·读书·新知三联书店1963年版，第916—917页。
③ 张枬、王忍之编：《辛亥革命前十年间时论选集》（第2卷　下册），生活·读书·新知三联书店1963年版，第981—982页。

另外，随着社会经济、政治、文化的日益发展，家庭观念不断变革，新型家训随着时代的发展而产生。老一辈革命家毛泽东、刘少奇、周恩来、朱德、陈毅、邓小平等重视家庭教育，留下了宝贵的家训资料，蔡元培、鲁迅、黄炎培、陶行知、徐悲鸿、傅雷等知名人士也有家训篇章，在教育子女方面颇有心得，这些家训对于读者富有教育意义。自20世纪80年代改革开放以来，中国又兴起重修族谱、家谱之风，对其中的族规、家规等进行修订，为家训注入了新鲜的时代内容，使其重新焕发光彩。在新时代的大环境中，中国家训必定以崭新的面貌问世，不断适应时代的需要，不断革新，不断发展！

第四章

中国传统家训的家庭伦理观

中国历代优秀家训是中华五千年文明的重要组成部分，也是中国文化代代相传、绵延长久的重要支柱，对建构中国人的精神思维、价值理念和心理结构发挥了不可替代的作用。流传下来的优秀传统家训是以儒家文化为精神内核的社会主流意识形态在家庭领域和家庭关系上的体现。中国传统家训尽管在编撰体例和表述形式方面存在差异，但核心内容都涉及伦常之道、治家之道、修身之道、涉务之道等，集中彰显了中华民族的优良传统。

家庭伦理是调整家庭成员之间关系的原则与规范。中国传统家庭伦理的构建以儒家创立的仁学为理论基础，以仁者爱人、亲亲为大、忠恕待人、克己复礼、以孝为重等为指导思想，以父权家长制为本位，家庭成员之间的关系是支配与服从的宗法等级关系，即男尊女卑、夫为妻纲、父为子纲、嫡庶长幼有序。父子关系、夫妇关系、长幼关系是传统家庭关系中最重要的三种关系。受社会结构和文化观念的影响，中国传统家庭伦理非常看重血缘伦理关系的和谐。"双向义务"结构是中国传统家庭调节家庭关系的基本伦理机制，体现为父慈子孝、夫义妇从、兄友弟悌。父慈、夫义、兄友在前，子孝、妇从、弟悌在后，即对在上者、位尊者、年长者的要求在先，对在下者、位卑者、年幼者的要求在后。发挥这种伦理机制的调节功能，有助于增强家庭的凝聚力，保持家庭的和谐与稳定。中华传统家训以血亲伦常关系为基础，既有家规强制，也有亲情感化；既强调家长对子女有随时耳提面命的权利，也要求家长发挥身教的作用，通过"正身"来"率下"。由于始终着眼于血亲伦常关系的和谐，所以中国传统家训的亲情感化作用尤显突出。中国传统家规家训的家庭伦理观主要体现在父慈子孝、兄友弟悌、夫义妇顺三个方面。

第一节　父慈子孝

父慈子孝是传统亲子伦理道德的基本规范。父慈与子孝之间存在着因果关联：慈是父母对子女的伦理义务，内涵比较丰富，主要包括养子、爱子、教子等方面；孝是子女对父母的伦理义务，不仅要养亲，更要敬亲、爱亲、尊亲。在儒家家庭伦理中，父慈子孝是对父子伦理的根本要求，也是家庭道德规范的核心内容。只有在家庭道德中修以慈孝，才能建立一个和睦有序的家庭。

一、慈爱有节

对父母而言，慈绝不是对子女爱恤过甚，以至迁就姑息。在中国传统家庭伦理的语境中，慈严相济、慈爱均等是慈的核心内涵。

孔子云："为人父，止于慈。"受儒家学说影响，中国传统家庭教育形成了慈严相济的传统。颜之推坚持"有威有慈"的教育原则，认为"父母威严而有慈，则子女畏慎而生孝矣"，"父子之严，不可以狎；骨肉之爱，不可以简。简则慈教不接，狎则怠慢生焉"。[①]针对一些家长对子弟无原则之爱，颜之推提出了严厉批评：

> 吾见世间，无教而有爱，每不能然；饮食运为，恣其所欲，宜诫翻奖，应诃反笑，至有识知，谓法当尔。骄慢已习，方复制之，捶挞至死而无威，忿怒日隆而增怨，逮于成长，终为败德。孔子云"少成若天性，习惯如自然"是也。俗谚曰："教妇初来，教儿婴孩。"诚哉斯语！

> 凡人不能教子女者，亦非欲陷其罪恶；但重于诃怒。伤其颜色，不忍楚挞惨其肌肤耳。当以疾病为谕，安得不用汤药针艾救之哉？又宜思

---

① 王利器：《颜氏家训集解》（增补本），中华书局1996年版，第15页。

勤督训者，可愿苛虐于骨肉乎？诚不得已也！①

司马光进一步发展了颜之推的教育思想，其《温公家范》深刻阐述了严与爱的关系：

> 为人母者，不患不慈，患于知爱而不知教也。古人有言曰："慈母败子。"爱而不教，使沦于不肖，陷于大恶，入于刑辟，归于乱亡。非他人败之也，母败之也。自古及今，若是者多矣，不可悉数。②

司马光还对父母的溺爱心态及其危害做了剖析：

> 自古知爱子不知教，使至于危辱乱亡者，可胜数哉！夫爱之，当教之使成人。爱之而使陷于危辱乱亡，乌在其能爱子也？人之爱其子者多曰："儿幼，未有知耳，俟其长而教之。"是犹养恶木之萌芽，日俟其合抱而伐之，其用力顾不多哉？又如开笼放鸟而捕之，解缰放马而逐之，曷若勿纵勿解之为易也。③

司马光提倡慈训并重，爱教结合，指出"慈而不训，失尊之义；训而不慈，害亲之理。慈训曲全，尊亲斯备"，即父母慈爱过度而不严加训教，便失去了为人父母的大义；一味严加训教而不讲慈爱，则违背了骨肉之间的相爱之理，故只有将慈严结合，才能维护大义和亲情。

郑板桥52岁得子，疼爱之情自然无以复加。他在潍县任上担心妻子在家对儿子溺爱过度，就写信给弟弟，让其代为管束儿子：

> 余五十二岁始得一子，岂有不爱之理！然爱之必以其道，虽嬉戏顽耍，务令忠厚悱恻，毋为刻急也。平生最不喜笼中养鸟，我图娱悦，彼在囚牢，何情何理，而必屈物之性以适吾性乎！至于发系蜻蜓，线缚螃蟹，为小儿顽具，不过一时片刻便摺拉而死。夫天地生物，化育劬劳，一蚁一虫，皆本阴阳五行之气絪缊而出。上帝亦心心爱念。而万物之性，人为贵。吾辈竟不能体天之心以为心，万物将何所托命乎？蛇蚖蜈蚣豺狼虎豹，虫之最毒者也，然天既生之，我何得而杀之？若必欲尽

① 王利器：《颜氏家训集解》（增补本），中华书局1996年版，第8—12页。
② 〔宋〕朱熹著，朱杰人编注：《朱子家训》，华东师范大学出版社2014年版，第128页。
③ 〔宋〕朱熹著，朱杰人编注：《朱子家训》，华东师范大学出版社2014年版，第126页。

杀，天地又何必生？亦惟驱之使远，避之使不相害而已。蜘蛛结网，于人何罪，或谓其夜间咒月，令人墙倾壁倒，遂击杀无遗。此等说话，出于何经何典，而遂以此残物之人命，可乎哉？可乎哉？我不在家，儿子便是你管束。要须长其忠厚之情，驱其残忍之性，不得以为犹子而姑纵惜也。家人儿女，总是天地间一般人，当一般爱惜，不可使吾儿凌虐他。凡鱼飧果饼，宜均分散给，大家欢嬉跳跃。若吾儿坐食好物，令家人子远立而望，不得一沾唇齿；其父母见而怜之，无可如何，呼之使去，岂非割心剜肉乎！夫读书中举中进士作官，此是小事，第一要明理作个好人。可将此书读与郭嫂、饶嫂听，使二妇人知爱子之道在此不在彼也。①

郑板桥信中围绕教育儿子所提意见，有三个观点值得后世学习：一是要尊重孩子的天性，二是要培养孩子的仁爱之心，三是要引导孩子做个好人。

梳理传统家训文献中的慈严相济之论就可以发现，古代开明家长所讲的"严"不是动辄打骂，而是严格要求。要强调的是，"严"不仅指对子女的严，也包括对家长的严，为人父母者，在家庭教育实践中要严于律己，以身作则。

父母对子女的爱是由血缘关系衍生出来的天然之爱，是天地间最无私的爱。这种爱不是盲目、无原则的，而是引导子女明事理、辨善恶、行正道的教育自觉。

"慈"的另一重内涵就是对子女的爱要均等，不能厚此薄彼。事实上，要做到这一点，是不容易的。颜之推不无感慨地说："人之爱子，罕亦能均；自古及今，此弊多矣。贤俊者自可赏爱，顽鲁者亦当矜怜，有偏宠者，虽欲以厚之，更所以祸之。"②聪颖的孩子自然受父母喜爱，但顽劣的孩子更应得到父母的教导和关爱。失宠或是受到不公正对待的孩子会心理失衡，长大了往往忤逆不孝，甚至祸及家族发展。历史上很多政治或家族悲剧的发生都与父母慈爱不均有关。

封建时代的家庭有嫡庶之别，故父母对子女的慈爱是否均等就显得尤为重要。南宋袁采在《袁氏世范》中对均爱的重要性做了阐述：

①〔清〕郑燮：《郑板桥文集》，巴蜀书社1997年版，第14—15页。
② 王利器：《颜氏家训集解》（增补本），中华书局1996年版，第19页。

同母之子，而长者或为父母所憎，幼者或为父母爱，此理殆不可晓。窃尝细思其由，盖人生一二岁，举动笑语，自得人怜，虽他人犹爱之，况父母乎？才三四岁至五六岁，姿性啼号，多端乖劣，或损动器用，冒犯危险，凡举动言语，皆人之所恶。又多痴玩，不受训诫，故虽父母亦深恶之。方其长者可恶之时，正值幼者可爱之日，父母移其爱长者之心，而更爱幼者，其憎爱之心，从此而分。最幼者当可恶之时，下无可爱之者，父母爱无所移，遂终爱之，其势或如此。为人子者，当知父母爱之所在，长者宜少让，幼者宜自抑；为父母者，又须觉悟，稍稍回转，不可任意而行，使长者怀怨，而幼者纵欲，以致破家。[①]

袁采认为，父母对子女厚薄不均，子女成人后相互之间的关系必定不谐：

人有数子，饮食衣服之爱不可不均一；长幼尊卑之分，不可不严谨；贤否是非之迹，不可不分别。幼而示之以均一，则长无争财之患；幼而教之以严谨，则长无悖慢之患；幼而有所分别，则长无为恶之患。少或犯长，而长或陵少，初不训责，何以保其他日不悖？贤者或见恶，而不肖者或见爱，初不允当，何以保其他日不为恶？[②]

袁采主张均爱的教育思想，对今天的教育仍有启发意义。

二、孝为根本

《说文解字》："孝，善事父母者。"《墨子》："孝，利亲也。"孝为德行之本，教化之源。古代圣贤叮嘱告谕我们，就人的诸种德行而言，没有比孝更重要的。西汉董仲舒提出"罢黜百家，独尊儒术"后，孝道由家庭伦理扩展为社会伦理、政治伦理。"以孝治天下"也成为贯穿中国两千年帝制社会的治国纲领。"以孝治天下"要求社会成员恪守君臣、父子、长幼之道：在家孝顺父母，至亲至爱；在社会上尊老敬老，选贤举能；在庙堂之上则忠于君王，报效朝廷。作为普通百姓，怎能不讲孝心呢？

---

① 〔宋〕袁采：《袁氏世范》，上海人民出版社2017年版，第20—21页。
② 〔宋〕袁采：《袁氏世范》，上海人民出版社2017年版，第18页。

理解父母的恩德，是子女行孝的前提。关于父母对子女的恩德，陕西省旬阳市仙河镇《陈氏家训》中有一段饱含深情的描述：

> 父母于子，百般愿望。少则望其长，长则望其壮，壮则望其富贵、望其为贤人豪杰。故怀抱时见其能嬉笑则喜，见其能饮食则喜，见其添知识则喜。稍长时，见其会读书则喜，见其说话有用则喜，见其行事有能则喜。是其远望为何如？父母于子，百般忧虑。少时忧其饥又恐其过饱，忧其寒又恐其过热，有疾则忧，出外则忧，忧其堕于贫贱，忧其流于不肖，是其忧虑为何如？

> 父母于子，百般劬劳。怀胎生产何等艰苦，三年之内不离怀抱，不时乳哺，不时矢溺。长为之择师傅，疾为之求医治、为之祷鬼神。久出不归则为之勤卜筮，更置田园家业以计久远，见其年壮凭媒妁为之求婚配，是其劬劳为何如！《诗》云："欲报之德，昊天罔极。"为子者可勿孝乎？

这段话语拙情真、言真意切，使人读罢即能在心底升腾起一股不能报父母大恩于万一的憾恨悲怆之情。

传统家训强调为人子孙者当在思想上认识到孝在为人立品中的地位。宋人袁采《袁氏世范》云："人之孝行，根于诚笃，虽繁文末节不至，亦可以动天地，感鬼神。尝见世人有事亲不务诚笃，乃以声音笑貌缪为恭敬者，其不为天地鬼神所诛则幸矣，况望其世世笃孝而门户昌隆者乎！苟能知此，则自此而往，与物应接，皆不可不诚，有识君子，试以诚与不诚者较其久远，效验孰多？"他强调"孝"贵内心诚笃，勿事繁文，不可伪饰。叶梦得《石林家训》云："夫孝者，天之经也，地之义也，故孝必贵于忠。忠敬不存，所率皆非其道，是以忠不及而失其守，非惟危身，而辱必及其亲也，故君子行其孝必先以忠。"这里所说的忠，即指发自本心。

中国传统家训对儒家孝道的基本内涵做了通俗的、切于日常实用的阐发，而且对它的泛化意义做了补充和强化。陕西省安康市汉滨区《袁氏家训》云："人之立身当贵于孝。孝者何也？想父母生我以来，推干就湿；成我以来，虑病防危。父母之心何日尽乎？为人子者，不过冬温夏清，昏定晨省，上可达于天庭，下可感于子孙；生为子孙榜样，死能对于神明。"安康市石泉县、汉阴县《冯氏家训》指出：

> 为人子者，非父母不生，若不晨昏定省，视膳问寝，何以报生成之德？使徒以酒食供养，敬意不诚，是养犬马以待父母，罪莫大焉。

安康市宁陕县《钟氏家规》云：

> 五刑之属三千，而罪莫大于不孝。《春秋大义》不尝药则书弑，奈何世俗或以顽梗之性，或听艳妻之惑，显然悖逆，全不自反自责。及至罪恶贯盈，纵能明逃皇法之诛，断难阴逃鬼神之击。由是种种天报，令人难堪。彼仍执迷不悟，良可痛哉！

对子女而言，何为孝道？安康市镇坪县《饶氏家训》做了具体回答：

> 然随分自尽，本其爱亲敬亲之心，奉养之必至也，定省之无违也，亲之所欲则必如之，亲之所教则必听而识之，（不以）不如左右之余有忤慢，不以不肖之身使之隐忧，不以一朝之忿使之郁抑，更能有显亲之事、慰亲之心，其亲得优优自安，乐然忘老，可谓孝矣！[①]

值得注意的是，中国传统家训多以劝谕或规条的形式将孝的举动、不孝的举动区分开来，旨在使子孙后辈将孝道付诸实践。

安康市宁陕县《吕氏家范》引明人颜光衷《孝悌论》，将人子之大不孝归纳为八种：

> 父母爱惜之过甚，常顺适其性，骤而拂之，便违拗不从甚或抵忤，一也；常先事勤劳，听子安逸，遂谓父母宜勤劳，子宜安逸，偶令代劳，作事便多方推诿，二也；父母为儿减口，遂谓父母当少食，亡当多食，三也；言语粗率，贯父母前亦直戆冲突，行动无礼，贯父母前亦傲慢放弛，四也；见同辈则礼貌委和，对双亲则颜色阻滞，待妻子则情意霭然，伴双亲则胸怀郁闷，有美食则食妻子而不以奉亲，五也；财入吾手便为己财，而在父母者又谓吾当有之也，财足则忘亲，财乏则强求，窃取于亲不得遂意则远亲，亲老不能自养而寄食于吾则又厌亲，甚且单

---

① 戴承元：《安康优秀传统家训注译》，陕西人民出版社2017年版，第223页。

父只子而争财者有矣，不知身乃谁之身，财乃谁之财，我乳哺无缺、衣食无缺以至今日，谁之恩乎！六也；恣情声色，外诱日浓，二更三鼓，挑灯望归不顾也，游戏赌钱，破荡财产，亲忧郁成病不顾也，七也；父母于兄弟姊妹或有私与，乃怨亲偏党，关防争论，无所不至，甚且成仇，八也。[①]

子女该如何尽孝？安康市宁陕县《储氏家规》有具体的回答和建议：

> 须敬奉甘旨，察父母之所欲者而进之。或家贫无以为养，即随时茶饭菜蔬亦要精好，尤须奉之以欢爱之心。时时怡色婉容顺从父母，不可有一毫违逆辞色，致令父母心中不乐。今人多说父母不是，所以忤逆，不知天下无不是的父母。当反而自责，父母如何不爱我？必我有得罪父母处，不可便说父母不是。至于父母或有过失，不可任其有过，亦不可直言说他，令父母难以当受。须要下气柔声，不直指父母之失。或泛论天下当如彼不当如此，或以他人之事与父母相同者而为之论其是非，使父母自然感悟。又如"身体发肤，受之父母"，不可自作非为，致伤父母遗体，以辱父母。尤当作个好人，令外人称颂："某人有贤子！"……或有父之后妻，待我不仁，亦须委屈承顺，无伤我父之心。总之，要尽心竭力，事事令父母喜乐，不致父母之怒，不贻父母以忧，才是孝道。[②]

背离孝道就是背离人的天性，忤逆不孝之人与禽兽无异。故《孝经·三才》云："夫孝，天之经也，地之义也。"孝行是人类最为根本的品行，是判断一个人本性善恶的最基本的品行。对人而言，践行孝道是天经地义的事，是为人子女者义不容辞的责任。

三、移孝事国

中国古代社会实行宗法制下的血缘氏族制，并最终形成了家国一体的"家

---

① 戴承元：《宁陕县优秀家训注译》，陕西人民教育出版社2019年版，第46页。
② 戴承元：《宁陕县优秀家训注译》，陕西人民教育出版社2019年版，第151页。

天下"式的政治统治模式。家与国都实行严格的等级制度，家族权力与国家权力在结构和功能上是高度相似的，以至于"家长制"既用以指家族的统治机制，也常被用来指整个国家的统治机制。"政治秩序须以文化秩序为基础，政治运作须以社会的文化价值原则为指导"①。"民唯邦本，本固邦宁"是中国古代社会治理实践中的普遍共识，"作为文化秩序的传统家训的产生，它的活水源头是宗法父权制大家庭"②。家庭是组成国家的基本单位，修身、齐家、治国、平天下是人们的一贯信条。早在先秦时代，孟子就提出：天下之本在国，国之本在家，家之本在身。③《礼记·大学》进一步把家庭教育提高到关系国家兴衰存亡的高度，指出："所谓治国必先齐其家者，其家不可教而能教人者无之，故君子不出家而成教于国……一家仁，一国兴仁；一家让，一国兴让"，"古之欲明德于天下者，必先治其国；欲治其国者，必先齐家"。④家与国的相互统一，自然要求"国有国法，家有家规"。

身修才能家齐，家齐而后国治，国治而天下太平。修与齐的问题解决好了，一切都好办了。"因为在儒家看来，社会关系是家庭血缘关系的简单放大，社会不过是家庭的扩展。而家训文化最基本的功能实质上是伦理的教化功能，它所要实现的目标正是家人、子弟通过道德等方面的修养而达到的自律和家庭的和睦，这就为'治国'、'平天下'提供了实现的前提和基础。"⑤因此，修身齐家、敦品正行就成了传统家训的主要目的和基本内容。在功能上，"家训不仅是一个家庭、家族代代延续的文化基础，而且也是治国安邦的基础文化"⑥。"家和万事兴"是传统家庭的核心理念，也是传统家训文化建设的根本动力。中国传统家训以别具特色的教化功能和教化方式促进了家国整合机制的形成和巩固，保证了家庭生活、社会生活的稳定。

传统社会中，家与国的职能都是维护等级秩序。家维护的是"父父子子"的

① 陈明：《儒学的历史文化功能》，学林出版社1997年版，第75页。
② 王长金：《传统家训思想通论》，吉林人民出版社2006年版，第14页。
③ 杨伯峻：《孟子译注》，中华书局2012年版，第157页。
④ 王文锦：《大学中庸译注》，中华书局2008年版，第9页。
⑤ 陈延斌：《论传统家训文化对中国社会的影响》，载《江海学刊》1998年第2期。
⑥ 朱贻庭：《今天，重建家训文化何以可能》，载《文汇报》2014年10月13日。

家庭秩序，国维护的是"君君臣臣"的政治秩序，它们是一个问题的两个方面，"在家事亲"与"在国事君"是一致的，"在家尽孝"与"在国尽忠"也是一致的。《孟子·离娄上》曰："人人亲其亲，长其长，而天下平。"这里，孟子把践行孝道视为实现社会安定的重要基础。因为孟子深谙一个朴素的道理：能够孝顺自己父母的人，自然会尊敬别人的父母；能自觉践行孝道的人，自然会积极地向他人传导儒家教化。正是基于这种文化认知，才形成了一句被普遍接受的古训："忠臣良相必出于孝子之门。"在家国一体、家国同构的文化模式中，用孝道奉事国君就是忠诚。凡为人臣者，应先学会侍奉父母，然后才能效忠国君并最终建功立业。此类臣子，通常被后世誉为儒家思想的基石和王道政治的脊梁。

第二节　兄友弟悌

兄弟一奶同胞，血浓于水，互为人伦至亲；兄亲弟爱，相互扶持，自是手足之情、人伦之道的体现。唐代法昭禅师作《兄弟偈》两首，劝人重视兄弟之情。其一云："兄弟同居忍便安，莫因毫末起争端。眼前生子又兄弟，留与儿孙作样看！"其二云："同气连枝各自荣，些些言语莫伤情。一回相见一回老，能得几回为弟兄！"①宋人罗大经编撰的《鹤林玉露》乙篇卷六在引用《兄弟偈》其一后，插入了一段评语："词意蔼然，足以启人友于之爱。然余尝谓人伦有五，而兄弟相处之日最长。君臣之遇合，朋友之会聚，久速固难必也。父之生子，妻之配夫，其早者皆以二十岁为率。惟兄弟或一二年，或三四年，相继而生，自竹马游嬉，以至鲐背鹤发，其相与周旋，多者至七八十年之久。若恩意浃洽，猜间不生，其乐岂有涯哉！"②现代著名居士李圆净在《人鉴》中论及兄弟关系时亦云："骨肉之间，只该讲情，不该讲理，执了理便伤情，伤情便不是理。耐些冲撞，让些财帛，旁言弗听，宿怨弗留，彼此恩意和洽，猜忌不生，天伦间的乐

① 王充闾选注：《诗性智慧：古代哲理诗三百首》，辽宁人民出版社1999年版，第192—193页。
② 〔宋〕罗大经：《鹤林玉露》，孙雪霄校点，上海古籍出版社2012年版，第134页。

趣，实有非言语笔墨所能形容的！"

兄弟伦理在家庭伦理中仅次于父子关系。《颜氏家训》云："夫有人民而后有夫妇，有夫妇而后有父子，有父子而后有兄弟：一家之亲，此三而已矣。自兹以往，至于九族，皆本于三亲焉，故于人伦为重者也，不可不笃。"[1]

在兄弟关系上，传统家训强调兄友弟悌。处理兄弟关系之准绳的"悌"和"友"作为中国传统家训中的两个重要德目，通常与"孝"并提。《论语·学而》曰："其为人也孝弟而好犯上者，鲜矣；不好犯上而好作乱者，未之有也。君子务本，本立而道生。孝弟也者，其为仁之本与！"《孟子·梁惠王上》云："谨庠序之教，申之以孝悌之义，颁白者不负戴于道路矣。"在儒家看来，孝悌是维系家庭关系的主要纽带。因此，强化悌不仅是为了建构和睦有序的兄弟关系，更是为了维护尊卑有序的社会关系。

悌，就是指为弟者对兄辈要恭敬；友，则是指为兄者对弟辈要友爱。宋人范质在《诫从子诗》中说："诫尔学立身，莫若先孝悌。"明人姚舜牧在《药言》中说："圣贤开口便说孝悌，孝悌是人之本，不孝不悌便不成人了。孩提知爱，稍长知敬，奈何自失其初，不齿于人类也。"

《颜氏家训》特别强调兄弟友爱对于巩固家族的重要性：

> 兄弟者，分形连气之人也，方其幼也，父母左提右挈，前襟后裾，食则同案，衣则传服，学则连业，游则共方，虽有悖乱之人，不能不相爱也。及其壮也，各妻其妻，各子其子，虽有笃厚之人，不能不少衰也。娣姒之比兄弟，则疏薄矣；今使疏薄之人，而节量亲厚之恩，犹方底而圆盖，必不合矣。惟友悌深至，不为旁人之所移者免夫！

> 二亲既殁，兄弟相顾，当如形之与影，声之与响；爱先人之遗体，惜己身之分气，非兄弟何念哉？兄弟之际，异于他人，望深则易怨，地亲则易弭。譬犹居室，一穴则塞之，一隙则涂之，则无颓毁之虑；如雀鼠之不恤，风雨之不防，壁陷楹沦，无可救矣。仆妾之为雀鼠，妻子之为风雨，甚哉！[2]

---

① 王利器：《颜氏家训集解》（增补本），中华书局1996年版，第23页。
② 王利器：《颜氏家训集解》（增补本），中华书局1996年版，第23—26页。

兄弟关系是妯娌关系、子侄关系、奴仆关系的基础。如果兄弟不睦，就会影响整个家庭的和谐。《颜氏家训》云："兄弟不睦，则子侄不爱；子侄不爱，则群从疏薄；群从疏薄，则僮仆为仇敌矣。如此，则行路皆踏其面而蹈其心，谁救之哉？"①《治家格言》云："听妇言，乖骨肉，岂是丈夫，重资财，薄父母，不成人。"陕西省安康市宁陕县《邓氏家训》告诫子孙："为兄弟者，以姜被、田荆是仿，乃无惭于同气。"安康市宁陕县《钟氏家规》云："兄弟本父母所生，薄兄弟便是薄父母。礼曰：'父母所爱者亦爱之。'故真知重父母者，断不薄乎兄弟也。"安康市平利县《詹氏家规十六条》告诫后世："兄弟如手足相联，有规劝之义，不可共济为非，同陷于不义也。必兄友弟恭，相亲相爱，期为端人正士，则父母顺而家道亦肥矣。……凡人有兄弟总以和为贵。"有的人广交天下之士，对他们尽显亲爱，却失敬于兄弟；有的人能统率千军万马，使他们为自己效力，却不能恩及兄弟，这在人伦关系上是有缺憾的。

处理兄弟之间的关系，安康市宁陕县《储氏家规》中的阐述极具启示意义：

兄弟本一气所生，假使兄弟稍有一毫忤逆，父母之心，甚是不乐。古来异姓结义尚且安乐与同，患难与共，况一本者乎？世非无亲敬他人，往来稠密，而兄弟之间反为漠然。及至变故一来，他人安在？则惟是昔所漠然之兄弟，任事而不辞也。思及于是，何可不重我兄弟欤？……即不幸而值兄弟之愚昧，待我以不堪，在世人之见，以为彼既不仁，我亦无义，嗟乎！彼即以不仁施之，我亦何可以不义气报之？！必仍旧以厚待他，使他自己感悟。纵彼终不悟，亦可悯他愚昧，何忍与他订恨成仇？……且如人家兄弟之多者，父母教训婚配，所费多寡不一；田园家业，或有好歹不齐，皆父母之所为，则我争论之，是以不友，而因为不孝也。可乎，不可乎？又如兄弟各立之后，贫富各有不一。愚者每因自己之不足嫉妒兄弟之有余，不思各有天命。自己既贫，犹幸兄弟之□立，使吾父之子不尽为贫窭，以取笑他人。况彼又非夺我之所有也，如何该怀嫉妒之心？故为兄弟者，无论岁时伏腊，遇有酒

---

① 王利器：《颜氏家训集解》（增补本），中华书局1996年版，第27页。

食，即宜殷勤交欢。兄弟之懦者，吾扶助之；兄弟之强者，吾逊让之；兄弟之贫者，吾洞察其疾苦而周济之；兄弟之所当为而不为者，吾劝勉之；兄弟之所不当为而为者，吾谏止之。如遇有公事，尤当各尽其力，不得扳扯推诿，是之谓友于兄弟。[①]

在现实生活中，妯娌交恶是兄弟失和的重要原因。要防止妯娌关系影响兄弟关系，最重要的是在家庭事务中秉持公心，同时给予谅解包容。《颜氏家训》云："娣姒者，多争之地也，使骨肉居之，亦不若各归四海，感霜露而相思，伫日月之相望也。况以行路之人，处多争之地，能无间者鲜矣。所以然者，以其当公务而执私情，处重责而怀薄义也；若能恕己而行，换子而抚，则此患不生矣。"[②]设身处地，"换子而抚"，是确保兄弟和谐的良策。曾国藩认为："夫家和则福自生。若一家之中，兄有言弟无不从，弟有请兄无不应，和气蒸蒸而家不兴者，未之有也；反是而不败者，亦未之有也。""兄弟和，虽穷氓小户必兴；兄弟不和，虽世家宦族必败。"[③]在曾国藩看来，珍视并呵护家人之间的亲情是家和的前提。家人尤其是兄弟之间互荣共耻，是家庭和睦的应有之义。曾国藩在给弟弟的信中说：

> 我去年曾与九弟闲谈，云为人子者，若使父母见得我好些，谓诸兄弟俱不及我，这便是不孝；若使族党称道我好些，谓诸兄弟俱不如我，这便是不弟。何也？盖使父母心中有贤愚之分，使族党口中有贤愚之分，则必其平日有讨好底意思，暗用机计，使自己得好名声，而使其兄弟得坏名声，必其后日之嫌隙由此而生也。刘大爷、刘三爷兄弟皆想做好人，卒至视如仇雠。因刘三爷得好名声于父母族党之间，而刘大爷得坏名声故也。今四弟之所责我者，正是此道理，我所以读之汗下。但愿兄弟五人，各各明白这道理，彼此互相原谅。兄以弟得坏名为忧，弟以兄得好名为快。兄不能使弟尽道得令名，是兄之罪；弟不能使兄尽道得

① 戴承元：《宁陕县优秀家训注译》，陕西人民教育出版社2019年版，第155页。
② 王利器：《颜氏家训集解》（增补本），中华书局1996年版，第28页。
③ 〔清〕曾国藩：《曾国藩全集·家书》，岳麓书社1985年版，第52、59页。

令名，是弟之罪。若各各如此存心，则亿万年无纤芥之嫌矣。[1]

即使同一个人，也有唇齿磕碰的时候，何况兄和弟毕竟不是同一个人。在现实生活中，兄弟之间一旦产生误会、争执，该如何化解呢？可参考曾国藩的做法：

余有错处，弟尽可一一直说。人之忌我者，惟愿弟做错事，惟愿弟之不恭。人之忌弟者，惟愿兄做错事，惟愿兄之不友。弟看破此等物情，则知世路之艰险，而心愈抑畏，气反和平矣。

以后吾兄弟动气之时，彼此互相劝诫，存其倔强，而去其忿激，斯可耳。[2]

有的人家，兄弟关系在父母去世后会出现裂痕。对此，颜之推强调兄弟之间互相照顾、互相提携的重要性。《颜氏家训》云："二亲既殁，兄弟相顾，当如形之与影，声之与响；爱先人之遗体，惜己身之分气，非兄弟何念哉？"[3]

《弟子规》曰："兄道友，弟道恭，兄弟睦，孝在中。"《周易》云："二人同心，其利断金；同心之言，其臭如兰。"兄弟之间，同气连枝，骨血发肤上承祖先父母，下启同宗支脉。兄弟不友，甚至同胞相害，是对祖先尤其是父母的伤害。因为，兄弟不和，父母最难过；兄弟友爱，父母最欣慰。家势再大，财富再多，假如兄弟不和，父母也一定无法安心。兄弟友爱，实为父母之幸、家门之幸！一定要兄友弟恭、相亲相爱，这才是端庄正直的人该做的。这样的话，父母会顺心，家道也会殷实。兄弟们各自成家后，贫富有殊，只有愚鲁无知者，才会见兄弟行事有不对之处，便一直心怀愤恨或彼此对立下去，或因己之不足忌彼之有余。兄弟之间应该以和为贵，兄长有错误，弟弟要说服他；弟弟有过失，兄长要规劝他。兄弟之间一定要懂得通过退让化解矛盾，千万不要宽恕自己而苛责别人，一味寻别人的不是。兄弟间一旦因怀疑而产生嫌隙，并由嫌隙而最终导致纷争，只能自毁家族发展壮大的根基。因为这样的话，来自外界的侵犯、欺凌就会聚集而生。

① 〔清〕曾国藩：《曾国藩全集·家书》，岳麓书社1985年版，第52—53页。
② 〔清〕曾国藩：《曾国藩全集·家书》，岳麓书社1985年版，第1128、1137页。
③ 王利器：《颜氏家训集解》（增补本），中华书局1996年版，第26页。

第三节　夫义妇顺

孟子讲人有五伦：父子、君臣、夫妇、兄弟、朋友。一般而言，人世间的恩爱夫妻多于忠臣孝子、相敬相爱的兄弟、志同道合的朋友。原因有二：一是人之精神不能两用，二是追求琴瑟和鸣本是人之天性。对普通百姓而言，五伦之中的夫妇一伦是极重要的，对恪守其余四伦有决定性的影响。甚至可以说，夫妇失和，五伦俱损。父母在堂时，儿子为了家计，多出外打拼。高堂甘旨之奉，子女衣食之供，全靠贤孝妻子支撑。若无这样一位贤孝之妻，为人子者、为人父者所应承担的职责可能就有亏缺。兄弟相处日久岁长，免不了言差语错或矛盾纠纷，唯有贤德的妻子才能委曲调停。若换成一个不贤之妻，只会乘机挑激，最终可能导致兄弟反目成仇。在人际交往方面，唯有贤明的妻子才会监督丈夫的行迹，时时规劝其勿结交匪类，自甘堕落。若换成一个昏昧妻子，只以纺绩为苦，以贫苦为耻，见有衣裳首饰，只管穿戴享用；见丈夫在人群中风光，就自骄自盛，而不问所得是否合法，所交是否正人。这样的妻子，在丈夫走上人生歧途的过程中往往扮演了鼓动者、教唆者这样一类恶的角色。

中国传统家训对夫妻关系的重要性有深刻的论述，也从不同的角度对构建良好夫妻关系的路径做了指示。陕西省安康市宁陕县《钟氏家规》云："从来天地和而后雨泽降，夫妇和而后家道成。然谓和者，非以床笫之私而或涉于狎昵也，必自守以正、相与以孝是勉。平其性情，去其执拗，忧喜相关，同心协力。处富贵去其骄傲，处贫贱制其怨尤，此贤夫妇也！则上可以孝顺父母，中可以和弟兄，下可以培植子孙。"[1]安康市白河县《黄氏家训》亦云："夫妇之道参配阴阳、通达神明，信天地之宏义、人伦之大节也，是以《礼》谨男女之际，《诗》著关雎之义，由斯言之，不可不重也。夫不贤则无以御妇，妇不贤则无以事夫，夫不御妇则威仪废

---

① 戴承元：《宁陕县优秀家训注译》，陕西人民教育出版社2018年版，第139页。

缺，妇不事夫则义理堕阙，其失一也。……夫惟敬则能持久，妇不得生褻渎于夫，夫不得加遣呵于妇，于是恩义俱存。衽席之间岂至有一息断绝者哉！"[1]

夫妇之道是天地大义、人生大道的体现，所以，《礼记》开篇就提出严守男女之别，《诗经》首篇就宣扬夫妇之德。夫妇之道是人伦的重要方面。丈夫不贤明，就无法管束妻子，威仪就废失了；妻子不贤淑，就无法敬奉丈夫，道义就废失了。对夫妇之道而言，这都是一种缺失。古人云："夫妇相敬如宾。"又云："闺门之内，肃若朝廷。"这些都说的是夫妇之间要相互敬重。只有相互敬重，夫妻才能恩爱。妻子不得轻慢丈夫，丈夫不能对妻子动辄谴责申斥，这样一来，夫妇之间的恩情就会存续。

在男女择配问题上，自古都是女怕嫁错郎，男怕娶错妻。在婚姻与择配问题上，中国传统家训中多有经验之谈。陕西省安康市宁陕县《邓氏家训》云："《书》重'厘降'，《诗》美'关雎'，所以重人伦之始，端风化之原也。故娶妇有道，毋取慕势而侧媚权奸，毋取贪财而狎昵卑贱，惟期足承祖宗之祧而奉神灵之统，斯可矣。至于为女择配，尤期家世清白、门楣有光，而贫富匪所论也。所当戒者，指腹为婚、襁褓订盟，恐异日恶疾、无德，悔无乃矣！"[2]安康市宁陕县《钟氏家规》云："世情有女择婿，不问其家为善为恶，只看铜臭或多或寡；不问其婿为贤为愚，只看目前有名无名。不知择婿之道：第一莫过于为善之家，第二莫若厚重有相之子。盖为善之家必生有福之子，而厚重有相之子必生于为善之家。如徒视乎富贵功名，不论善恶，及至一败涂地，悔之晚矣。"[3]宁陕县《储氏家规》告诫后世子孙："婚者，人道之始，故用六礼，所以敬重其事而不苟也。须择礼义人家，女子亦是贤良，不可以下贱污宗祧，淫类而玷闺门。至于女子，须教以四德三从，日后出嫁，方不玷辱父母。尤须择积善之家，子孙自然兴盛。且人家习尚之邪正，多因亲戚渐染所使，故嫁娶宜择人品事业之端正者。若夫婚姻论财，尤为非理。择娶者，择其女之贤足矣，不可觊觎赀财；择嫁

① 戴承元：《安康优秀传统家训注译》，陕西人民出版社2017年版，第236页。
② 戴承元：《宁陕县优秀家训注译》，陕西人民教育出版社2018年版，第17页。
③ 戴承元：《宁陕县优秀家训注译》，陕西人民教育出版社2018年版，第143页。

者，择婿之贤足矣，不可挟求聘礼。"[1]

孟子说君子有三乐："父母俱在，兄弟无故"，一乐也。父母康寿，兄弟友爱，无论身处贫贱还是富贵，有此人伦之乐，就是至尊至幸，使人羡慕。"仰不愧于天，俯不怍于人"，二乐也。人活一世，不利己害人，不瞒心昧己，不贪财背义，不忤逆不孝，时时身正影直，事事正大光明，见日不惧，闻雷不惊。有此做人的心性和志气，足可傲视人生。"得天下英才而教育之"，三乐也。得到天下优秀的人才并加以培养，启发他们的心智，解答他们的疑惑，传授给他们知识，引领他们恪守仁义、践行正道，通过他们传布礼乐，泽惠百姓，对士人来说，这无疑是人生中最大的快乐。要成就君子三乐，还得添加一乐，而且这一乐得居于孟子所讲的三乐之前。这一乐就是娶得贤妻。试想，若由于妻之不贤，而使甘旨不继、兄弟成仇、朋友失义，丈夫又怎能具有"仰不愧于天，俯不怍于人"的品格，又有何资格教育天下英才？

何为贤妻？按古人的理解，善于持家，孝顺翁姑，敬待夫婿，和睦妯娌，处事宽紧有度，这等妻子方是贤妻。遇着不贤之妻，夫妻纠纷无法避免，而对此纠纷，官府之法莫加，父母之威不济，兄弟不能相帮，乡里劝解徒劳，那痛苦如钝刀割肉，使人求生不能，求死不成。

婚姻会影响家庭、社会和谐，应认真对待，切忌草率。若夫妻和睦，敬老爱少，家中自有天伦之乐；夫妻协力，里外同心，家庭自会兴旺发达。婚姻不幸往往会导致家庭不和，家业衰败，老无所依，少无所养。需要特别指出的是，建立在父权制基础上的中国传统家庭重男轻女，家庭建设观念中突出的是男子所扮演的家长的角色。所以，在婚姻问题上，中国传统家训论中阐述最多的是择妻之道。而封建男权社会的择妻之道旨在用封建宗法时代的妇女道德尤其是夫妻伦常来训诫女子，使其切实掌握男权社会制订的男性的"责""权""利"和女性的"贞""善""美"。通过接受这样的教育，女子在观念的层面必须认识到，男主女从不仅天然合理，而且是礼乐文明延续之必需。以封建男权社会的择妻之道为准绳，女子在婚后的家庭生活中，要谨记并恪守妇女行为规范，尽力呈现出温

---

[1] 戴承元：《宁陕县优秀家训注译》，陕西人民教育出版社2018年版，第165页。

婉淑德、贞贤无妒、唯夫是念的姿态，而且要在妇德、妇言、妇容、妇功方面加强自我修炼。在妇女的观念里，相夫教子、生育儿女和守节尽孝就是自身生命的全部价值。毫无疑问，这一教育导向体现了封建礼法对女性精神的禁锢和奴役。这也是中国传统家训文化中常见的思想糟粕，应坚决予以批判。

第五章

中国传统家训的人生修养观

道家、儒家、墨家都讲修身，但内容不尽相同。儒家所讲的修身，就是践行忠恕之道和三纲五常。儒家认为，格物、致知、诚意、正心为修身之本，齐家、治国、平天下为修身之末。《礼记·大学》云："自天子以至于庶人，一是皆以修身为本。其本乱而末治者，否矣。"意思是，上自天子，下至百姓，人人都要以修养品性为根本。若这个根本被扰乱了，家庭、家族、国家、天下要治理好是不可能的。在儒家看来，实现"内圣外王"是修身的终极目标，也是最高政治理想。虽然"内圣外王"的命题最早由庄子提出，是治道术者所追求的人生境界，但这并不妨碍以之来阐释儒家的最高政治理想。事实上，"内圣外王"在中国文化史上的价值和影响力，是经由儒家的重新阐释而确立起来的。"内圣"主要是从人内在的心性道德修养而言，"外王"则是从人的社会功用而言。"内圣外王"就是指，内具圣人之德，外施王者之道。孔子讲"学而优则仕"，实则也是讲"内圣外王"之学。这里的"学"，不仅是简单的学习的过程，更多的是指加强道德伦理的训练；"仕"也不能简单地理解为外出做官，而是指切实承担起士人之社会责任。可以看出，"内圣外王"不仅具有独特的人格意义，而且具有政治理想和社会责任的含义。"内圣外王"学说的传播和普及，最终在封建文化语境中形成了这样一种政治伦理思想，亦可称之为政治常识，即不是圣人最宜为王，而是王者必定是圣人。

中国传统家训一般都是围绕治家教子、修身做人展开，偏重道德伦理教育。修身养德的实质就是人格塑造。熔铸光明伟岸的道德人格，是实施修身教育的终极目标。若不能成就光明伟岸的人格，就不能独立处世、治家报国。

总的来看，传统家训作为与学校教育、社会教育并列的三种教育形式之一，虽然在形式上是家庭的、家族的，但是在本质上、功能上又是社会的、国家的，涵盖了个人品德、家庭美德、社会公德，体现了家国同构、家国一体的情怀。中国传统家规家训中的人生修养观可概括为修身养德、重视教育与守正尚仁。

第一节　修身养德

德是立身之本，亦是人的本质属性的体现。司马光认为：

> 善为家者，爪牙之利不及虎豹，旅力之强不及熊罴，奔走之疾不及麋鹿，飞翔之高不及燕雀，苟非群聚以御外患，则久为异类食矣！是故圣人教人以礼，使知父子之亲。人知爱其父，则知爱其兄弟矣；知爱其祖，则知爱其宗族矣。如枝叶之附于根杆、手足之系于身首，不可离也。岂徒使其粲然条理以为荣观哉？乃实欲更相依庇以捍外患也。[①]

人是社会性的、群体性的动物，以德为本的思想反映了古代贤哲对人的社会本质的理解。人的社会本质弥补了人的自然属性的缺陷，并赋予人作为万物之灵的根本属性。明代学者薛瑄在《诫子书》中阐述了人与禽兽的区别：

> 人之所以异于禽兽者，伦理而已。何为伦？父子、君臣、夫妇、长幼、朋友五者之伦序是也。何为理？即父子有亲、君臣有义、夫妇有别、长幼有序、朋友有信，五者之天理是也。于伦理明而且尽，始得称为人之名。苟伦理一失，虽具人之形，其实与禽兽何异哉？盖禽兽所知者，不过渴饮饥食、雌雄牝牡之欲而已，其于伦理，则蠢然无知也。故其于饮食雌雄牝牡之欲既足，则飞鸣踯躅，群游旅宿，一无所为。若人但知饮食男女之欲，而不能尽父子、君臣、夫妇、长幼、朋友之伦理，即暖衣饱食，终日嬉戏游荡，与禽兽无别矣！[②]

一个没有道德的人只是生物学意义上的人。故《大学》云："自天子以至庶人，一是以修身为本。其本乱而末治者否矣，其所厚者薄，而其所薄者厚，未之有也。"

德是儒家伦理哲学体系中的核心概念，专指道德、品德。儒家所倡导的德

---

① 包东波选注：《中国历代名人家训荟萃》，安徽文艺出版社2000年版，第129页。
② 包东波选注：《中国历代名人家训荟萃》，安徽文艺出版社2000年版，第192页。

包括仁、义、孝、悌、忠、信、恕等。传统儒学十分重视德的培养，认为德是君子的必备品质，是谓"君子怀德"（《论语·里仁》）。孔子严于律己，自言"德之不修，学之不讲，闻义不能徙，不善不能改，是吾忧也"（《论语·述而》）。在教育学生所设的四科①中，德列居其首。儒家评价历史人物或时人时，也以德行作为最高标准。孔子强调国家政治必须首先从统治者修德开始，认为统治者实行德治就会得到百姓的拥护，"为政以德，譬如北辰，居其所而众星拱之"（《论语·为政》）。孔子主张用文德安定国家，"远人不服，则修文德以来之"（《论语·季氏》）。孔子认为，人生在世，要专意于四件事："志于道，据于德，依于仁，游于艺。"（《论语·述而》）"据于德"，即指以道德作为立身行事的依据。孟子继承并发展了孔子的思想，将人应遵守的众多道德规范序列化，"壮者以暇日修其孝悌忠信，入以事其父兄，出以事其长上"为德的最低要求，恪守"五伦"即"父子有亲，君臣有义，夫妇有别，长幼有叙，朋友有信"为德的进一步要求，"仁义礼智"为德的最高原则。

追求高尚的道德情操是中国传统文化的基本价值取向，也是中国古代各类教育所遵循的基本原则。中国传统家训是封建时代国家核心价值观的民间化和生活化，有助于儒家的政治和家庭伦理教义内化为每个社会成员的道德标准。传统家训文献投射出的国家核心价值观包括两大话语系统，一是儒家的道德观，二是国家为百姓制定的立身规范。儒家的道德规范是一个层次分明的有机体系，由个体道德、家庭道德、社会道德三个部分组成。儒家从个体道德出发，以家庭道德为依托，以社会道德为落脚点，追求三种道德合而为一的终极道德。

一、个体道德：仁义礼智信

仁，其原初含义指人与人之间的亲善关系。"爱亲之谓仁"（《国语·晋语》），"亲亲，仁也"（《孟子·尽心上》），"仁者，人也，亲亲为大"（《礼记·中庸》）。血缘之爱为行仁的心理基础，孔孟二圣对"仁"的内涵加

---

① 孔门四种科目，指德行、言语、政事、文学，始见于《论语·先进》："德行：颜渊，闵子骞，冉伯牛，仲弓。言语：宰我，子贡。政事：冉有，季路。文学：子游，子夏。"

以充实和丰富，并最终使其成为儒家伦理哲学的中心范畴和最高道德准则。作为道德意识的"仁"体现为爱亲之心、恻隐之心、推己及人之心，完成于"克己复礼"之实践。

义，其基本含义为"宜"。朱熹《集注》："义者，行事之宜。""宜"的标准为仁，合于仁则为宜。孔子以"义"作为评判人们思想行为的道德准则，强调"君子义以为上"（《论语·阳货》），主张"行义以达其道"（《论语·季氏》）。孟子视义为裁判是非的标准、统治者施政的尺度，主张用"义"来规范求利的行为。作为儒家伦理规范，"义"具体表现为敬长尊贤、尚礼轻利、反对侵凌。

礼，原指区别亲疏贵贱的等级制度及与此相适应的行为准则，涵摄祭神仪式、交际礼仪、典章制度三个方面，发挥着"经国家，定社稷，序人民，利后嗣"（《左传·隐公十一年》）的作用。孔子重视礼的建设，主张"为国以礼"，提出"道之以德，齐之以礼"（《论语·为政》），把礼作为施政治民的手段，借以达到德治仁政的目的。作为处世之德行，礼表现为辞让之心、恭敬之心。

智，儒家认识论范畴的概念，指明辨是非、正确认识事物和解决问题的能力。孟子认为，人生而具有明辨是非的"智之端"，强调"是非之心，智也"（《孟子·告子上》）。智是人"不学而知""不学而能"的"良知""良能"，主要体现为对仁义道德的探究及不懈的实践。唯有如此，人才能去恶迁善，居仁由义，进而做到审时度势，通权达变，而不至于做出非仁非义、背天违命之事。

信，儒家伦理思想范畴的概念，指待人处世诚而不欺、言行一致的品德。孔子认为，信不仅是普通人的交友之道，也是做人、仕进和治国之道，执政者诚信，才能使民众诚信，是谓"上好信，则民莫敢不用情"（《论语·子路》）。孟子视信为上天赐予人的"尊爵"与善德，提出"可欲之谓善，有诸己之谓信"（《孟子·尽心下》），并将其归入"六德""五伦"，强调信是人走向道德完善的基础。

儒家思想中的这些个体道德规约贯穿于中华伦理文化发展历程，是中国传统价值体系中的核心要素，在中国传统家训中得到了全面体现。

二、家庭道德：孝悌和勤俭

孝，儒家伦理道德范畴之一。"孝，善事父母者"（《说文解字》）。孔子提倡孝，要求儿女对父母不仅要做到养，而且要做到敬，并把孝道看作治国之本。孟子继承并发展了孔子的孝道学说，提出"尊亲""悦亲""顺亲"的孝道原则。孟子还把孝上升为评价一切是非的最高标准。《孟子·离娄上》曰："事，孰为大？事亲为大"，"不得乎亲，不可以为人；不顺乎亲，不可以为子"。孝为德行之本，教化之源，背离孝道就是背离人的天性。在家国一体的文化模式中，凡为人臣者，应先学会孝敬父母，然后才能服务国家并建功立业，而用孝道奉事国君就是忠诚。在家庭生活中，孝倡导的是孝老爱亲、知恩感恩，要把奉先思孝、敬亲养亲作为个人基本道德，善事父母，敬顺亲长，以孝治家，坚决反对忤逆不孝、虐待老人、重养轻教、亲情淡漠等不孝老、不爱亲的现象。

悌，指敬爱兄长、顺从兄长的行为，是儒家孝道思想的重要内容，也是维护长幼之序的基本原则，旨在调节和稳定以血缘关系为纽带的家族及社会的生存和发展。悌在伦理层面上看也是下敬上，是孝的延伸。《论语·学而》曰："弟子入则孝，出则悌，谨而信，凡爱众人而亲仁。""在儒家的孝悌观念中，须得将敬事兄长与和乐平易之悌推扩及人而泛指敬重一切长上，并以此规范庶民的言行。"[1]

和，作为儒家哲学思想范畴，其本义是适中、恰当。"和，谐也"（《广雅》）。《论语·子路》云："君子和而不同，小人同而不和"，指有德的人能把一切做得恰到好处，而小人则恰恰相反。《论语·学而》又云："礼之用，和为贵"，认为和是礼的最高境界。作为一种做人姿态和处世智慧，和的核心内涵是和睦、和谐。人心和善，人际和顺，家庭和美，社会和谐，是国家有力量、民族有希望的重要标志。《论语·季氏》强调"和无寡"，意为诸侯能使境内和睦团结，就不会感到人少。作为传统家庭伦理规范的和，其内涵主要包括：父慈而教，子孝而箴，兄爱而友，夫和而义，妻柔而正，姑慈而从，妇听而婉。

勤，作为一种处世态度和职业品德，其核心内涵是做事尽力。"勤，劳也"

---

[1] 符得团、马建欣：《古代家训培育个体品德探微——以〈颜氏家训〉为例》，中国社会科学出版社2012年版，第115页。

（《说文解字》）。韩愈《进学解》曰："业精于勤，荒于嬉。"安康市平利县《詹氏家规十六条》云："富者勤则可以保恒产，贫者勤则可以谋衣食。男勤于外女勤于内，可即昌隆之象，自无冻馁之忧矣。人心一惰，百体失官。怠荒之心日恣，匪僻之心日炽，无穷之恶习皆由不勤而起。"①对百姓而言，若不能自食其力，以勤为计，必受饥寒之苦；只有勤于生计，以勤安身，才能过上和睦安宁的生活，此为古今恒理。人生在世，努力干好本职工作就是王道。只有各司其职，各守其分，各尽其责，社会这台大机器才能正常运转，家国利益才有保障。在日常生活中，勤倡导的是勤奋劳作，踏实苦干，就是要把勤恳工作、拼搏奋进作为生存之道、发展之基，脚踏实地，敬业乐业，勤奋工作，坚决抵制好逸恶劳、游荡懒惰、不务正业、重说轻干等不勤奋、不上进等不良风气。

俭，儒家伦理思想范畴。"俭，约也"（《说文解字》）。节俭，是一种美德，也是一种修为。古今中外，节俭都被视为人立德建功之基。纵观历史，小到家庭，大到邦国，无不是兴于勤俭，败于奢靡。为人若俭，则不贪不奢，不会为满足个人的欲望而强取豪夺，《孟子·离娄上》曰："恭者不侮人，俭者不夺人。"俭而不奢，清俭处世，清廉为人，实为修德保身之基，故《易经·否象传》云："君子以俭德避难。"若一家人都能勤俭持家，这个家庭的兴旺则指日可待；若每个人都在自己的岗位上勤俭立身，那么，国富民强、政清气和的大好局面定会实现。在日常生活中，俭倡导的是节俭简朴，量入为出，就是要把节俭节约、反对浪费作为重要的生活准则，节俭办事，理性消费，注重积蓄，自觉抵制大操大办、奢侈浪费、虚荣攀比、宴客摆阔等不节省、不俭朴的现象。

在封建宗法制时代，家庭是仅次于国家机器而存在的权力系统，对社会发展和政治生活发挥着重要作用。被视为封建社会伦理基石的"三纲"中的后两者就是通过家庭教育来实现的。因此，家庭道德建设对维系社会风化意义重大。"作为传统文化组成和体现的家训文化对世风和家族成员的感情心态产生了深远的影响。家训将封建统治的精神支柱——儒家伦理纲常注入了家庭这一社会的细胞，

---

① 戴承元：《安康市优秀传统家训注译》，陕西人民出版社2017年版，第316页。

家族成员在家训的约束规范和长期熏陶之下，形成了符合社会需要的良好的家风、门风，这种家风再经过统治者的倡导，又影响到整个社会风气。"①封建时代，以儒家伦理纲常为指引推进家风建设，有助于实现正风敦俗。

三、社会公德：忠恕恭惠耻

忠，儒家道德规范。《说文解字》："忠，敬也。尽心曰忠。"忠是人们必须遵守的道德准则，具体表现为：与人交往当诚实无欺，尽心尽力；替人办事须真心诚意，竭尽所能；事奉长上要尽职尽责，始终不渝。孟子认为，忠是上天赋予人的善性，是人之"良贵"。《孟子·滕文公上》云："仁义忠信，乐善不倦，此天爵也。"在日常生活中，忠体现为诚心诚意地劝告并善意地开道他人。《论语·颜渊》云："子贡问友。子曰：'忠告而善道之，不可则止，毋自辱焉。'"

恕，儒家伦理道德原则。谓推己及人，以对己之态度对待别人。恕在儒家仁学中占有重要地位。孔子将恕的内涵概括为"己所不欲，勿施于人"（《论语·卫灵公》），"己欲立而立人，己欲达而达人"（《论语·雍也》）。孟子把恕作为实行仁的方法和"求仁"的捷径，要求人们"强恕而行"（《孟子·尽心上》）。

恭，儒家道德规范，有两重含义：一指对尊长恭敬有礼，待人处世严谨肃穆；二指庄敬严肃的态度。《论语·学而》："恭近于礼，远耻辱也。"孔子重视恭，要求人们"貌思恭"（《论语·季氏》）、"居处恭"（《论语·子路》）。孟子继承并发挥了孔子的思想，视恭为人固有的天赋善性，"恭敬之心，人皆有之"。但儒家也反对低三下四、过分地恭敬，认为恭敬应当受礼的制约。徒有恭敬的形式，不能称为恭。"恭俭岂可以声音笑貌为焉？"（《孟子·万章下》）孟子强调"恭者不侮人"（《孟子·离娄上》），提出"责难于君谓之恭"（《孟子·离娄上》），即君子敢于面陈君主的过失以导之向善，这才是对君主真正的恭敬。

---

① 陈延斌：《论传统家训文化对中国社会的影响》，载《江海学刊》1998年第2期。

惠，儒家道德规范，为实现仁的"五德"（恭、宽、信、敏、惠）之一。"子谓子产，'有君子之德四焉：其行己也恭，其事上也敬，其养民也惠，其使民也义'"（《论语·公冶长》），意谓施予恩惠，在日常生活中引申为仁爱待人，慈惠处世。

耻，儒家伦理道德范畴，指羞耻感。孔子把"行己有耻"（《论语·子路》）作为士的道德行为准则。人有知耻之心，则能自我检点而归于正道。孟子强调"人不可以无耻"（《孟子·尽心上》），视耻为人必备的品德。耻的观念为后儒所接受。明清时期，孝、悌、忠、信、礼、义、廉、耻被称为"八德"。

对于普通人而言，到底该如何修养德性、醇化人品？中国传统家规家训给出的方法各有侧重。安康市镇坪县《饶氏家训》主张从儒家经训中体悟做人之道，云："诗书为世俗之纲领，抑振宗启户之基。所以修身立行，非涵习圣贤之经训，其道无由。……其性情因学以纯，其行习因学以正，其识见因学以扩，其器量因学以宏，列于群群之中而自特超之品。"安康市汉滨区《袁氏族训》主张践仁行善，云："凡处世当以善行为先务。语云：积金积玉，莫若积德。不惟今生积清平，且为来世享用；不惟本身安泰，且为后人荣昌。《书》云：迪吉逆凶，降殃降祥。是由于善与不善之作也。《易》云：余庆余殃。亦由于善与不善之积也。以是知善有善报，恶有恶报，天眼恢恢，疏而不漏；天道昭彰，不加悔罪，岂可弃天理而丧厥良心者哉？"安康市汉阴县《沈氏家训》主张培养坚贞志节，云："人无论读书与否，皆以志节定人品，苟守之不定，势将纵其情欲，任意所为，机械变诈，利己损人，不堪述矣。即富贵胜人，学问足羡，奚足重耶！善相士者，原在人之志节上定评，不徒苟俗也。"

个人之修身养德能否取得实效，关乎大千世界之美化及个人幸福之获得。自古至今，要修身养德，既无妙门，亦无捷径。我们需要铭记的是：修身养德伴随人生始终，需要用一生去践行，绝非一蹴而就的事。在日常生活中，如何修身养德呢？本书在此给出十个基本方法：一曰秉持仁心，亲善待人；二曰见贤思齐，择善而从；三曰克己内省，长于自检；四曰博学于文，约之以礼；五曰恪守诚信，勇于担当；六曰博爱容众，严己宽人；七曰崇俭尚实，勤朴做人；八曰遵制守规，廉洁奉公；九曰敬老爱幼，敦睦天伦；十曰爱国爱家，笃行忠孝。落实上述方法，对构筑当下文化语境中的修身之本，对抵御思想浮躁、功利主义、利己主义、道德沦丧等不良风气，均有积极作用。

四、国家为百姓制订的立身规范

在我国古代，君主为求子民忠孝、政权巩固，往往通过发布上谕来劝导民众。如明太祖朱元璋就颁布"圣谕六言"："孝顺父母，恭敬长上，和睦乡里，教训子孙，各安生理，毋作非为。"以"圣谕六言"的颁布为标志，统治者对民众的教化工作开始规范化、制度化。洪武三十年（1397），朱元璋因"吏皆狡吏，往往贪赃坏法"，又颁行以"圣谕六言"为主要规劝内容的《教民榜文》，规定在每乡、每里各置一个木铎，从本里选年老或残疾不能生理之人，或瞽目者，令小儿牵引，持铃铛循行本里宣讲，"使众闻知，劝其为善，毋犯刑宪"，宣讲内容就是"圣谕六言"，每月宣讲六次。《教民榜文》对家庭、社会、长幼、夫妻、老人、官员等都有劝诫，对忍让、读书、互助、互敬、互爱等均有要求，将息讼宣教系统化、具体化，逐渐成为明代基层司法体系的基石。

清顺治九年（1652），顺治帝将朱元璋的"圣谕六言"钦定为《六谕文》，作为教化士民的准则。此为清代"宣讲圣谕"之始。康熙、雍正年间，圣谕宣教活动进一步系统规范，并形成定制。康熙帝鉴于"风俗日敝、人心不古"，决心"法古帝王，化民成俗"，继续加强教化，于康熙九年（1670）十月向全国颁发"上谕十六条"，要求"通过晓谕八旗并直隶各省府州县乡村人等切实遵行"。"上谕十六条"的内容如下：

> 敦孝弟以重人伦，笃宗族以昭雍穆。
>
> 和乡党以息争讼，重农桑以足衣食。
>
> 尚节俭以惜财用，隆学校以端士习。
>
> 黜异端以崇正学，讲法律以儆愚顽。
>
> 明礼让以厚风俗，务本业以定民志。
>
> 训子弟以禁非为，息诬告以全善良。
>
> 诚匿逃以免株连，完钱粮以省催科。

联保甲以弭盗贼，解仇忿以重身命。

较之朱元璋的"圣谕六言"，康熙的"上谕十六条"内容更丰富、更全面，涉及家庭伦理、文化修养、遵纪守法、和睦息讼等诸多方面，核心内容是号召民众遵纪守法，维持家庭和谐与社会稳定。雍正二年（1724），雍正帝对康熙"上谕十六条""寻绎其义，推衍其文"，扩展为洋洋万言的《圣谕广训》，并在雍正七年（1729）下诏："令各州县于大乡大村人口稠密之处，俱设乡约之所，于举贡生员内拣选老成有学行者一人，以为约正；再选朴实谨守者三四人，以为直月，每月朔望，齐集乡之耆老，里长及读书之人，宣读《圣谕广训》，阐明大义，详示开导，务使乡曲愚民咸生孝友敦睦之思。"

在思想导向上，"上谕十六条"把政治和教育结合起来，把道德教育与人格修养纳入封建伦理纲常的范畴。雍正以后，在统治者的大力倡导和基层社会的自觉施行中，"上谕十六条"最终发展为传统家庭建设的总纲。受此影响，制订或重修于康熙以后的家训家规，多以践行"上谕十六条"为总遵循。一些家族更是将"上谕十六条"的核心内容转化为家训、族规的具体条规，以期起到约束、化导和塑造族人的功能。

德为立身之本，成事之基。修炼道德，是思想成熟的标志。道德防线失守，就会见小利而忘大义，就会贪欲萌生而失大节。

涵养道德情操，坚守道德标准，既是做人原则，也是处世智慧。有德者，自然会守规矩、存戒惧；敬德者，自然会敬畏自然、敬畏生命、敬畏真理、敬畏法纪；知敬畏者，才能做到修身正己、自警自省。

古人云："道德不厚者不可以使民。"（《苏秦以连横说秦》）俗语曰："做官先做人，做人德为先。"为官者（管理者）不注重品行，就没有资格领导群众，也自然难有威信；如果滥用权力，则属背德枉法，当受国法惩处。

"德兴业兴"，"德败业败"。无论职位高低，权力大小，立德守德都是为官之魂。为官者唯有以德铸魂，才能永葆"廉耻之心""戒惧之心""忠诚之心"，才能做到心系群众、服务群众、造福群众。

德即智慧，德即能力。把"德"字植根心间，提升德行修养，磨砺德性光辉，秉持公心，融入集体，甘于奉献，勇于担当，带头做到身有所正，行有所止，言有所规，是人应该具备的道德素养。

中国优秀传统家训蕴含的进步德育思想，对于推进当下的公民道德教育、学校德育、家庭教育、新民风建设具有深刻的启示意义。在深入挖掘和阐发中国优秀传统文化，努力提振中华民族精神境界的时代语境中，对传统家训中蕴含的进步公民道德观念进行挖掘和阐发，是现实性和针对性强、道德引领作用突出的文化建设工程，也是以家庭建设为载体传播优秀传统文化、夯实文化自信之根基的创新性实践。深入推进这项工作，有助于为党风廉政建设、新民风建提供丰富生动的素材，有助于传播崇德向善、崇廉尚俭、崇学务实的家风正能量，有助于形成家规学习、家风建设、公民道德养成的长效联动机制。

第二节　重视教育

中国优秀传统家训重视子弟教育，主要体现在人贵立志、教子要严、养女要训、择师要严、首重读书五个方面。

一、人贵立志

志即志向、意志。励志自强，是中华传统美德。古人云："人无志，非人也"，"志不立，天下无可成之事"。俗语曰："树无根不长，人无志不立。"意谓人没有远大志向的驱使和指引，就不能建立功业，成就自我。《论语·子罕》曰："子曰：'三军可夺帅也，匹夫不可夺志也。'"意谓军队的统帅可以被改变，但是有志气的人的志向是不能被改变的。孔子讲的修身治学各环节是依一定次序排列的：以立志为开端，以修身为基础，以践行仁义为目标，以用才艺充盈内心为培养德行的根本路径。《孟子·公孙丑上》云："孟子曰：夫志，气之帅也；气，体之充也。夫志至焉，气次焉。'故曰：'持其志，无暴其气。'"气，指人的意态气概和志趣性格。孟子对志与气之间的关系做了阐述。

孟子认为，志是人的意志感情的统帅。个体的意志指向哪里，其意气感情也就表现在哪里，故做人应有坚定的意志，只有如此，情感意绪才能集中而不放逸。心志坚定，情感专一，是正身成事的前提。故苏轼《晁错论》云："古之立大事者，不惟有超世之才，亦必有坚忍不拔之志。"

古代贤哲深谙一个朴素而深刻的道理：人没有远大的志向，也就不可能有高尚的道德情操。因此，教人立志也就成了中国传统家训的重要内容。一代贤相诸葛亮《诫子》云："非学无以广才，非志无以成学。""心学"宗师王阳明在《示弟立志说》中云："夫学，莫先于立志。""君子之学，无时无处而不以立志为事。"明代大贤吕坤《呻吟语》云："贫不足羞，可羞是贫而无志。"晚清名臣曾国藩指出，人一生要有所成就，须具备三个前提条件，"第一要有志，第二要有识，第三要有恒"，因为"有志则断不甘为下流；有识则知学问无尽，不敢以一得自足……；有恒则断无不成之事"。曾国藩认为，要想读书有成，就必须立真志，切实做到安心苦读。他批评四弟非外馆不能读书的观点时说："且苟能发奋自立，则家塾可读书，即旷野之地、热闹之场亦可读书，负薪牧豕，皆可读书；苟不能发奋自立，则家塾不宜读书，即清净之乡、神仙之境皆不能读书。何必择地？何必择时？但自问立志之真不真耳！"

中国传统家训在教导子孙立志守志方面也多有振聋发聩之语。陕西省安康市汉阴县《沈氏家训》叮嘱子孙："人无论读书与否，皆以志节定人品，苟守之不定，势将纵其情欲，任意所为，机械变诈，利己损人，不堪述矣。即富贵胜人，学问足羡，奚足重耶！"①陕西省安康市镇坪县《饶氏家训》训诫子孙云："但溺情于便安游纵，荒弃日月，卒于无成，此其弊由志之不立，不以远大自期"。②

在现实生活中，对普通民众而言，要过上富裕生活，必须立志奋斗。安康市平利县《饶氏家训》指出："贫者在于振奋，不可自嗟命运，长于颠连，不知勤劳。"必须认识到，长期的物质贫困会加剧精神贫困。精神贫困的主要症状是：在贫困状态中心劲松懈、得过且过，甚至以穷为常、安于落后，缺少拔除穷根、

① 戴承元：《安康优秀传统家训注译》，陕西人民出版社2017年版，第122页。
② 戴承元：《安康优秀传统家训注译》，陕西人民出版社2017年版，第226页。

矢志脱贫的信念和斗志。精神脱贫是立志增智的前提。引导群众提振致富信心，自觉树立勤劳致富光荣、懒惰贫穷可耻的人生理念，坚决根治等靠要、庸懒散等不良习气，是彻底终结人穷志短、志短人穷的恶性循环的精神保障。以文化扶贫和新民风建设为抓手，用群众喜闻乐见的形式宣讲传统家训中有关立志守志的经典论述，从中汲取自立自强、奋斗致富的精神养料，有助于巩固并拓展脱贫攻坚成果。

二、教子要严

受封建宗法制度及性别秩序的影响，"男尊女卑""重男轻女"是中国古代的文化常态。无子，意味着血脉枯竭，香火永断，被认为一家乃至一族之最大不幸。有子之后如何教子，则又成为父母应承担的首要责任。在"万般皆下品，惟有读书高"的古代社会，子弟教育是家庭头等大事。宋代《老学究语》指出："不怕饥寒，怕无家教。惟有教儿，最关重要。有儿不教，不如无儿。"古人认为，人生一世，最大的责任是养子必教，教子必严。只有儿孙成器，能走正道，家族才称得上后继有人，家族兴旺也才有道德上的保障。

中国传统家训亦强调子弟教育的重要性。陕西省安康市宁陕县《邓氏家训》云："凡人少成若天性，习惯如自然。蒙养，圣功之始也。故为贤父兄者，于不中不才，则为之教，以孝弟忠信、礼义廉耻以养其性，应退进退，《诗》《书》《礼》《乐》以防其身。稍长出外就傅，务竭力尽礼，延请明师指授，庶上可以发名成业，次亦理明气醇，泽于大雅，无骄奢淫佚及朴陋鄙僿之态。"[1]安康市汉阴县《沈氏家训》云："子弟之正邪，每视父母之严忽，严则比匪可入端方，忽则端方必流于比匪。自古迄今，大抵然也，必也！毋姑息，毋纵容，毋听妇言，毋喜称道。虽父子之间不责善，而义方可不训哉！"[2]安康市平利县《詹氏家规十六条》云："子弟之贤由祖宗积德之报，父兄之教必严，子弟之率乃谨。自古圣贤大都由教而成，矧我辈子孙能不严加督责乎？自今以后凡我族人有子弟

---

① 戴承元：《宁陕县优秀家训注译》，陕西人民教育出版社2018年版，第21页。
② 戴承元：《安康优秀传统家训注译》，陕西人民出版社2017年版，第117页。

者，无论贫富，聪而秀者固宜授以句读，期其上进。即朴而鲁者，亦宜教之，多识字迹，稍知礼仪。万一不能读者，务使耕者耕而商者商，各有常业，方免不为下流、不蹈匪僻。"①安康市石泉县、汉阴县《冯氏家训》云："凡有子弟，文读诗书，武习韬略。其不能者，则宜勤力耕农。……不可好商贾而贱农，不可好词讼而斗胜，不可好拳棒而伤身，不可逞乖巧而弄拙，又不宜跟官府作役，蠹骗丧心。"②安康市汉滨区《谢氏家训》训诫后世："尝见昏愚父兄，子弟不教，任其游荡，及其长也，流为匪僻，赌博偷盗，无所不为。此岂保世滋大之源？为父兄者，当严其家教，端其蒙养，慎勿姑息自误！"③

在如何教子方面，中国传统家训特别强调父兄辈言传身教的重要意义。安康市白河县《黄氏家训》云："族中各父兄须知子弟之当教，又须知教法之当正，又须知养正之当豫。七岁便入乡塾，学字学书，随其资质渐长，有知识，便择端悫师友，将正经书史严加训迪，务使变化气质，陶镕德性。"④陕西省安康市旬阳县仙河镇《陈氏历代祖训》指出："今人多说儿子小，百般骄纵，不知后来人品尽从幼小习惯得来，故善教者当幼时。未与深言，亦从浅近处教诲他，不许使气性违拗父母，兄弟间不许忤逆，衣服要爱惜，见宾客要逊让，不许拗慢，且要守礼法，不许乱言乱动，教以隅坐，随行使知尊卑长幼，不许惯占便宜，利己损人。幼习既端，他日定作好人。既冠后又须讲明持身涉世之道。然言教不若如身教，父祖有失德，子孙效尤，未有身不正而能正人者也。"⑤

因人生理念及所属阶层、所从事职业不同，古人教子的目的也就有鲜明的差异性。概而言之，中国传统家训在教子上有三种导向。

一是以品学为目的。以德为本，品学兼优，是很多传统家庭教子的最终追求。以品学为目的的教子实践有两大侧重，一方面引导子弟理解封建伦理纲常和礼乐制度，另一方面引领子弟将所学付诸实践，做一个明伦理、懂孝悌、知廉耻、守法度的贤子孙。

① 戴承元：《安康优秀传统家训注译》，陕西人民出版社2017年版，第301页。
② 戴承元：《安康优秀传统家训注译》，陕西人民出版社2017年版，第45页。
③ 戴承元：《安康优秀传统家训注译》，陕西人民出版社2017年版，第284页。
④ 戴承元：《安康优秀传统家训注译》，陕西人民出版社2017年版，第248—249页。
⑤ 戴承元：《安康优秀传统家训注译》，陕西人民出版社2017年版，第181—182页。

二是以科举功名为目的。这种导向在传统家庭教子实践中具有普遍性。儒家"学而优则仕"的观念自汉代起深入人心，科举时代一个个"朝为田舍郎，暮登天子堂"的真实故事又给这种观念披上了不容置疑的神圣色彩。在实施以功名为目的的教子实践时，科举仕进与践行孝道是不可分割的。《孝经》曰："立身行道，扬名于后世，以显父母，孝之终也。"儒家先贤明确指出，荣祖耀宗、显亲扬名是大孝，亦是行孝的最佳方式。求功名即为行孝道的文化认知，为无数士子在科场上的锲而不舍提供了强大的精神动力。

三是以谋生传家为目的。部分传统家庭的教子理念讲求实际，将学得一技之长当作教育宗旨。不求飞黄腾达，但求自食其力，一技在手，一生平安，这样的教子理念在当今社会更为普遍。

以传统家庭教子实践中的三大导向为参照，中国传统家训中的子弟教育可分为十类：一曰礼仪规范教育，二曰道德伦常教育，三曰爱国敬祖教育，四曰志向气节教育，五曰学习品质教育，六曰生活习惯教育，七曰待人处世教育，八曰俭朴耐劳教育，九曰自尊自爱教育，十曰生活技能教育。

三、养女要训

中国传统家训普遍强调女子教育的重要性。关于如何教育女子，也有具体论述。陕西省安康市汉阴县《沈氏家训》云："四德三从之道，朝夕劝谕。针线纺绩，晨昏督责，使性情即于中和，动履底于勤慎，则异日庶免讥诮于他门矣，而况乎福禄之多由于贤淑也。"[①]安康市平利县《詹氏家规十六条》云："女子幼时，为父母者，如《女史》《内则》《四箴》《七诫》当使之读，及长则通晓大义，异日于归孝翁姑、敬夫子、爱子侄、和妯娌、勤纺绩、慎中馈、不苟言笑、不堕名节，虽为土家之佳妇，亦母家之教训素娴耳。"[②]安康市石泉县、汉阴县《冯氏家训》云："至若女在娘边，多学针指纺绩，莫学歌曲浮词，立身端正，

---

① 戴承元：《安康优秀传统家训注译》，陕西人民出版社2017年版，第118页。
② 戴承元：《安康优秀传统家训注译》，陕西人民出版社2017年版，第302页。

自不败坏门风。各宜思之以正其始。"[1]

必须认识到，封建社会，女子教育的目的是用三纲五常驯化女子，使其自觉自愿地做男权社会的奴隶和附庸。这是旧时代的文化糟粕，应予彻底批判。

四、择师要严

子女教育方面，除了发挥父兄的言传身教外，还要营造尊师重教的家族文化风尚。安康市岚皋县《杜氏阖族公议齐家条规》告诫子孙："凡我同姓，待先生其忠且敬，束修为之加厚，体酒不可或怠，而养正之蒙师更宜优礼焉。恭必小子有造，而后成人有德，教以人伦、修其天爵圣功也。倘有轻慢名师，挟侮大儒，得罪于师儒，无异得罪于君父。"

尊师重道，是中华民族源远流长的优良传统。《礼记·学记》指出："凡学之道，严师为难。师严然后道尊，道尊然后民知敬学。是故君之所不臣于其臣者二：当其为尸，则弗臣也；当其为师，则弗臣也。大学之礼，虽诏于天子无北面，所以尊师也。"即为学之道，以尊敬教师最难做到。教师受到尊敬，真理才会受到尊重；真理受到尊重，民众才懂得敬重学业。

自古至今，倡导尊师的原因在于教师责任重大、使命光荣。韩愈《师说》云："古之学者必有师。师者，所以传道授业解惑也。人非生而知之者，孰能无惑？惑而不从师，其为惑也，终不解矣。"韩愈对师者性质和作用的阐述，被后世奉为立论最高、切题最紧、阐述最精、影响最久的教师从业标准。"传道授业解惑"的功能定位，揭示了教师的两重身份：授业的经师和传道的人师。从授业即师技的角度来讲，教师应具备扎实甚至是一流的学识水准，此谓"学高为师"也；从传道即师德的角度来讲，教师要通过身教来完成道德传导，此谓"行为世范"也。教师只有做到德高身正，严于自律，致知力行，方能做好教育工作，赢得社会尊重。

中国传统家规家训认为，严把择师关是子弟学有所成的重要保障。安康市汉

---

[1] 戴承元：《安康优秀传统家训注译》，陕西人民出版社2017年版，第38页。

阴县《沈氏家训》指出："师者，子弟之仪型。……则择师不慎，贻害匪小。"在强调择师要慎的同时，《沈氏家训》对师者不师、为师不表的现实进行了尖锐批判：

> 今何师乎？年未及冠，目仅识丁，读书明理之说邈矣！未闻躬行，实践之学全然不讲，得皋比而坐之谆谆，以沽名钓誉为事，并句读之不知，复鱼鲁之传讹。即日用言动之间，悉不知其仪则之具。[①]

百年大计，教育为本；教育大计，教师为本。无师自通绝非易事，技之好坏往往取决于师之优劣。择师而学，是人成长进步的常规路径。择良者、通者、明者为师，实属个人之福，家族之幸；投师有误，所误不是一日一年之功，而往往是贻害终生。

五、首重读书

对中国古代贤哲而言，读书学习不仅是出仕的手段，更是修身养性、在道德和人格上达到内圣境界的基础。这一思想在中国传统家训中表现得相当突出。《颜氏家训·勉学》认为，读书之目的在于："开心明目，利于行耳。"颜之推认为，人读书学习是为了开发心智，提高认识力，以利于自己的行动，而不是只为求取利禄。明人吴麟徵在《家诫要言》中说："多读书则气清，气清则神正，神正则吉祥出焉，自天祐之；读书少则身暇，身暇则邪间，邪间则过恶作焉，忧患及之。"很显然，读书不是为了功名利禄，而是为了正身养性。正，就是直道而行，做正人君子。具体而言，就是在义利关头，要去利存义，做堂正之人；在生死关头，要舍生取义，做忠直之人。清人张英在《聪训斋语》中说："人心至灵至动，不可过劳，亦不可过逸，惟读书可以养之。……书卷乃养心第一妙物。闲适无事之人，镇日不观书，则起居出入，身心无所栖泊，耳目无所安顿，势必心意颠倒，妄想生嗔，处逆境不乐，处顺亦不乐。每见人栖栖皇皇，觉举动无不碍者，此必不读书人也。……故读书可以增长道心，为颐养第一事也。"张英认

---

① 戴承元：《安康优秀传统家训注译》，陕西人民出版社2017年版，第114页。

为，读书为修身养性的第一要务。清人唐彪在《唐翼修人生必读书》中说："尝见人家子弟，一读书就以功名富贵为急，百计营求，无所不至。求之愈急，其品愈污，缘此而辱身破家者，多矣。至于身心德业，所当求者，反不能求，真可惜也。"安康市白河县《黄氏家训》指出，读书是为了变化气质，培植德性，云："七岁便入乡塾，学字学书，随其资质渐长，有知识，便择端悫师友，将正经书史严加训迪，务使变化气质，陶镕德性。他日若做秀才、做官，固为良士、为廉吏，就是为农、为工、为商，亦不失为醇谨君子。"

关于学习的目的和意义，陕西省旬阳市仙河镇《陈氏历代祖训》做了具体的阐述：

> 古者党有庠，家有塾，所以教人读书而明理也。盖读圣贤书，则内而治家、外而治世之理无不明。故得志者造福苍生，不得志者亦自成贤人品格，是谓学道名儒也。今人只以读书为取荣之具，自揣不能登科及第，便不读书，不知登科及第原是读书人分内事。况天下岂必尽为登科及第者？但不读书则不明道理，且动静语默便无儒雅气象，终是村夫俗子。若读书人，无论富贵功名皆其分内，即动作辞气间亦非村俗者比，就是一介寒儒，亦是可贵而不可贱者。是以一家之中，皆能雍容礼让，何必公卿大夫。一身之间，自有广誉令闻，何必多藏厚殖。是则儒业之尊，所当务者也。岂徒徼求爵禄而始读书哉？[①]

在读什么书及怎样读书等问题上，中国传统家训也多有经验之谈[②]。明人吴舜牧在《药言》中说"但读圣贤书"。清人朱用纯在《劝言》中说："若能兼通六经及《性理》《纲目》《大学衍义》诸书，固为上等学者。不然者，亦只是朴朴实学。将《孝经》《小学》《四书集注》置在案头，常自读，教子弟读。"可见，中国传统家训高度重视对儒家经典的学习。

明人杨继盛在《杨忠愍公遗笔》中说："读书见一件好事，则便思量我将来必定要行；见一件不好的事，则便思量我将来必定要戒；见一个好人，则思量我

---

① 戴承元：《安康优秀传统家训注译》，陕西人民出版社2017年版，第199页。

② 文中出现的陕西以外的有关读书的家训条规，均引自朱明勋：《中国家训史论稿》，巴蜀书社2008年版，第203—221页。

将来必要与他一般；见一个不好的人，则便思量我将来切休要学他，则心地自然光明正大，行事自然不会苟且，便为天下第一等好人矣。"清人孙奇逢在《孝友堂家训》中说："尔等读书，须求识字。或曰：'焉有读书不识字者？'余曰：读一'孝'字，便要尽事亲之道；读一'弟'字，便要尽从兄之道。自入塾时，莫不识此字，谁能自家身上，一一体贴，求实致于行乎？童而习之，白首不悟，读书破万卷，只谓之不识字。"朱用纯在《劝言》中说："先儒谓今人不会读书，如读《论语》，未读时是此等人，读了后只是此等人，便是不会读。……所以读一句书，便要反之于身，我能如是否？做一件事，便要合之于书，古人是如何？此才是读书。若只浮浮泛泛，胸中记得几句古书，出口说得几句雅话，未足为佳也。"清人陆陇在《示子弟帖》中告诫子弟："非欲汝读书取富贵，实欲汝读书明白圣贤道理，免为流俗之人。读书做人不是两件事业，将所读之书句句体贴到自己身上来，便是做人的法。如此，亦叫得能读书。人若不将来身上体会，则读书自读书，做人自做人，只算作不曾读书的人。"安康市平利县《尧氏家训》亦云："学之所知，施无不达。世人读书（者），但能言之，不能行之，武人俗吏所共嗤诋。"

在如何读书的问题上，中国传统家训强调学贵躬行的道理，贯穿于其中的训诫对今人做好求学、教学与治学工作具有深刻的启示意义。

第三节　守正尚仁

一、守正

1.忠君上

传统文化中的忠君思想旨在顺应大一统封建专制统治的需要。封建专制主义中央集权制度下的君主为国之主宰，统御所有臣民，位居封建政治体系的核心位置。故对臣民而言，忠君即爱国。旬阳市仙河镇《陈氏历代祖训》曰："士人平日必须讲明忠君爱国道理，上观前人成败务求得失之源，下考当时利弊要知补救之方。一旦吾君拔泥涂而显之荣之，举所学而一一尽之于己，庶几报称于万一焉！至若君子则尽其心，小人则尽其力。"①对于家族中的从政者来说，忠君爱国就是坚守志节，不苟俗流；坚守清廉，循分尽职。安康市宁陕县《储氏家规》曰："学道君子，平日必须讲明忠君爱国道理……得志则献诸廷，不得志则修诸家。况君子尽忠则尽其心，小人尽忠则尽其力。举凡农工商贾，各务本业，急公奉上，不诽谤官长，皆谓之尽己，皆谓之忠。"②安康市宁陕县《邓氏家训》告诫后世："君臣之义，日月为昭。凡族中有登科第、跻胜仕者，无论阶级崇卑，但缩纶膺组，即当循分尽职，矢公忠以答主知。"③忠君思想的核心内涵是誓死以忠、不事二主，这也逐渐成了封建政治伦理的总纲。

必须要承认，在封建社会的特定时段，倡扬忠君思想对维护国家统一和社会稳定的确发挥了作用。中国传统家训文化中，忠君思想强力传导，使一家必须有主、一国必须有核心的观念深入人心，进而孕育出更深沉、更具社会使命感和历史进步性的家国情怀。汲取这一方面的精神养料，在主观理念上自觉地将治家与治党、治国紧密联系在一起，对推进干部思想教育和廉政建设具有深刻的启示意义。

2. 纳赋役

税收是关乎国计民生的国家大政。国家依法收缴税金，所收缴之税是国家财政收入的重要来源。如果不能通过税收集中财力，国家的职能就无法实现。农业生产是封建经济的基础，税粮则是封建时代的主要赋税项目。完交税粮，是封建时代国家机器正常运转的前提。在封建文化语境中，按额缴纳税粮是忠君爱国的应有之义。安康市宁陕县《廖氏族约》云："有田须租，有丁出役，庶人谨公奉上之道，当然不待官府呼召者也。今世流弊，务为欺弊，或影射钱粮，或延缓时日，甚则诡计挥洒累子孙，其不免刑宪，何怨哉？今后凡为里甲者，勿肆贪饕而凌虐，勿恃奸顽而拒抗，先期速办，可省追呼。如以二事拖欠负累者，非朝廷

---

① 戴承元：《安康优秀传统家训注译》，陕西人民教育出版社2017年版，第171页。
② 戴承元：《宁陕县优秀家训注译》，陕西人民教育出版社2018年版，第192页。
③ 戴承元：《宁陕县优秀家训注译》，陕西人民教育出版社2018年版，第12页。

良民，即非祖宗后裔也。"①安康市岚皋县《杜氏阖族公议齐家条规》亦告诫子孙："夫朝廷惟正之供已有善章，阖邑修堤之规亦属美举。凡我同姓，国课早完，不作欠粮之刁户；堤费时出，无若抗土之顽民。倘有拖欠官债，迟延土费，签票临门，差役需索，多方诛求，后出之费较前应出之数而倍增，勿谓言之不早也！"②安康市石泉县、汉阴县《冯氏家训》云："耕田完粮，分内之事。抗累不完，秉心何忍。听早输完，以免催比。无负无逋，安乐何及？"③

在现代国家，税收是国家全面统筹、协调调度、调节收入的重要杠杆，是实现国民经济持续健康发展的基石，更是实现社会公平的重要手段。自觉纳税、完税，是法定的公民义务，不得违反，否则就会阻碍经济社会的发展和进步。

3. 勤生理

安康市宁陕县《廖氏族约》云："凡生天地间未有不自食其力者，故四民之业，各有所托，皆足以自给，舍是即为蠹食之民，王法所必禁也。士固以道德相先矣，古之圣贤，往往出于耕稼鱼盐。盖才力虽有不同，而皆以礼义维持，士民固无间也。族中除读书者，父兄不得吝惜束修便图小利，不及候其成材，即令经营衣食。其他资质果下及他务妨搁者，须各求农商两路生业，不可游手，坐视别起事端。"④安康市汉滨区牛蹄镇、紫阳县双安镇《杨氏家规》亦云："治生之策，自有常经。士、农、工、商，各有专业，倘或游手好闲，不务生业，虽处素封，必将立匮。又况善心生于勤劳，淫念起于游惰，身既无执，心必无归，狎昵淫朋，恣情花酒，势所不免。"⑤对普通百姓而言，须有谋生之技。若不能自食其力，以勤为计，必受饥寒之苦；只有勤于生计，以勤安身，才能过上和睦安宁的生活，此为古今恒理。人生在世，必须做好自己的本职工作。只要在各自的岗位上力求勤勉，忠于职守，就不仅可以成为更好的自己，而且可以最大限度地发挥自己的生存价值。

---

① 戴承元：《宁陕县优秀家训注译》，陕西人民教育出版社2018年版，第242页。
② 戴承元：《安康优秀传统家训注译》，陕西人民出版社2017年版，第156页。
③ 戴承元：《安康优秀传统家训注译》，陕西人民出版社2017年版，第41页。
④ 戴承元：《宁陕县优秀家训注译》，陕西人民教育出版社2018年版，第235页。
⑤ 戴承元：《安康优秀传统家训注译》，陕西人民出版社2017年版，第149页。

4. 慎交友

孟子所讲的五伦，朋友关系是其中之一。朋友交往对人的一生非常重要。"择交者不败"是传统家训中关于择友的价值取向，甚至认为"持家莫于择友"。关于择友的重要性，清代张英在《聪训斋语》中做了深刻阐述：

> 人生以择友为第一事。自就塾以后，有室有家，渐远父母之教，初离师傅之严。此时乍得朋友，投契缔交，其言如兰芷，甚至父母兄弟妻子之言，皆不听受，惟朋友之言是信。一有匪人厕于间，德性未定，识见未纯，断未有不为其所移者，余见此屡矣。至仕宦之子弟尤甚。一入其彀中，迷而不悟。脱有关尊长诚谕，反生嫌隙，益滋乖张。故余家训有云：保家莫于择友，盖痛心疾首其言之也。汝辈但于至戚中，观其德性谨厚，好读书者，交友两三人足矣。况内有兄弟，互相师友，亦不至岑寂。且势利言之，汝则饱温，来交者，岂皆有文章道德之切劘。平居则有酒食之费，应酬之扰，一遇婚丧有无，则有资给称贷之事。甚至有争讼外侮，则又有关说救援之事。平昔既与之契密，临事却之，必生怨毒反唇。故余以为宜慎之于始也。况且嬉游征逐，耗精神而荒正业，广言谈而滋是非，种种弊端，不可纪极，故特为痛切发挥之。昔人有戒："饭不嚼便咽，路不看便走，话不想便说，事不思便做。"洵为格言。予益之曰："友不择便交，气不忍便动，财不审便取，衣不慎便脱。"[1]

古人构建朋友伦理的目的是帮助人提升品德，扩大功业。良师益友对人的熏陶作用是在潜移默化中完成的。颜之推云："与善人居，如入芝兰之室，久而自芳也；与恶人居，如入鲍鱼之肆，久而臭也。"[2]宋代江端友认为："与人交游，宜择端雅之士，若杂交终必有悔。"[3]择友的标准是"端雅"，即首先从品行方面考量。与人相交，要选取他人的优点学习，以之省己。否则，必将因交友不慎而丧志失节，甚至党恶朋奸。这些人中有的必定触犯国家法律纲纪，有的甚

---

① 张艳国编著：《家训辑览》，武汉大学出版社2003年版，第334页。

② 王利器：《颜氏家训集解》（增补本），中华书局1996年版，第128页。

③ 喻岳衡：《名人家训》，岳麓书社1991年版，第147页。

至最终会危害、连累自己的父母兄弟。所以，与人结交一定要慎之又慎。若要成为品德好、行为端正的人，就必须与品德好、行为端的正人结为朋友。安康市汉阴县《沈氏家训》告诫后世交友时"择善而从之，其不善者而改之。否则，必至失身匪类，将犯朝廷之法纪，危累父母兄弟者"。

孔子曰："无友不如己者。"又曰："益者三友，损者三友。友直，友谅，友多闻，益矣。友便辟，友善柔，友便佞，损矣。"曾子曰："君子以文会友，以友辅仁。"

朱熹告诫子弟交"益友"，远"损友"。他指出："交游之间，尤当审择。虽是同学，亦不可无亲疏之辨。此皆当请于先生，听其所教。大凡敦厚忠信，能攻吾过者，益友也；其谄谀轻薄，傲慢亵狎，导人为恶者，损友也。"[①]

张载曰："朋友之际，欲其相下不倦，故于朋友之间，主其敬者，日相亲与，得效甚速。"意谓在朋友中选择处事以诚、待人以敬者，跟他亲近交好，交友的成效很快就能体现出来。

清代学者纪晓岚在给儿子的信中概述"正人君子"的道德特质后，写出十种"伪君子"的卑劣嘴脸：

> 尔初入世途，择交宜慎。"友直，友谅，友多闻，益矣。"悟交真小人，其害犹浅；悟交伪君子，其祸为烈矣！盖伪君子之心，百无一同，有拗捩者，有偏倚者，有黑如漆者，有曲如钩者，有如荆棘者，有如刀剑者，有如蜂虿者，有如狼虎者，有现冠盖形者，有现金银气者。业镜高悬，亦难照彻。缘其包藏不测，起灭无端，而回顾其形，则皆岸然道貌，非若真小人之一望可知也。并且此等外貌麟鸾，中藏鬼蜮之人，最喜与人结交，儿其慎之。[②]

认识到自己在识见和德行方面的不足而与人在道德学问方面交流探讨，个人的品德就会提升，功业就会扩大。所以，与德行、学问卓越的人相交，就会一天天地养成良好的品质；与德行、学问浅薄的人相交，就会一天天地沾染低劣的品质。原因在于，他们听到的就是不好的话语，看到的就是不好的事情，在不知不

---

① 《诫子弟书》编委会编：《诫子弟书》，北京出版社2000年版，第184页。
② 包东波选注：《中国历代名人家训荟萃》，安徽文艺出版社2000年版，第370页。

觉中自然就染上了坏习气。有人逢人就谈心，到处宴客，难道朋友就真的这么多吗？不过是表面上志趣相投、故作豪爽罢了。这样的朋友，一旦有什么事情不如意，就会相互怨谤。谨慎择友，朋友间自然志向投合。同时，需要认识到，与朋友相处，不可能事事如自己所愿。若有一言一事不合，应容忍自制，不能动辄恶语相向；更不要逢人就讲朋友间的恩怨，因为针对彼此的怨谤之言一旦被公开，双方都会觉得寒心。

5. 戒刁讼

大凡物不得其平则鸣。与人争讼，原本也属不平之鸣，但要充分考虑讼者所讼之事的具体情况。或因与他人有小的怨恨，或因争夺蝇头小利，或因寸土寸水之得失而与人争讼，实在不值得。俗话说："终身让路，不枉百步；终身让畔，不失一段。"人活在世上，要学会宽容待人。如果与人发生纷争，切不可听人教唆鼓动，动辄以告状为能事，否则，不仅有损忠厚之德，而且极易将小忿聚成大仇。生活经验告诉人们，一旦打起官司，既要花费精力和钱财，又可能遭受无德差役的欺凌和挟制，无论结果如何，都没有最终的赢家。如果是族人或兄弟之间相争相讼，那更是破坏了天伦。与人发生纠纷，若能设法依据道理辩出对错，而不是依托权势斗出强弱，则不仅无官司之扰，家道也容易兴旺。传统家训对因谋夺小利而争讼这一民间恶习持禁止的态度。陕西省安康市白河县《黄氏家训》告诫子孙："太平百姓完赋役、无争讼，便是天堂世界。盖讼事有害无利，要盘缠、要奔走，若造机关，又坏心术。"[1]安康市宁陕县《廖氏族约》认为："健讼一事，辱身败家，最宜警戒。但恶俗有假人命图赖者，有恃强凌弱占骗者，有不安分逞凶害人者，有假立契书关约给人者，有挟诈肆奸借词杀人者，有阴行教唆兴词捏告者，有惯作匿名帖毁陷人者。此等在宗族中一日害宗族，在乡党中一日害乡党。"[2]安康市宁陕县《吕氏家范》引《袁氏世范》曰："居乡不得已而后与人争，又大不得已而后与人讼。彼稍服则已之，不必费用财物，交结胥吏，求以快意，穷治其仇。至于争讼财产，本无理而强求得理，官吏贪缪，或可如志，宁不有愧于神明！仇者不伏，更可诉讼，所费财

---

① 戴承元：《安康优秀传统家训注译》，陕西人民出版社2017年版，第259页。
② 戴承元：《宁陕县优秀家训注译》，陕西人民教育出版社2018年版，第247页。

物，十数倍于其所直，况遇贤明有司，安得以无理为有理耶？"①安康市宁陕县《邓氏家训》指出："讼之为祸烈也！本非莫解之冤，一事必捏数词，原非不共之恨，一词动经数载，轻则破家荡产，重则忘身及亲，皆由睚眦小忿不自忍耐故也。"②

中国传统家规家训中关于禁止争讼的告诫，对在现实生活中化解矛盾、平息纠纷有深刻的启示意义。但需要指出的是，在法治社会，有些矛盾纠纷唯有通过诉讼才能辨明是非曲直。如果只是为了息事宁人而不敢或不愿意拿起法律武器保护自己的正当权益，是缺乏法治理念的表现，当然是不可取的。

6. 禁赌博

赌博是社会公害。赌博泛滥，浪费财富，腐蚀人心。要铲除丑恶，匡正世风，就得禁绝赌博。安康市汉阴县《沈氏家训》云："夫贪而赌，赌而负，负而贱，势所必至也。"③贪财者嗜赌，久赌必输，输而贫贱，这是必然的结果。不敬畏禁赌的法令，不珍惜祖上的积蓄，沉溺赌博而不能自拔，要过上好日子就如同沙里淘金一样不易得。嗜赌者最终只能过岁暖而妻号寒、年丰子啼饥的光景。安康市宁陕县《邓氏家训》云："赌博者，盗贼之源也。"④最能败坏家族声誉、玷辱祖先的事情，莫过于偷盗。而要根除偷盗的苗头，首先应该戒赌。刚开始的时候，赌徒只不过渴望有所收获，侥幸赢钱了，又渴望一直赢下去，并把赌博当成发家致富的手段。等到在赌场上得而复失或得不偿失时，则哀求庄家让自己再赌一把，如此反复，于是在输光输净后离开赌场，这是必然的结局。由于嗜赌，很快就身无余钱，不久就口粮断绝，再过一段时间便又荡尽家中资财及田地房屋。等到立足无地、借钱无门了，则容易产生偷盗的念头。这样不仅触犯法网，还贻羞后人，玷污先人。自古至今，世家望族败于子孙嗜赌的例子太多了。安康市岚皋县《杜氏阖族公议齐家条规十则》告诫族人："夫鸦片淫赌败名丧节、亡身倾家，为有心者所深痛。悲夫！盖一入迷阵，如投罗网，不得犹以豪杰

---

① 戴承元：《宁陕县优秀家训注译》，陕西人民教育出版社2018年版，第96页。
② 戴承元：《宁陕县优秀家训注译》，陕西人民教育出版社2018年版，第24页。
③ 戴承元：《安康优秀传统家训注译》，陕西人民出版社2017年版，第132页。
④ 戴承元：《宁陕县优秀家训注译》，陕西人民教育出版社2018年版，第26页。

自命、英雄自负、富贵自恃、修养自冀。甚者东奔西荡为墟间之乞人，窃钩偷针作梁上之君子，父母不子，妻妾不夫，乡里不齿，悔之晚矣！"①如果饥寒是天灾造成的话，人肯定对名誉节义还心存畏敬；当饥寒是由自己嗜赌造成的话，就会廉耻之道丧尽，哪里能想到败坏家声、玷辱祖宗的事是绝不能做的。搜集整理传统家训中关于禁赌的训诫并进行传播宣讲，对整治打击赌博违法犯罪有积极意义。

7.尚节俭

节俭是一种美德，也是一种修为，更是立德、成事之基。倡导节俭，是中国传统家训的重要内容。安康市宁陕县《储氏家规》云："勤者，所以开财之源；俭者，所以节财之流。"崇尚节俭，意义重大。如果把钱财看得轻，浪使浪用，及至床头金尽，壮士无颜，后悔却来不及了。对习惯了节俭持家的老百姓而言，家用方面固然不可吝惜小钱，但花钱时也须适度，尤其要做到根据自己收入的多少来决定支出的限度。如所穿衣服固然应该整洁合体，但也不必过于华美艳丽；饮食供给固然不可缺少，但也不必过于贪食。至于一切无益之花费，总是应该尽量减省的。古语云"常将有日思无日，莫待无时思有时"，其中的道理非常深刻。不然的话，以有限之财供无穷之用，一有不足必将因贪求之心的驱使而做出坑人害人的勾当，即使不至于惹祸上身，也会败坏自己的名声。安康市宁陕县《吕氏家范》对俭以养福、俭以养德、俭以养气的内涵做了阐述："人生福分，各有限制。若饮食衣服，日用起居，一一朴啬，留有余，不尽之享，以还造化。优游天年，是可以养福。奢靡败度，俭约鲜过，不逊宁固，是可以养德。多费多取，至于多取，不免奴颜婢膝，委曲徇人，自丧己志。费少取少，随分随足，浩然自得，是可以养气。"②"俭以养德"，就是指以节俭质朴来培养艰苦奋斗之德、积极进取之德、清廉洁净之德。纵观历史，小到家庭，大到邦国，无不兴于艰苦奋斗，败于奢靡享乐。艰苦奋斗，能使人保持进取不息的志气和奋发有为的锐气，更能使人抵御物质享受的诱惑，做到清廉自律、洁身自好。历代治吏经验告诉人们：奢靡之始，危亡之渐。艰苦奋斗精神的弱化，是为官者败德伤政、枉

---

① 戴承元：《安康优秀传统家训注译》，陕西人民出版社2017年版，第166页。
② 戴承元：《宁陕县优秀家训注译》，陕西人民教育出版社2018年版，第72页。

法贪赃的先兆。

治家立业尤应以勤俭为本。俗话说："富不常富，贫不常贫。"对富贵者，应防止其骄奢淫逸、华衣美食，不能忘记父兄是通过艰辛跋涉、日计夜筹、铢积寸累而创立家业的。如果纵欲任性，为所不当为，乐所不当乐，就是自毁家业。

8. 守名分

传统家训在待人处世方面，多强调守名分。守名分，实为正尊卑之序，做明礼守礼之人。董仲舒在《春秋繁露》中指出，现实世界永远是"亲有尊卑，位有上下"，人们应该做到的是"各死其事，事不逾矩"。在这种观念的支配下，"礼"的功能自然就被描述为"经国家、定社稷、序民人、利后嗣者也"。在儒家的思想观念中，只有遵守这套建立在尊卑有别、上下有分、长幼有序基础上的礼仪制度，社会成员才能各安其所、各安其分，家国安宁、社会和谐也才有实现的可能。传统的尊卑礼仪以封建纲常礼教轨物范世，思想内容方面存在愚忠愚孝、男尊女卑、守分安命、盲目顺从、固守忍让等糟粕，某种程度上延缓、滞阻了中国社会的发展进程。应该认识到，现代文化语境中的尊卑有序则是建立在人人平等的基础之上，其内涵不是继续固化并标示出人与人之间的贵贱之别，而是指建立一种和睦有序的人际交往准则，其目的在于正风敦俗、强化亲情，树立并传导敬老尊长的社会风气。在日常生活中，要找准自己的角色定位，切实做到讲礼数、知爱敬、明事理、不逾矩，唯有如此，才能实现人际和谐、人心和乐。

9. 禁邪巫

受巫师蛊惑，以求神拜鬼为增福之道，实为愚人之妄念。若师巫装神弄鬼、施展邪术不被禁止而任其泛滥，若愚蒙者娱神徼福、专信鬼道而不被呵醒，则是礼制文明、人伦道德之悲，也损害民生民智的发展，危民风民俗、民规民约的建设。邪术鬼道虚无缥缈、背离道义，其危害之大，中国传统家训中也有论述。安康市宁陕县《吕氏家范》云："禁止师巫邪术，律有明条。盖鬼道盛，人道衰，理之一定者。故曰：'国将兴，听于人；将亡，听于神。'况百姓之家乎？故一切左道惑众，宜勿令至门。"[1]安康市宁陕县《廖氏族约》亦告诫族人："盖鬼

---

[1] 戴承元：《宁陕县优秀家训注译》，陕西人民教育出版社2018年版，第103页。

道胜，人道衰，理固然也，又况禁止师巫邪术，律有明条，敢故违耶？今后族中当痛戒之，僧道诸辈勿令至门，若听从邪术，落牒咒咀，近有明鉴，得祸非轻，违者本房举出，祠堂重罚，不听者呈官惩治，断不轻恕。"[1]中国传统家训普遍认为，转世轮回、超度赎罪、转运增福都是鬼神之道，有悖儒家的求实思想和理性精神，是人的妄念和臆想，只能干扰并弱化人修身正己、直行问道的意志。如果钻研邪术鬼道一类异端邪说，就有可能做出荒唐的事情，危害极大！

又如，古人认为，人死后灵魂离体而存。坟墓作为亡者灵魂的归宿，按照"事死如生"的儒家丧葬伦理，其选址自然受到人们的重视。故无论穷富，民众都要设法选择一处风水好的地方埋葬亲人，旨在为亡者选出阴间好去处的墓地堪舆术也由此兴起。值得关注的是，部分传统家训对民间丧葬活动中的看风水行为持反对的意见，这对今天革除丧葬陋俗、树立殡葬新风有启示意义。安康市宁陕县《钟氏家规》云："葬者，取深藏之义。但避五患即可以葬。奈何后世欲以亲之骨骸为子孙富贵之具，往往昧心，图谋风水，以致富贵未来，祸患先至。或兄弟攀扯费用，且以年月日时必皆取利，因而迁延者有之。以仁孝为怀者必不若是。"[2]丧葬礼俗作为一种重要的社会历史文化现象，其理应承担的文化功能是引导民众完成由"慎终追远"到"明德归厚"的转化和超越。把死者与生者、人间幸福与墓地优劣联系起来，认为祖先墓地可决定儿孙命运，风水可以改变天命，投射出的是民间文化中存在的媚神徼福的劣根性，实属愚妄，应坚决清除。

10. 禁溺女

一些传统家训在人道和天道的层面对溺杀女婴的野蛮陋习持严厉谴责的立场，这种同情女性的思想应予以褒扬。如安康市宁陕县《钟氏家规》云："天地以好生为心，仁人以救死是急。奈何自生之而自杀之，其刻薄残忍已极矣。彼虎狼最毒，虽饿死不食其儿。人为万物之灵，处骨肉无天性之恩，定干神灵之怒，必招鬼神之击。"[3]安康市白河县《黄氏家训》指出，溺杀女婴，"自是天地鬼

① 戴承元：《宁陕县优秀家训注译》，陕西人民教育出版社2018年版，第250页。
② 戴承元：《宁陕县优秀家训注译》，陕西人民教育出版社2018年版，第131页。
③ 戴承元：《宁陕县优秀家训注译》，陕西人民教育出版社2018年版，第145页。

神之所共愤"，"造的是本身罪恶"。①

溺杀女婴是悖逆人伦、鬼神共怒的野蛮陋习，必须予以声讨和谴责。这一野蛮陋习起源于何时，已不能确考，但人们有理由相信，在男尊女卑、重男轻女的旧时代，溺杀女婴的陋习是一直延续的。《诗经》中把生男、生女分别以弄璋、弄瓦喻之，《韩非子·六反》中有"父母之于子也，产男则相贺，产女则杀之"的记载。此后，"生女不举"成为一种普遍的社会心理。据史书记载，明清时期，这一恶习越演越烈。究其原因，大概有三个方面：一是重男轻女、男尊女卑的宗法思想和性别观念在作祟。父权制文化背景下，由于女孩不能继承家业、不能读书入仕、不能经商发财，也算不上是壮劳力，故人们认为女孩对家庭来说是累赘。二是受省却嫁女花费之类实际利益的驱使。男聘女妆是传统婚姻制度的重要内容，女家能否拿出一份殷实的嫁妆是婚姻能否成功的重要因素。因为不愿意担负嫁妆而溺杀女婴，更是不能饶恕的罪恶。三是与部分民众生活的极度穷苦有关。在节育观念和技术落后的时代，溺杀婴儿是一种原始而残酷的人口调节机制。这一人口调节机制的实施与性别无关，它只是人类历史进程中一股真实存在的可怕的社会暗流。无论如何，溺杀女婴的陋习造成了严重而恶劣的影响。对生命杀之夺之，毫不在意，亵渎了生命的尊严，助长了人性中的恶。同时，这一陋习的泛滥导致人口比例失调，使父母眼中原属多余的女儿反而成了婚姻市场中的稀缺资源。女性人口数量不足，自然影响社会稳定。总之，溺杀女婴是令人发指的野蛮罪行，也是植根于父权制文化土壤中的一大毒瘤。在男女平等、以人为本的今天，必须彻底清除其残余影响。

二、尚仁

在孔子的观念中，仁在本质上是一种人人应具备的、可与他者感通的能力。在孔子看来，由仁心生起的感通之情，会对他人的痛苦感同身受，故强调作为血缘纽带的孝、悌是儒家所推崇的仁的基础含义。如孔子把三年之丧的传统礼制直

---

① 戴承元：《宁陕县优秀家训注译》，陕西人民教育出版社2018年版，第162页。

接归结为亲子之爱的生活情理。这样一来，"既把整套'礼'的血缘实质规定为'孝悌'，又把'孝悌'建筑在日常亲子之爱上，这就把'礼'以及'仪'从外在的规范约束解说成人心的内在要求……从而使伦理规范与心理欲求融为一体"，实现"由'亲'而及人，由'爱有差等'而'泛爱众'，由亲亲而仁民"①，并最终要求在整个氏族成员之间保持一种既有严格等级秩序又讲求博爱的人际关系。孟子也有"亲亲，仁也"，"仁之实，事亲是也"②等论述。

孔子讲仁是为了释礼，即恢复奴隶制时代以血缘为基础、以等级为特征的社会政治体系。③需要指出的是，"孔子用'仁'解'礼'，本来是为了'复礼'，然而其结果却使手段高于目的，被孔子所发掘强调的'仁'——人性心理原则，反而成了更本质的东西。"④"人而不仁，如何礼"⑤，强调的就是仁乃人之本质属性，其存在具有普遍性。故孔子云："仁者，人也。"以孔子为代表的儒家认为，"人都具有能将'仁'发用出来的仁心，不单本性具有，并且每个人都可自我主宰，让它发用出来，此点的肯定，建立了儒家伦理之为自律道德的根据"⑥。

作为儒家的终极道德原则，"仁本身不是一个义务概念，也不是一个用以区分对错的客观原则。……也不是一个德行概念，因为它并不等同于善或卓越"⑦。既不是义务概念也不是德行概念的仁，只能作为一种道德意志而存在，它使人超越自我而又及于他人，最终使个人的道德超越成为可能。因此，仁具有涵摄众德的功能，仁和其他美德的关系，是一种统属的关系。"仁者必有勇，勇者不必有仁"⑧，"未知。焉得仁"，讲的就是这一道理。

如果说先秦原儒对仁的内涵的解析因偏重理性思辨而显得抽象的话，那么，秦季以降的后儒则从建构日常伦理规约的角度出发，不断对仁的内涵做出比较具

① 李泽厚：《中国古代思想史论》，天津社会科学出版社2003年版，第14页。
② 杨伯峻：《孟子译注》，中华书局1960年版，第148页。
③ 李泽厚：《中国古代思想史论》，天津社会科学出版社2003年版，第10—12页。
④ 李泽厚：《中国古代思想史论》，天津社会科学出版社2003年版，第15—16页。
⑤ 杨伯峻：《论语译注》，中华书局2006年版，第24页。
⑥ 黄慧英：《儒家伦理：体与用》，上海三联书店2005年版，第176页。
⑦ 黄慧英：《儒家伦理：体与用》，上海三联书店2005年版，第51页。
⑧ 杨伯峻：《论语译注》，中华书局2006年版，第163页。

体的揭示："何谓仁？仁者，憯怛爱人，谨翕不争，好恶敦伦，无伤恶之心，无隐忌之志，无嫉妒之气，无感愁之欲，无险诐之事，无辟违之行，故其心舒，其志平，其气和，其欲节，其事易，其行道，故能平易和理而无争也，如此者，谓之仁。"①

将仁置于人类文明发展进程中进行考察，可以发现，其具有人类道德理论所共有的两大要素：无私性与利他性。无私性就是视人如己，平等对待自己与他人；利他性就是与他人相感通，设身处地地体察他人的愿望与感受。无私性与利他性的充盈，实现了社会内部上下左右、尊卑长幼之间的和谐有序。儒家认为，仁是为官者必须具备的伦理情怀，也唯有真正的仁者，才能成功施政。故《隋书·循吏传》云："古之善牧人者，养之以仁，使之以义，教之以礼，随其所便而处之，因其所欲而与之，从其所好而劝之。如父母之爱子，如兄之爱弟，闻其饥寒为之哀，见其劳苦为之悲，故人敬而悦之，爱而亲之。"②当代新儒家学派代表人物徐复观指出：

> 盖儒家之基本用心，可概略之以二。一为由性善的道德内在说，以把人和一般动物分开，把人建立为圆满无缺的圣人或仁人，对世界负责。一为将内在的道德，客观化于人伦日用之间，由践伦而敦"锡类之爱"，使人与人的关系，人与物的关系，皆成为一个"仁"的关系，性善的道德内在，即人心之仁。而践伦乃仁之发用。③

可以说，仁体现了中国古代儒家的悲悯情怀和对生民负责的精神，是儒家思想中最具温情、最有力量的伦理武器。在官员的施政实践中，行仁主要体现为体恤民瘼、爱惜民力、关切民利、使民以时、节用惠民等。

在中国传统家训文化中，尚仁的本质就是尚和。在日常生活中，倡导以和为贵，崇尚仁善，把和衷共济、践行和合作为思想共识和行为遵循，宽以待人，相恕相谅，仁厚相处，对有缺点的人应善意提醒，真诚规劝，以德感化，真情

---

① 张世亮、钟肇鹏、周桂钿译注：《春秋繁露》，中华书局2012年版，第325页。
② 〔唐〕魏征等：《隋书》，中华书局1973年版，第1674页。
③ 李维武编：《徐复观文集·儒家思想与人文世界》（第2卷），湖北人民出版社2009年版，第29页。

打动，坚决反对蛮横霸道、逞强斗狠、缠闹扯皮、行事偏激等不和气、不宽让的现象。

史载，张公艺①家族九世同居，北齐、隋、唐三代均旌表其门。麟德年间，唐高宗在封禅泰山途中驾临其家，问张公艺为何能和睦亲族。张公艺请求用纸笔对答，高宗同意后，他提笔接连写了一百多个"忍"字，以表达自己的治家之道。张公艺认为，宗族成员间不和睦，往往因为尊长的衣食分配不平均，或者因为尊卑长幼之礼不完备，这样一来，大家互相责问、互相抱怨的现象就会更加严重，进而就发生了种种乖戾和争闹的事情。倘若大家能彼此忍让，那么家族内部自然就和睦融洽了。

在日常生活中，要学会宽以待人，相恕相谅。人与人之间只有仁厚相处，才能实现人心和善、人际和顺、家庭和美、社会和谐。一旦与人发生利益纠纷或言语争执，应尽力按"大事化小，小事化无"的原则来处理。即使最终吃了小亏，也不要过于计较。甘于吃亏、善于吃亏，实为积福保身之道。那些因谋夺小利或一时之愤而纠缠不休，甚至架词兴讼的行为实属不该。面对纠纷，动辄以要泼歪缠或闹访告状为能事，绝非家声良好者之所为，其结果往往是既触犯良俗法纪，又玷辱家族声誉。大度容人，仁厚相处，是建构和谐人际关系的关键。与人相处，应秉持互融互敬、相帮相携的原则，努力做到和睦友爱，团结互助。决不能因为微小的矛盾而引起大的纷争，进而因为利益纷争而相互结下仇怨。对于他人之缺点，不要歧视或仇恨，而应善意提醒、真诚规劝、以德感化、真情打动，让其自我省悟并自觉改正。总之，人际和谐，既有利于提升人们生存的幸福指数，也有助于形成崇尚仁善的社会风气。

亲睦族人，是践行尚仁思想的应有之义。宗族关系不牢固，宗族则不能发达昌盛。在古代，圣贤亲睦九族，帝王重用宗室，这对普通人亦有启示。同族之人，源出一脉。族中成员无论血缘亲疏，凡事当忧乐与共，患难相顾。对族人的冷暖疾苦，不能漠不关心。范仲淹在参知政事任上训诫子孙："吾吴中宗族

---

① 张公艺（577—676），郓州寿张（今河南台前县，一说今山东阳谷县）人，历北齐、北周、隋、唐四代，享年99岁。他以和治家，仗义疏财，九代同居，是我国历史上治家有方的典范。其治家方面的事迹见《旧唐书》卷一百八十八列传第一百三十八。

甚众，于吾固有亲疏，然吾祖宗视之则均是子孙，固无亲疏也。苟祖宗之意无亲疏，则饥寒者吾安得不恤也！自祖宗来，积德百余年而始发于吾，得至大官，若独享富贵而不恤宗族，异日何以见祖宗于地下？今何颜入家庙乎？"①作为同族同宗的子孙，一定要秉持荣辱与共的理念，切实做到：族人的富贵就是我的富贵，不可嫉妒他；族人的贫贱就是我的贫贱，不可笑话他；要关注和关心族人的忧乐，不可视若路人；族人中有举止荒疏、粗野蛮横者，就直言规劝他；族人中有愚笨糊涂、游手好闲者，就教导训诫他；族人中有鳏寡孤独、困苦无告者，就帮助他们经营筹划生计。族人之间做到了相互提携、禁绝欺侮，宗族内部就会人人明理、户户和顺。

---

① 引自马镛：《中国家庭教育史》，湖南教育出版社1997年版，第203页。

第六章

中国传统家训的处世哲学观

第一节　为政准则

人具有社会性，待人处世是每一个人都必须面对的日常行为。待人处世的成败得失往往直接影响个人的事业发展、人际关系、社会和谐，甚至身心健康。待人处世教育始终是传统家庭教育的主要内容。经过长期的实践探索，中国传统家训形成了系统的待人处世哲学观，这种观念也就体现在历代教诫子孙的家训文本和家训思想之中。

一、仁政爱民与利民恤民

民本思想是中国古代重要的政治思想内容之一，"民为邦本，本固邦宁"的民本思想对历代君王、官吏的为政为官理念产生了深远的影响，发挥了重要的价值导向和施政引领作用。孟子明确提出了仁政思想，《孟子·梁惠王上》："王若施仁政于民，省刑罚，薄税敛，深耕易耨，壮者以暇日，修其孝悌忠信，入以事其父兄，出以事其长上。"此后，历代儒家经典延续了孟子的仁政思想。《左传·襄公二十六年》："天之爱民甚矣！岂其使一人肆于民上，以从其淫，而弃天地之性，必不然矣！"贾谊《新书·大政上》："闻之于政也，民无不为本也。国以为本，君以为本，吏以为本。故国以民为安危，君以民为威侮，吏以民为贵贱，此之谓民无不为本也……夫民者，万世之本也。"民本思想的主流意识形态渗透在中国历代传统家训的教育思想之中，主张以民为本，要求子孙为政者在为官、施政过程中做到仁政爱民、勤政利民、宽政怀民。

为官在上位者首先要与普通民众同甘共苦，要关心民众、体恤民众。这是仁政爱民、利民恤民的基本要求，也是中国传统家训教育的基本要求，要让民众普受惠泽。如曾国藩在《致诸弟》中说：

小人在位贤才否闭则忧之，匹夫匹妇不被己泽则忧之，所谓悲天命而悯人穷。此君子之所忧也。若夫一身之屈伸，一家之饥饱，世俗之荣辱得失、贵贱毁誉，君子固不暇忧及此也。①

曾国藩教育子弟要悲天命而悯困穷，作为为官在上位者的君子要以匹夫匹妇享受不到自己的恩泽为忧，不能仅仅以个人曲折与顺利、饥寒与温饱、荣华与耻辱等为忧，要心怀天下，心忧困穷。又如，刘向在《列女传·母仪传·楚子发母》中记载了这样一个故事：

楚子发母，楚将子发之母也。子发攻秦，绝粮，使人请于王，因归问其母。母问使者曰："士卒得无恙乎？"对曰："士卒并分菽粒而食之。"又问："将军得无恙乎？"对曰："将军朝夕刍豢黍粱。"子发破秦而归，其母闭门而不内，使人数之曰："子不闻越王勾践之伐吴耶？客有献醇酒一器者，王使人注江之上流，使士卒饮其下流，味不及加美，而士卒战自五也。异日有献一囊糗精者，王又以赐军士，分而食之，甘不逾嗌，而战自十也。今子为将，士卒并分菽粒而食之，子独朝夕刍豢黍粱，何也？……"子发于是谢其母，然后内之。②

楚将子发率兵攻打秦国时粮草断绝，子发的母亲了解到子发仍然吃的是精细的米粮和肉类，而士兵只能以豆类充饥。子发打败秦国回家，母亲拒绝让子发进家门，并让人责备子发，还以越王勾践与士卒共享美酒和干粮的故事教训子发，子发知错悔改后才让子发进家门。楚将子发的母亲教育子发作为将帅要做到与士卒同甘共苦，要关心士卒、体恤士卒。

在中国传统家训教育中，仁政爱民、利民恤民体现为教育后代子嗣出仕为官不可严刑峻法，要宽政恤民。如《汉书·隽不疑传》记载：

隽不疑③每行县录囚徒，还，其母辄问不疑："有何平反？活几何

---

① 〔清〕曾国藩：《曾国藩全集·家书》，岳麓书社1985年版，第39页。
② 〔西汉〕刘向著，绿净译注：《古列女传译注》，北京联合出版公司2015年版，第39页。
③ 隽不疑：字曼倩，勃海郡（治今河北沧县东）人。初为郡文学。汉武帝末年，经暴胜之上表举荐，被汉武帝征召任命为青州刺史。后元二年（前87），因察觉击破齐孝王之孙刘泽勾结郡国豪杰的阴谋反叛，被提升为京兆尹，并赐钱百万。始元五年（前82），识破冒充卫太子之人，得到汉昭帝和大将军霍光的称赞。后因病辞官，逝世于家中。

人？"即不疑言多有所平反，母喜，笑为饮食，语言异于他时；或亡所

出，母怒，为之不食。故不疑为吏，严而不残。

西汉隽不疑巡视下辖各县、审查刑狱，每次巡视结束回家，他的母亲都要询问审查刑狱过程中的平反昭雪情况。如果隽不疑说平反昭雪的囚犯多，他的母亲就很高兴，笑着给他准备饮食，说话语气都与平时不一样；如果没有平反昭雪出狱的囚犯，他的母亲就会很生气，吃不下饭。正是在母亲的教育影响下，隽不疑为官做到了严谨但不残暴，这也反映了严格的家庭教育对子嗣为官为人的重要影响。

在中国传统家训教育中，仁政爱民、利民恤民还体现为教育子女能够让利于民，不可与民众争夺利益。如《新唐书·列传第八》记载：

齐国昭懿公主，崔贵妃所生。始封升平。下嫁郭暖。大历末，畿内民诉泾水为硙壅不得溉田，京兆尹黎干以请，诏撤硙以水与民。时主及暖家皆有硙，丐留，帝曰："吾为苍生，若可为诸戚唱！"即日毁，由是废者八十所。

唐代宗时期，泾水流域的老百姓控告河中水磨拥堵，影响灌溉，皇帝下诏撤除水磨，还水与民。当时，昭懿公主家也有水磨，请求皇帝保留水磨，不予撤除，皇帝严词拒绝，命令及时撤除河中水磨，保护天下苍生利益，不偏袒皇亲贵戚，以此教育公主不可与普通百姓争利益。

中国传统家训教育子嗣为官要时刻勉励敬慎，报国恤民，对待百姓要如严父慈母对待婴孩一样。如元代郑元融《郑氏规范》曰："子孙倘有出仕者，当早夜切切，以报国为务。抚恤下民，实如慈母之保赤子……不可一毫妄取于民。"郑元融教育子嗣为官要保持小心谨慎、真诚恳切，以报效国家为本，体恤民众要如同慈母爱护刚出生的婴孩一样，不可擅自取用民众的丝毫财物，要怀报国悯民之心。

教育子嗣治国施政要以民众为国之根本，要像爱护初生的婴孩一样保护黎民百姓，在自己吃饱、穿暖之前要想到老百姓可能还在忍受饥饿、寒冷；自身安逸，要能体会老百姓的劳苦，要设法使之安逸。倡导农耕，不违农时，役使百姓要有节制，薄税轻赋，以此使天下归心，风俗和美。如明成祖朱棣《圣学心法》

记载：

> 民者国之根本也，根本欲其安固，不可使之凋敝。是故圣王之于百姓也，恒保之如赤子：未食，则先思其饥也；未衣，则先思其寒也。民心欲其生也，我则有以遂之；民情恶劳也，我则有以逸之。树艺而使之不失其时，薄其税敛，而用之必有其节。如此则教化行，而风俗美；天下劝，而民心归，行仁政而天下不治者，未之有也。[①]

中国传统家训的利民恤民教育思想还体现为，封建统治阶级教育子嗣在对待奴婢、仆从、佃农等底层民众时，一定要心存善念，关心底层民众饥寒，做到薄息宽贷。如明代许相卿在《许云邨贻谋》中说："一应臧获，亦人子也。宜常恤其饥寒，节其劳苦，疗其疾痛，时其配偶，情通如父子，势应如臂指。我则广吾仁心，而彼自竭其情力矣。"许相卿要求子嗣对待奴婢仆从要像对待自己的父兄子女一样，对于他们的寒苦疾痛如同自己身体发肤遭受寒苦疾痛一样，要能时常体恤奴婢仆从的饥寒，不可使其过度劳苦，有疾病要为其治疗，关心他们的婚配，这样奴婢仆从才能尽心倾情对待日常事务。虽然许相卿教育子嗣对待奴婢仆从最终还是为其自身利益，为了奴婢仆从更加贴心地用情用力为自身劳作，但是其仍有教育启发作用。又如郑板桥在《范县署中寄舍弟墨第四书》中说："愚兄平生最重农夫，新招佃地人，必须待之以礼。彼称我为主人，我称彼为客户，主客原是对待之义，我何贵而彼何贱乎？要体貌他，要怜悯他；有所借贷，要周全他；不能偿还，要宽让他。"郑板桥教育子嗣要平等对待佃户农夫，遇到他们用度短缺，要借贷周全；不能按时偿还债务，要体恤宽延。

中国传统家训教育理念中的薄息宽贷思想在民间家训中尤为普遍，如安康市宁陕县民间家训《廖氏族约》云：

> 有无相济，人人同情，贷借加息，律有明例。然计算者喜其坐困，深刻者利其积累，不思贷借者非宗族则邻里，积累至于坐困，以一得十，不加宽恕，不致其投献、激变不止，殆亦非贻子孙久远福也。今后族人凡贷借者，务厚宽恤，行利无过二分，若过算刻取以致怨恨，本房

---

① 高时良主编：《明代教育论著选》，人民教育出版社1990年版，第59页。

须纠正之。①

《廖氏族约》明确要求族人借贷时要对借贷者有同情怜悯之心，按律例收息，不得高额收息致使举债者家庭发生变故，给家族招致怨恨。虽然这样要求族人是为了家族内部的稳定，但是对社会的整体和谐稳定还是具有积极作用的。

又如安康市石泉县、汉阴县《冯氏家训》教育子嗣放贷求利不要过分、不可有损良心。

> 将本求利，人之常情。人心徼薄，急慢生端。多求安乐，少作营为。从来富者，亦是天生。计利过分，与骗相同。人心怨恨，天自恶贪，后世穷困，唾骂无休。更语贫者，毋昧良心，负骗不偿，永受孤贫。②

晚清名臣曾国藩在给弟弟的信中说："教官最为清苦，我辈仕宦之家，不可不有以体谅之也。"③曾国藩教育家族子弟要体恤家庭私塾教师的清苦，尤其是官宦之家，要体谅家庭私塾教师的不易，日常生活及私塾费用不可克扣。

勤政才能爱民。中国传统帝王家训教育子孙要修政教，崇礼乐，勿沉迷女色，勿沉迷游畋，从根本上教育子孙做守道之君，做能勤于政事之君，做心怀生民之君。如明太祖朱元璋《诫诸子书》教育子孙：

> 昔有道之君，皆勤政事，心存生民，所以能保守天下。至其子孙，废弃厥德，色荒于内，禽荒于外，政教不修，礼乐崩弛，则天弃于上，民离于下，遂失真天下国家。为吾子孙者，当取法于古之圣帝哲王，兢兢业业，日慎一日，鉴彼荒淫，勿蹈其辙，则可以长享富贵矣。④

儒家思想中的仁爱包括"爱人"与"爱物"。孟子的仁爱观念主张把爱人推及爱物，《孟子·尽心上》："君子之于物也，爱之而弗仁；于民也，仁之而弗亲；亲亲而仁民，仁民而爱物。"君子对于万物，爱惜它，但不是仁爱；对于百姓，仁爱，但不是亲爱。由爱亲人而仁爱百姓，由仁爱百姓而爱惜万物。孟子主

① 戴承元：《宁陕县优秀家训注译》，陕西人民教育出版社2018年版，第245页。
② 戴承元：《安康优秀传统家训注译》，陕西人民出版社2017年版，第57页。
③ 〔清〕曾国藩：《曾国藩全集·家书》，岳麓书社1985年版，第159页。
④ 《明实录·太祖实录》卷四一。

张的仁爱主体对象是人，由人及物。宋代理学家张载也主张"爱必兼爱"，做到"有容物无去物，有爱物无殉物"。中国传统家训处世哲学观中，将爱人推及关爱世间万物生灵，体现了天人合一的处世哲学观和人道主义精神，体现了好生爱物、物人一体的和谐家训教育观念。如袁采《袁氏世范》教育子嗣：

> 飞禽走兽之与人，形性虽殊，而喜聚恶散，贪生畏死，其情则与人同。故离群则向人悲鸣，临庖则向人哀号。为人者，既忍而不知顾，反怒其鸣号者有矣。胡不反己以思之：物之有望于人，犹人有望于天也。物之鸣号有诉于人，而人不之恤，则人之处患难、死亡、困苦之际，乃欲仰首叫号求天之恤耶！[①]

袁采认为，飞禽走兽与人虽然形性不同，但却"喜聚恶散，贪生畏死"，看到临近宰杀的禽兽向人哀号，不能"忍而不顾"，要反己自忖，要有悲天悯人之善。袁采的家庭教育思想传承并沿袭孟子的爱人推及爱物思想。又如，陆游《放翁家训》告诫子嗣：

> 人与万物同受一气，生天地间，但有中正偏驳之异尔，理不应相害。圣人所谓"数罟不入污池"、"弋不射宿"，岂若今人畏因果报应哉！上古教民食禽兽，不惟去民害，亦是五谷未如今之多，故以补粮食所不及耳。若穷口腹之欲，每食必丹刀几，残余之物，犹足饱数人，方盛暑时，未及下箸，多已臭腐，吾甚伤之。今欲除羊彘鸡鹅之类，人畜以食者，姑以供庖，其余川泳云飞之物，一切禁断，庶几少安吾心。[②]

陆游认为"人与万物，同受一气"，但有"中正偏驳之异"，不应妄加残害。人类食禽兽主要是"五谷未如今之多""补粮食所不及"，但是不能只为了满足口腹之欲，妄杀生灵。主张除"羊彘鸡鹅"等家畜之外，其余"川泳云飞之物"都要禁止食用。再如，宋代江端友在《家诚》中指出：

> 凡饮食，知所从来，五谷则人、牛、稼穑之艰难，天地风雨之顺成，变生作熟，皆不容易。肉味则杀生断命，其苦难言，思之令人自不欲食。况过择好恶，又生嗔恚乎！一饱之后，八珍草莱，同为臭腐，随

---

① 楼含松主编：《中国历代家训集成》（第2册），浙江古籍出版社2017年版，第751页。
② 楼含松主编：《中国历代家训集成》（第1册），浙江古籍出版社2017年版，第371页。

家丰俭，得以充饥，便自足矣。[①]

江端友认为，饮食五谷是"人、牛、稼穑之艰难，天地风雨之顺成，变生作熟"，都来之不易，而肉类是以杀生为代价，不要过分贪图口福，要求子嗣做到随家丰俭、充饥自足。再如，明代高攀龙《高子家训》教育子嗣：

> 少杀生命，最可养心，最可惜福。一般皮肉，一般痛苦，物但不能言耳。不知其刀俎之间，何等苦恼，我却以日用口腹、人事应酬，略不为彼思量，岂复有仁心乎？[②]

高攀龙认为要少杀生，体会被杀牲畜的皮肉痛苦，不要以"日用口腹、人事应酬"增加牲畜的"刀俎苦恼"，要对牲畜保存仁爱之心。

仁人悯物之心是民间家训的重要教育和思想观念之一，如：

> 古人方长不折，所以养仁；见利不苟，所以广义。故不但鳏寡孤独，即昆虫草木，俱宜廑怜恤之意；不但千驷万钟，即一粟一丝，亦当凛道义之防。彼仁育义正，即不敢遽望，独奈何贼恻隐之良，失羞恶之念。[③]

二、选贤任能与知人善用

《韩非子·八经》："下君尽己之能，中君尽人之力，上君尽人之智。"优秀的领导者、管理者，不能仅仅是个人勤奋苦干能干，更要发动团队、下属团结协作。选拔好助手、任用好人才是一个领导者、管理者最基本的能力。《墨子·尚贤》："贤者为政则国治，愚者为政则国乱，国有贤良之士众，则国家之治厚，贤良之士寡，则国家之治薄。"《说苑·尊贤》："人君之欲平治天下而垂荣名者，必尊贤而下士。……夫朝无贤人，犹鸿鹄之无羽翼也，虽有千里之望，犹不能致其意之所欲至矣。是故绝江海者托于船，致远道者托于乘，欲霸王者托于贤。……是故吕尚聘而天下知商将亡而周之王也；管夷吾、百里奚任而天

---

① 楼含松主编：《中国历代家训集成》（第1册），浙江古籍出版社2017年版，第491页。
② 楼含松主编：《中国历代家训集成》（第5册），浙江古籍出版社2017年版，第2846—2847页。
③ 戴承元：《宁陕县优秀家训注译》，陕西人民教育出版社2018年版，第9页。

下知齐、秦之必霸也。……纣用恶来，宋用唐鞅，齐用苏秦，秦用赵高，而天下知其亡也。"这些论述都生动地说明了贤能人才对国家治理的重要性。《旧唐书·食货志上》："设官分职，选贤任能，得其人则有益于国家，非其才则贻患于黎庶，此以不可不知也。"中国历代统治者都非常重视"选贤任能、知人善用"，儒家奉行的是人治原则，十分重视人才的选拔和使用，一直将"选贤任能、知人善用"作为国家政治生活的一件大事，作为儒家执政的理想准则，反映在古代传统家训教育思想中，历代的帝王、重臣都把"选贤任能、知人善用"作为教诫出仕子孙的重要内容。如《史记·鲁周公世家》："周公戒伯禽曰：'然我一沐三捉发，一饭三吐哺，起以待士，犹恐失天下之贤人。'"成王要将鲁地分封给周公的儿子伯禽，周公以"一沐三捉发，一饭三吐哺"的亲身实践，告诫伯禽应选贤任能、治国理政。

根据《史记·高祖本纪》记载，在一次群臣宴会上，刘邦问在场的各位大臣，为什么他能最终战胜项羽取得天下，大臣给出了不同的回答，但是刘邦并不满意。他认为自己最终能够胜利的原因完全在于正确使用了三个人。刘邦说："夫运筹策帷帐之中，决胜于千里之外，吾不如子房。镇国家，抚百姓，给馈饷，不绝粮道，吾不如萧何。连百万之军，战必胜，攻必取，吾不如韩信。此三者，皆人杰也，吾能用之，此吾所以取天下也。项羽有一范增而不能用，此其所以为我擒也。"刘邦善于选人用人，是他成功的关键。项羽不善于用人，决定了最终的失败。

曹操《诸儿令》记载："今寿春、汉中、长安，先欲使一儿各往督领之，欲择慈孝不违吾令，亦未知用谁也。儿虽小时见爱，而长大能善，必用之。吾非有二言也，不但不私臣吏，儿子亦不欲有所私。"三国时期的曹操不仅对部下不讲私情，就是对自己的儿子也严格按照选人用人标准进行选拔任用。他决定选派"慈孝不违吾令"的儿子去治理"寿春、汉中、长安"三个地方，付予重任，虽然痛爱每一个儿子，但是严格按照"长大能善"的思想，坚持任人唯贤，不徇私情，即便是最亲近的人，也没有放弃选人用人的标准原则。曹操《诸儿令》体现了选拔任用人才不徇私情、严格标准，这对今天的干部队伍建设仍有积极意义。

又如，唐太宗李世民在《帝范·求贤》中指出：

夫国之匡辅，必待忠良。任使得人，天下自治。故尧命四岳，舜举八元，以成恭己之隆，用赞钦明之道。士之居世，贤之立身。莫不戢翼隐鳞，待风云之会，怀奇蕴异，思会遇之秋。是明君旁求俊籍，博访英贤，搜扬侧陋，不以卑而不用，不以辱而不尊。昔伊尹，有莘之滕臣……照车十二，黄金累千，岂如多士之隆、一贤之重？此乃求贤之贵也。①

唐太宗在位期间，认识到重用人才的重要性，留下了教诫子孙的《帝范·求贤》篇，告诉子孙治理国家必须要有"忠良任使"的辅佐，这样天下才能得到有效的治理。告诫子孙求取人才要"旁求俊籍，博访英贤，搜扬侧陋"，不能因为人才出身卑贱而被轻视，并列举了商汤重用伊尹等实例证明善于发现贤能人才的重要性，强调再多的珠宝黄金也没有贤能人才重要。正是因为唐太宗善于选拔重用人才，才创造了唐代的盛世，营造了经济、文化、外交的繁荣局面，这也给后世留下了宝贵的选拔重用人才的经验。

唐太宗在《帝范·审官》中巧妙运用比喻教育子嗣选拔任用人才：

故明主之用人，如巧匠之制木：直者以为辕，曲者以为轮，长者以为栋梁，短者以为栱角，无曲直长短，各有所施。明主之任人，亦由是也：智者取其谋，愚者取其力，勇者取其威，怯者取其慎，无智愚勇怯，兼而用之。故良匠无弃材，明主无弃士，不以一恶忘其善，勿以小瑕掩其功。②

唐太宗以木工选用材料比喻贤明君主选拔任用人才。选拔任用人才，如同能工巧匠选用木材一样，直的做车辕，曲的做车轮，长的做栋梁，短的做栱角。无论曲直长短，都有其自身的用途，这就是选拔任用人才的取长补短，用其所长，因才付职。对于能工巧匠而言，没有无用的木材；对于优秀的管理者而言，没有无用的人才。不能凭借一件坏事，就忘掉一个人所有的优点，不能凭借一次过错，就抹杀一个人所有的功绩。唐太宗选拔任用人才的思想对今天仍有积极的启发作用。再如《颜氏家训·慕贤》：

"千载一圣，犹旦暮也；五百年一贤，犹比髆也。"言圣贤之难

---

① 包东波选注：《中国历代名人家训荟萃》，安徽文艺出版社2000年版，第81页。
② 包东波选注：《中国历代名人家训荟萃》，安徽文艺出版社2000年版，第81—82页。

得，疏阔如此。傥遭不世明达君子，安可不攀附景仰之乎？……所值名贤，未尝不心醉魂迷向慕之也。……齐文宣帝即位数年，便沉湎纵恣，略无纲纪；尚能委政尚书令杨遵彦，内外清谧，朝野晏如，各得其所，物无异议，终天保之朝。遵彦后为孝昭所戮，刑政于是衰矣。斛律明月齐朝折冲之臣，无罪被诛，将士解体，周人始有吞齐之志，关中至今誉之。此人用兵，岂止万夫之望而已哉！国之存亡，系其生死。[①]

《颜氏家训》认为圣贤难得，倘有明达君子、贤人达士，应该向慕敬仰，贤明在位能使"内外清谧，朝野晏如"，不仅是万夫所望，更系国之存亡、民之生死。

三、廉洁奉公与反贪拒贿

廉洁拒贿既是中华民族的一种传统美德，也是历代士大夫的一种理想价值追求，更是出仕为官者的道法底线。只要具备这种传统美德，无论是为官还是为民，都会受到人们的赞美和敬仰。廉洁，就是清廉、洁白，"不受曰廉，不污曰洁"。不接受贿赂，持有"出污泥而不染"的高尚品行，这既是做官的要求，也是做人的要求。中国历代文化典籍中，倡廉戒腐的论述随处可见。商汤教诫官员不要沾染由三种恶劣风气所滋生的十种罪愆的"三风十愆"，其中包括"货、色、游、畋"四种"淫风"。周公在《尚书·无逸》中提出"继自今嗣王则其无淫于观，于逸，于游，于田，以万民惟正之供"，教育官员要铭记纣王因为荒淫无道导致灭亡的历史教训，教诫周人不要贪图逸乐。《论语·宪问》提出"见利思义""义然后取"，《述而》篇提出"不义而富且贵，于我如浮云"，强调不取不义之财。孟子在《万章》篇中提出"非其义也，非其道也，一介不以与人，一介不以取诸人"，强调如果违背正义、违背道德，即使是微末之物也不给予别人，即使是微末之物也不取自别人。《礼记·曲礼》提出"临财毋苟得"。《韩非子·饰邪》："修身洁白而行公正，居官无私，人臣之公义也。"韩非子认为，廉洁公正无私是居官的基本要求。"廉者，政之本也"，居官应当以"廉"为先。这

---

① 王利器：《颜氏家训集解》（增补本），中华书局1996年版，第127—138页。

种廉洁文化思想贯彻在历代清官的实际行动和中国古代传统家训教育思想之中。

《后汉书·羊续列传》记载："时权豪之家多尚奢丽，续深疾之，常敝衣薄食，车马羸败。府丞尝献其生鱼，续受而悬于庭；丞后又进之，续乃出前所悬者以杜其意。续妻后与子祕俱往郡舍，续闭门不内，妻自将祕行，其资藏唯有布衾、敝衹裯，盐、麦数斛而已，顾敕祕曰：'吾自奉若此，何以资尔母乎？'使与母俱归。"东汉羊续为官清廉，拒收任何财物，后来用"羊续悬鱼"来形容为官清廉，拒受贿赂，成为千古传诵的佳话。

东汉杨震为官清廉，关于他"暮夜却金"的典故成为千古佳话，后世将清正廉洁的官吏称为"清白吏"。《后汉书·杨震列传》记载：

> （杨震）四迁荆州刺史、东莱太守。当之郡，道经昌邑，故所举荆州茂才王密为昌邑令，谒见，至夜怀金十斤以遗震。震曰："故人知君，君不知故人，何也？"密曰："暮夜无知者。"震曰："天知，神知，我知，子知。何谓无知！"密愧而出。后转涿郡太守。性公廉，不受私谒。子孙常蔬食步行，故旧长者或欲令为开产业，震不肯，曰："使后世称为清白吏子孙，以此遗之，不亦厚乎！"

后世子孙也以杨震为官公正廉洁为荣，以"天知，神知，我知，子知"为堂号，即杨氏的"四知堂"，以"清白传家"。

晋代李秉《家戒》也把"清"作为出仕为官的首要准则：

> 昔侍坐于先帝，时有三长吏俱见。临辞出，上曰："为官长当清，当慎，当勤，修此三者，何患不治乎？"并受诏。既出，上顾谓吾等曰："相诫敕正当尔不？"侍坐众贤，莫不赞善。上又问曰："必不得已，于斯三者何先？"或对曰："清固为本。"次复问吾，对曰："清慎之道，相须而成，必不得已，慎乃为大。夫清者不必慎，慎者必自清，亦由仁者必有勇，勇者不必有仁，是以《易》称括囊无咎，藉用白茅，皆慎之至也。"……吾乃举故太尉荀景倩、尚书董仲连、仆射王公仲并可谓为慎。上曰："此诸人者，温恭朝夕，执事有恪，亦各其慎也。然天下之至慎，其惟阮嗣宗乎！每与之言，言及玄远，而未曾评论时事，臧否人物，真可谓至慎矣。"

宋代的包拯为官清廉刚毅，并且教育子孙必须做到清正廉洁，明确规定后世子孙出仕者若贪赃枉法不得回归本家，死后也不得入葬祖墓。《孝肃包公家训》记载：

后世子孙仕宦，有犯赃滥者，不得放归本家；亡殁之后，不得葬于大茔之中，不从吾志，非吾子孙。仰珙刊石，竖于堂屋东壁，以诏后世。

包拯订立的家训凝聚着包公的一身正气、两袖清风，虽时过千载，也足为世范。包拯铁面无私，清廉克己，恤民疾苦，为子孙后代做出了榜样。包拯在临终之时，觉得写在纸上还不够，要刻在石碑上，砌在堂屋东壁，让世人知道，都来监督包氏子孙的行为，形成特有的"孝肃"家风。包拯子孙做官的有一子一孙，祖孙三代都以《孝肃包公家训》作为做官处世的准绳，世世代代遵守诫勉。

宋代商品经济发达，出仕为官的仕宦家训中对后世子孙进行清廉为官的训诫也特别普遍。如，贾昌朝《戒子孙》："仕宦之法，清廉为最。"贾昌朝认为，对仕宦的法律约束，清廉是最重要的。又如，赵鼎《家训笔录》："凡在仕宦，以清廉为本。"赵鼎认为，为官的根本在清廉。再如，郑太和《郑氏家训》："子孙出仕，有以脏墨闻者，生则于图谱上削去其名，死则不许入祠堂。"郑太和家训规定，子孙贪赃枉法，活着的时候削除族籍，死后牌位不得入祀祠堂。从这些家训训条可以看出，宋朝官员对廉政为官的重视。

海瑞是明朝清正廉洁的官员典范，其《令箴示进士奚铭》提出："匪廉匪明，匪慎匪勤，曷能得其职之称也……公以生其明，俭以养其廉，是诚为邑之要道，处事临民之龟鉴也。"孔子曰："政者，正也。"出仕为官的根本在正，就是要公正，去私为公，这就是海瑞反复强调的"明"和"廉"。

张伯行，康熙二十四年（1685）进士，官至礼部尚书，任官二十余年，以清廉刚直著称。他的政绩在福建及江苏最为著名。他从不收受下属的礼物，极力反对以馈赠之名、行贿赂之实，被康熙誉为"天下清官第一"。张伯行出任江苏巡抚期间，为了做到清廉施政，先从对自己严格要求做起，绝不沾染公家财物，特拟定了《止馈送檄》，以此作为自己及下属官员清廉为政为官的行为准则。《止馈送檄》要求：

一丝一粒，我之名节；一粒一毫，民之脂膏。宽一分，民受赐不止一分；取一分，我为人不值一文。谁云交际之常，廉耻实伤；倘非不义之财，此物何来？

张伯行的《止馈送檄》全文仅仅56个字，共用了8个"一"字，读起来朗朗上口，对人民疾苦体悟之深，要求官员珍惜个人名节从细微处做起，反对送礼行贿，体现了廉洁奉公的做人原则与为官道德操守。

关于清廉为官的家庭教育思想，不仅在帝王将相、世家大吏的家训中出现，在民间家训中也极为普遍。安康市汉阴县《沈氏家训》告诫子嗣：

> 出仕不可不清也。致君泽民，吾儒分内事耳。苟以援上之不工、剥下之不巧为虑，凡足以肥囊橐而贻子孙者，尽力而为之，即眼前幸漏法网，子孙有不受其报者；然则出而治国，不思循分尽职，以光前裕后，而贪黩之鄙，夫岂非衣冠之盗贼也哉！[1]

《沈氏家训》明确指出，"出仕不可不清"，出仕做官不能以"攀附上级、剥削下级"为务，不能中饱私囊、贻害子孙，成为衣冠盗贼。

第二节　和慎交际

一、慎交游

交游，当动词用指交际、结交朋友，当名词用指朋友。在中华民族的人际关系之中，朋友属于最重要的五种关系即五伦之一。五伦之中，父子、兄弟以血缘关系为纽带，夫妇以婚姻亲情关系为纽带，父子、兄弟、夫妇都是以家庭、家族为基础。君臣以社会关系为基础，以职责、利益为纽带，以权利、经济为基础。朋友之间往往既没有家庭血缘亲情关系，也没有强制的职责、利益关系制约，而依靠志向、兴趣、爱好进行构建。相对于父子、兄弟、夫妇、君臣关系而言，朋

---

① 戴承元：《安康优秀传统家训注译》，陕西人民出版社2017年版，第128页。

友之间的关系更加灵活，缺乏强制力，因此也显示出更大的松散性，具有一定的自由选择性。朋友之间可以亲如兄弟，也可能尔虞我诈；可能亲密无间，也可能交面不交心。交什么样的朋友，怎样交朋友，是中国传统交际哲学中的重要内容，历来受到各个阶层的重视。

选择什么样的人做朋友、如何交友的问题，受到了历代思想家的关注，交游过程中的"慎"成为传统儒家处世哲学思想的重要内容。孔子把朋友分为"损友"和"益友"两类。《论语·季氏》："孔子曰：'益者三友，损者三友。友直，友谅，友多闻，益矣。友便辟，友善柔，友便佞，损矣。'"意思是说，有益的朋友有三种，有害的朋友有三种。结交正直的朋友、诚信的朋友、知识广博的朋友，是有益的。结交谄媚逢迎的朋友、表面奉承而背后诽谤的朋友、善于花言巧语的朋友，是有害的。孔子教育子弟"无友不如己者"。结交什么样的朋友，对一个人的兴趣、爱好、追求往往会产生深远的影响。近朱者赤，近墨者黑，结交品行高尚的朋友易于使人变得高尚中正，结交品行低劣的朋友易于使人变得邪辟低俗。《荀子·劝学》："君子居必择乡，游必就士，所以防邪辟而近中正也。"物以类聚、人以群分，同声相应、同气相求。人们往往通过一个人结交的朋友来判断其兴趣、爱好和品行。《管子·权修》："审其所好恶，则其长短可知也；观其交游，则其贤与不肖可察也。"正是因为朋友重要，所以应尽量选择为人正直、品行高尚的人做朋友，尽量远离为人邪辟、品行卑劣的人。

正是因为交游对人的成长和品行具有重要影响，所以，中国历代家训中都有指导交游原则的训诫内容。如唐代家训著作《太公家教》从多方面告诫人们交游对品行的影响：

> 近朱者赤，近墨者黑；蓬生麻中，不扶自直；白玉投泥，不污其色；近佞者谄，近偷者贼；近愚者痴，近圣者明；近贤者德，近淫者色……近鲍者臭，近兰者香；近愚者暗，近智者良。

长期与具有某类品行的人在一起，或多或少都会受其影响。《太公家教》关于交游对人格品行的影响做了全面的比喻说明：近佞则谄，近偷则贼，近愚则痴，近圣则明，近贤则德，近淫则色，近鲍则臭，近兰则香，近愚则暗，近智则良。现在的学生家长在教育孩子的时候，仍然要求他多与品学兼优的同学在一起玩，希望他能够受到好的影响、变得更加优秀。

交游不当，可能对人生造成重大影响，后悔莫及。长期交际品行邪恶之人，自身必受影响，即便想洁身自好、为善行仁也是不可能的。张端友《家戒》："与人交游，宜择端雅之士，若杂交终必有悔，且久而与之俱化，终身欲为善士，不可得矣。"古人告诫子嗣在交游过程中既要注意交际对象的选择，也要注意自身的言行。高攀龙《高子家训》："言语最要谨慎，交游最要审择。多一句不如少一句，多识一人不如少识一人。若是贤友，愈多愈好。只恐人才难得，知人实难耳。语云：要做好人，须寻好友。"高攀龙教育子孙交游要慎，语言要慎，在日常交际中，话多说不如少说，朋友多交不如少交。告诫子孙做人难、知人难，寻求好友更难，交际好友，多多益善。

交游事关品行名节、家庭兴衰荣辱，甚至身家性命，要选择与品行雅正之人为友，远离奸邪小人，同时，交游之中自身要正直、要有威严。姚舜牧《药言》教育族人说：

> 凡居家不可无亲友之辅……名节身家，丧坏不小，孰若亲正人之为有裨哉？然亲正远奸，大要在"敬"之一字。敬则正人君子谓尊己而乐与，彼小人则望望而去耳。不恶而严，舍此更无他法。
>
> 交与宜亲正人。若比之匪人，小则诱之佚游以荡其家业；大则唆之交构以戕其本支；甚则导之淫欲以丧其身命。可畏哉！
>
> 亲友有贤且达者，不可不厚加结纳。然交接贵协于理，若从未相知识者，不可妄援交结，徒自招卑诏之辱。[①]

姚舜牧告诫族人子嗣交游事关身家名节，要做到"亲正远奸"，要"敬"，"敬"则近正人君子、远奸邪小人。与奸邪小人交往，小则"荡其家业"，大则"戕其本支"，更有甚者可能"丧其身命"。

中国传统家训教育要求交游不可滥，要"慎、少、端"，近益友，远损友，做到"慎之又慎、以少为妙、取友必端"。表面谄谀奉承的朋友不可交，敢于直言规诫过错的人要敬之听之，有过则改之，要凭借朋友发现自身的过错与不足。

---

① 陈明主编：《中华家训经典全书》，新星出版社2015年版，第415页。

交游要有意志和恒心，不去烟馆、赌场等不良场所，才能保全自身的德行和人格。如清代朱一新《诫子书》指出：

> 一日不可滥交。好友不可多得。习气则易为所移，慎之又慎，以少为妙。我生平无他长，颇善取友。取友亦无他法，以《论语》所云三益三损观之，自不至有大失。好友之所以肯亲近我者，一则在能容受直言，一则在能激发志气。人非圣人，谁能无过？人面谀我，是损友也。直言最不易得，有能规戒我者，皆一片相爱之意。敬而听之，必不可文过饰非，以遂其恶。……我不到烟馆，烟友其如我何？我不到赌场，赌友其如我何？①

"慎交游"的处世思想不仅在世家大族家训中被作为重要教育规范，也是普通百姓家庭教育的基本要求。《沈氏家训》告诫族人子嗣：

> 交游不可不审也。择善而从之，其不善者而改之。否则，必至失身匪类，将犯朝廷之法纪，危累父母兄弟者有之。可不慎于择交者哉？②

《沈氏家训》告诫族人子嗣择友要慎，择友不慎，必将导致失身匪类，触犯法纪，连累父母兄弟。对待朋友要坚持"择善者而从之、其不善者而改之"的原则，才能保全身家名节，保全父母家人。又如，《黄氏家训》告诫子嗣要"以文会友，以友辅仁"，要以朋友提升自己的文化素养、道德品行：

> 孔子曰："无友不如己者。"又曰："益者三友，损者三友……"曾子曰："君子以文会友，以友辅仁。"古人云："人生得一知己，知可以不恨。"以明知己之难也。逢人班荆，到处投辖，然则知己若是其多乎？不过声气浮慕以为豪举耳！一事不如意，怨谤丛起，不如慎交择友，自然得力，朋友即甚相得。③

中国古代民间家训告诫族人子嗣与品德好、行为端、学问卓越的人交朋友，耳边常有逆耳忠言，行善能得到鼓励，有过能得到及时规勉，不断做到敬业修德；与品德不好、行为不端、学问不讲的人交朋友，天天沾染恶习且不知，不仅

---

① 《朱一新全集》整理小组整理：《朱一新全集》（下），上海人民出版社2017年版，第1375页。
② 戴承元：《安康优秀传统家训注译》，陕西人民出版社2017年版，第121页。
③ 戴承元：《安康优秀传统家训注译》，陕西人民出版社2017年版，第238页。

不能得到及时的劝善规过，可能还被怂恿做恶为奸。如《储氏家训》：

> 五伦之中，朋友居一。盖朋友者，助我以进德修业也。人要作好
> 人，必须交好友，使耳中常有逆耳之言，心中常有悚心之人，德便可
> 进，业便可修。故与上等人为友，自日习于上；与下等人为友，自日习
> 于下。盖所闻者是那等言语，所见者是那等行事，自然日习而不觉。况
> 与好人为友，有善则劝，有过则规；与匪人为友，不但不能劝善规过，
> 偏附会我做不好的事。[①]

二、重择师

韩愈《师说》："爱其子，择师而教之。"真正疼爱自己的孩子，就要为孩
子选择好老师以施教育。在中国，上至帝王将相，下至庶民百姓，都非常重视子
女的教育，重视对子女教师的优良选择，具有尊师重教的优良传统。在中国文化
传统中，尊重老师与慎重选择老师是一个问题的两个方面，是紧密联系、辩证统
一的。

春秋时期，鲁国有一位大夫叫孟孙，即孟懿子。他有两个儿子，到了六七
岁的时候，还不知道学习读书，于是就请来了一位老师。这位老师不太会教学，
只会照本宣科，孩子学起来觉得枯燥乏味，很厌学。孟懿子就把这位教师给辞退
了。又请来第二位教师。老师教得倒是不错，可是脾气太粗暴，孩子一见到他就
吓得直打哆嗦，无心学习读书。孟懿子又把这位教师辞退了。可是，孩子学习没
有老师是不行的，一时又找不到理想的老师。这时，有人建议请先前被孟懿子粗
暴撵走的侍从秦巴西回来做老师，孟懿子也认为秦巴西是一位难得的好老师。可
是，秦巴西是自己先前粗暴撵走的人，能请得回来吗？经过再三思忖，孟懿子还
是决定去请秦巴西。孟懿子到秦巴西的家里，诚心诚意地向秦巴西赔礼道歉，检
讨自己的粗暴无礼。秦巴西被孟懿子的诚意感动，表示不计前嫌，答应当他儿子
的老师。孟懿子为教子成才，屈驾择师，反映了人们对择师的重视。

---

① 戴承元：《宁陕县优秀家训注译》，陕西人民教育出版社2017年版，第166—167页。

唐太宗选择德才兼备的长孙无忌、房玄龄给自己的儿子做老师。宋太宗注重培养孩子的品德和学养，聘请一批有学问、有德行的人给孩子做老师。明太祖选派李善长、徐达、常遇春等开国重臣兼任太子少师、少保、少傅，培育太子德行、规劝过失等，这都是古代重视择师的典型。

古代文献典籍中关于择师重教的思想论述也很常见。《礼记·学记》："君子既知教之所由兴，又知教之所由废，然后可以为人师也……君子知至学之难易，而知其美恶，然后能博喻；能博喻，然后能为师；能为师，然后能为长；能为长，然后能为君。故师也者，所以学为君也，是故择师不可不慎也……凡学之道，严师为难，师严然后道尊；道尊，然后民知敬学。"意思是，教师知道教育之所以兴盛、衰落的原因与道理，然后就可以为人师表了。老师懂得求学入道有难易、人的资质有高下、教育方法有优劣，然后才能因材施教、多方诱导启发教育学生，才能当一个好老师。当好老师，才能够做好官长，能做好官长，就能做好一国之君。教师是教育学生如何为君为长的，因此选择老师不可不谨慎。尊敬老师是难能可贵的，只有尊师，才能重道，只有尊师重道，才能专心向学。

择师与尊师思想是中国传统家训教育思想的智慧，是传统家训文献的重要内容。如清代张履祥《训子语》告诫族人，子嗣老师的选择关系着子弟的志向理想，关系着子弟学养的成败，更关系着家族、家庭的存续，因此，子弟老师的选择要"择之又择，慎之又慎"：

> 至于师友，一入家门，子弟志尚，因之以变，术业因之以成。贤则数世赖之，否亦害匪朝夕。不可谓非家之所由存亡也。择之又择，慎之又慎，夫岂不宜，而可随人上下乎？[①]

老师是学生的模范榜样，老师就如同盛水的盘盂，学生就如同盘盂中的水，教师的学识、品行和人格直接塑造、影响着学生。择师不慎，贻害无穷，这也是中国古代民间家训教育的基本思想。如安康市汉阴县《沈氏家训》告诫族人子嗣：

> 择师不可不慎也。师者，子弟之仪型。今何师乎？年未及冠，目仅

① 赵忠心编著：《中国家训名篇》，湖北教育出版社1997年版，第297页。

识丁，读书明理之说邈矣。未闻躬行，实践之学全然不讲，得皋比而坐之谆谆，以沽名钓誉为事，并句读之不知，复鱼鲁之传讹。即日用言动之间，悉不知其仪则之具。则择师不慎，贻害匪小。语云："盘圆则水圆，盂方则水方。"[1]

古代家训教育不仅强调选择好老师教育子孙，同时要求族人子嗣尊重教师，对教师要以礼相待，发自内心的敬重，不得怠慢。如安康市岚皋县《杜氏阖族公议齐家条规十则》告诫族人子嗣：

> 夫庠序学校之设皆以明伦，我皇上寿考，作人尊师重儒，其待士可谓至矣！凡我同姓，待先生其忠且敬，束修为之加厚，体酒不可或怠，而养正之蒙师更宜优礼焉。恭必小子有造，而后成人有德，教以人伦、修其天爵圣功也。倘有轻慢名师，挟侮大儒，得罪于师儒，无异得罪于君父。[2]

杜氏家训要求子弟尊师重儒，对待老师要忠心、敬重，侍奉老师的礼物要丰厚，只有这样，子弟才可能有成就、有德行。如果轻慢老师、侮辱儒师、得罪老师，就如同得罪君王、父亲。

择师、尊师，实则是重道，只有真正受到敬重，教师才能竭尽心力从事教育，才能以自身高尚的品行和高深的学养培养学生。这在古代民间家训中不乏谆谆教诲，如安康市紫阳县焕古镇《程氏家规》告诫族人子嗣：

> 师贵于择，尤贵于隆。盖隆师，实以隆道。隆道而子弟乃得与于斯道中也。倘于供应奉资稍存悭吝鄙啬之态，是我弗竭诚以待师，师亦未必竭诚以酬我也。故殷实者，必厚其廪饩，丰其馆谷。单寒者，宜亦自俭以延实，称贷以偿俸，积诚相处，自受诗书之益。虽未必尽致通显而识见高明，言动闲雅亦犹是得力于淘淑者也。《性理》曰："师道立，则善人多。"[3]

《程氏家规》教育子弟既要慎于择师，也要贵于尊崇老师。崇师就是崇道，

———————————

① 戴承元：《安康优秀传统家训注译》，陕西人民出版社2017年版，第114页。
② 戴承元：《安康优秀传统家训注译》，陕西人民出版社2017年版，第160页。
③ 戴承元：《紫阳县优秀传统家训注》，三秦出版社2019年版，第222页。

对待老师要竭诚尽力，倾其所有心力，要"厚其廪饩，丰其馆谷"，寒贫之家，即使"贷以偿俸"，也要"积诚相处"。只有师道端正，才能陶冶出有品行、有学养的子弟，这种尊师重道的思想对今天的社会包括学生家长是有启发意义的。

三、和睦宗族

中国传统家训教育的重要功能是协调家族关系、处理家族内部矛盾，保持家族的稳定、和谐，使家族在竞争激烈的社会环境中能够生存发展。中国传统家族，往往成员众多、结构复杂。同一个家族的众多成员，往往显示出不同的个性特征和价值取向。家族内部事务的分工，家族财产的经营管理，都需要以规则的形式进行维护，使家族成员内部紧密地联系在一起。在这种家族结构关系的背景下，传统家训就要发挥协调内部利益关系、人际关系，解决家族内部矛盾的功能，实现"笃宗族"的任务。教诫子弟约束自我、和睦宗族的具体要求和具体行为规范是中国传统家训教育文献的重要内容之一。安康市汉阴县、石泉县《冯氏家训》规定，宗族之内要"患难相顾，吉凶相扶"，不能"因小故而伤情，为财利而成怨"，不得"以大压小、以强凌弱、虐寡欺孤"，可以通过家族内部的互相帮扶、家族子弟的相互教育等措施维护家族内部的和谐：

> 五服之内，惟宗族最是关情，一本分枝，百世不艾。以今观之，则有伯叔兄弟疏远之别。以祖宗视之，原是一体父母而生，故患难相顾，吉凶相扶，此古人之恤宗族而置义田以培本也。岂可因小故而伤情，为财利而成怨。或子孙有过失必当惩戒，毋曰不干己事而不矢心，有孤弱则亟扶助，毋曰自己保守、休念他人。若夫以大压小、以强凌弱、虐寡欺孤，是人道与禽兽同心，天地神明不容矣。[①]

古代民间家训要求族人亲善九族，使族姓诚笃和善，族人之间要和蔼交往沟通，祖庙里的祖先灵位要昭穆有序，宗谱按时修订。族人不得擅自变卖公田，侵吞祭祀费用。如安康市岚皋县《杜氏阖族公议齐家条规十则》《沈氏家训》从族

---

① 戴承元：《安康优秀传统家训注译》，陕西人民出版社2017年版，第39页。

人的交往、祖宗的祭祀、祖产的管理等方面规约并维护家族的和谐：

> 夫人本乎祖，子姓虽众，皆祖宗在天之灵所默佑也。凡我同姓，宜亲其九族，敦其一本，欢然有谊以相接，霭然有情以相通，祭宗庙以序昭穆，续族谱以清支根，其雍睦为何如也。倘有擅卖公田，侵吞祭费，为祖宗之罪人，家法决不轻恕也！①

古代民间家训要求族人彼此维护、互相信任、互相接济、患难与共，不要依仗尊贵而欺凌卑贱，不要恃幼小而有侮尊长，不要凭借富裕而欺压贫困，不要因为贫困而嫉妒富裕，不要依靠强大而欺凌弱小。如安康市宁陕县《邓氏家训》：

> 凡我同宗，务要彼此相维，情义相孚，有无相济，患难相固，毋倚尊凌卑，毋以幼侮长，毋恃富欺贫，毋以贫忌富，毋以强而凌弱，毋以众而暴寡，以致贻怨恫于祖宗。②

古代民间家训教育族人子嗣要做到宗族内部摒弃支派之见，相互之间要做到敬长爱幼、兄友弟恭。宗族之间无论远近，要相互联络，贺喜问疾不可忽视。祖宗祠堂要共同出资修缮，维护共同的精神家园。如安康市紫阳县汉王镇《冯氏家规》：

> 葛固无知，犹能庇本；蚁何有识，尚克联群。既同血脉之原，自当长爱而少敬；虽分支派之户，亦宜兄友而弟恭。……凡我族人，宜共亲之。同敦水木之情，勿蹈参商之隙。近则豆笾胥饮，远则吊贺咸周。共馔而合烝尝，实为美举；捐赀而修祠庙，尤属良图。③

中国传统家训教育中的亲善九族、和睦宗族的思想观念无疑发挥了维护家族内部团结的作用，在一定程度上对维护社会的和谐起到了积极作用。

四、亲善邻里

"千金买产、万金买邻"，"远亲不如近邻，近邻不如对门"，中国人自古

---

① 戴承元：《安康优秀传统家训注译》，陕西人民出版社2017年版，第158页。
② 戴承元：《宁陕县优秀家训注译》，陕西人民教育出版社2018年版，第23页。
③ 戴承元：《紫阳县优秀传统家训注》，三秦出版社2019年版，第43—44页。

以来就注重邻里关系，"择邻亲邻"是中华民族处世哲学的重要思想内容之一，"孟母三迁"就是选择适合子女成长的邻里环境的典型故事。处理好邻里关系，可以为家庭、家族正常生产、生活营造良好的外部环境。在处理邻里关系方面，首先要宽容邻里、敬重邻里、不损人利己、言必守信。若遇到具体事情，尽量不求人，自己独自承担。若与邻里发生矛盾，责己不责人。张履祥《训子语》："忠信以存心，敬慎以行己，平恕以接物而已。人情不远，一人可处，则人人可处，独病在吾有所不尽耳。是以君子不求人，求己；不责人，责己。"①自家的孩子与别人家的孩子发生矛盾，首先应当反省自己，宁人负我，我不负人。庞尚鹏《庞氏家训》："若子弟童仆与人相忤，皆当反躬自责，宁人负我，无我负人。"②邻里之间不能仗势欺人。许相卿《许云邨贻谋》："宁人欺，不欺人，宁人负，不负人。"在危难之际，也要教育子弟不行损人利己之事，言必行，行必果。袁采《袁氏世范》："患难之际，不妨人而利己……有所许诺，纤毫必偿；有所期约，时刻不易。"

与邻里发生财产纠纷时，多忍让，不强争。"六尺巷"的故事是忍让、不争的美谈。清朝时，安徽桐城有一个著名的家族，父子两代在朝廷为相，权势显赫，这就是张英、张廷玉父子。康熙年间，张英在朝廷任文华殿大学士、礼部尚书。张英老家桐城的老宅与吴家为邻，两家府邸之间有个空地，供双方往来交通使用。后来，吴家建房，欲占用这个通道，张家不同意，双方将官司打到县衙。县官考虑到纠纷双方都是官位显赫、名门望族，不敢轻易了断。

其间，张家人给在京城做官的张英写了一封信，要求他出面干涉此事。张英收到信件后，认为应该谦让邻里，立即给家里回信，信中写了四句话：

> 千里来书只为墙，
>
> 让他三尺又何妨？
>
> 万里长城今犹在，
>
> 不见当年秦始皇。

家人看完张英的信件，明白了其中意思，主动让出三尺空地。吴家见状，深

---

① 〔清〕陈宏谋辑：《五种遗规》，线装书局2015年版，第233页。
② 张鸣、丁明编：《中华大家名门家训集成》（上），内蒙古人民出版社1999年版，第634页。

受感动，也主动让出三尺房基地，这样就形成了一个六尺的巷子。两家礼让之举和张家不仗势压人的做法传为美谈。

民间传统家训文献中，亲善邻里的教育观念也反映了普通百姓的日常处世哲学观。如唐代宋若莘《女论语·和柔》："东邻西邻，礼数周全。往来动问，款曲盘旋。一茶一水，笑语忻然。当说则说，当行即行。闲是闲非，不入我门。"《女论语·和柔》教诫邻家女眷往来，应该嘘寒问暖，茶水招待。语言应该做到不失礼数，不评论别人的是非长短。古代民间传统家训教诫子弟，作为邻里不论贫富贤愚，要互相关照，相互成全帮扶，相互提携，如安康市石泉县、汉阴县《冯氏家训》："今人有邻里，不问贫富，不论贤愚，既在近居，即为一体。他有故，我必往问。我有事，彼自来观。莫因些小见利，务宜少许周全。……盖以远亲不如近邻也。贤者可以引带，愚者可以提携，如此和邻，焉有不洽。"古代民间家训告诫后嗣子弟，邻里之间要"出入相友，守望相助，疾病相扶持"，不能因为小的嫌隙勾结仇怨，父兄子弟之间要告诫提醒，形成仁爱的邻里风气。如安康市汉阴县《沈氏家训》："出入相友，守望相助，疾病相扶持，古有明训。凡兹同里，毋以小隙而构大怨，毋以微忿而结世仇。"

古人既认识到邻里关系的重要性，也认识到邻里之间容易产生嫌隙，因此对待邻里要如兄如弟，亲善有爱。不可贵远而贱近、厚此而薄彼，饥寒相接济，贺喜吊哀不可缺席，邻里交往不可阻断。如安康市紫阳县汉王镇《冯氏家规》告诫族人："既比屋而居，原有无之相藉。复望衡而对却，嫌隙之易生。想共永朝而永夕，俨然切肉连皮。实当如弟而如兄，庶乎彼亲此爱。苟敬远客而袭近邻，急时未见远人一助。若和东家而昵西舍，危事必得乡友偕来。凡我族人，宜共和之。……交接概当以厚，刻薄必见招非。"①古人在长期的生活实践中认识到邻里团结协作的重要性，教诫子孙视邻里团结和睦为珍宝，邻里团结可以形成合力，相互帮扶护卫，不被外人欺侮。如果邻里不和谐，不但无法抵御外来威胁，内部还会相互伤害。因此，教育子孙要维护邻里和谐，珍惜邻里关系。如安康市紫阳县东木镇、红椿镇《蒲氏家训家规》："古谚说：'习得邻里好，胜似捡个

---

① 戴承元：《紫阳县优秀传统家训注》，三秦出版社2019年版，第44—45页。

宝。'又云：'邻里不和盗贼欺''远亲不如近邻'。乡邻之间同处一地一庄一院一楼，和则无嫌无猜，相顾相卫；恶则伤害不止，鸡犬不宁。珍惜缘分，精诚团结，形成合力，相互都不会成为弱势之人。"

　　邻里团结和谐是社会和谐的重要组成部分，是社会安全稳定的重要基础，因此，中国传统家训中的亲善邻里思想对当今社区、基层组织工作具有重要启示意义，对当今人们处理邻里、身边共事的人，包括同学、同事、工友等的关系具有教育启示作用，重视左邻右舍、同事邻里的关系是人际关系的基础。

第三节　待人处事

一、诚实守信

　　诚信是儒家的重要伦理价值观，是中华民族始终坚守的集体基本价值标准和基本美德。从价值论上看，诚信是尊重事实、忠实本心的待人处世态度，求真求实，不自欺，也不欺人。诚是待人处世的一种真实无妄的态度和品行，信是忠实履行自身应该承担的责任和义务；诚是真实无妄的本然之道，信是立身做人的根本原则；诚是内在品行最高的道德境界，信是外在表现最高的行为准则。几千年来，中华民族始终把诚信作为立身处世之本和道德修养之基。曾子杀猪对孩子实施诚信教育，周幽王烽火戏诸侯导致亡国，齐襄公不按照事先承诺更换成边将士导致杀身之祸，等等典故，分别说明了诚信的重要和不守诚信的危害。诚信在历代儒家经典文献中都有体现。《礼记·大学》："欲治其国者，先齐其家；欲齐其家者，先修其身；欲修其身者，先正其心；欲正其心者，先诚其意；欲诚其意者，先致其知……知至而后意诚，意诚而后心正，心正而后身修，身修而后家齐，家齐而后国治，国治而后天下平。"在儒家思想家看来，诚信是个人的基本道德素养，是正心的基础，是修身、齐家的基本要求，还是治国、平天下必须坚守的伦理道德，可见，诚信在儒家思想中的重要性。《论语·为政》："人而无信，不知其可也。大车无锐，小车无轨，其何以行之哉？"诚信是一个人立身的根本，人没有诚信，就不可能在社会上立足，就如同车没有锐、轨一样，是不能上路行驶的。诚信是君子人格形成的重要因素。《论语·卫灵公》："君子义以为质，礼以行之，孙以出之，信以成之。"信作为重要的道德伦理标准，涉及社会生活的方方面面，包括人类社会，也涵盖自然世界。天地不信，岁月不成，草木不生；个人不信，无法维护正常的社会、政治、经济、文化、生活秩序，一切将处于混乱状态。《吕氏春秋·贵信》："天行不信，不能成岁；地行不信，草木不大……天地之大，四时之化，而犹不能以不信成物，又况乎人事？君臣不信，则百姓诽谤，社稷不宁；处官不信，则少不畏长，贵贱相轻；赏罚不信，则民易犯法，不可使令；交友不信，则离散郁怨，不能相亲；百工不信，则器械苦伪，丹漆染色不贞。夫可与为始，可与为终，可与尊通，可与卑穷者，其唯信乎！信而又信，重袭于身，乃通于天。以此治人，则膏雨甘露降矣，寒暑四时当矣。"①诚信是自然的规律，追求诚信是做人的规律。《孟子·离娄上》："诚者，天之道也；思诚者，人之道也。"《朱子语类》卷一一九："凡人所以立身行己，应事接物，莫大乎诚敬。诚者何？不自欺不妄之谓也。"西汉儒学家董仲舒，在孔子、孟子确立的儒家传统核心思想"仁义礼智"的基础上加上"信"，构成了"仁义礼智信"五常伦理，成为中华伦理的核心价值体系。程颐曰："人无忠信，不可立于世。"朱熹认为："诚信是做人立德的根基，是人格修炼的起点。"

中国传统社会的诚信伦理价值思想和遵守诚信规范带来的社会价值被总结在历代传统家族训诫文献之中，成为激励子孙后代修身、齐家、治国、平天下的重要信条。

周成王剪桐叶封弟的故事说明，言而有信是保持君王威严的基础。史书记载，周成王曾经与他的小弟弟叔虞在树下玩耍，他将一片梧桐叶剪成玉圭的形状交给弟弟叔虞说："我就用这个来分封你吧。"周公听见了，拜见成王，称赞成王分封弟弟的行为。成王说："我和他开玩笑呢。"周公听了严肃地说："君主

---

① 《吕氏春秋》，刘亦工译，崇文书局2023年版，第98—99页。

无戏言，说过的话一定要做到，不应该开玩笑。"于是周成王封叔虞为应侯，后来叔虞被称为唐叔虞。这就是历史上有名的"剪桐封弟"的故事。

战国时期，田稷子母亲教导作为齐国相国的儿子田稷子说："吾闻士修身洁行，不为苟得；竭情尽实，不行诈伪……言行若一，情貌相副……尽心尽能，忠信不欺。"田母教育田稷子修养身心、涵养品行，要情实相符、言行一致、忠诚老实，不可虚伪欺诈。

诚信作为儒家教育理念的重要内容深入民间，成为百姓日常生活的准则和待人处事的原则，也是古代民间家训教育的重要内容。如袁采《袁氏世范》："有所许诺，纤毫必偿；有所期约，时刻不易，所谓信也。处事近厚，处心诚实，所谓笃也。"袁采教诫子嗣要信守诚信，做出的承诺，无论大小必须兑现；约定的期限，不能有丝毫的改变。又如，明代郑太和《郑氏规范》："为家长者，当以至诚待天下，一言不可妄发，一行不可妄为，庶合古人以身教之之意。"郑太和教育子孙要至诚待人，言行不可妄为，对自己的言行负责。再如，明朝彭端吾《彭氏家训》："人只一诚耳，少一不实，尽是一腔虚诈，怎成得人。"彭端吾认为，做人处事，诚信最关键，没有诚信，不得成其为人。

诚信准则不仅表现在日常生活领域，也是经商营商的基本准则。在商业领域，诚信受到特别重视，恪守商业诚信是赢得社会认可、壮大营商规模、获取更大更长远利益的根本途径。中国传统伦理所提倡的"诚者，天之道也；诚之者，人之道也"的诚信观，在商业运营过程中尤其受到重视。经商不仅要公平交易，光明正大，而且要诚实无欺，重诺守信。如清代吴中孚《商贾便览·工商切要》："习商贾者，其仁、义、礼、智、信，皆当教之焉，则长成，自然生财有道矣。苟不教焉，而又纵之，其性必改，其心则不可问矣。虽能生财，断无从道而来，君子不足尚也。"[①]信既是儒家处世的"五常"之一，也是商业道德的底线之一，诚信教育观是商人家训的基本内容。《工商切要》："银不便手，与赊须诚实，约议还期，切莫食言，方为信义之交也。"[②]《工商切要》强调，在商业赊欠过程中，要遵守契约，如期履约，才能营造信义的营商环境。经商要做到

① 王世华：《薪火相传：明清徽商的职业教育》：北京时代华文书局2018年版，第251页。
② 王世华：《薪火相传：明清徽商的职业教育》：北京时代华文书局2018年版，第214页。

买卖公平，不短斤少两，货真价实。《工商切要》还强调："店铺生意，无论大小……斗斛秤尺，俱要公平合市，不可过于低昂。及生意广大之后，切戒后班刻薄，以致有始无终，败坏店名也。"①

诚信教育不仅体现在世家大族和大商人的家训教育之中，也是历代民间百姓传统家训教育的重要内容。如安康市紫阳县蒿坪镇《詹氏家政》：

> 《吕览》《周书》曰："允哉允哉，以言非信，则百事不满也。"故信之为功大矣哉！信立则虚言可以赏矣。《中论》："冰之寒也，火之热也，金石之坚刚也，此数物未尝有言，而人莫不知其然者。信诸乎其体也。使吾所行之信若彼数物，而谁其疑我哉！"《墨子》："实为善人，孰不知！譬若良玉处而不出，有余精；譬如美女处而不出，人争求之。行而自炫，人莫之取也。"《荀子》："士信愿而后求知，能焉。士不信愿而多知能，譬之豺狼也，不可以身迩也。"《扬子》："离乎情者，必著乎伪；离乎伪者，必著乎情。情伪相荡，君子小人之道较然见矣。"《庄子》："真者，精诚之至也，不精不诚，不能动人。故强哭者，虽悲不哀；强怒者，虽发不威；强亲者，虽笑不和。真悲无声而哀，真怒未发而威，真亲未笑而和。真在内者，神动于外，是所以贵真也。"②

《詹氏家政》引经据典，突出了诚信的重要性：有了诚信，虚伪就能得到鉴别和凸显，不被别人怀疑；诚信的人求取知识，能够获得有益的能力；不诚信的人即使有了知识，也会性如豺狼，行奸作恶；精诚所至，金石为开；不精不诚，不能动人。

地方民间家训也强调人贵于信，信就是言语守信真实，这样做就会在人际交往中受欢迎，言语不实将失去交际。言行信实，即使人生遇到困难必然有人帮扶；言行不实，即使大难临头也得不到帮助。民间家训强调人际交往中言行信实的重要性，如安康市汉滨区《袁氏族训》告诫子嗣：

> 人之立身犹贵于信。信者，言之有实也。言不实必为人所绝，言有

---

① 郭孟良：《从经商》，中国戏剧出版社2006年版，第146页。
② 戴承元：《紫阳县优秀传统家训注》，三秦出版社2019年版，第278—279页。

实必为人所好。世之人往往言不固行，行不固言，或美事临身而人才能听□□□□，或大难当前而人反以恶言毁谤，是何能为人于世哉？与人交者犹当信之。①

二、谦下礼让

中国传统处世哲学强调"宁人负我，无我负人""惟称其长，略其所短"的观念，教育子弟要具备良好的为人处世美德，待人要宽宏大量，做到谦下礼让，多看别人的长处，不要过多地计较别人的不足和短处，要认识到谦下礼让并非软弱，而是做人的一种美德和涵养。谦下礼让也是传统儒家思想的重要内容。《礼记·大学》："一家让，一国兴让。"《周易·谦》："谦谦君子。用涉大川，吉。象曰：谦谦君子，卑以自牧也。"孔融让梨的谦让品德是传统教育的典范。《后汉书·孔融列传》注："融家传曰：'兄弟七人，融第六，幼有自然之性。年四岁时，与诸兄共食梨，融辄引小者。'大人问其故，答曰：'我小儿，法当取小者。'由是宗族奇之。"

教诫族人子嗣养成谦下礼让的品行是历代传统家训教育的重要内容。如明代庞尚鹏《庞氏家训》："处宗族、乡党、亲友，须言顺而气和。非意相干，可以理遣，人有不及，可以情恕。若子弟僮仆与人相忤，皆当反躬自责，宁人负我，无我负人。彼悻悻然怒发冲冠，讦短以求胜，是速祸也。若果横逆难堪，当思古人所遭，更有甚于此者。惟能持雅量而优容之，自足以潜消狂暴之气……论人惟称其所长，略其所短，切不可扬人之过。非惟自处其厚，亦所以寡怨而弭祸也。若有责善之义，则委曲道之，无为已甚。"②庞氏教诫子弟为人要和顺，不要争强斗胜，发生矛盾要多反躬自省，宁人负我，无我负人，要称其所长，略其所短，以弭祸免灾。又如，明代《温氏母训》："汝与朋友相与，只取其长，弗计其短。如遇刚愎人，须耐他戾气；遇骏逸人，须耐他罔气；遇朴厚人，须耐他

---

① 戴承元：《安康优秀传统家训注译》，陕西人民出版社2017年版，第273页。
② 方羽编著：《中国古代家训三百篇》，商务印书馆2021年版，第231页。

滞气；遇佻达人，须耐他浮气。不徒取益无方，亦是全交之法。"①金无足赤，人无完人。温璜母亲教育儿子在处世中要看人之长，略其所短。对待直率之人，要忍耐其戾气；对待俊逸潇洒之人，需要忍耐其冈气；对待淳朴厚道之人，需要忍耐其滞气；对待轻佻之人，需要忍耐其浮气。可见，温母全面分析人性的优缺点，并将其作为一种处世智慧教诫子孙。再如，《曾国藩家书》（咸丰十一年十一月初九日）："家中无论老少男妇，总以习勤为第一义，谦谨为第二义，劳则不佚，谦则不傲，万善皆从此生矣。"曾国藩告诫家人要守住勤和谦，认为谦下就不会傲慢，还会带来善果。

为了处理好人际关系，尤其是邻里关系，中国普通百姓的基本处世哲学是忍让，尽量避免日常的纷争和诉讼，因此息讼、息争的家庭教育思想在地方民间家训中受到了更多重视。如陕西省安康市平利县《尧氏家规》："终身让路，不枉百步；终身让畔，不失一段。"②《尧氏家规》引用名言教诫子嗣，从长远而言，随时忍让，并不会给自己带来任何损失，以此鼓励、培养子嗣谦让的生活禀赋。又如，陕西省安康市汉阴县《沈氏家训》："好勇斗狠，以违父母，皆不忍所致。古云：'杀人之父，人亦杀其父；杀人之兄，人亦杀其兄。'斯言诚足鉴矣！"③《沈氏家训》教诫子孙，好勇斗狠的根本原因是不能忍让，好勇斗狠的结果既违背父母的意图，也必然构结仇怨，必然遭受仇家报复。再如，《吕氏家范》告诫族人子嗣："然则终身皆与人动气之日，了无退让休闲矣，此皆女子小人见识。故凡拂逆之来，先以情理平论，情理在我，又退一步，则自然相安。《袁氏世范》曰：'居乡不得已而后与人争，又大不得已而后与人讼。彼稍服则已之，不必费用财物交结胥吏，求以快意，穷治其仇。'"④《吕氏家范》告诫子弟，随时和别人动气争斗是没有心胸气量的表现，要求子弟在遇到矛盾时依据情理评定道理，如若自己占据正义，先行忍让，求得安宁，如若迫不得已发生争讼，只要对方略微服软退让即可宽恕，没有必要图一时之快穷追到底。

---

① 楼含松主编：《中国历代家训集成》（第5册），浙江古籍出版社2017年版，第3148页。
② 戴承元：《安康优秀传统家训注译》，陕西人民出版社2017年版，第87页。
③ 戴承元：《安康优秀传统家训注译》，陕西人民出版社2017年版，第129页。
④ 戴承元：《宁陕县优秀家训注译》，陕西人民教育出版社2017年版，第93页。

三、智欲圆而行欲方

人法地，地法天，天圆地方是中国传统文化的基本概念。圆天与方地构成世界的统一体，为人处世之道也应当效法天地之道，效法天地之道具有外圆内方的处世模式，即兼具圆与方的不同特性。一方面，要效法天，像天一样始终保持刚健有为、自强不息、为理想不懈奋斗的品质，另一方面，要像地一样始终保持方方正正、安静柔顺、宽容谦逊的品质，这就是中国古人所奉行的智慧要圆、品行要方。"智圆"就是智慧要圆融无隙，包容四方，循环往复，永无止境，像泉水一样，永不枯竭，做到创新求变、灵活圆融。"行方"是说行为要端正，不屈不挠，纯洁清白，有如莲花，出淤泥而不染，濯清涟而不妖，穷不改变情操，飞黄腾达又不被冲昏头脑，要求行事方正、秉守原则。智欲圆、行欲方，体现了中国传统文化中以天地之道指导人道的哲学思维模式。

智欲圆而行欲方是中华民族在几千年的为人处世实践中形成的处世哲学，即要求对人对事必须圆满、圆融，又要求自己的行为方方正正。讲究处世为人方面的外圆内方：因为圆是一种豁达、容忍、有修养的表现，把一个人宽大的胸怀和气度发挥到了极点，表现出能屈能伸的态度；而方则是做人的准则，能够反映一个人"富贵不能淫，贫贱不能移，威武不能屈"的个性和不为强权所吓倒的不屈服的心态。一个真正聪明的人，懂得"外圆"与"内方"之间的平衡，可以在社会上如鱼得水，既赢得善于交往和平易近人的好名气，又坚持原则，义无反顾地追求自己的理想。"智欲圆、行欲方"最早见于道家著作《文子·微明》："凡人之道，心欲小，志欲大，智欲圆，行欲方，能欲多，事欲少。"《旧唐书·孙思邈列传》："照邻有恶疾，医所不能愈，乃问思邈：'名医愈疾，其道何如？'思邈曰：'吾闻善言天者，必质之于人；善言人者，亦本之于天。'……又曰：'胆欲大而心欲小，智欲圆而行欲方。《诗》曰："如临深渊，如履薄冰"，谓小心也；"赳赳武夫，公侯干城"，谓大胆也。"不为利回，不为义疚"，行之方也；"见机而作，不俟终日"，智之圆也。'"这是"智欲圆、行欲方"处世思想在医道上的应用，孙思邈强调在具体医疗施治中既要辩证分析，治疗思路圆融灵活，不拘泥定法、不墨守成规，又要依礼而行，中规中矩，不能主观臆断，不可鲁莽轻率。明代郑晓把"智欲圆、行欲方"正式写入《训子语》作为家训内容，告诫子嗣考虑问题要周详，行为要端正。在中国古代家训中，虽然很少明确把"智欲圆、行欲方"写入家训文本，但是家训教育中无不体现着这一教育思想，它成为中华民族教育子孙族人在为人处世中要力求达到的一种理想状态。

第七章

中国传统家训的家庭教育观

中国传统家训是中国古代家庭教育思想、观念的载体，其中蕴藏着丰富的教育思想，比如家庭教育的内容、目的和方法。本章拟就中国传统家训中蕴含的家庭教育方法进行深入挖掘和梳理，以期为当代的家庭教育提供参考和借鉴。

第一节　言传身教

一、言传：说理教育法

在中国传统社会中，家长往往用语言向子女传达或讲述立身处世、读书治学、持家治国、经商理财等事务的原则和方法。这种家庭教育的方法就是言传。言传又被称为说理教育法，是家庭教育的基本方法。亚里士多德说："口语是心灵的经验的符号，而文字则是口语的符号。"[①]语言文字是思想的载体，也是人类最重要的交际工具。从日常生活层面上讲，言传的教育方式就是口头说理或语言说教。而这些日常生活中的口头说理或语言说教落实为文字，就形成了以下家训、家规著作，形式包括散体文章和著述，诗歌，格言和口诀等。

先来看著述方面。颜之推的《颜氏家训》、唐太宗李世民的《帝范》、宋若莘的《女论语》、司马光的《居家杂仪》、袁采的《袁氏世范》、朱熹的《朱子家礼》、袁黄的《了凡四训》等，是家训文章著述类的代表作。其中，有的文章著述，内容之广博、说理之透辟、见解之深远，已然超越了日常言谈，而上升到了哲学、宗教的高度，比如《颜氏家训》。颜氏家族是东晋南朝时期的一个豪门望族，颜之推得此家学渊源之滋养，早年即博览群书，善为文辞。后官至北齐

---

① ［古希腊］亚里士多德：《范畴篇　解释篇》，方书春译，上海三联书店2011年版，第63页。

的黄门侍郎、北周的御史上士和隋朝的学士。其所著《颜氏家训》既是文学史、思想史上的名著，也是我国历代家训中首屈一指的杰作，被后人尊称为"古今家训，以此为祖"。《颜氏家训》共二十篇：开篇的《序致》即全书的序言，交代了颜之推的写作意图；《终制》交代了其死后事宜，可看作颜之推的遗嘱；中间十八篇则涵盖立身、齐家、处世、治学等各方面的日常生活。《颜氏家训》的篇幅之浩繁、内容之丰富、结构之齐整，不要说在家训著作里，即使放在子书中，也不遑多让。它奠定了我国传统家训的基本形制，对后世家训产生了深远影响。

相比较而言，李世民的《帝范》、唐郑氏的《女孝经》和宋若莘的《女论语》则显得专门了许多。《帝范》是我国现存第一本由帝王撰写、用以训斥太子的著作。该书作于唐太宗贞观二十二年（648），主要内容涵盖作为一个封建帝王应该具备的各方面的能力和素质，比如求贤、纳谏、崇俭、务农等。《帝范》既是李世民一生治国经验的总结，又可看作君主治国理政的纲领。该书对后世有着深远的影响，受到了历代有识之君的关注。总之，文章著述类的家训著作内容涵盖广泛，上自帝王之政，下至小民之生，无所不有；著述的篇幅也大小不等，既有像《颜氏家训》那样的鸿篇巨制，也有如朱熹《童蒙须知》、冯班《戒子帖》那样的要言妙道；著述类家训的作者，身份也复杂多样，既有帝王，又有文士，亦有商贾之家，不一而足。

书信体的家训也不少，其中诸葛亮的《诫子书》尤为著名。其云：

夫君子之行，静以修身，俭以养德，非澹泊无以明志，非宁静无以致远。夫学须静也，才须学也，非学无以广才，非志无以成学。淫慢不能励精，险躁则不能冶性。年与时驰，意与日去，遂成枯落，多不接世，悲守穷庐，将复何及！①

诸葛亮是三国时期蜀汉的丞相，中国古代杰出的政治家、军事家。这篇家训作于蜀汉后主在位时期，是诸葛亮为8岁的儿子诸葛瞻写的一封家书。由于诸葛亮平日忙于国事，无暇亲自教导儿子，因此他想以书信的形式来对诸葛瞻进行教诲。这封书信的主旨是劝勉儿子修身养德、宁静致远。这封书信说理透彻、发人

---

① 张连科、管淑珍：《诸葛亮集校注》，天津古籍出版社2008年版，第109页。

深省，是传统家训中的名作，也常成为士人修身立志的座右铭。

除了诸葛亮的《诚子书》外，杨士奇的《杨士奇家书》、陆深的《陆俨山家书》、杨爵的《杨忠介家书》、王樵的《王方麓家书》、王时敏的《西庐家书》等都是书信体家训的代表作。这些书信或写给子孙，或写给兄弟。书信的内容，或谈读书治学，或讲做官治家，或论做人做事，或聊家庭琐事。书信的篇幅或长或短。而他们之所以以书信的形式对家中子女进行教诲，大多是因为在外做官，无暇关注家中子女的日常生活，比如庄元臣、诸葛亮等。此外，存在其他原因。如王时敏作《西庐家书》时，正入京参加顺天府乡试。《杨忠介家书》的创作背景更是特别。杨爵是嘉靖八年（1529）进士。嘉靖二十年（1541），他上书进谏抵制祥瑞，触怒皇帝，被下诏入狱。嘉靖二十六年（1547），始获释还家。《杨忠介家书》作于杨爵入狱期间。这些书信体家训都体现了家长对家中子女、兄弟的关心和爱护，体现了家长的忠信仁义和为家为国而育人的崇高责任感。

为方便子弟记诵和领会，有的传统家训采用了歌谣的形式，如宋人方昕的《集事诗鉴》。这是一部以历史名人及其孝悌事迹为书写内容和咏唱对象的咏史诗集，作者搜辑了宋以前历史人物的敦厚人伦、孝悌友爱等事迹凡三十例。现引录一例，以见其体例：

子之于父当鉴顾恺

顾恺每得父书，常扫几筵，舒书于上，拜跪读之。每句应喏，毕，复再拜。若父有疾耗之问，即临书垂泣，语声哽咽。恺之为子也，得父书而敬孝爱孝之心两存，使恺承颜于朝夕，其孝行必有可观者。推是心以往，其事君亦然。

诗

孝敬真情切《蓼莪》，此书那抵万金多。庭闱侍远恭如许，想得承颜更若何。[1]

由此可见，这部家训的体例大致如下：每一事迹前有一题目，如"子之于父当鉴顾恺"，题下叙述顾恺的孝行事迹，最后以一首七言诗总结提炼这一事迹的

---

[1] 楼含松主编：《中国历代家训集成》（第2册），浙江古籍出版社2017年版，第762页。

内在义理。三十件事迹所包含的义理全都贯注于其后的七言诗中。也就是说，只要子女记住了三十首诗，也就自然而然能领会其中所包含的义理。

明人庞尚鹏为人廉政清明、高风亮节，称誉一时。其《庞氏家训》共八篇六十七条，内容较为丰富，涉及为人处世、读书治学、幼儿早教等。正文后附有用韵文写作的《训蒙歌》和《女诫》。《训蒙歌》可看作一首三言诗：

> 幼儿曹，听教诲。勤读书，要孝弟。学谦恭，循礼义。节饮食，戒游戏。毋诳言，毋贪利。毋任情，毋斗气。毋责人，但自治。能下人，是有志。能容人，是大器。凡做人，在心地。心地好，是良士。心地恶，是凶类。譬树果，心是蒂。蒂若坏，果必坠。吾教汝，全在是。汝谛听，勿轻弃。①

《女诫》可看作一首四言诗：

> 男女相维，治家明肃。贞女从夫，世称和淑。事夫如天，倚为钧轴。爱敬舅姑，日祈百福。教子读书，勿如禽犊。妯娌交欢，毋相鱼肉。婢仆多恩，毋生荼毒。夜绩忘劳，徐吾合烛。家累千金，毋忘饘粥。虽有千仓，毋轻半菽。妇顺母仪，能回薄俗。嗟彼狡徒，豺声蜂目。长舌厉阶，画地成狱。妒悍相残，身攒百镞。天道好还，有如转毂。持诵斯言，蓝田种玉。②

明人吕得胜的《小儿语》和《女小儿语》是以白话韵语的形式写成的。《小儿语》有四言、六言和杂言等形式。四言如："当面说人，话休峻厉，谁是你儿，受你闲气？一切言动，都要安详，十差九错，只为慌张。"六言如："蜂蛾也害饥寒，蝼蚁都知疼痛，谁不怕死求活，休要杀生害命。自家认了不是，人再不好说你，自家倒在地下，人再不好跌你。"当然，《小儿语》中也有杂言的句式。与之不同的是，《女小儿语》只有四言和杂言两种形式，没有六言诗。吕坤的《续小儿语》和《演小儿语》仿照吕得胜《小儿语》的形式，以四言、六言和杂言的韵语句式，用通俗易懂的语言，讲述日常生活中儿童应遵守的行为规范。这些家训都是以白话韵语的形式写成的通俗童蒙读物。句式整齐押韵，朗朗上

---

① 楼含松主编：《中国历代家训集成》（第4册），浙江古籍出版社2017年版，第2471页。
② 楼含松主编：《中国历代家训集成》（第4册），浙江古籍出版社2017年版，第2472页。

口，通俗易懂，浅显亲切，儿童喜闻乐读，便于记诵，也有利于他们在成长的过程中进一步学习和领会。

从文体形式上看，明人吕坤的《闺诫》显得与众不同。吕坤在《闺诫引》中谈及自己的创作宗旨：

> 家之兴望，妇人居半。奈此辈从来无教，骄悍成风。士大夫家或训以诗书，农工负贩之妻，闾阎山谷之女，自少至老，好语一字不闻，理说文谈，空费千言无用。

> 余卧病之暇闲，思妇人易犯过恶，作《望江南》若干首，声音字画用梁、宋之乡谈，即就错从讹，终不以文代俗，为入耳通心之便耳。①

《闺诫》是吕坤致仕后回归乡里所作。他有感于家乡妇女基本没有接受过诗书教育，对她们空谈义理也"千言无用"，于是就用梁、宋间的方言土语作了三十七首《望江南》词，以便于妇女传唱和接受其中的义理。兹举一例，以见其余：

> 长舌妇，专讲是和非。李四面前声吒吒，张三耳畔口蒌蒌。嘱付你休题。②

这首曲子描述了长舌妇爱扯闲话、搬弄是非、说三道四的情景，并表达了对长舌妇的看法："嘱咐你休题。"

吕坤所作的《宗约歌》采用乡里人通俗易懂的诗歌形式，将治家、教子、做人等族人应该遵循的日常生活规范用通俗流畅而又浅显易懂的形式阐述了出来。吕坤甚至使用家乡浅明的俗语、俚语，这样做就是为了"入耳悦心，欢然警悟"。兹引一曲，以窥全豹：

劝勤业

> 从来勤苦是营生，常言道营生，说做活，又说做甚么生活，这是怎么讲？只是肯做便活，不做便要死。那有青年自在翁？〔你看那〕商贾离家千里外，农桑竭力五更中。富贵安闲〔他〕难富贵，贫穷懒惰越〔受〕贫穷。〔你〕睛音情。穿睛吃心何忍？这个福，好容易赌受得？〔看那〕多福多灾〔可是〕天

---

① 楼含松主编：《中国历代家训集成》（第4册），浙江古籍出版社2017年版，第2734—2735页。
② 楼含松主编：《中国历代家训集成》（第4册），浙江古籍出版社2017年版，第2735页。

不容。①

明人陈其德《垂训朴语》中的《趁蚤歌五首》则采用五言诗的形式阐明了凡事须趁早的道理。兹选录一首，以见其端：

读书须趁蚤。读书不趁蚤，后来徒悔懊。精力本易衰，光阴如电扫。见人享荣华，自己惟嗟老。②

中国传统家训为了便于童蒙记诵、领会，有的采用口诀、格言的形式。诸葛亮的《诫子书》虽不是歌谣或口诀，但几乎句句是格言，文中的很多成语流传到至今，比如"淡泊明志""宁静致远""年与时驰""意与日去"等。文章以四六的骈文句式行文，朗朗上口，富有节奏感、韵律感和说服力。一般而言，口诀或格言式的家训句式比较整齐，多是韵语，篇幅又短小精炼，因此易于记诵，便于学习和领会。

《家诫要言》是明人吴麟徵居官时陆续写给子弟的家书，后由其子吴蕃昌摘其要语，编辑而成。全书文字不多，每则几十字或上百字，却是吴麟徵丰富阅历的凝结，是他对自己人生经验的概括，其中的许多警策之语掷地有声。书末跋语评价此书曰："言言精要，非公之阅历深、见义晰，未易几此。"③

明人陈其德的《垂训朴语》是一部具有劝善格言性质的家训。从总体上看，《垂训朴语》包括《读书十三则》《人品三十则》《养心十八则》《保家五要》《老年三宝》《儿童三宝》《训后语》等内容，特别是每一则训语，篇制精约简练，且具有名言警句的作用，甚至可抄录之作为座右铭。比如，《读书十三则》中的"学贵精，不贵博"，"吾人有大不幸者三：一则不闻自己过失，一则不见古人全书，一则居恶薄之俗，不得与仁人君子并处。惟杜门读书，三者庶乎有济"；《人民三十则》中的"做一日人，当尽日事，做一件事，当尽一事心"；等等。值得注意的是，《垂训朴语》的语言样式有些与众不同：虽然多是骈文句式，看着比较整齐有序，但依然采用了一些散文的句式，使得文章有了一种错落有致的感觉。

—————————

① 楼含松主编：《中国历代家训集成》（第4册），浙江古籍出版社2017年版，第2743页。
② 楼含松主编：《中国历代家训集成》（第5册），浙江古籍出版社2017年版，第3282页。
③ 楼含松主编：《中国历代家训集成》（第4册），浙江古籍出版社2017年版，第3161页。

明人陆树声《云间陆文定先生家训》中有《读书十箴》，是用十句箴言来教训子女以读书为要。其云：

父母辛勤，仆夫血汗，论仁心，则书不可不读。

明窗净几，尘缘勿交，论受用，则书不可不读。

登坛取友，负笈从师，论钦尊，则书不可不读。

家园温厚，好景无多，论目前，则书不可不读。

杖头钱尽，俯仰何堪，论寒苦，则书不可不读。

名扬争重，落魄人轻，论势力，则书不可不读。

流光易度，老大徒伤，论寸阴，则书不可不读。

朋侪高下，彼此相形，论齐贤，则书不可不读。

文能莫辨，稽古茫然，论空疏，则书不可不读。

气质未化，学业未成，论进修，则书不可不读。[①]

清人柴绍炳的《训女篇》是以格言体的形式写成的。《训女篇》旨在教导女性后代成为闺门之秀、贤妻良母。围绕这一宗旨，本篇分为本论、幼仪、出嫁、治家、从一、教子等十六章进行详细阐述，按照时间顺序讲述了一个女子从幼年到待字闺中再到嫁作人妇之后所应遵循的基本行为规范。该篇篇幅虽略长，共十六章，但每章的篇幅大多不长，且多使用四字句。兹引二章，以见其余：

本论章第一

天高地下，乾刚坤柔。万物并育，男女不侔。女子之道，静愿作述。体阴配阳，其产实殊。祥惟虺蛇，吉在牝牛。

从一章第十二

结发为妇，从一而终。二姓偕老，女萝附松。妇无齿爵，与夫污隆。得意失意，永为匹双。没身不改，冰玉洁躬。运途或舛，斯谊必崇。[②]

清人傅山的《霜红龛家训》中有《十六字格言》，用"静、淡、远、藏、

① 楼含松主编：《中国历代家训集成》（第4册），浙江古籍出版社2017年版，第2266页。

② 楼含松主编：《中国历代家训集成》（第6册），浙江古籍出版社2017年版，第3800、3802页。

忍、乐、默、谦、重、审、勤、俭、宽、安、蜕、归"十六字来教其二孙莲苏、莲宝，希望他们"渐渐读书寻义"，"略有所警"。

那些散落在中国传统家训中的格言警句更是数不胜数。吕祖谦《少仪外传》云："立身以力学为先，力学以读书为本。"陆树声《云间陆文定先生家训》曰："做人不可有傲态，然而不可无傲骨。"明人刘良臣《凤川子克己示儿编》"理财第四"云："理财之要，勤与俭而已矣。"明人刘氏《女范捷录》云："男子有德便是才，斯言尤可；女子无才便是德，此语殊非。盖不知才德之经，与邪正之辨也。夫德以达才，才以成德。"宋诩《宋氏家要部》云："缓于事则怠，急于事则忽。"上述诸箴言警句，皆可抄录下来，以时时警醒、教诲子女。古人确乎也这样做了。王十朋在《家政集》中叙及其先祖时就说道：

> 先人凡见古人文章可喜可法者，必写之几案，或黏窗壁间，使诸子时时见之。尝读《通鉴》论才德之辨，谓德胜才为君子，才胜德为小人，深喜之，手书黏之四友室。其教子亦不加苛责，但以身化之，以意喻之。常欲取《周官》六行以名其堂，书孝、友、睦、姻、任、恤六行字揭之，以勉诸子。[①]

可见，王十朋的先祖将古人的文章抄写下来贴在窗户上、墙上，以供诸子学习、效法。明人史琳也将古人的格言警句抄写下来以警戒子孙。秦坊《范家集略》载："（史琳）居尝规模古人，为自警要语列之左右二屏。每戒子孙曰：'昔先公省庵府君作宦三十余年，三掌教铎，四典文衡，其所遗惟书数卷而已。予窃禄明时，惟恐横叨青紫，常俸所入，足供朝夕，不使家有赢赀，以污先德。惟愿为子若孙者，不坠箕裘，永守予训，使后世称为清白吏子孙足矣。'"[②]清人王时敏《奉常家训》"手书先哲格言训六房"条云："偶检先哲格言数条，录付扶儿，置之座右。苟能体认力行，庶于持躬励学有余师矣。"据此可知，王时敏将数条先哲格言抄录下来，交给儿子，让他们作为座右铭，以时时警醒自己。

需要注意的是，言传并不是单纯的理论说教。古人会根据自己的生活经验，运用多种话语方式，使所说之理生动形象，易于被子女倾听和接受。《魏书·吐

---

① 楼含松主编：《中国历代家训集成》（第1册），浙江古籍出版社2017年版，第346—347页。
② 楼含松主编：《中国历代家训集成》（第5册），浙江古籍出版社2017年版，第3061页。

谷浑传》载：

> 阿豺有子二十人，纬代，长子也。阿豺又谓曰："汝等各奉吾一只箭，折之地下。"俄而命母弟慕利延曰："汝取一只箭折之。"慕延折之。又曰："汝取十九只箭折之。"延不能折。阿豺曰："汝曹知否？单者易折，众则难摧，戮力一心，然后社稷可固。"言终而死。[①]

阿豺是吐谷浑国的国王，为了确保王国延续，他希望儿子们在他死后能联合起来。但是，阿豺并没有直接向他们说明这一心愿，而是通过"藏教于物"的方式让儿子们明白其中的道理，并解释其原因。这种寓说理于故事的教育方式易于受教者心领神会，使受教育者更愿意接受并践行教育内容。

当然，家庭教育也有直陈事理的。《温氏母训》记载了两则母亲教育孩子的故事。其一：

> 问介："子夏问孝，子曰色难，如何解说？"介跪讲毕。母曰："依我看来，世间只有两项人是色难。有一项性急人，烈烈轰轰，凡事无不敏捷，只有在父母跟前，一味自张自主的气质，父母其实难当。有一项性慢人，落落拓拓，凡事讨尽便宜，只有在父母跟前，一番不痛不痒的面孔，父母便觉难当。"[②]

在这个故事中，温璜就"色难"的问题向母亲请教，她的母亲结合自己的生活经历，解释了子女在孝养父母的过程中"色难"的问题。在温璜的母亲看来，草率的人和简慢的人都有缺点：草率的人做事积极，但较少顾及父母的意愿，往往使父母不知所措，处于尴尬之境；而简慢的人则行动迟缓，浪荡不羁，凡事都便宜从事，行动缓慢，中规中矩，但爱占便宜，有这样的子女，父母也不好当。温母从父母的角度解释了现实生活中"色难"的问题，具有较大的借鉴意义。

其二：

> 问介："'至于犬马皆能有养，不敬，何以别乎？'如何解说？"
>
> 介跪："'犬马'二字，常在心里省觉，便是恭敬孝顺。你看世上儿子，凡日间任劳任重的，都推与父母去作，明明养父母直比养马了；

① 〔北齐〕魏收：《魏书》，中华书局1974年版，第2235页。
② 张鸣、丁明编：《中华大家名门家训集成》（上），内蒙古人民出版社1999年版，第883页。

凡夜间晏眠早起的，都付与父母去守，明明养父母直比养犬了。将人比畜，怪其不伦，况把爹娘禽兽看待，此心何忍？禽父母谁肯承认？却不知不觉日置父母于禽兽中也。一念及此，通身汗下，只消人子将父母、禽兽分别出来，够恭敬了，够了。"①

孔子与子夏讨论过这一问题："犬马皆能有养，不敬，何以别乎？"孔子的原意是，子女在赡养父母的基础上，还要孝敬父母。因为在孔子看来，"养"本身并不能区分人类行为的高尚性，只有孝敬，才能被称为人类尊重父母的行为。温母从日常生活经验出发，认为人子要做到"敬"其实很简单：作为子女，如果家庭中有繁重的体力劳动，他不应该让父母去做；他可以早睡早起打扫院子，而不是把事务交给父母。否则，与犬马无异。

为了说明事理，古人还运用类比法。邓淳《家范辑要》："蝉之为物，吟风吸露，最称无求，犹不免螳螂之患，为其躁也。故君子不以清高而忘慎密。"邓淳以自然界中的动物为例，说明谨言慎行的道理。汪辉祖在《双节堂庸训》中论说和气待人的道理：

春夏发生，秋冬肃杀，天道也。惟人亦然。有春夏温和之气者，类多福泽；专秋冬严凝之气者，类多枯槁。固要岩岩特立，令人不可干犯，亦须有蔼然气象，予人可近。孤芳自赏，毕竟无兴旺之福。②

汪辉祖从春生夏长秋收冬藏的时令出发，说明了人要团结和谐、不能孤军奋战的道理。这样的事例还有很多，如《围炉夜话》："天地无穷期，生命则又穷期，去一日，便少一日；富贵有定数，学问则无定数，求一分，便得一分。"这也是从自然界的变化趋势、规律来阐释家庭教育的理念。

此外，比较是一种常见的教学方式。陶渊明的《与子俨等疏》，开篇就说"天地赋命，生必有死"，接着便简洁地回顾了其一生：

吾年过五十，少而穷苦，每以家弊，东西游走。性刚才拙，与物多

---

① 张鸣、丁明编：《中华大家名门家训集成》（上），内蒙古人民出版社1999年版，第883—884页。
② 楼含松主编：《中国历代家训集成》（第9册），浙江古籍出版社2017年版，第5647页。

忤。自量为己，必贻俗患。僶俛辞世，使汝等幼而饥寒。[1]

这种自我剖析包含了陶渊明对自己理想未能实现的深切悲哀，也表达了他对自己的贫穷而影响子孙后代的不安与愧疚。陶渊明的教诲真诚而切实，语言朴实无华，令人钦佩。

诱导启发也是家庭教育的重要方法。《论语》曰："不愤不启，不悱不发，举一隅不以三隅反，则不复也。"朱熹解释道："愤者，心求通而未得之状也；悱者，口欲言而未能之貌也。启，谓开其意；发，谓达其辞。"孔子强调的是要在学生有所思而不得、欲言而不知如何说的时候及时进行教导，才能达到最好的效果。《礼记·学记》曰："故君子之教，喻也：道而弗牵，强而弗抑，开而弗达。道而弗牵则和，强而弗抑则易，开而弗达则思。""喻"在这里是启迪和诱导的意思。孟子曰："君子引而不发，跃如也"，"予不屑之教诲也者，是亦教诲之而已矣"。这些论述都是讲启发诱导是一种常用且行之有效的教育方法。《袁氏世范》中记载了谢安纠正侄子不良倾向的例子："玄少好佩紫罗香囊，安患之，不欲伤其意，因戏赌取，即焚之，于此遂止。"谢安生活在豪门贵族，屋内各式各样的摆设彰显了纨绔子弟的浮夸和奢靡，华而不实和奢侈是当时贵族子弟的行为特征。谢安从侄子对香包的喜爱而意识到，这种偏爱可能会导致其喜尚浮华的不良倾向。因此，他在不违背侄子意愿的前提下巧妙地收回了香包，避免了谢玄的不满和反对。

二、身教：以身作则

"古人治家之道，惟以身教为先。为家长者，必先躬行仁义，谨守礼法，以率其下。其下有不从化者，不可遽生暴怒，恐伤和气，但当反躬自责。"[2]身教，往往比言传具有更大的教化作用。因此，中国传统家训，不仅重视用语言这一形式对子女进行说理教育，更重视以身体力行的方式为子女树立榜样，让子女模仿、效法，从而达到对子女进行教诲的目的。狭义上的身教，是指以自己的实

---

[1] 逯钦立校注：《陶渊明集》，中华书局1979年版，第187页。
[2] 楼含松主编：《中国历代家训集成》（第3册），浙江古籍出版社2017年版，第1641页。

际行动为他人树立榜样，对他人进行教育。《后汉书·第五伦传》曰："'其身不正，虽令不从。'以身教者从，以言教者讼。"①而广义上的身教，则是指教育者以他人的行为事迹作为典型或榜样，供教育者学习、效仿，从而达到既定的教育目标。子墨子言曰："譬若欲众其国之善射御之士者，必将富之贵之、敬之誉之，然后国之善射御之士将可得而众也。况又有贤良之士，厚乎德行，辩乎言谈，博乎道术者乎！"②从教育者所立榜样的类型上来看，中国传统家训里的身教可分为以下几种情况。

第一，以身作则，教化子女。宋人朱棣《圣学心法》之《父道》篇引张敬夫的话，曰："为人父者，当修身以率其子弟。身修，则将有不言而威不令而从者矣。"③袁采《袁氏世范》"正己可以正人"条云：

> 勉人为善，谏人为恶，固是美事。先须自省：若我之平昔自不能为人，岂惟人不见听，亦反为人所薄。且如己之立朝可称，乃可诲人以立朝之方；己之临政有效，乃可诲人以临政之术；己之才学为人所尊，乃可诲人以进修之要；己之性行为人所重，乃可诲人以操履之详；己能身致富厚，乃可诲人以治家之法；己能处父母之侧而谐和无间，乃可诲人以至孝之行。苟惟不然，岂不反为所笑？④

袁采认为，只有自己在某一方面堪称表率时，才能成为子女的典型，才能发挥教化作用；如果自己在某一方面本来就没有什么能力，又没有取得什么成就或为人所重，那么，他就不能作为典型来教诲子女。否则，可能不仅会起到相反的作用，甚至还会惹人鄙薄、耻笑。曾子就是一个言而有信、以身作则的典型。曾子杀猪的故事屡见于文献。司马光《家范》载："曾子之妻出外，儿随而啼。妻曰：'勿啼！吾归，为尔杀豕。'妻归，以语曾子。曾子即烹豕以食儿，曰：'毋教儿欺也。'"⑤宋人王十朋的父亲也是以身作则的典型。王十朋《家政集》记载其父的言行云："先人平生乐教子，生三子皆遣从学，不以家务夺其

---

① 〔宋〕范晔：《后汉书》，中华书局1965年版，第1400页。
② 贾太宏主编：《墨子通释》，西苑出版社2016年版，第31页。
③ 楼含松主编：《中国历代家训集成》（第1册），浙江古籍出版社2017年版，第565页。
④ 楼含松主编：《中国历代家训集成》（第2册），浙江古籍出版社2017年版，第732页。
⑤ 楼含松主编：《中国历代家训集成》（第1册），浙江古籍出版社2017年版，第170页。

心，满望诸子读书成名，以变白屋。年且老矣，挟十朋往游科场，虽不利于有司，然买书而还，教子益笃，至以身率之，欲亲见诸子有成，以慰其意。"①可见，王十朋的父亲严于律己，亲自作为表率，教诲王十朋等读书求仕。

秦坊《范家集略》记述了两个发人深省的事例。一个是陈龙正之父教子的故事。明末著名理学家陈龙正回忆自己少年学习经历：

> 因学全得父师之力。吾十一二岁时，性喜仙佛，时时言欲学长生，又或言欲作和尚。大人时治句，一日偶闻之，怒甚，然不加谴责，但自恨曰："吾为人无德，居官多罪，致生此儿，可奈何。"且曰："儿为此言，不过避读书耳。"叹息竟日，余惶骇不敢复言。②

由此可知，陈龙正早年欲学佛修道，想做和尚，又想长生不老。一天，父亲知道了他的想法，非常生气。然而，陈龙正的父亲不仅没有谴责、批评陈龙正，反而在深刻地自我反省和检讨，认为儿子这样想，是自己"无德""居官多罪"的结果。

另一个是胡康惠训子的故事：

> 公名富，尝语诸子曰："予官居四十年，无他长，但'清白'二字平生守之勿失。尔曹他日有官守，务全名节，金帛易动人，远而勿亲，自然气壮而政事理。汝等宜无忘予言。"③

胡康惠居官"清白"，亦以此来教训子弟。

第二，精选古人的嘉言懿行，作为表率，望子女效习。以理服人不若以情感人，以情感人不若以事动人。中国传统家训往往从丰富的历史故事中精选嘉言懿行，用作垂范后世。《温公家范》就是司马光采集古今圣贤修身齐家之法，分门别类编辑而成的一部家训著作。该书系统阐述了家庭的伦理关系、治家原则和道德标准。《四库全书总目》谓此书曰："其节目备具，简而有要，似较《小学》更切于日用。且大旨归于义理，亦不似《颜氏家训》徒揣摩于人情世故之

① 楼含松主编：《中国历代家训集成》（第1册），浙江古籍出版社2017年版，第346页。
② 楼含松主编：《中国历代家训集成》（第5册），浙江古籍出版社2017年版，第3078页。
③ 楼含松主编：《中国历代家训集成》（第5册），浙江古籍出版社2017年版，第3060页。

间。"①此书与《颜氏家训》多取典故的做法，为后世家训提供了重要范式。在中国传统家训史上，像颜之推和司马光这样的做法还有很多。陈良谟将所见的人和事辑录成《见闻纪训》，希望子孙能从这些故事中体悟是非善恶的道理；明人杨士奇教诲外甥孟嘉曰："闲暇勤读书，考古人嘉言善行，体而行之"；《了凡四训》也大量采用讲故事的方式来劝善惩恶。兹选取具有代表性的身教范例，论述如下，以窥其概貌。

宋人王十朋的父亲精选古代的忠臣义士之举来教育子孙后代。王十朋《家政集》载："先人凡阅史，见前古忠臣义士，必条举其事，以教诸子。身虽不及仕，而有畎亩爱君之心。建炎初，闻金人犯阙，二圣北狩，读诏书泣涕者累日。每语及朝廷艰难事，必忧见颜色。常对十朋言执政大臣专权误国，陷害忠良者，俯眉蹙额曰：'所为如此，后世恶名当如何也!'又尝言：'居官当以廉为本。'"②王十朋在父亲的教导下，深刻领会了父亲的良苦用心："先人之言，岂非欲以勉诸子耶？诸子他日不仕宦则已，倘或占一命，效一官，其可忘先人之教耶？"③宋人方昕将三十位历史人物及其孝悌、友爱事迹一一辑录，进行描述和咏唱，用以教育子孙。这样的做法起到了很好的教育效果。清人周中孚《郑堂读书记》言："所集之训，皆引古而列于后，亦指事而赋之诗，其词浅近，不为艰深，以期智愚贤不肖皆可取信，俾之遵道而行也。较诸从前颜元孙《家训》、房玄龄《家诫》、穆宁《家令》、柳玭《家训》、司马光《家范》诸书，尤属匹夫匹妇可以与知、可以能行者矣。"④夏良胜精心挑选具有教育意义的先世家庭男女成员中"行能俱有可称"的关于为官、事亲、持家、守节等方面的事迹，辑录成《家规记略》，其目的也是彰显善行，给后人树立为人处世的规范。

尤其值得注意的是《范家集略》和《近古录》。《范家集略》由明人秦坊编辑而成。全书共六卷，依次是《身范》《程范》《文范》《言范》《说范》《闺范》，由自周秦至明代的"前贤格言懿行"汇集而成。该书的特点是搜罗广泛，

---

① 〔清〕永瑢等：《四库全书总目》，中华书局1965年版，第775页。
② 楼含松主编：《中国历代家训集成》（第1册），浙江古籍出版社2017年版，第348页。
③ 楼含松主编：《中国历代家训集成》（第1册），浙江古籍出版社2017年版，第348页。
④ 楼含松主编：《中国历代家训集成》（第2册），浙江古籍出版社2017年版，第761页。

但也颇为冗杂。秦坊这样做的目的依然是"穷理尽性以至于命，正心修身而齐其家"。清人张履祥以李乐《见闻杂记》、陈良谟《见闻记训》、耿定向《先进遗风》和钱衮《厚语》为底本选编整理而成《近古录》四卷，其目的也是"使后人稽览，知畴昔之世，教化行而风气厚，其君子野人，各能砥砺整束，以章国家淳隆之治"。其编次之法，基本遵照《大学》修齐治平的顺序，从立身、居家、居乡和居官四个方面，将四部书中的"嘉言善行"依次编排，并将自己的思想贯穿其中。这部书的影响较大，近人对其评价甚高。陈世傚在《近古录》引言中说道："使学者读是书，而有得于修己治人之方，且由是而……维持世运。"曾国藩评此书曰："读杨园《近古录》，真能使鄙夫宽，薄夫敦。"

第三，严择师友，以教化熏陶子孙。古语云："近朱者赤，近墨者黑。"又云："子年七岁以上，父为之择明师、选良友，勿使见恶少。渐之以善，使之早化。"[1]老师的教化，朋友的熏陶，对一个人的成长影响很大。因此，古人非常重视为子孙后代严择师友以助其成长。这一观念也融进了中国传统家训，它首先表现在家长对老师的精心选择。明人韩霖说："教之助，则延明师为最急矣。"[2]元人王结的《善俗要义》要求子孙后代必须"亲师儒"，认为一个人的学问成就，包括日常生活中的基本伦理规范，都须依赖老师的传授，否则将孤陋寡闻，一事无成。王结说："人之为学，必资师授，故独学无友，则孤陋寡闻。师资既备，义理易穷，其修己治人之方，事亲从兄之道，亦皆可以渐致。此后生晚学必当隆师取友也。虽年长失学，果能亲近读书有守之人，听其言义，观其行事，渐摩既久，为益必多。"[3]明人杨士奇深刻认识到老师的教导对子孙成长的意义，因此特别重视老师的资质和教学内容。杨士奇训导旅、鹇、艮、稷等诸子时说："须访求有德有学之人为师，以教子侄。择其资质颖悟者，教之以治经，次者教之读书讲解、习诗文杂学，必皆教之正心修身、事亲处人之道为本。"[4]明人张纯认为："学莫大于隆师。"但他对老师的理解则非常开明："所谓师，

---

① 楼含松主编：《中国历代家训集成》（第7册），浙江古籍出版社2017年版，第7073页。
② 楼含松主编：《中国历代家训集成》（第5册），浙江古籍出版社2017年版，第3187页。
③ 楼含松主编：《中国历代家训集成》（第2册），浙江古籍出版社2017年版，第1136页。
④ 楼含松主编：《中国历代家训集成》（第3册），浙江古籍出版社2017年版，第1626页。

不必终身之可宗者；便能正句读、善发蒙者，既经为师，即终身视为父执矣。若兄之能善教其弟者，则弟终身当以父师视之，其坐立之间决不可以同辈相齿。"①只要能教子弟准确地识字读书，善于发掘蒙昧，指引正道，皆可目之为师。就像哥哥能教弟弟读书，那么弟弟就应该以父、师之礼待之。这种认识水平极高，直与韩愈之"无贵无贱，无长无少，道之所存，师之所存"的观点相颉颃。

其次，这一观念表现在家长对子孙择交游的重视上。古人一方面主张子孙应该与正人君子交朋友，在与朋友交往时，不断发现朋友身上的优点，努力去学习，从而不断提高自己；另一方面，他们禁止或杜绝子弟与不如己者或不正之人交往。元人孔齐主张"结交胜己"：

> 谚云："结交须胜己，似我不如无。"朱子云："亲近师友，莫与不胜己者往来，熏染习熟坏了人也。"此言深有补于世道。吾尝谓取友相观以善，有以全德而交之者，有以一行而交之者，又有一善则思齐，有一不善则当自反，非谓好其善而不知其恶也。今有人焉，能以忠孝存心，轻财仗义，行人之所难行，处人之所难处，虽无学问，无才艺，吾取其本而弃其末，故交之，乃心交也。或多学问而鲜仁义，或有才艺而无德行，吾取其长而弃其短，泛交之，非真交也。人之于己者亦然，使己有善，人当效之；有一不善，人当责之。如此，然后可见责善为朋友之道焉。②

元人王结强调在交友上应慎重："宜亲近善良，避远凶恶。善良接近，则日闻善言，日见善事，久久习惯，则我亦进于善人矣。凶恶不远，则兴引词讼，触冒刑法，小则危其身，大则及其家，是亦陷于凶人矣。"明人陆树声既训导子孙"尊师重传"，不能"责备先生"，又主张慎重择友，要"看好样学好样"。他说：

> 人须件件看好样，则学问日进，人品自端。故孔子曰："见贤思齐焉，见不齐而内自省者。"又曰："见善若不及，见不善若探汤。"又曰："择其善者而从之，其不善者而改之。"又曰："如恶恶臭，如好

---

① 楼含松主编：《中国历代家训集成》（第4册），浙江古籍出版社2017年版，第2130页。
② 楼含松主编：《中国历代家训集成》（第2册），浙江古籍出版社2017年版，第1286页。

好色。"时时须想着。①

陆树声告诫子孙，可与交者则与之交，不可与交者则拒之即可。

明人姚舜牧非常重视子弟的交友问题，并告诫子孙："交与宜亲正人。若比之匪人，小则诱之佚游以荡其家业，大则唆之交构以戕其本支，甚则导之淫欲以丧其身命。可畏哉！"②他告诫子孙，一定要擦亮眼睛，认清周围的人，不能亲近"侧媚小人"，而应与正人君子相友善，那样才能有所裨补进益。

三、言传与身教并重

宋人郑至道《琴堂谕俗编》云："所谓教者，非徒诵读之谓也。大要使之识道理，顾廉耻，不作非法，不犯非礼，以尽人道而已。古之人子未生，固有胎教，况已生乎？"③言传和身教是两种不同的教育方法，一是用言语教化子孙，一是用实际行动感染、熏陶子孙。虽然两种家庭教育方法形式不同、教育效果也略有差异，但最终目的是一致的。因此，古人在教育子弟时，往往两种方法并重、共用，有时更加重视身教的示范作用。韩霖《铎书》云："教之法，言身二者，父与师之教法也。"又曰：

> 父师立训，所以必须正言也。然身教尤急焉。盖言教如雷，震响非不惊人，未几遂归乌有；身教如铳，大力兼能发弹，所遭之物未有不为之毁偃者。凡人目击较耳闻，动心尤切，目所视通乎心者速，耳所闻达乎心者迟也。请观百工之事，学者虽闻细论，非见已成之器，艺无由成矣。初学绘者，摹古画；初学书者，临古帖；教子者，何独不然？④

他用学习绘画者先临摹古画、学习书法者先临摹古帖来阐述学习做人者先效仿古之善人的道理。模仿是儿童的天性，模范的一言一行都是子女模仿的对象，对子女都有强烈的暗示作用和感染力量。因此，中国传统家训每每强调为

---

① 楼含松主编：《中国历代家训集成》（第4册），浙江古籍出版社2017年版，第2239—2240页。
② 楼含松主编：《中国历代家训集成》（第5册），浙江古籍出版社2017年版，第2761页。
③ 楼含松主编：《中国历代家训集成》（第2册），浙江古籍出版社2017年版，第1147页。
④ 楼含松主编：《中国历代家训集成》（第5册），浙江古籍出版社2017年版，第3187页。

人父母须谨言慎行、以身作则，无论做人做事还是学习生活都须以高标准要求自己。

第二节　知行合一

在中国哲学史上，"知行合一"的思想源远流长。春秋战国时期，百家争鸣，形成了"知"与"行"论争的第一个高潮。老子认为，"圣人不行而知，不见而名，不为而成"。这样的知行观源于"道常无为"的基本立场。孔子也看到了知与行、言与行的分离，认为知行、言行应该统一。他说："始吾于人也，听其言而信其行；今吾于人也，听其言而观其行。"要判断一个人的品质，不仅要听他说了什么，还要看他做了什么。孔子还主张行重于言，云"君子耻其言而过其行"，"君子敏于事而慎于言"。

先秦的知行观发展到宋元明时期，得到了极大的拓展和深入。程朱理学的出现，标志着传统的知行观进入了一个新的阶段。程颐强调先知而后行，知必见于行。他说："人谓要力行，亦只是浅近语。人既能知见，岂有不能行？一切事皆当所为，不必待着意做，才着意做，便是有个私心。"在程颐看来，只要知，即有行，一切都是自然的，没有必要刻意去行，那样反而有些虚伪了。但他又强调，知越深入透彻，行也就越果断坚决。他认为："人知不善，而犹为不善，是亦未尝真知。若真知，决不为矣。"如若不然，那便是不知或知之未深。程颐接着说："人非不知，终不肯为者，只是知之浅，信之未笃。"

知行说是朱熹哲学观的重要组成部分。朱熹的知行观主要表现在两个方面，即"先知后行"和"知行并举"。第一，朱熹继承了先秦和程颐的"先知后行"的观点。朱熹说："论先后，当以致知为先；论轻重，当以力行为重。"朱熹之所以主张"先知后行"，是因为一切行为实践都源于认知和理解，没有认知的导引，行动将是盲目的。朱熹说："前面所知之事，到得会行得去。如平时知得为子当孝、为臣当忠，到事亲事君时则能思虑其曲折精微而得所止矣。"又说：

"今就一事之中而论之，则先知而行，因各有其序矣。"他认为，做之前，必须努力学习，只有知道了忠孝的道理，才能按照忠孝的原则去实践。第二，朱熹非常重视知与行的紧密关联。他认为，行固然源于知，但知总是浅薄的，只有通过行才能得到拓展和深化。朱熹说："知行常相须，如目无足不行，足无目不见，论先后，知在先，论轻重，行为重。"又说："知与行，工夫须著并到。知之愈明，则行之愈笃；行之愈笃，则知之盖明。二者皆不可偏废。"总之，知与行相辅相成，不可偏废。

王阳明是明清时期的心学大师，强调"知行合一"。但是，与其说王阳明的"知行合一"观是对程朱知行观的继承，不如说是对程朱知行观的反驳。在王阳明看来，程朱的"先知后行"论割裂了认知与实践之间的关联。他认为，知与行的关系即一体两面。王阳明说："知是行之始，行是知之成。"他把知与行作为一个动态的过程来把握，强调知与行相辅相成，彼此包容在同一个实践过程中：知即行，认知是实践过程的开始；行即知，实践是认知过程的终点。从动态的实践过程来看，知与行是一回事，知的拓展延伸就是行的持续深入。王阳明说：

> 盖学之不能以无疑，则有问，问即学也，即行也；又不能无疑，则有思，思即学也，即行也；又不能无疑，则有辨，辨即学也，即行也。辨既明矣，思既慎矣，问既审矣，学既能矣，又从而不息其功焉，斯之谓笃行。非谓学、问、思、辨之后而始措之于行也。……是故知不行之不可以为学，则知不行之不可以为穷理矣。知不行之不可以为穷理，则知知行之合一并进，而不可以分为两节事矣。①

这就是王阳明的"知行合一"论：行就是知，知就是行，知与行是一种相互促进、相互深化的辩证关系。一方面，通过实践，可以加深认知，以免陷入妄想。另一方面，认知的深化，也可以促进人们诚心实意地实践，使行不至于莽撞。在这一立场上，王阳明特别强调工夫，他说："圣学只是一个工夫，知行不可分作两件事。"工夫，并不是指时间或结果，而是真正的实践。

> 吾辈今日用功，只是要为善之心真切。此心真切，见善即迁，有过

---

① 〔明〕王阳明：《传习录》，中国友谊出版公司2021年版，第100—101页。

即改，方是真切工夫。如此，则人欲日消，天理日明。若只管求光景，说效验，却是助长外驰病痛，不是工夫。[1]

王阳明认为，对于一个人的道德修养来说，区分知与行是没有任何意义的。他甚至强调，为了"明工夫"，没有必要过分看重效果，只要用心努力，效果自然就会显现。他还以栽树为例，阐述这个道理："方其根芽，犹未有干；及其有干，尚未有枝；枝而后叶，叶而后花实。初种根时，只管栽培灌溉，勿作枝想。勿作叶想，勿作花想，勿作实想。"只要有努力栽培的时间和过程，就不必空想，空想是没有任何用处的。这种只讲工夫、不讲效果的学说，与他对"不行"即"未知"的说法是一致的。因为知就是"知善恶"，行就是"行善"，所以，在王阳明看来，不行善，就等于不知善。当然，他还强调，工夫是一个长期的过程，要在实践中不断坚持，不能一蹴而就。

知行观在中国哲学史上的演进过程，也体现在中国传统家训中。关于中国传统家训中的知行观，本节将从以下几个方面进行阐述。

一、先知而后行

知与行孰先孰后、孰轻孰重，始终是中国古代哲学家和教育者思考的核心问题。从实际生活出发，先贤悟出了先知而后行的思想。宋人倪思在《经钮堂杂志》中明确回答了这一问题：

知之在先，行之在后，必先知而后行。苟不先知，行之虽力，非为无益，而又害之矣。譬之适燕，先知其在北，北首而行，则燕可至；若南辕而欲适燕，虽穷日之力，竭蹶而趋燕愈远耳。故曰知之在先。且凡行之不力者，为其知之不深也。人虽渴甚，而不饮鸩，知其饮之必杀人故也。惟先知而后行，既行而益知，益知而行。如登高山，既登其中，见其高处尚多，又复登矣。故吾儒以圣人为先知先觉，而佛为大觉，皆以知为止也。[2]

---

① 〔明〕王阳明：《传习录》，中国友谊出版公司2021年版，第63页。
② 楼含松主编：《中国历代家训集成》（第2册），浙江古籍出版社2017年版，第824页。

倪思认为，知必须在行之先，不知而行，不仅无益，反而可能有害。他还用南辕北辙的寓言来阐述这一道理。反过来说，如果行之不力，或行之有错，那必定是知之不深。

宋人吕祖谦将知与行的先后顺序分辨得非常清楚。他说："立身以力学为先，力学以读书为本。"①认为，读书学习是立身处世的根本和前提。读书学习必须十分诚恳、发自本心，吕祖谦在《少仪外传》中告诫后生："凡为学之道，必先至诚。不诚，未有能至焉者也。何以见其诚？居处齐庄，志意凝定，不妄言，不苟笑。……行之悠久，习与性成，便有圣贤前辈气象。"②坚持以至诚的心态去读书学习，再付诸行动实践，时间长了，就有圣贤气象了。吕祖谦还告诫后生，读书务必精熟："若或记性迟钝，则多诵遍数，自然精熟，记得坚固。若是遍数不多，只务强记，今日成诵，来日便忘，其与不会诵读何异？"③只有读书精熟了，才能付诸行动或实践；如果在读书不精的情况下贸然实践，可能就会迷惘，可能于冒撞中出错。明人袁黄《训儿俗说》曰："进德，修业，原非两事。士人有举业，做官有职业，家有家业，农有农业，随处有业。乃修德日行。见之行者，善修之，则治生产业，皆与实理不相违背；不善修，则处处相妨矣。汝今在馆，以读书作文为业。"④袁黄说，进德、修业本来就不是两件事：进德就是为了修业，修业则可检验进德之然否。明人高攀龙在《高子家训》中强调先穷理尽性，云："吾儒学问，主于经世，故圣贤教人莫先穷理。道理不明，有不知不觉堕于小人之归者。可畏，可畏。穷理虽多方，要在读书亲贤。"⑤这种教育理念，实际上是先知而后行的哲学思想在家庭教育中的体现。

袁采教育子弟也秉持先知而后行的理念，《袁氏世范》"教子当在幼"条指出：

> 人有数子，饮食衣服之爱，不可不均一；长幼尊卑之分，不可不严谨；贤否是非之迹，不可不分别。幼而示之以均一，则长无争财之患；

---

① 楼含松主编：《中国历代家训集成》（第1册），浙江古籍出版社2017年版，第558页。
② 楼含松主编：《中国历代家训集成》（第1册），浙江古籍出版社2017年版，第558页。
③ 楼含松主编：《中国历代家训集成》（第1册），浙江古籍出版社2017年版，第558页。
④ 楼含松主编：《中国历代家训集成》（第4册），浙江古籍出版社2017年版，第2579页。
⑤ 楼含松主编：《中国历代家训集成》（第5册），浙江古籍出版社2017年版，第2844页。

幼而教之以严谨，则长无悖慢之患；幼而有所分别，则长无为恶之患。今人之于子，喜者其爱厚，而恶者其爱薄。初不均平，何以保其他日无争？少或犯长，而长或陵少，初不训责，何以保其他日不悖？贤者或见恶，而不肖者或见爱，初不允当，何以保其他日不为恶？[①]

袁采认为，应在子孙尚处幼年的时候就施以教导，让他们明白长幼尊卑之分、贤否是非之迹。这样，他们长大之后，就不会悖慢无礼，不会胡作非为、作恶多端。不仅如此，袁采还教人"孝行贵诚笃"。他说："人之孝行，根于诚笃，虽繁文末节不至，亦可以动天地、感鬼神。"[②]父慈子孝与兄友弟恭，是中国传统的伦理纲常，但历史上，为了一时的功名利禄，仅仅做出慈孝友恭的样子而内心却悖逆无道者大有人在。比如，东汉伪孝子赵宣。《后汉书·陈蕃传》载："民有赵宣葬亲而不闭埏隧，因居其中，行服二十余年，乡邑称孝，州郡数礼请之。郡内以荐蕃，蕃与相见，问及妻子，而宣五子皆服中所生。"[③]面对这种虚伪的仁义道德，袁采主张，孝敬父母必须源出内心的真诚笃厚，而掺不得半点虚假。发自内心的孝心，即使没有繁文缛节，也能感天动地。这种真诚，说到底，还是内心对孝心的深刻而正确的认知。只有发自内心的真诚，才不会有虚伪和诡诈。

二、知而行之

人类的知识来源于生活实践，又必须回到生活实践中去接受检验。实践是检验真理的唯一标准。没有生活实践的检验，知识、真理就只能悬浮于空中，成为无源之水、无本之木。古代先贤早就认识到了知识与实践、真理与生活的关系，因而一方面主张格物致知，另一方面强调知而行之。

宋人吕本中《童蒙训》引陈莹中的观点教训子弟，云："学者须常自试，以观己之力量进否。《易》曰：或跃在渊。自试也，此圣学也。"陈莹中说，治学

---

① 楼含松主编：《中国历代家训集成》（第2册），浙江古籍出版社2017年版，第712—713页。
② 楼含松主编：《中国历代家训集成》（第2册），浙江古籍出版社2017年版，第711页。
③ 〔宋〕范晔：《后汉书》，中华书局1965年版，第2159—2160页。

之人必须时时将自己的学问付诸实践，以此来验证自己的学问是否正确，是否精进。吕本中又引荥阳公的观点来阐述人世间的孝道，并以此教训自己的子弟：

> 荥阳公尝言："孝子事亲，须事事躬亲，不可委之使令也。"尝说："《穀梁》言天子亲耕以共粢盛，王后亲蚕以共祭服，国非无良农工女也，以为人之所尽事其祖祢，不若以己所自亲者也。此说最尽事亲之道。"又说："为人子者，视于无形，听于无声，心未尝顷刻离亲也。事亲如天，顷刻离亲，则有时而违天，天不可得而违也。"①

就"事亲"一事来说，吕本中强调，一定要"事事躬亲，不可委之使令"，即一定要亲自去做，亲力亲为，而不能指使他人帮助自己事亲奉上。只有这样，才能了解子之孝道。

朱熹也主张知必见于行，《朱子训子帖》训诫其子曰："见人嘉言善行，则敬慕而记录之。见人好文字胜己者，则借来熟看，或传录而咨问之，思与之齐然后已。不拘长少，惟善是取。"②"不拘长少，惟善是取"表明，朱熹要求子孙后代要将人内心的良知扩充至极致，扩充到天理的高度，也就是要求子孙后代见贤思齐，见不贤而内自省。了解真理和践行真理是完全不同的两码事：只了解而不践行，远远不够；只有既了解而又践行，才有可能最终成为圣贤。明人刘良辰训诫儿子曰：

> 学贵躬行，勿尚口耳。凡于圣贤之言，古今之迹，读诵玩索，体诸心而措诸行，必如先儒曰："将弟子问处便作己问，圣人答处便如今日耳闻。""自家说时，孔孟点头道是，方得。""不农不商，若何而可以为士？非老非什，若何而可以为儒？事亲从兄，当以何者为法？希圣希贤，当自何门而入？道德性命之理，如何而明？治乱兴衰之故，何由而达？"如此，斯谓之学，否则真买椟而还珠也。③

刘良辰强调，学贵躬行，不能仅停留于言语层面，一定要将所学的知识、道理付诸实践，否则，就像买椟还珠一样，丢了最根本的东西。明人霍韬进一步

---

① 楼含松主编：《中国历代家训集成》（第1册），浙江古籍出版社2017年版，第307页。
② 楼含松主编：《中国历代家训集成》（第1册），浙江古籍出版社2017年版，第381页。
③ 楼含松主编：《中国历代家训集成》（第3册），浙江古籍出版社2017年版，第1941页。

指出，只有付诸实践，才是知的最高境界。他在《渭厓家训》中说："仁义礼智，心之畜也。童子习之，所以正心也。鸢鱼飞跃，活泼之妙也。故曰：'道也者，不可须臾离也；可离，非道也。'"①霍韬还借孔子之言表示，要与子孙一起践行："吾无行而不与二三子者也。"问题是：在"道也者，不可须臾离也"中，不可须臾离开的"道"究竟是什么？其实不是人的头脑、人的思想，而是人的日常生活。也就是说，仁义礼智等儒家道义，要时时刻刻体现在日常生活中，这才是儒学的本质、儒学的核心要义。当一个人还是婴幼儿时，师长教导他知之；逐渐长大，他就要知而行之；最终达到在日常生活中用之而不知的境界。明人杨爵在入狱期间写信告诫儿子："凡我告你言，你心或不欲，当勉强行之。古人所谓或安行，或利行或勉行，大抵我不能躬行，徒以言语叮咛，宜乎尔等不立身也。"②

明人方孝孺治学，注重"以行为本，以穷理诚身为要，以礼乐政教为用"③，并特别强调学习的重要性。其云：

> 学者，君子之先务也。不知为人之道，不可以为人。不知为下之道，不可以事上。不知居上之道，不可以为政。欲达是三者，舍学而何以哉？故学，将以学为人也，将以学事人也，将以学治人也，将以矫偏邪而复于正也。人之资不能无失，犹鉴之或昏，弓之或枉，丝之或紊。苟非循而理之，檠而直之，莹而拭之，虽至美不适于用，乌可不学乎？④

方孝孺认为，学习是为人、事上、为政的根本和前提。因此，人生在世，必须学习。但又认为，学习不是为了单纯地积累知识，最终要落实到生活实践中去。他说："士之为学，莫先于慎行。"⑤这里的"先"，不是先后的意思，而是轻重的意思。方孝孺认为，读书人治学，最重要的是要谨言慎行。如果单纯地积累知识学问，行为上一有劣迹，就不再是君子。他说：

---

① 楼含松主编：《中国历代家训集成》（第4册），浙江古籍出版社2017年版，第1998页。
② 楼含松主编：《中国历代家训集成》（第4册），浙江古籍出版社2017年版，第2110页。
③ 楼含松主编：《中国历代家训集成》（第3册），浙江古籍出版社2017年版，第1375页。
④ 楼含松主编：《中国历代家训集成》（第3册），浙江古籍出版社2017年版，第1374—1375页。
⑤ 楼含松主编：《中国历代家训集成》（第3册），浙江古籍出版社2017年版，第1376页。

才极乎美，艺极乎精，政事治功极乎可称，而行一有不掩焉，则人视之如污秽不洁，避之如虎狼，贱之如犬豕。并其身之所有，与其畴昔竭力专志之所为者而弃之矣，可不慎乎！[①]

因此，方孝孺特别强调行的重要性，并指出，学就是为了行。他说："君子之学积诸身，行于家，推之国而及于天下。"在这一立场上，方孝孺认为，行重于知。他说："宁死而不肯以非义食，知义之重于死也。宁无后而不敢以非礼娶，知失礼之重于无后也。"[②]在富贵和慎行面前，方孝孺要求子孙选择慎行。他说："人不患不富贵，而患不能慎行。无行而富贵，无益其为小人。守道而贫贱，无损其为君子。"[③]

如果无法将善良付诸行动，那么也应该将这一善良传布开去，让别人来付诸实践。明人费元禄教训子女："凡闻一好议论，见一好书，即己未必能躬行，亦当与人讲说传布。"[④]

三、行而有过则改

古人云："人非圣贤，孰能无过？过而能改，善莫大焉。"曾子曰："吾日三省吾身。为人谋，而不忠乎？与朋友交，而不信乎？传，不习乎？"人常言，真理需要生活的检验，生活也是检验真理的唯一标准。知识、真理在被生活检验的时候，人可能会意识到，自己所认识到的真理是不圆满的或错误的。在这种情况下，中国传统家训要求后生晚辈一定要过而能改。

袁采要求"君子有过必思改"，《袁氏世范》曰：

圣贤犹不能无过，况人非圣贤，安得每事尽善？人有过失，非其父兄，孰肯诲责？非其契爱，孰肯谏谕？泛然相识，不过背后窃议之耳。君子惟恐有过，密访人之有言，求谢而思改。小人闻人之有言，则好为

---

① 楼含松主编：《中国历代家训集成》（第3册），浙江古籍出版社2017年版，第1376页。
② 楼含松主编：《中国历代家训集成》（第3册），浙江古籍出版社2017年版，第1376页。
③ 楼含松主编：《中国历代家训集成》（第3册），浙江古籍出版社2017年版，第1376页。
④ 楼含松主编：《中国历代家训集成》（第5册），浙江古籍出版社2017年版，第2946页。

强辩，至绝往来，或起争讼者有矣。①

袁采认为，在改过这件事上，君子和小人的做法是完全相反的：君子主动访求至亲至爱谴责和教诲自己，还主动感谢他们并思考如何改正；而小人则不同，他们不仅不听从旁人的谏议，反而会与指出其过错的人争辩甚至诉讼于法庭之上。袁采要求家人"处事当无愧于心"。指出，社会上有些人做了错事，庆幸神不知鬼不觉，于是就更加肆无忌惮了。袁采认为，这种做法是危险的，强调："人之耳目可掩，神之聪明不可掩。……人虽不知，神已知之矣。吾之处事，心以为可，心以为非，人虽不知，神已知之矣。吾心即神，神即祸福，心不可欺，神亦不可欺。"②因此，他要求，为人处世一定不能愧对神灵，不能愧对自己的良心。袁采进一步指出，悔过心、羞耻心的产生，是一件好事，这是一个人行善的起始、开端，也是一个人行善的基本条件，这说明此人尚未完全失去自己的本心。袁采说："人之处事能常悔往事之非，常悔前言之失，常悔往年之未有知识，其贤德之进，所谓长日加益而人不自知也。古人谓'行年六十而知五十九之非'者，可不勉哉！"③他勉励子孙不要惧怕悔过，不要忌惮羞耻。相反，悔过和羞耻是一个人日渐成长和精进的过程。因为悔过、羞恶能反向激励一个人行善为仁、行侠仗义。正如孟子所言："羞恶之心，义之端也。"

明人方孝孺教导训诫家人要笃行，不能不知羞耻，应该仿效古人"修己而已，未至圣贤，终身不止"，即不能骄傲自满，应该勇于改错，否则追悔莫及。杨士奇训诫外甥康孟嘉时，也要求其有错就改。杨士奇说："常常点检自己身心，要在道理上。出一言，行一事，背了道理，便不得为君子。若出于一时失错，便猛思改过，终身痛以为戒方得。"④明人袁颢不仅主张子女有错就改，还指出，如果子女发现父母的错误或不合理之处，也应该指出，并劝谏父母改正。他在《袁氏家训》中说：

凡子受父母之命，必籍记而佩之，时省而速行之。事毕，则返命

---

① 楼含松主编：《中国历代家训集成》（第2册），浙江古籍出版社2017年版，第732页。
② 楼含松主编：《中国历代家训集成》（第1册），浙江古籍出版社2017年版，第730页。
③ 楼含松主编：《中国历代家训集成》（第1册），浙江古籍出版社2017年版，第730页。
④ 楼含松主编：《中国历代家训集成》（第3册），浙江古籍出版社2017年版，第1629页。

焉。或所命有不可行者，则和色柔声，具是非利害而白之。待父母许，然后改之。若不许，苟于事无大害者，必当曲从。若以父母之命为非而直行己志，虽所执皆是，犹为不顺之子。况未必是乎！①

总之，在知行关系上，中国传统家训与中国传统哲学相互映衬，相互阐发。中国古人一方面强调先知而后行，另一方面主张行有过则改正。一个人犯错并不可怕，可怕的是不敢承认错误，不勇于改正错误。李觏云："过而不能知，是不智也；知而不能改，是不勇也。"勇于改正错误，不失为一种善良；犯错而不能改，才是真正的过错。改正错误，也是拓展和深化自己认知的过程。这是中国传统家训的一贯理念。《左传》云："其所善者，吾则行之；其所恶者，吾则改之。"朱熹云："有则改之，无则加勉。"知与行，相辅相成，相得益彰。

第三节　因材施教

朱熹云："圣人施教，各因其材，小以成小，大以成大，无弃人也。"②因材施教是家庭和学校教育中一种常见的、重要的教育方法和教学原则，是指在教育过程中，教育者根据受教育者的认知水平、学习能力以及自身素质，选择适合其特点的教学内容和教学方法，实施有针对性的教学，从而最大限度地发挥受教育者的长处，弥补受教者的不足，激发受教者的学习兴趣，树立受教者的学习信心，从而促进受教者全面发展的教育方法。人的群体和个体差异是实施因材施教的现实基础。另外，教育者对受教者的了解、认知和熟悉也是开展因材施教必不可少的前提和基础。因此，相比较而言，家庭教育更适于开展因材施教。这是因为，其一，在一个家庭里，教育者与受教者之间的比例不大，一般是两个教育者对数个受教者；而在学校里，教育者与受教者之间的比例较大，往往呈现为一个教育者与数十百个受教者。其二，在家庭环境里，父母对子女的了解和熟悉程度

---

① 楼含松主编：《中国历代家训集成》（第3册），浙江古籍出版社2017年版，第1709页。
② 〔宋〕朱熹：《四书章句集注》，岳麓书社1987年版，第517页。

远大于学校里教师对学生的了解程度。古人云："知子莫若父。"因此，家庭才是开展因材施教的绝佳场所。中国古代家训中留下了许多因材施教的范例。

第一，因年龄设教。古人清晰地认识到，不同年龄段的人群有着不同的阶段性特点。在教学内容和教学方式的选择上，古人对不同年龄段的人进行了严格区分。《礼记·内则》按照男子的年龄顺序，依次将每个年龄段子弟的学习内容进行了规定，云：

> 六年，教之数与方名。七年，男女不同席，不共食。八年，出入门户及即席饮食，必后长者，始教之让。九年，教之数日。十年，出就外傅，居宿于外，学书计，衣不帛襦袴，礼帅初，朝夕学幼仪，请肄简谅。十有三年，学乐，诵诗，舞勺。成童，舞象，学射御。二十而冠，始学礼，可以衣裘帛，舞大夏，惇行孝弟，博学不教，内而不出。三十而有室，始理男事，博学无方，孙友视志。[1]

在这一学习规划中，可以看到，随着年龄的增长，男子的学习内容日渐增多，难度也逐渐加大。这正是源于古人对子弟的年龄特点的认识和熟悉。这一纲领性的规定，成为后世绝大多数中国家族、家庭为子弟制定学习内容最重要的参考和依据。唐人李恕的《戒子拾遗》就参考了这一规定：

> 男子六岁，教之方名。七岁，读《论语》《孝经》。八岁，诵《尔雅》《离骚》。十岁，出就师傅，居宿于外。十一，专习两经。志学之年，足堪宾贡，平、翼二子，即是其人。夫何异哉，积勤所致耳。擢第之后，勿弃光阴，三四年间，屏绝人事，讲论经籍，爰迄史传，并当谙忆，悉令上口。洎乎弱冠，博综古今，仁孝忠贞，温恭谦顺，器惟瑚琏，材堪廊庙。[2]

司马光《居家杂仪》在规定子孙后代的学习内容时，也参考了《礼记·内则》。与李恕不同的是，司马光不仅规定了男性子弟的学习内容，也对女眷的学习内容做了规定。其篇幅较长，兹节录如下：

> 凡子始生，若为之求乳母，必择良家妇人稍温谨者。子能食，饲

---

① 王文锦：《礼记译解》，中华书局2001年版，第412页。
② 楼含松主编：《中国历代家训集成》（第1册），浙江古籍出版社2017年版，第89页。

之，教以右手。子能言，教之自名及唱喏、万福、安置。稍有知，则教之以恭敬尊长。有不识尊卑长幼者，则严诃禁之。六岁，教之数与方名。男子始习书字，女始习女工之小者。七岁，男女不同席，不共食。始诵《孝经》《论语》，虽女子亦宜诵之。自七岁以下，谓之孺子，早寝晏起，食无时。八岁，出入门户及即席饮食，必后长者，始教之以廉让。男子诵《尚书》，女子不出中门。九岁，男子诵《春秋》及诸史，始为之讲解，使晓义理。女子亦为之讲解《论语》《孝经》及《列女传》《女戒》之类，略晓大意。十岁，男子出就外傅，居宿于外，读《诗》《礼》《传》，为之讲解，使知仁义礼知信。自是以往，可以读《孟》《荀》《扬子》，博观群书。凡所读书，必择其精要者而读之。①

第二，因性别而设教。在家庭教育中，针对不同性别，古人在设定教育内容和教学方式时，也分辨得非常清楚。不论是在身体上，还是在社会文化上，男性和女性都有着非常大的差异，其所承担的社会责任和义务也不同。中国古代传统家训非常重视对家族女眷的教育，并制定了相应的教育内容和教育方法。李恕《戒子拾遗》规定：

女子七岁，教以《女仪》，读《孝经》《论语》，习行步容止之节，训以幽闲听从之仪。《礼》云：女子十年治丝枲织纴，观祭祀，纳酒浆，事人之礼，此最为先。十五而笄，十七而嫁，既从礼制，是谓成人。若不微涉青编，颇窥缃素，粗识古今之成败，测览古女之得失，不学墙面，宁止于男通之，妇人亦无嫌也。②

值得注意的是，李恕对男性子弟和女性子弟的教学内容及教学方式都做了规定，但二者明显不同。首先，七岁时，男性读《论语》《孝经》，而女性则需教以《女仪》，读《孝经》《论语》习行步容止之节，训以幽闲听从之仪；其次，到了十岁，男子就要"出就师傅，居宿于外"，而女子则必须学习"治丝枲织纴，观祭祀，纳酒浆，事人之礼"；最后，就教学内容而言，男性比女性学得深

---

① 楼舍松主编：《中国历代家训集成》（第1册），浙江古籍出版社2017年版，第223页。
② 楼舍松主编：《中国历代家训集成》（第1册），浙江古籍出版社2017年版，第91页。

且广：男性需谙忆背诵经籍史传，而女性则只需微涉、粗识即可。

明人吕坤就男女两性的读书内容也分辨得非常清晰：男子需读《四书》《六经》《文章正宗》等书，"三苏"之文、李杜之诗，亦须涉猎；而女子"固不宜弄文墨"，但"如《孝经》《论语》《女诫》《女训》之类，何可不读？"明人费元禄在《训子》中也明确区分了男女两性的学习内容，认为，男子须上"能明道德仁义，继千载绝学"，次之"能勒功鼎彝，昭示来世"，再次须能"退而论著"，"综百家旨要，述礼乐刑政，叙当世之务，列道术短长"。而对于女子，费元禄则要求其"止可令经纪米盐鸡彘之务，以供宾客蒸尝之费，不可令司家政"。

明人吕德胜清晰地分辨了家族中男女两性的教育，其作有《小儿语》和《女小儿语》两部家训著作。顾名思义，此"二语"乃分别就男性子弟和女性子弟立言。《小儿语》主要宣扬男子的立身处世之道，所倡导的安详沉静、谦让善忍、怜贫戒妒、守己慈心、勤学务实等品质，直到今天，仍值得学习、借鉴，但其中也不乏明哲保身、消极避世的思想。而《女小儿语》则旨在从德、容、言、行等方面对女小儿进行规范，以期将其培养成贤妻良母、孝女节妇。书中有许多利于女子身心发展的思想，如孝顺、节约、相夫教子、衣着言语得体等，当然也不乏男尊女卑、三从四德等封建思想。

总之，中国传统家训在教育内容、教学方式和教育目的上的男女差异，既体现了古人因男女有别而因材施教的分辨意识，也夹杂着一些男尊女卑、男主外女主内的偏见和陋习。因此，在梳理、总结古人的教育经验时，必须分别对待，取长补短。

第三，因个性气质和才能禀赋而设教。这是因材施教最鲜明的体现。孔子的日常教学中有许多因材施教的经典案例。不同的弟子问同一个问题时，孔子的回答是不同的，如孟懿子、孟武伯、子游、子夏问孝，子贡、子路、司马牛问君子，颜回、仲弓、司马牛问仁，子路、子张、季康子问政，等等。再如，子路和冉有同问"闻斯行诸"这一问题时，孔子的回答是相反的。孔子回答子路曰："有父兄在，如之何其闻斯行之？"孔子答冉有曰："闻斯行之。"为什么会如此不同呢？孔子解释道："求也退，故进之；由也兼人，故退之。"也就是说，因为冉有懦退而不及，故勉之而使进；子路勇进而常过，故抑之而使退。

西晋著名文学家左思的成长故事也是一个典型的因材施教的案例。《晋书·左思传》载："思少学钟、胡书及鼓琴，并不成。雍谓友人曰：'思所晓解，不及我少时。'思遂感激勤学，兼善阴阳之术。"[1]左思年幼时，父亲左雍期望他成为一名书法家，但他对书法毫无兴趣。随后，左雍让左思改学鼓琴，然而学了很长时间，左思也弹不出一手像样的曲子，这让左雍的期望再度化为泡影。后来，左雍发现左思虽不善交际，但记忆力强、爱好读书，甚至有过目不忘的特点，便根据左思的这一特长让其学习诗词歌赋。后来，左思一举成名。其《三都赋》写成之后，"豪贵之家竞相传写，洛阳为之纸贵"[2]。

苏洵及其妻子程夫人教育苏轼、苏辙成才的故事，也是因材施教的绝佳案例。首先，苏洵对两个孩子非常熟悉，而且精准预测了他们的未来。苏洵在《名二子说》中谈到了两个孩子名字的起因及意义：

> 轮辐盖轸，皆有职乎车，而轼独若无所为者。虽然，去轼，则吾未见其为完车也。轼乎，吾惧汝之不外饰也。天下之车莫不由辙，而言车之功者，辙不与焉。虽然，车仆马毙，而患亦不及辙。是辙者，善处乎祸福之间也。辙乎，吾知免矣。[3]

"轼"的突出特点是露在外面，因此苏洵说："轼乎，吾惧汝之不外饰也。"苏轼一生豪放不羁，锋芒毕露，确实"不外饰"，结果屡遭贬斥，险致杀身之祸。"辙"是车轮碾过的轨道，更是车外之物，更无职乎车，但车行"莫不由辙"，仍是必不可少的。因它是车外之物，既无车之功，也无翻车之祸，所以说它"处乎祸福之间"。苏辙一生冲和淡泊，深沉不露，在当时激烈的党争中虽遭贬斥，但终能免祸，得以悠闲安度晚年。对于两个孩子，苏洵给予了不同的教育和引导，最终使他们都成才，并传为佳话，世谓"一门父子三词客"是也。苏洵鉴于自己少年不学的经历，让儿子深知年少读书的重要性，从小劝导苏轼、苏辙读书。苏轼和苏辙自小十分顽皮。苏轼好奇心强，只要是他感兴趣的事情，就

① 〔唐〕房玄龄等：《晋书》，中华书局1974年版，第2376页。
② 〔唐〕房玄龄等：《晋书》，中华书局1974年版，第2377页。
③ 曾枣庄、刘琳主编：《全宋文》，上海辞书出版社、安徽教育出版社2006年版，第161—162页。

会追根问底，一定要搞明白；而弟弟苏辙则唯哥哥马首是瞻。苏洵在多次说服教育不见成效的情况下，决定改变教育孩子的方式方法。每当苏轼和苏辙兄弟俩玩耍时，苏洵就有意躲到角落里去看书，两个孩子一靠近，他便故意把书藏起来，勾起兄弟俩的好奇心。于是兄弟俩就趁父亲不在时，把父亲藏的书找出来认真地读起来。兄弟俩被书中的故事吸引，慢慢地，对书产生了浓厚的兴趣，逐渐养成了爱读书的好习惯。

《三字经》记载了一个五代时期的故事："窦燕山，有义方，教五子，名俱扬。"窦燕山生有五个儿子，在他的教育培养下，孩子们都考中进士，成为国家栋梁。长子窦仪，授翰林学士，任礼部尚书；次子窦俨，授翰林学士，任礼部侍郎；三子窦侃，任左补阙；四子窦偁，任左谏议大夫，官至参知政事；五子窦僖，任起居郎。窦家五子，被称为"窦氏五龙"。窦燕山将五个儿子培养成才，他的义风家法成为人们争相效仿的榜样。可以想见，窦燕山一定是因材施教，充分发现并挖掘孩子们的潜能，让他们各有所成。方昕《集事诗鉴》也记录了两个因材施教的典型个案："刘商有子七人，各受一经，一门之内，七业俱成。邓禹有子十三人，使各守一艺，教养子孙，为后世法。"[1] "受一经""各守一艺"，应是刘商、邓禹根据其家族子弟的个性气质或才能禀赋，发挥其特长，弃其所短，因材施教，而最终培养出来的结果。

总之，因人设教，是教育的基本原则，也是最行之有效的教学方法。方孝孺《宗仪》云："因人以为教，而不强人所不能，师古以为制，而不违时所不可。此其大较也。"[2]时至今日，中国传统家训中因材施教的教学原则、方法，对学校教育和家庭教育来说，依然有着重大的启示意义。因材施教，有助于促进受教者的个性化发展，有利于提高教学质量，有利于促进教育公平，也有利于落实国家立德、树人的根本任务。

---

① 楼含松主编：《中国历代家训集成》（第2册），浙江古籍出版社2017年版，第763页。
② 楼含松主编：《中国历代家训集成》（第3册），浙江古籍出版社2017年版，第1375页。

第八章

中国传统家训的历史意义与当代价值

在传统中国，除少数的士大夫出仕或商贾因经营生计在外奔波，绝大多数老百姓几乎是一辈子生活在家庭之内。可以说，家庭既像一个个无形的人为堡垒，也是每个人最安全、最温馨的避风港。传统家训作为家族内部教育子弟、维系团结和传承文化的重要文本与实践，经过几千年的立言与沉淀，现存资料卷帙浩繁，思想博大精深，从家国情怀、树德修身、为人处世、立业治家以至保命全生都有着丰富的内容与详细的论述。传统家训对个人的品德提升，家庭的兴旺昌达，社会的稳定发展，国家的长治久安，发挥了不可磨灭的贡献，成为一种有别于国家政治统治的社会治理模式。但是，传统家训在历史的创造与传承中，也逐渐产生了一些落后或腐朽的思想，如重男轻女、重农抑商、等级观念与专制思想等，这些都是需要人们在继承与发展中警惕的现象。新时代，国家的发展需要家庭的和谐稳定，国家的强大需要文化的繁荣昌盛，家训文化需要结合新时代的社会特点和时代要求不断转换视角、探索路径，创造新的内涵，形成新的形式，进一步发挥其应有的历史作用与社会价值。

第一节　传统家训的思想资源

传统家训是中国几千年家庭生活与社会实践逐渐累积的成果，文献资料卷帙浩繁，思想内容博大精深，呈现形式丰富多样。传统家训的内容涵盖个人修养、家庭管理、社会维护与国家统治的方方面面。

一、洁身自好、诚实守信的修身之道

修身是中国家庭教育的重要组成部分，也是传统家训文本的主要构成内容。

"古之欲明明德于天下者，先治其国；欲先治其国者，先齐其家；欲先齐其家者，先修其身。"①儒家传统文化注重坚毅、正直等君子品格的培养，要求个人规范并克制自己的行为，养成坚强的毅力，克服各种诱惑，从而达到修身养性的效果，即孟子所说的"富贵不能淫，贫贱不能移，威武不能屈。此之谓大丈夫"②。洁身自好、诚实守信的修身之道在传统家训文化与训诫实践中居于重要的位置。唐代时，魏征上疏太宗，指出："臣闻为国之基，必资于德礼，君之所保，惟在于诚信。诚信立则下无二心，德礼形则远人斯格。然则德礼诚信，国之大纲，在于君臣父子，不可斯须而废也。"③诚信是君王保住基业的根本，只有讲诚信，树立了诚信，天下才没有与君王二心的人。朱棣的《圣学心法》强调端正心性、修身养性的重要性，指出"人无信不立，业无信不兴，国无信则衰"。小到人与人之间，大到国与国之间，一切交往都必须讲诚信。诚信是修身养性、立身建业的基本前提。羊祜"言则忠信，行则笃敬"的诫子书，由小处入手，告诫后人要诚实守信。司马光一生坚守诚信，从不因环境的变化而变化，在他看来，"其诚乎，吾平生力行之，未尝须臾离也，故立朝行己，俯仰无愧耳！"他对弟子刘安世说："平生只是一个诚字，更扑不破。诚是天道，思诚是人道，天人无两个道理。"④司马光以"诚"来统贯天人之道，认为真实无妄是天道荡荡，是自然如此，而"思诚"则是人道当然，是以天道为根据的人文价值之自觉。《郑氏规范》特别注重道德修养，将其放在第一位，要求后代"处事待物，当务诚朴"。

二、孝顺父母、尊老爱幼的事亲之道

敬老爱幼、孝顺父母是中华民族的传统美德，也是传统家训的重要内涵。"夫孝，始于事亲，中于事君，终于立身"，说的是孝的全过程。孝道是一个人

---

① 〔宋〕朱熹：《四书章句集注》，中华书局2012年版，第3页。
② 李学勤主编：《十三经注疏·孟子注疏》，北京大学出版社1999年版，第162页。
③ 〔宋〕吴兢编著：《贞观政要》，岳麓书社2000年版，第189页。
④ 〔清〕黄宗羲原撰，〔清〕全祖望补修：《宋元学案》，中华书局1986年版，第828页。

的生存之本，是幸福家庭的源泉。姚舜牧在《药言》中指出："孝、弟、忠、信、礼、义、廉、耻，此八字，是八个柱子。有八柱，始能成宇。有八字，始克成人。"①只有子女孝敬父母，父母不偏袒子女，兄弟尊重兄弟，才能维护家庭和谐。孝道的意义不仅限于家庭。只有继承和发展孝道，家庭才能和谐，这种美德扩展到整个社会，可以形成良好的社会氛围，"老吾老，以及人之老，幼吾幼，以及人之幼"。朱元璋强调尊重和照顾老人，照顾穷人和寡妇。清代的顺治、康熙皇帝也十分重视孝道，以"风和日丽，家庭和睦"的家风训诫后继者及国民。孝顺父母、尊老爱幼的理念不仅有助于家庭和谐，也有助于形成尊老爱幼的社会氛围。

三、仁爱宽厚、救难济贫的处世之道

仁是儒家思想的最高境界，是传统家规家训的重要组成部分。传统家训教导子孙要有一颗宽容忍让、仁者爱人的心。"论人惟称其所长，略其所短，切不可扬人之过"②，"不妄语，不多语，不道人隐事，不摘人微过"。谈论别人的时候，要多夸奖别人的优点和长处，不能到处揭露别人的缺点，无论对待亲人还是下属都要有一颗宽宏大量的心，对人和善。不要妄加评价他人的隐私，不要胡乱议论他人的过错。鼓励子孙善待他人，并懂得谦卑的道理。做事，乐莫乐于行善。传统家训教育子弟不仅要宽厚待人，而且要积极行善，乐于助人。正因如此，古人提倡"与人相与，须有以我容人之意，不求为人所容"。张履祥在《训子语》中指出："人情不远，一人可处，则人人可处，独病在我有所不尽耳。贤者与之，不贤者去之，何伤？久而不贤者终将服。匪人暱之，正人弃之，始已，究则匪人亦将离之。是以君子不求人求己，不责人责己。"③

从这些教导训诫中，不难发现古人善良高尚的品质。孟子说："穷则独善其身，达则兼善天下。"《郑氏规范》云："敦宗族，睦亲姻，念故交，大数既

① 楼含松主编：《中国历代家训集成》（第5册），浙江古籍出版社2017年版，第2758页。
② 楼含松主编：《中国历代家训集成》（第4册），浙江古籍出版社2017年版，第2470页。
③ 楼含松主编：《中国历代家训集成》（第6册），浙江古籍出版社2017年版，第3667页。

得，其余邻里乡党，相赒相恤，汝自为之，务在金尽而止。"①郑板桥要求家人照顾好佃户和佣人，善待他人，特别是村民和邻居。曾国藩警告家境富裕的人家不可只尊敬远方的人而轻视自己的邻居，需向近邻提供更多的便利，而绝不能吝啬。高攀龙对子孙的要求是尊重人，宽容待人。与邻为善，仁爱万物，家庭才能长兴不衰。

四、勤政谦敬、安国恤民的治理之道

中华民族几千年来历经沧桑却始终屹立于民族之林，最重要的是有以爱家、爱国为核心的伟大民族精神的支撑。国家由"国"和"家"组成，国是大家，家是最小国。传统家训非常重视爱国主义教育，教导子弟热爱国家和民族，为国家和民族贡献力量。中国传统家训的许多内容都是关于修身、齐家、治国、平天下的。一方面，修身可以治理家庭，治理家庭可以整治国家，从而达到平定天下的远大抱负。另一方面，优秀的家风可以促进个人完整人格的建立，有助于维护社会稳定，最终实现国家的长治久安。历史上，许多有崇高理想的人以天下为己任，奋斗不息。顾炎武认为："有亡国，有亡天下。亡国与亡天下奚辨？曰：易姓改号，谓之亡国。仁义充塞，而至于率兽食人，人将相食，谓之亡天下。"在顾炎武看来，亡国不过是改朝换代，而亡天下则意味着文化传统的断绝，那才是真正的国家灾难。封建社会，"国家"的概念相对狭窄，主要是维护君主和宗族的利益。"天下"则超越了狭隘的概念，上升到了整个人类社会发展的层面。因此，许多有崇高理想的人把"天下太平"作为自己的责任。传统家训的治理之道包括家庭管理与国家治理两个方面。

在家务管理上，提倡勤俭节约，反对懒惰。中国传统社会生产力落后，在以家庭和家族为社会生产生活基本单位的情况下，人们要生存就必须勤俭节约。姚舜牧在《药言》中指出："居家切要，在勤俭二字"。曾国藩在《谕纪泽纪鸿》中说，"治家以不晏起为本"，"除劳字俭字之外，别无安身之法"；在《谕纪

---

① 楼含松主编：《中国历代家训集成》（第6册），浙江古籍出版社2017年版，第4700页。

泽》中说，"当以早起为第一先务"；在《谕纪鸿》中说，"尔年尚幼，切不可贪爱奢华，不可惯习懒惰，无论大家小家、士农工商，勤苦俭约，未有不兴，骄奢倦怠，未有不败"。①朱用纯在《劝言》中论述了勤俭的必要性，也论述了勤俭之道："勤与俭，治生之道也。不勤则寡入，不俭则妄费。寡入而妄费，则财匮。财匮则苟取。愚者为寡廉鲜耻之事，黠者入行险侥幸之途生平行止，于此而丧，祖家家声，于此而坠，生理绝矣。又况一家之中，有妻有子，不能以勤俭表率，而使相趋于贪惰，则自绝其生理，而又绝妻子之生理矣。"②勤之为道，第一要深谋远虑，第二要早睡早起，第三要吃苦耐劳；俭之为道，第一要心平气和，第二要量力而行，第三要衣食节约。

在国家治理上，要清廉自守，安国恤民。包拯告诫子孙在做官的时候，要崇尚清廉、鄙视腐败，他在《包孝肃公家训》中说："后世子孙仕宦，有犯赃滥者，不得放归本家；亡殁之后，不得葬于大茔之中。不从吾志，非吾子孙。"欧阳修在《与十二侄》中说："汝于官下宜守廉。"赵鼎在《家训笔录》中说："凡在仕宦，以廉勤为本。"郑涛在《旌义编》中说："子孙出仕，有以赃墨闻者，生则于谱图上削去其名，死则不许入祠堂。"林则徐在《与夫人书》中叮嘱妻子："务嘱次儿须千万谨慎，切勿恃有乃父之势，与官府妄相来往，更不可干预地方事务。"

第二节 传统家训的历史意义与思想局限

作为传承了几千年的中国传统文化的重要组成部分之一，家训文化在国家稳定与社会发展中发挥了重要的作用，可称为中华优秀传统文化中璀璨的明珠。但是其中也存在一定的落后与腐朽思想，需要认真甄别，取其精华，去其糟粕。

---

① 〔清〕曾国藩：《曾国藩全集·家书》，岳麓书社1985年版，第662、506、324页。
② 楼含松主编：《中国历代家训集成》（第6册），浙江古籍出版社2017年版，第3876页。

一、传统家训的历史意义

自五帝时代家训萌芽，西周时代家训产生以来，传统家训以其强大的包容性，经过历代不断发展完善，已经形成了完整、系统、全面的思想与伦理体系，并且持续参与国家和社会的治理，发挥了重要作用。具体概括起来，主要表现在以下几个方面。

首先，传统家训有效地维护了家庭与社会的稳定和统一，巩固了封建制度。在中国古代，宗法是整个封建社会的基础。家庭的建设取决于它的传统，只有良好的传统才能使整个家族和睦团结，使家族之间友好互助，从而有利于封建社会的稳定发展和封建制度的巩固。《礼记·大学》指出："其家不可教，而能教人者，无之。故君子不出家而成教于国：孝者，所以事君也；弟者，所以事长也；慈者，所以使众也。《康诰》曰：'如保赤子。'心诚求之，虽不中，不远矣。未有学养子而后嫁者也。一家仁，一国兴仁；一家让，一国兴让；一人贪戾一国作乱。"[①]这就是将家庭的作用提升到国家兴衰的高度。团结和睦的家庭是国家的基本细胞，是国家正常运转的基础。中国古代的大家族大多人口数量庞大，往往有几十人或几百人。家族管理的过程中，冲突是不可避免的。如果处理不当，随着时间的推移，大家庭极有可能分崩离析。传统家训不仅教育后代尊敬长辈、兄弟，对年轻一代友好，而且在行动上为其树立榜样，让他们牢记自己的使命和责任。为了约束子弟的行为，大家族的家长一般会制定家规、家法。这样既避免了冲突，又维护了家庭的稳定和团结。《宋史·陆九韶传》云："子弟有过，家长会众子弟责而训之，不改，则挞之；终不改，度不可容，则言之官府，屏之远方焉。"子女有过，家长应该将众子孙聚在一起，对其进行教育批评，如果他们不加以改正，那就惩罚他们；如果还不改，就通知政府，交给政府管教，把他们驱逐出家族。家庭是社会的基本细胞，家庭稳定了，整个国家就会稳步发展。

其次，传统家训培养了一批忠君爱国、清正廉洁、才德并举的治理国家和维护社会的人才。传统的家庭文化历来强调家与国的同质性，修身、齐家、治国和

---

① 李学勤主编：《十三经注疏·礼记正义》（下），北京大学出版社1999年版，第1599—1600页。

平天下是一体的。在自然经济条件下，传统家训提倡"忠孝"。古代中国是一个以自然经济为基础的封建国家，所以孝顺父母本质上就是效忠君主。封建宗主为了维护家庭的团结和繁荣，需要子孙的孝顺；封建君主为了维护社会的稳定，需要臣民的忠诚，需要忠君爱国、才德并举的治理人才。《忠经》《孝经》等家训作品就应运而生。此外，传统的家规家训要求管理者诚实守信、关爱人民、勤政廉洁，对其权限进行限制，一定程度上改善了封建政府的统治方式。"忠孝"思想，有利于缓和阶级矛盾，延续封建统治，维护封建秩序。

再次，传统家训促进了文学艺术与科技教育的发展。传统家训文化根本上仍是一种家庭教育模式。传统教育主要有学校教育、社会教育与家庭教育等模式。由于学校教育一般掌握在封建地主阶级手中，普通百姓能够参与的可能性极低。社会教育在传统社会结构中处在相对较为缺失的状态，所以家庭教育以其普遍性、简便性、有效性自然成为家族后辈子孙接受教育的主要方式。传统家训教育主要以儒学思想为主导，同时兼杂释、道与其他诸子百家学说，为中国传统文化的传播起到了重要的作用。撰写家训文本的主体，多为文化素质与艺术修养较高的知识分子；家训文本的主要内容，大多涉及传统天文历法、农业科学、自然物理以及哲学伦理等，为科学知识的启蒙与传播做出了重要的贡献。如祖冲之在修订《元嘉历》的基础上作成更为精确的《大明历》，其子祖暅之得出计算球体积的正确公式，其孙祖皓也精通历算，祖氏三代人关于数学与历法的传承，就是良好家教作用的结果。此类案例在中国历史上不胜枚举，如汉代班氏家族（班固、班超、班昭），宋代"三苏"（苏洵、苏轼、苏辙），明代袁氏家族（袁宗道、袁中道、袁宏道），近代汉阴"三沈"（沈士远、沈尹默、沈兼士），等等，子孙所取得的成就都与其良好的家风家训分不开。

最后，传统家训改善了古代社会的道德风尚。传统家风的稳定性主要体现在继承和启蒙，而继承和启蒙是因为它的普及性。家风集中了中华民族的传统美德，代代相传的家风文化反映了社会的主流价值观。家风正，社会风气就正；家风清，社会风气就清。中国人自古以来提倡学习，大多数家庭都很重视子女的学习；传统家庭中的父母都尽可能地用自己的言行为孩子形成积极的影响。传统家训一般教育子女重名节，重家声，培养重义轻利、扶危济困等品质，这些都极好地改善了社会风气。如欧阳修强调要"守道义，行忠信，惜名节"；《郑氏规范》告诫子弟不要随意增加佃户的租金，借给穷苦人家的粮食不得收取利息，经营的药店必要时免费给穷人治病，以及要周济鳏寡孤独和那些生活无依无靠的乡邻。

二、传统家训的思想局限

任何事物都需要辩证地看待，家训文化产生于奴隶制社会，兴盛于封建社会，其间随时代多有损益，但仍存在不少具有一定腐朽与落后意识的思想，需要加以批判与改变。主要表现在以下几个方面。

首先，传统家训文化存在着严重的等级观念。传统封建大家族中，父母和子女是不平等的，即使在小家庭中，父子间、兄弟姐妹间也都有着严重的尊卑上下的区别。如《袁氏世范》规定："子之于父，弟之于兄，犹卒伍之于将帅，胥吏之于官曹，奴婢之于雇主，不可相视如朋辈，事事欲论曲直。若父兄言行之失，显然不可掩，子弟止可和言几谏。若以曲理而加之，子弟尤当顺受，而不当辩。"甚至，在家庭生活中，如果妻子、仆役没有犯错，家长还是可以责骂他们。曹端在《家规辑略》中说："子孙受长上诃责，不论是非，但当俯首默受，毋得分理。"孩子被要求服从，并不能抵抗来自父兄的不合理的指责和批评。这种违反人性的尊卑观念，显然是现在的人无法理解的。这种尊卑观念在司马光的言论中显得尤为突出。他说"凡诸卑幼，事无大小，毋得专行，必咨禀于家长"；"父母怒，不悦而挞之流血，不敢疾怨，起敬起孝"；"凡子事父母，父母所爱，亦当爱之，所敬，亦当敬之，至于犬马尽然"；"凡卑幼于尊长，晨亦省问，夜亦安置。坐而尊长过之，则起"。这种家庭教育观，教育出来的都是乐于、安于现状的人。反映在社会上，这种教育观塑造了一群唯唯诺诺、墨守成规的官员。这种绝对的家长制，反而限制了孩子的思维，最终导致孩子自我的丧失，最终限制人的全面发展。从以上的讨论可以看出，在传统家规家训中，女性在婚姻中地位卑微，而且她们需要承担烦琐的家务，这严重限制了女性的生活自由和参与社会公共事务的空间与时间。

其次，传统家训文化存在着明显的职业偏见。这主要是由于中国传统社会以儒家思想为主导，以农耕为主要生产方式。从宋代开始，传统家训所反映的职业观念有了明显的变化。宋代以前的家训大多只注重读书和做官，很少提及其他职业，如音乐、美术、医药等杂技艺术。宋代以后的家训虽然多提及其他职业，但主要还是强调农业而轻视工商业。这说明在古代，人们的小农经济观念和正统的儒家思想是相当严重的。这不利于传统经济突破小家庭作坊式的生产模式而转向社会化的大生产，严重阻碍了经济的发展和思想的开放。中国古代，通过科举制度选拔官员，而农业是封建社会最为主要的经济生产方式和组织模式。因此，在传统家训的职业选择中，务农和读书最为常见，即"耕读传家久，诗书继世长"。秦国的商鞅变法采取了各种重农、抑商的政策，后期这一政策逐步强化，更加抑制了商业的发展。重官重农而轻视工商业，虽然有利于维护社会稳定，但是阻碍了工商业的正常发展。

再次，传统家训文化存在较强的迷信观念。传统家训的迷信观念主要体现为宿命论和报应论。如《颜氏家训》中就有很多关于因果报应的迷信思想。宋人陆游在《放翁家训序》中说："呜呼，仕而至公卿，命也退而为农，亦命也。"明代顾宪成在《示淳儿帖》中说："就命上看，人生穷通利钝，即堕地一刻都已定下，如何增损得些子。"任环在《示儿书》中说："儿辈莫愁，人生自有定数，恶滋味尝些也有受用，苦海中未必不是极乐园也。"左宗棠在《与孝宽》中说："况科名有无迟早亦有分定，不在文字也。"袁采在《袁氏世范》中说："士大夫试历数乡曲三十年前宦族，今能自存者几家皆前事所致也"；"待其积恶深厚，从而珍灭之，不在其身，则在其子"。这都表现了宿命论的思想。

最后，传统家训文化存在牢固的性别歧视。这主要表现为传统家庭婚姻观中片面强调女性贞节观念。汉代班昭在《女诫》中说："夫有再娶之义，妇无二适之文。故曰夫者，天也，天固不可逃，夫固不可离也。"这种妇女贞节观念在明清时期发展到了近乎苛刻甚至违背人性的地步。杨继盛在死前对其妻说："妇人家有夫死就同死者，盖以夫主无儿女可守，活着无用，故随夫亦死。这才谓之当死而死，死有重于泰山，谓之贞节。"《女范捷录·贞烈篇》云："忠臣不可事两国，烈女不可更二夫。故一与之蘸，终身不移。男可重婚，女无二适。故艰难苦节谓之贞，慷慨捐生谓之烈。"贞节观不仅体现了男女两性在婚姻中的不平等，还体现了封建社会中男性对女性的轻视。此外，部分传统家训主张女性不应该学习文化。清蒋伊在《蒋氏家训》中说："女子但令识字，教之孝行礼节，不必多读书。"明代温璜的母亲认为，妇女识字不仅无益，反而有害。

第三节　传统家训的当代价值

传统家训中固然有具有时代局限的内容，但不可否认的是，它对中国传统社会的发展发挥了至关重要的积极作用。当下，应该系统梳理并批判继承其符合时代发展的内容，特别是传统家训对个人、家庭、社会和国家都具有重要意义的部分。传统家训，对于个人而言，可以促进个人人格的培养；对于家庭而言，能促进家庭的和谐；对社会而言，有利于培育社会主义核心价值观；对国家来说，能增强中国特色社会主义文化自信的筋骨。

一、个体人格成长和道德发展的基础

《周易》有"正家而天下定"的说法。每个人接触到的第一个环境就是家庭环境，家风是家庭的产物。每个人在成长的过程中都会受到家风家教的影响和感染，家风家教可以对家庭成员产生最直接、最持久、最稳定的精神影响。传统的家风由每个家庭代代相传，潜移默化地影响和启迪着家庭成员。中国传统家训的修养、决心、美德、正直等内容在个体心中扎根，这有利于个人品德的培养。在中国传统家训中，道德被放在培养人的首位。要成为一个合格的人，首先要学会"德"，强调德才并举、品能兼备。传统家风重视个人品德的培养，认为品德培养是教育子弟做人的首要前提，是一切行为的出发点。此外，传统家训教育人们，在家庭生活中，应该严格要求自己，约束自己的不合理行为，把自律和他律完美地结合起来。中国传统家训强调道德第一，"养德为立身之本""德为居家之富""积德者不倾"，这些谆谆教导都有助于促进个人道德人格的培养。

中国传统社会提倡家国一体。"天下兴亡，匹夫有责"，爱国情怀的表达和爱国意识的培养无处不在。中国传统家规家训中的爱国思想，有助于中华民族团结一致、共同进步，具有永恒的生命力。良好的家风有助于优化人们的价值观。对家风的继承和发扬需要家庭成员之间相互信任、密切合作，这就为塑造和培养家族成员的综合素质提出了更高的要求，这也激励着人们更加重视提高修养，塑造健全的人格，从而成为对社会有用的人。传统的家族式教育是由内到外、由家到国发展起来的。良好的家庭环境有利于培养个人的道德品质和完善人格，有利于社会和国家公民素质的提高，有利于全社会道德水平的提高。

二、家庭和谐、社会稳定的基石

以身作则，言传身教，可以增强家庭凝聚力。在当今社会和家庭中，父母的行为和言语对子女人格的培养发挥着至关重要的作用。可以说，在家庭教育中，父母是指导者，子女是受训者。中国古代的家长已经意识到了家庭的重要性，以及家庭教育中父母的重要性。人们致力于建立一种和谐的家庭关系，维持家庭成员之间的关系，并建立一套所有家庭成员都应该遵守的准则，使所有成员在规则的约束下，不断学习，在和谐的家庭氛围中建立自己的健全人格；使家庭成员能够找准自己的位置，团结起来，形成一股强大的内部力量，为家庭的发展而努力，从而不断增强家庭的凝聚力。因此，家长发挥好自己在家庭教育中的表率作用，以身作则，以积极的生活态度，宽厚和平的待人接物方式，潜移默化地影响孩子的世界观、价值观和人生观。

以家庭的和睦净化社会公德，促进社会稳定。和谐社会应该以社会中每个家庭的稳定为基础，良好的家风是社会安定团结的助推器。家庭是社会的细胞，家风是社会风气的基础。只有家庭的风气清正文明，社会的风气才会积极向上，社会才能稳定。家庭不仅是个人的生活场所，更是社会的基本单位。它是个人和社会之间的桥梁。微观上，家风是在育人、教人；宏观上，家风可以推动社会风气的发展。整个家庭传统的品质反映了社会风气的品质，它是一个民族价值观的集中体现。加强家风建设，是提高社会公德最重要的途径。

三、培育社会主义核心价值观的重要思想资源

社会主义核心价值观涉及个人、社会、国家三个层面，三者相互渗透，相互影响，不可分割。如果在个人层面上没有道德基础，那么在社会层面上就不可能形成一种良好的风尚，甚至会影响国家层面上的价值追求。正因如此，良好的家风是培育社会主义核心价值观的重要源泉。在建设中国特色社会主义社会的过程中，我们要以家庭为依托，尤其要看到优秀传统家训的时代价值，并将传统家训的优秀内容与新时代精神文明建设相结合。中国有五千年的历史，传统家训之所以能在当下依然有巨大的影响力，不仅因为它们内容全面、形式多样、功能齐全，还因为它们的许多内容能经得起时代的考验，符合时代发展的需求。特别是其主流意识形态和价值取向，对当今社会风气的形成仍具有重要的借鉴价值和意义。传统家训的很多内容与社会主义核心价值观有着内在的一致性，如崇尚和谐、赞美勤俭节约、爱家爱国等。优秀传统家风是社会主义核心价值观的具体化和缩影。家风承载着中华民族的优秀传统文化，而社会主义核心价值观就植根于中华优秀传统文化。它们不仅反映了人民的需求，还具有深厚的文化底蕴。新时代社会主义核心价值观的培育，是对中华民族优秀传统家风价值观的传承和发扬。同时，优秀传统家风具有广泛的群众基础，具有潜移默化的启发性、约束力和影响力，是践行社会主义核心价值观的重要途径。

四、坚定中国特色社会主义文化自信的丰富营养

传统家训是传统文化的重要组成部分之一，其核心价值观对人们的行为和思想有着重要的影响。新时代弘扬优良家风，是增强中国特色社会主义文化自信的丰富营养。传承优良家风可以增强文化认同感，增强文化自信心。社会的发展离不开经济、政治、文化、科技的发展，其中文化是推动社会发展的软实力。一个

国家国际地位的提高，社会的进步，都离不开文化的发展。优秀传统家训是中华优秀传统文化的重要组成部分，是增强民族文化自信的重要途径。传统家训中蕴含着保国卫民的精神。吸收和汲取优秀传统家训的营养，有助于增强人们对自身文化的认同。传统家训的发展符合时代需要，在现代社会具有现实意义。家风不仅可以提高个人修养，建设文明家庭，构建社会主义和谐社会，而且有助于弘扬优秀传统文化，增强国家文化软实力，增强文化自信，为中华文化的不断发展注入新的活力。在新的时代，我们要以家庭传播促进传统文化的继承和发展，以优良家风和优秀传统文化促进文化自信。传统家训随着时代的发展和价值追求的转变而变化。为了传统的内容适应社会的发展需要，应该用发展的眼光看待传统家训的发展，结合时代的新要求，不断弃其糟粕，取其精华，批判地继承传统家风的优点，从中提炼出符合中国特色社会主义发展的积极内容，为传统的家风注入新的内容，赋予其时代内涵，真正做到古为今用。

第四节　传统家训的继承与创新

随着现代化和城市化进程的加快，传统的家庭原则和规则受到了严重的冲击，失去了一部分必要的传承载体。同时，现代社会思潮的影响动摇了家长的地位，无论是继承人还是继承对象都受到了不同程度的影响。这种情况不仅在传统家训的传承中出现了，也在现代社会快速发展的进程中不可避免。

一、传统家训传承的困难

（一）载体不足

首先，村庄规模缩小。传统中国家庭是以血缘关系为基础的宗族大家庭。一个有几百人的大家庭，必然需要制定规矩，建立秩序，并加强管理，提高内部的凝聚力，维护内部的团结和稳定。虽然传统的中国家庭人口众多，但文化相近，心理相似，家训相同。家庭结构的转变对传统家训的传承产生了深刻的影响。近代鸦片战争后，西方民主思想逐渐传入中国，改变了人们的传统家庭观念。尤其是改革开放之后，随着城市化进程的加快和文化思想的融通，人们不再局限于自己的故乡，到全世界去追求梦想，并定居在一个适合自己发展的地方。村庄的规模开始慢慢缩小，大批青壮年离开土地去城市工作，青少年去城市读书求学，追逐自己的梦想，村子里只剩下妇女、儿童和老人。劳动力和人才的流失使得农村发展缓慢。这种现状强化了人们离开农村的决心，而城市化进程又吸引着人们离开农村，这直接导致了一些村庄的永久消失。

再者，家庭规模缩小。中国传统家庭的理想模式是多代同堂。在封建社会，许多家庭将几代人聚居作为目标，被朱元璋封为"江南第一家"的郑氏家族，南宋建炎年间就一起住在大宅里，经历了宋、元、明三代，顶峰时期的人口达三千多人。家族存续的人口数如此之多，离不开良好的家规，家训是在庞大的家族人口的基础上形成的。传统的三代同堂的家庭模式符合双向抚养的要求，也可使每代人之间的关系更加密切，促进家庭的和睦，进而推动社会的和谐发展，推动中华民族优良传统美德的继承和发扬。当前，普遍的家庭模式只有父母和孩子两代人同居一室。孩子强调他的独立性，这进一步削弱了家庭成员之间的密切联系。物质的极大发展，使一些人迷失了自我，变得利益至上，并将其融入家庭观念，这就导致对优秀家训基本精神内容的忽视。

（二）家长权威的弱化与家庭教育的缺失

首先，家长权威不断减弱。受传统儒家思想的影响，父母和祖父母的权威与地位不可动摇，家长具有绝对的权威性，这也是家训文化能在传统社会中发挥重要作用并得以传承的关键。家训主要表现为家庭长辈的教导、训诫和子孙后代的服从。不服从被认为不孝，会受到社会的谴责甚至法律的制裁。传统的中国家庭，把整个家族的利益放在首位，这样的家族模式将家族中每个成员的长辈聚在一起，使整个家族具有很强的凝聚力和稳定性；家庭成员的个人利益必须服从于家庭的整体利益。随着社会的发展，自由平等观念的逐步形成与建立，传统家庭中长辈的威严逐渐减弱，再加上城镇化的社会发展趋势，三口之家成为一种普遍的家庭模式，所有父母都将自己的关心和爱投向孩子。与传统的家庭相比，在现代家庭中孩子和父母的地位正在发生翻转，父母或长辈在家庭中的地位逐渐下降，而孩子的地位正在逐渐提高。

其次，家庭教育存在缺失。家庭是家训传承的载体和基本单位，随着生活节奏越来越快，很多家庭的父母忙于工作，没有时间也没有精力管教孩子，甚至不知道如何教育孩子，更忽视了对孩子家风家训的教育。父母早出晚归，教育的责任主要由学校与社会承担。但是，父母是孩子的第一个老师，家庭是孩子的第一个课堂。父母把太多教育孩子的任务交给学校，这不利于孩子身心的健康发展。此外，现代家庭中的父母将所有心思放在孩子身上，就存在忽略老人赡养的情况，这不得不说是家庭教育缺失的表现。随着社会的进步，由赡养老人而带来的经济责任由社会和家庭共同承担，但这也无法弥补老人精神上的空缺。年轻一代可以帮助老人接触和学习新鲜事物，为现代核心家庭的和谐发展不断提供新的思路，同时给老人足够的私人空间，尊重老人的兴趣爱好和工作。

（三）社会心态的浮躁与传承方式的转变

一是社会心态较为浮躁。农耕文明呈现为一种安定、和谐、满足的文化形式，这是优秀传统家训所提倡的家庭管理和自我修养的方式。在传统家庭中，财产属于公共资源，由户主负责并合理分配。市场经济促进了生产力的快速发展，提高了人们的生活水平，但也导致人们对金钱的疯狂追求，个人主义和利己主义在一些人心中不断膨胀，传统的道德观念被抛弃了。腐败、滥用职权和其他社会现象频繁发生，渴望快速成功和暴富似乎成为人们普遍的心态。家庭教育不再重视道德情操的培养，而是教育孩子从小不要输。这实际上违背了家庭教育的初衷。

二是传承方式不断转变。现代通信技术的属性与传统家庭教育的传承模式不再匹配。现代化是社会发展的主流，其主要内涵是工业化和城市化。当传统家训与现代文化碰撞时，内在矛盾便逐渐显现出来。首先，现代化最明显的表现是科学技术的发展和应用，如大数据、新媒体技术。没有这些技术的支撑，优秀家训的传承道路便会困难重重。其次，通过虚拟的网络世界，传播家训文化会使接受者产生距离感和陌生感，无法感受到家训文化的本质，这必然使得文化传承的效果不尽如人意。随着中国逐渐进入信息和数字时代，传统的社会生活方式、经验以及传统家规家训将不可避免地发生改变，在某种程度上，将导致传统的家规家训不断异化。同时，文化传播的舆论氛围趋于数字化，各种消极文化泥沙俱下，这也不利于传统家规的传承。现代的传承方式与传统的传承路径有着本质的区别：传承路径以经验为主，依靠家庭的口口相传和抄录原始家规为主，家训家规涉及家庭每个成员的利益，这种传播路径相对单一，家训发展相对缓慢，但也极大地保留了传统家训家规的原创性和纯洁性。然而，通过现代技术手段培养的家庭教规传承人，不再是同一个家庭的成员，而是通过学校教育而产生的疏离者。现代科学理论知识、现代技术手段以及现代社会价值观，都会在一定程度上扭曲了传统的家规家训。现代科技手段已经渗透到了现代生活的各个方面，也影响了传统家训家规的传承，并对其产生了深刻的影响。

目前，人们对传统家训的传承和实践多来自古籍、博物馆等，传统家训的概括和总结工作更多是要向群众展示。枯燥的展示，能否激发传承的火焰尚未可知。再加上多元文化的入侵，人们对外来文化产生了浓厚的兴趣，并试图将其融入被称为"中西合璧"的文化遗产，这反而破坏了传统文化的纯洁性，使传统的家规家训变成了"四不像"，扭曲了大众对传统文化的理解。传统的家规家训在长期的演变过程中，形成了自己独特的风格和样式，包括各种祭祀仪式、风俗习惯、适用对象以及实践流程等，这些在现代传播中都受到了很大的影响。

二、传统家训传承与创新的原则

应坚持批判与创新相统一。重视家庭教育历来是中华民族的传统美德，家训是祖先留给我们的文化遗产。受家庭环境和生活条件、个人视野和认知水平，以及社会意识形态的影响，传统家规家训作为人生经验教训的总结，虽然绝大部分都是金玉之言，但也受到了严重的封建思想影响。如"一等事，读书功名；一等人，为官清廉"，旨在教育后代努力学习，鼓励其刻苦勤奋、树立雄心壮志，但也存在一定的等级意识。因此，现代社会在传承家训时，应该坚持继承和创新相统一的原则，将符合现代社会的价值观，符合个人、家庭和国家发展根本利益的内容展示出来，为现代家庭树立榜样，这就是传统的家训古为今用的过程。家庭是社会的基本单位，社会的发展离不开家庭，国家文化软实力的提升与人们观念的转变密切相关。继承和弘扬优秀家训，就是要在弘扬优良传统家训的基础上，按照时代的要求，以多种形式创造符合当代发展的新型家庭教育模式。

应坚持共性与个性相统一。受地域、环境、风俗与习惯等诸多因素的影响，家庭教育差异很大，家训内容与形式各不相同。优秀传统家训继承和发展了中华民族的传统美德，体现在以下几个方面：一是诚实守信，尽忠职守，不贪心；二是勤奋不懈，自立，奋发图强；三是孝敬长辈，敬畏祖先，祠墓当重；四是交好朋友，善待他人，和谐相处；五是淡薄明志，刻苦努力，为国建功；六是勇于担当，为人忠诚，敢于负责。由此可见，优秀传统家训家规中蕴含了道德教育的本质，明确了教育的价值目标，凝聚了社会的正能量，在今天仍然具有积极的教育意义。

当前，传统的家规家训大多呈现在家祠或家谱中，而且多在节日或家庭纪念日等特殊的日子里被关注，平日里通常被束之高阁。显然，这不利于传统家规的继承和发展。传承者和研究者都应该在保证优秀传统家训原创性的前提下，发展多样化的传播形式，弘扬传统家训。例如，通过多媒体平台，家里长辈讲述自己记忆中的家庭传统文化和家庭故事，将传统的家规家训生动地展示给年轻人。同时，传统的家规被隐藏在儿歌和童话故事中，有些被村民写在对联上、挂在门框上。在节日祭祀中，人们也能看到传统的家庭格言和规矩。多样化的传承形式和内容，使原本严肃的家训和家规得以灵活呈现。传统家训家规的传承应与时间、地点、条件等外在因素相结合，以合适的形式进行传承，从而达到事半功倍的效果。在保留传统家训内容的前提下，丰富传承形式，将优秀家训的传承方法与现代通信、互联网技术相结合，与时俱进。如建立家族微信群，重申家训理念，重振家族特质，创造传承传统家训的新形式，使优秀的传统家训家规得以更有效地传承和发扬，促使其受到更多人的欢迎。

应坚持礼俗与法理相统一。传统家训是以家族为基本单位来传承的，具有尊严。家训的存在是为了保证家庭的和谐统一，促进家庭的可持续发展。家训反映了一个家庭的共同意识，每个家庭成员在家规家训的指导下，自觉地产生凝聚力和排他性。随着社会经济的发展，传统的风俗习惯应该在遵从法律的基本前提下开展活动。应该坚持礼仪习俗与法律相统一的原则，提倡传统家规家训的价值取向，并从思想道德的角度引导社会发展，从而提高公民的道德水平。将礼俗与法律原则有机结合，是现代社会管理的有效手段。在尊重民俗的基础上，推动传统社会向现代社会的转型，可以将传统家规的传承提升到一个新的水平。

三、传统家训传承与创新的路径

（一）培育新时代家训文化的传承主体

伴随着全球化的日益推进，面对国际文化交流的不断深入，我们必须认清中华优秀传统文化的优势，明确中国文化产业的发展方向。家庭文化是一种特殊的文化，不同于一般的传统文化，是中华文明诞生和发展的历史证明，是传统文化的重要组成部分。在当前快速发展的物质文明背景下，传统家训可以唤醒人们对真理、善良和美好的憧憬与追求。立足当代家庭，有效利用家训，激发人们的传承热情，培养传承主体，是新时代传承传统家训的重要手段之一。

（二）探索新时代家训文化的传承方式

仪式通常被定义为象征性的、表演性的，由文化传统规定的一套行为和符号。它是传承中华优秀传统文化和传统家训的重要方式。中国的传统仪式主要包括传统节日和一般纪念日仪式，传统节日是指春节、元宵节、中秋节等。传统节日仪式对节日文化具有指导、规范作用。祭拜仪式，主要是指人们通过自己的文字、乐舞等形式进行的祭祀天地、鬼神、先祖的仪式，包括祭神仪式和祭祖仪式。中国的传统文化就是在这样的环境中诞生和成长起来的，正视这些祭祀仪式，明确人们对天地、鬼神和祖先的态度，从而探索文化传承的路径。

一是，简化传统仪式，保留精髓。传统家训的传承仪式主要是以家庭或宗族为实践单位。通过一系列模式化的言行，将祖训家规融入传统节日、重要生命周期和特定节日仪式，推动家训文化的核心内容不断发展。随着社会的发展，工业化和经济全球化的推进，人们的时间观念和竞争意识日益增强，更加注重效率，这就要求将传统烦琐复杂的仪式精简化，从而适应现代生活节奏。传统家训的传承仪式必须进行一定程度的创新。首先，必须整合传统仪式，删除象征性的烦琐的仪式程序，减少仪式中不必要的物质浪费，不过分追求炫耀。其次，必须吸收传统礼仪的精华，保存中华民族真、善、美的传统伦理，继续传承优秀传统家训。再次，摒弃传统家训仪式中重男轻女、权力本位等落后观念，树立正确的性别平等意识和能力本位价值观，为传统家训的传承开辟一条正确的道路。家庭仪式滋润着中国人的精神世界，体现着家庭的集体记忆和荣誉。家庭所倡导的孝、善、信、诚、义等价值观规范着个人的行为。尽管当今社会有些人背井离乡，外出谋生，但在传统节日或重要节庆日，仍会回家，这是传统家训仪式感的重要组成部分。

二是，探索现代仪式，丰富内容。"互联网+"为传统行业改变发展现状、实现再次腾飞插上了翅膀。当前，传统家训仍然存在于书籍、家谱、老房子的墙壁，甚至在祠堂里，这显然不利于家风家训的进一步传承，也不利于优秀传统家训影响力的扩大。现代家庭成员的离散程度逐渐提高，家训仪式的人员条件、仪式的集体教育功能被严重削弱，因此，现代的传承仪式需要利用现代技术突破时间和空间的限制，让家庭成员聚在一起。通过三维仿真成像、多媒体应用等技术手段，通过音频、图像、视频等渠道，实现家庭成员之间跨越时空"见面"，还原家风家训的仪式感。此外，可以组织会员相互交流，增加仪式的真实感和趣味性。积极使用"互联网+"，把优秀传统家风家训以更多元的方式传给每个人，突破家训仪式的本族局限，向外拓展，把接受家风家训教育的范围和载体扩大，让某一特定家族的家训仪式得以广泛流传，并且吸收外族家训仪式的优点，改进本族的仪式，获得更为有效的传承效果。

三是，深挖家训资源，彰显特色。传统家训的传承仪式在服饰、器具、程序等方面具有一定的时代性和地域性。许多民俗旅游项目以表演的形式向游客展示传统礼仪，以吸引更多的关注，激发人们探索神秘仪式的欲望，促进家规家法的传承。在传统的家训传承仪式中，本家族的人穿着特定的服装，站在自己的特色建筑周围，开展具有家族特色的活动。这些仪式服装、建筑和牌匾大多色彩亮丽，图案鲜艳，给人们留下了深刻的印象。仪式上的音乐作为一种精神享受，带动和激活了集体仪式的气氛，调动了人们内心的情感冲动；仪式上表演的舞蹈，以夸张的动作和表现形式来表达人们对外部世界的感知，激发人们的情感冲动。传统家训传承仪式中的这些艺术元素，在增强仪式的感染力、宣泄家庭情感、传承家庭文化等方面发挥着重要的作用。运用现代手段和思维方式，促进这些文艺元素的发展。除了现有的民俗旅游项目和周边纪念品的制作外，仪式服饰品也可以融入日常穿戴，将传统的仪式元素注入流行文化，给人以新的审美体验。同时，挖掘仪式中流传的诗词、音乐、俚语，整理成书，传达传统家庭文化的生活理念和精神需求。通过这些方法，将传统家训传承仪式中的文艺元素以文化遗产的形式向公众普及，增加传承方式的多样性，激发人们对传统家训传承仪式的兴趣，让人们自觉参与并积极继承传统家训家规。

（三）开辟新时代家训文化产业

传统家训文化的传承可以引入市场因素，通过文化产业的探索实现经济效益与社会效益的双丰收。传统家族式文化大多汇集在偏远农村地区，由于自然环境闭塞和经济发展落后，却保留了许多优秀的传统家族文化。通过市场引入与产业开发，首先，可以促进当地的经济发展。随着传统文化的产业化发展，当地为满足游客的需求，形成了产业链，这可以增加当地居民的收入，也可以带动当地交通、电力、通信等基础设施的建设，方便游客的同时可以改善当地居民的生活条件。其次，民俗旅游路线可以引导游客了解历史悠久的家族传统和文化。深入了解家规家训，将家庭传统和文化继承融入旅游业，以此吸引大量的国内外游客来参观，客观上促进传统家规家训的传承。最后，通过文化产业项目，利用传统家族文化的优势，发展具有自身特色的传统家训文化产业，带动相关产品的流通与发展，拓展传承主题，树立特色品牌。根据每个人的需求，开发个性化的项目，为传统家训的传承提供多样化的途径。如针对喜爱历史文化的游客，引入观光民俗旅游，展示具有地域特色的传统家庭文化和传统家规，将旅游与家庭文化的原生态资源呈现相结合，为游客提供足够的历史资料，让游客能够直观地感受传统家庭文化；为喜爱体验的游客提供体验式项目，满足其体验和参与的要求，采用现代的方法让游客与家族祖先得以"对话"，或让游客参与各种与传统家族特定文化相关的表演，增强体验的乐趣，在体验中感受传统家族文化的神圣性，鼓励游客自觉参与传统家训的传承。市场要素的引入可以促进传统家规的传承，但也有其不可忽视的局限性，要积极避免唯利是图，要让市场拓展与文化传承并行发展。

参考文献

［1］中共中央马克思恩格斯列宁斯大林著作编译局.马克思恩格斯文集：1-10［M］.北京：人民出版社，2009.

［2］习近平.习近平谈治国理政：第1卷［M］.北京：外文出版社，2018.

［3］习近平.习近平谈治国理政：第2卷［M］.北京：外文出版社，2017.

［4］习近平.习近平谈治国理政：第3卷［M］.北京：外文出版社，2020.

［5］习近平.习近平谈治国理政：第4卷［M］.北京：外文出版社，2022.

［6］楼含松.中国历代家训集成［M］.杭州：浙江古籍出版社，2017.

［7］陈延斌.中国传统家训文献辑刊：1［M］.北京：国家图书馆出版社，2018.

［8］徐少锦，陈延斌.中国家训史［M］.西安：陕西人民出版社，2003.

［9］徐少锦，陈延斌.中国家训史［M］.北京：人民出版社，2011.

［10］王长金.传统家训思想通论［M］.长春：吉林人民出版社，2006.

［11］朱明勋.中国家训史论稿［M］.成都：巴蜀书社，2008.

［12］赵振.中国历代家训文献叙录［M］.济南：齐鲁书社，2014.

［13］马建欣.中华家训文化传承与创新［M］.北京：中国社会科学出版社，2019.

［14］徐小琳，于洪亚.中国传统家训文化及当代价值研究［M］.长春：吉林出版集团股份有限公司，2019.

［15］范静.中国传统家训文化研究［M］.长春：吉林大学出版社，2017.

［16］吴春红.中国传统家训的思想政治功能研究［M］.北京：九州出版社，2022.

［17］闫续瑞.汉唐时期士大夫家训思想研究［M］.徐州：中国矿业大学出版社，2017.

［18］安丽梅.传统家训与中国古代社会教化［M］.北京：社会科学文献出版社，2021.

［19］党志强.中国传统家训与现代家庭教育［M］.太原：山西人民出版社，2020.

［20］詹昌平.中国传统家训文化多维考察［M］.北京：九州出版社，2016.

［21］刘颖.中国传统家训与现代家庭青少年道德人格培养［M］.上海：上海人民出版社，2015.

［22］张艳国.简论中国传统家训的文化学意义［J］.中州学刊，1994（5）：99-104.

［23］陈延斌.中国古代家训论要［J］.徐州师范学院学报，1995（3）：125-128.

［24］陈延斌.论传统家训文化与我国家庭道德建设［J］.道德与文明，1996（5）：25-28.

［25］陈延斌.论传统家训文化对中国社会的影响［J］.江海学刊，1998（2）：119-122.

［26］曾凡贞.传统家训及其现代意义［J］.广西师范大学学报（哲学社会科学版），1998（4）：64-68.

［27］曾凡贞.中国传统家训起源探析［J］.广西右江民族师专学报，1998（4）：21-23.

［28］刘剑康.论中国家训的起源：兼论儒学与传统家训的关系［J］.求索，2000（2）：107-112.

［29］陈延斌.传统家训的处世之道与中国现阶段的道德建设［J］.道德与文明，2001（4）：51-53.

［30］陈延斌.中国传统家训教化与公民道德素质养成［J］.高校理论战线，

2002（7）：36-39.

［31］王旭玲.中国传统家训文化的现代思考［J］.东岳论丛，2003（4）：109-111.

［32］郭长华.传统家训的治家之道及其现实价值［J］.北方交通大学学报（社会科学版），2003（3）：77-80.

［33］林庆.家训的起源和功能：兼论家训对中国传统政治文化的影响［J］.云南民族大学学报（哲学社会科学版），2004（3）：72-76.

［34］王有英.中国传统家训中的教化意蕴［J］.湖南师范大学教育科学学报，2004（4）：98-101.

［35］曾凡贞.论中国传统家训的起源、特征及其现代意义［J］.怀化学院学报（社会科学），2006（4）：1-4.

［36］王玲莉.中国传统家训诚信思想初探［J］.福建师范大学学报（哲学社会科学版），2006（5）：58-62.

［37］陈延斌.中国传统家训的孝道教化及其现代意蕴［J］.孝感学院学报，2011（1）：11-16.

［38］陈新专，符得团.传统家训道德培育的当代启示［J］.甘肃社会科学，2011（5）：52-55.

［39］周俊武.论中国传统家庭伦理文化的逻辑进路［J］.伦理学研究，2012（6）：75-80.

［40］宣璐，余玉花.传统家训文化中的诚信教育及当代启示［J］.中州学刊，2015（6）：83-88.

［41］田旭明.修德齐家：中国传统家训文化的伦理价值及现代建构［J］.江海学刊，2016（1）：221-226.

［42］周斌.实现传统家训创造性转化的原则与策略：基于培育和践行社会主义核心价值观的视角［J］.探索，2016（1）：160-165.

［43］田旭明.承继家训文化：涵育社会主义核心价值观的有效途径［J］.探索，2016（3）：162-168.

［44］潘玉腾.传统家训濡化社会核心价值观的经验及启示［J］.福建师范大学

学报（哲学社会科学版），2017（4）：19-26.

［45］王易，安丽梅.传统家训在培育和践行社会主义核心价值观中的作用探析
［J］.思想教育研究，2017（8）：69-73.

［46］吴潜涛，刘函池.中华优秀传统家风的主要表征及其当代转换与发展［J］.
中国高校社会科学，2018（1）：112-159.

［47］陈延斌，田旭明.中国家训学：宗旨、价值与建构［J］.江海学刊，2018
（1）：216-221.

［48］王丹.传统家训文化中的德育思想及其现代意蕴［J］.思想政治教育研
究，2018（1）：135-140.

［49］方原.传统家训家风与社会主义核心价值观涵育践行研究［J］.学校党建
与思想教育，2018（5）：81-83.

［50］陈义.论涵养家国情怀的逻辑与路径：基于优秀传统家训的视角［J］.南
昌大学学报（人文社会科学版），2019（6）：81-87.

［51］闫续瑞.汉唐之际帝王、士大夫家训研究［D］.南京：南京师范大学，
2004.

［52］陈志勇.唐宋家训研究［D］.福州：福建师范大学，2007.

［53］王瑜.明清士绅家训研究（1368—1840）［D］.武汉：华中师范大学，
2007.

［54］谢金颖.明清家训及其价值取向研究［D］.长春：东北师范大学，2007.

［55］刘欣.宋代家训研究［D］.昆明：云南大学，2010.

［56］陆睿.明清家训文献考论［D］.杭州：浙江大学，2016.

［57］张丽萍.先秦至南北朝家训研究［D］.西安：西北大学，2016.

［58］程英.优秀传统家训家风的当代价值及其彰显路径［D］.西安：陕西师范
大学，2018.

［59］李淑敏.中华优秀传统家训文化传承发展研究［D］.长春：吉林大学，2020.

［60］马余露.优秀传统家训融入新时代大学生思想道德教育研究［D］.武汉：
华中师范大学，2021.

［61］家训家风与文化传承［N］.文汇报，2014-10-13（11）.

［62］翟博.重新审视家训的文化价值［N］.中国教育报，2014-12-28（3）.

［63］彭波，姜泓冰，蒋云龙，等.人伦基石 家国天下［N］.人民日报，2015-04-03（6）.

［64］刘少华.传统家规的现代启示［N］.人民日报（海外版），2016-01-21（5）.

［65］严红枫，陈旭.传承家训家风 践行社会主义核心价值观［N］.光明日报，2016-05-07（7）.

［66］葛慧君.以好家风推动好政风好民风［N］.光明日报，2016-07-30（10）.

［67］王广禄.加强新时代家文化建设［N］.中国社会科学报，2020-11-09（2）.

［68］何云峰.家风建设是新家庭教育的题中之义［N］.中国教师报，2021-06-09（15）.

［69］詹德华.重拾家训，赓续中华优秀传统文化基因［N］.沈阳日报，2022-01-27（9）.

［70］吕文翠.家训文化助力社会主义核心价值观培育［N］.语言文字报，2022-05-25（9）.

［71］周世祥.让古老家训家风成为新时代育人资源［N］.光明日报，2022-08-16（13）.

［72］尹阳硕.中国传统家风家训的文化功能及其价值［N］.中国社会科学报，2022-10-21（9）.

［73］王慧.家风传承中的"时代密码"［N］.新华日报，2022-11-11（14）.

［74］杨明贵.传统家训整理阐发的文化功能和学科价值：以陕南民间文化研究中心组织的安康传统家训研究为考察对象［J］.安康学院学报，2019（4）.

［75］杨明贵.中华优秀传统家训中的公民道德观念及现代启示：以安康传统家训为考察对象［J］.安康学院学报，2019（5）.

［76］安朝辉.安康传统家训对《诗经》的接受［J］.安康学院学报，2019（6）.

［77］戴承元.中华家训的优良传统［J］.安康学院学报，2020（1）.

［78］杨运庚.中国传统家训的现实文化价值与传承创新研究［J］.安康学院学

报，2019（6）.

［79］崔德全.目的　内容　意义：中国传统家训（宋元及以前）中的劝学思想
　　　　［J］.安康学院学报，2024（5）.

［80］谭诗民.“三沈”家训研究：以诗文、书信为中心［J］.安康学院学报，
　　　　2019（6）.